TRAVAUX

DE

LA COMMISSION FRANÇAISE

SUR L'INDUSTRIE DES NATIONS.

TRAVAUX

DE

LA COMMISSION FRANÇAISE

SUR L'INDUSTRIE DES NATIONS,

PUBLIÉS

PAR ORDRE DE L'EMPEREUR.

TOME I.

DEUXIÈME PARTIE.

PARIS.

IMPRIMERIE IMPÉRIALE.

M DCCC LIX.

EXPOSITION UNIVERSELLE DE 1851.

TRAVAUX
DE LA COMMISSION FRANÇAISE.

INTRODUCTION

PAR

M. LE BARON CHARLES DUPIN,

PRÉSIDENT DE LA COMMISSION,

SÉNATEUR ET MEMBRE DE L'INSTITUT.

FORCE PRODUCTIVE
DES NATIONS CONCURRENTES,

DEPUIS 1800 JUSQU'A 1851.

—

IIIᵉ PARTIE.

ORIENT. — OCÉANIE.

AVANT-PROPOS.

Nous décrivons ici l'Océanie et ses forces productives. Ce monde nouveau s'est approprié nos arts et notre civilisation, dans l'intervalle de temps que nous embrassons : le dix-neuvième siècle.

Dans le même laps de temps, l'archipel des îles Sandwich n'a pas seulement acquis les industries européennes, mais un ordre social et des lois empruntés à l'Occident : un homme supérieur, un indigène, a produit cette civilisation digne de fixer nos regards.

Au milieu des îles de la Société, Tahiti prospère sous le protectorat de la France. Nos îles Marquises n'ont point d'avenir ; et, dans la Nouvelle-Calédonie, nous en sommes encore à des essais.

Dans ces possessions, notre patrie protége et la liberté d'un commerce offert à toutes les nations, et la liberté des croyances : cette dernière protection nous a presque valu la guerre avec nos voisins d'outre-mer. Dans la Polynésie, il a fallu nos efforts pour défendre un culte opprimé : celui que professe la majorité des Français. La liberté de ce culte, nous l'avons fait triompher depuis Tahiti, les Sandwich et les îles Gambier, jusqu'à la Chine et jusqu'à la Cochinchine, où nos marins, en ce moment, versent leur sang pour la défendre.

Au point de vue du progrès colonial, désire-t-on connaître tout ce que peuvent obtenir les bras laborieux des Occidentaux? Il faut contempler un magnifique spectacle : c'est celui qu'offrent à notre étude approfondie les créations britanniques, sous le climat tempéré de l'Australie.

Si l'on veut admirer à bon droit la race anglo-saxonne, il faut la voir travaillant pour elle et chez elle, sans vaincus à dominer, n'ayant à pressurer que la nature. Il faut la voir construisant à la fois ses maisons, ses ateliers, ses lois et ses droits.

Alors elle est incomparable.

Vers la fin du siècle dernier, lorsque commençait notre première révolution, les Anglais débarquaient à peine mille forçats, déportés à Botany-Bay : triste et faible noyau! Aujourd'hui six vastes colonies comptent douze cent mille Anglo-Saxons, et vingt millions d'animaux, qu'ils ont rendus productifs. Là les cités, les champs n'offrent plus que des hommes libérés ou libres; là les Anglais ont créé la plus grande industrie pastorale que les Occidentaux aient jamais développée dans les deux mondes. Tout récemment ils ont trouvé, dans cette contrée, le plus précieux des métaux; en cinq années, ils ont tiré du sol pour un milliard six cents millions d'or : c'est leur commencement.

Aux antipodes ils ont bâti deux cités de cent

mille âmes, avec des voies publiques à macadam, à trottoirs, à gaz. Pour le seul objet de la conduite des eaux, ils achèvent aux abords de Melbourne une œuvre presque comparable à celle de Marseille, fière à juste titre de son aqueduc de Roquefavour.

A présent l'agriculture australienne s'évertue à nourrir ces enrichis d'un nouveau monde; elle fait des progrès dignes d'étude.

Pour donner une idée de la puissance de production et de consommation que les Anglo-Saxons déploient en Australie, je les ai comparés aux citoyens des États-Unis, ainsi qu'aux naturels des Grandes-Indes. Voici ce que j'ai trouvé, pour les cinq ans écoulés de 1851 à 1856 :

La même valeur totale de productions des trois royaumes britanniques est consommée,...

Par 100 Anglo-Saxons de la colonie australienne de Victoria;

Par 2,438 habitants des États-Unis;

Par 23,868 naturels de l'Hindoustan.

Voilà quelle est, du côté des arts et du commerce, la puissance du sang britannique, soumis ou non soumis aux lois britanniques. J'ai cru devoir n'épargner ni fatigues ni recherches pour suivre, dans les phases diverses de son développement, le résultat sans exemple de l'activité, de l'intelligence et de l'énergie déployées par les Anglais en Australie. Il est beau de voir les colons appelant au secours, avec un tel succès, le commerce, les arts et la navigation de leur métropole.

Un spectacle tout différent est offert par les colonies de la Hollande en Océanie. Là, sous la zone torride, seize millions d'Indiens malais sont mis en valeur, c'est le mot, par quelques milliers de Bataves. Les Anglais avaient envahi ces îles, quand nous avions confisqué la mère patrie, vers la fin du premier Empire. Malgré leur puissance de succion, les Anglo-Saxons n'en tiraient pas assez d'argent pour solder les frais de gouvernement. et d'occupation armée. Pour ce motif, ils les ont rendues sans résistance, lors de la paix générale qui suivit 1814.

Alors les Néerlandais ont entrepris une œuvre que leurs prédécesseurs n'avaient pas même soupçonnée. Un roi des Pays-Bas, Guillaume Iᵉʳ, s'est fait marchand; il est devenu le premier partenaire d'une association qu'il a constamment tenue dans sa main. Cette association a dit aux îles de la Sonde : « Produisez! Produisez sans bornes. J'achèterai tout, et toujours, et plus cher que vous n'avez jamais vendu; mais je serai l'acheteur privilégié, et le commerce étranger recevra mes conditions. » Dans l'Océanie, la Néerlande a dit aux princes, aux sultans indigènes : « Vos délégués seront mes inspecteurs, les stimulants de mes ateliers agricoles, et vous aurez part au profit. Je vous garantis vos trônes utiles; l'annexion, cette plaie de l'Inde anglaise, je ne la ferai jamais saigner. Vous aurez pour vous l'hérédité, l'opulence et la sécurité. Secondez-moi : le voulez-vous? » Ils l'ont voulu.

Une révolution de labeur a suivi, comme par miracle, cette forte combinaison.

En dix ans, à Java, à Sumatra, les productions exportables ont été décuplées. Dans la métropole, les manufactures, le commerce et la navigation, régénérés, ont pris un développement supérieur aux plus amples espérances. L'association qu'un roi dirigeait a fait une fortune sans pareille. Elle a nagé dans l'or, à l'époque où la grande compagnie des Indes britanniques n'égalait pas même ses recettes à ses dépenses, quoique celle-ci confisquât des principautés et des royaumes annexés à son empire gigantesque.

Aujourd'hui, tous frais payés en Océanie, et tous bénéfices prélevés en Europe par la Société néerlandaise, le Trésor public reçoit chaque année plus de 55 millions de francs! Ce revenu, créé par un admirable génie colonial, sert à payer les dettes métropolitaines.

J'ai soin d'offrir les développements nécessaires à l'intelligence de l'action pleine d'habileté que les Néerlandais exercent sur les insulaires océaniques. Je le fais afin que l'on comprenne à fond une force productive sans exemple jusqu'à ce jour, et qui s'est développée depuis un tiers de siècle.

Les Anglais, du haut de leur grandeur et du sommet de leurs milliards, ont eu la faiblesse de porter envie à cette prospérité ; ils ont déploré, dans l'Océanie néerlandaise, les importations qu'ils ne font plus qu'aux trois cinquièmes, et qu'ils avaient compté faire en presque totalité. Les Hollandais, avec la ténacité qui caractérise leur courage impassible, ont mis leur sang-froid vivace à défendre chez eux leur propre part. Ils ont fait plus. Alarmés, mais sans épouvante, ils ont créé dans Java, dans Sumatra, des ouvrages défensifs ayant pour but d'obliger un assaillant, quel qu'il soit, à les combattre ailleurs que sur les eaux. Ces travaux audacieux sont dignes d'un peuple qui, pendant trois siècles, a défendu son indépendance contre les plus fortes puissances de terre et de mer. Son système hardi, profond, m'a paru mériter d'être décrit.

Les belles possessions des Espagnols, en Océanie, n'offrent pas des succès ni des combinaisons aussi dignes d'étude : ici l'activité fait surtout défaut. Cependant, depuis la paix de 1814, les Philippines ont obtenu des progrès marqués, dont je mesure la nature et l'étendue. Elles pourraient aller plus vite et plus loin; elles pourraient produire bien davantage, sans que leur population, toute conquise à la civilisation chrétienne, fût trop fatiguée. De ce côté, j'ai cherché ce que peut désirer, ce que peut espérer l'ami d'une race pour laquelle nous éprouvons une sympathie naturelle.

Un dernier contraste termine le tableau de l'Océanie; il est offert par le Japon. Le désir de prendre part aux trésors de ce beau pays, il y aura bientôt quatre cents ans, a suffi pour faire trouver l'Amérique à Christophe Colomb. Quand il l'a découverte, son navire gouvernait à l'occident sur le Japon.

J'ai tâché de montrer ce que sont l'organisation et l'industrie d'un peuple qui, depuis deux cents ans, s'est bien plus séparé du monde que n'ont jamais voulu ni pu l'entreprendre les insulaires[1] qui mettent aujourd'hui la main dans tous les intérêts du globe.

J'ai décrit le commerce exclusif et restreint des Néerlandais et des Chinois avec le Japon, jusqu'à ces derniers temps. Je passe ensuite aux tentatives efficaces des États-Unis, afin d'obtenir dans cet empire deux premiers ports de refuge : en 1854 et 1855. Enfin j'expose les derniers résultats dus à la victoire indivise des Français et des Anglais sur les Chinois : c'est l'ouverture en grand des portes du Japon. J'essaye de prévoir ce que peut devenir, en faveur de la France, le commerce à créer dans cette contrée.

L'Océanie occupe et termine ce volume. Nous aborderons, immédiatement après, la Chine et l'Inde.

[1] « ..... Toto divisos orbe Britannos. »

INTRODUCTION.

FORCE PRODUCTIVE
DES NATIONS CONCURRENTES,
DE 1800 À 1851.

TROISIÈME PARTIE.

L'ORIENT.

PREMIÈRE SECTION.

L'OCÉANIE.

CONSIDÉRATIONS GÉNÉRALES SUR L'ÉTENDUE DE L'OCÉANIE.

Après avoir achevé la revue des nations occidentales qui peuplent l'une et l'autre Amérique, transportons-nous à l'ouest de ce vaste continent; considérons les terres habitables que les Européens ont successivement trouvées au sein de la mer qui sépare les deux Indes.

Presque le tiers de la surface du globe est envahi

par cette mer qu'on a très-justement appelée le *Grand Océan*. En la parcourant depuis moins d'un siècle, les navigateurs anglais, français et russes ont découvert des contrées si nombreuses, et quelques-unes si vastes, que les géographes ont cru devoir en composer une *cinquième partie du monde* : ils l'ont nommée l'*Océanie*.

La mer de l'Océanie affecte la forme d'un immense triangle ayant deux sommets très-éloignés dans l'autre hémisphère : 1° le cap Horn, à la pointe australe de l'Amérique; 2° le cap de Bonne-Espérance, à la pointe australe de l'Afrique. Pour arriver au troisième sommet du triangle, il faut aller jusqu'au détroit de Behring, vers les régions glacées de notre pôle boréal.

Afin que le lecteur se forme une juste idée des espaces prodigieux qu'occupe l'Océanie, il nous suffira d'offrir la mesure des distances qui séparent ces trois sommets.

DISTANCES DES TROIS POINTS CAPITAUX QUI LIMITENT L'OCÉANIE.

	KILOMÈTRES.	LIEUES.
Du cap Horn au détroit de Behring................	15,789	3,947 1/4
Du cap de Bonne-Espérauce au détroit de Behring....	18,115	4,528 3/4
Du cap de Bonne-Espérance au cap Horn.	19,126	4,781 1/2

La Chine, l'Hindostan, l'Arabie et l'Afrique du sud bornent à l'occident l'Océanie, et les deux Amériques la bornent à l'orient; des glaces éternelles limitent, du côté du pôle austral, ses espaces navigables.

A l'égard des îles entourées par le Grand Océan, quoique l'une d'elles ait presque l'étendue de l'Europe, et d'autres celle de la France, ces îles n'occupent pas la vingtième partie de la mer qui les entoure.

Avant de parcourir l'Océanie suivant notre méthode,
en cheminant de l'orient à l'occident, nous devons dire
quelques mots d'une partie de l'Amérique dont nous n'a-
vons pas encore parlé.

CÔTES EXTRÊMES DU NORD DE L'AMÉRIQUE, À L'OUEST DE L'OCÉANIE.

Les États-Unis finissent au détroit de Juan-de-Fuca,
qui sépare leur continent et l'île de Vancouver, par le
34ᵉ degré de latitude boréale.

Dernières limites des possessions anglaises : Colombie britannique.

Les Anglais ont conservé l'empire sur la côte occi-
dentale de l'Amérique du Nord, depuis le détroit de
Juan-de-Fuca jusqu'au méridien qui passe par le mont
Hélie, au 143ᵉ degré à l'ouest du méridien de Paris.

Ils donnent le nom de *Colombie* à la partie occidentale
qu'ils ont commencé de coloniser.

Dans l'immense contrée qui s'étend au nord, à l'ouest
des Canadas, la puissance britannique est représentée par
la Compagnie d'Hudson ; elle règne depuis l'Atlantique jusqu'à l'océan Pacifique. Là les Indiens et quelques Européens vivent des chasses qui donnent les fourrures.

Dans la Colombie britannique un nouvel élément de
prospérité s'est révélé tout à coup. En 1858, dans le
bassin de la rivière *Frazer* qui débouche en face de l'île
de Vancouver, on a trouvé des terrains aurifères. L'espérance et la spéculation osent les comparer à ceux de la
Californie ; aussitôt les aventuriers se précipitent en foule
vers le nouvel Eldorado. Combien de souffrances et de
déceptions les attendent !

Ici le Gouvernement britannique entend régulariser

les exploitations du plus précieux des métaux, comme nous verrons qu'il a su les régulariser en Australie. Il ne veut pas laisser l'anarchie et le hasard présider à de telles entreprises, ni suivre l'exemple des exploitations commencées avec un si grand désordre en Californie.

Premières possessions océaniques de la Russie.

L'empire de Russie commence à l'extrémité occidentale de l'Amérique du Nord, séparé de l'empire britannique par la ligne idéale du 143ᵉ degré de longitude occidentale. Depuis cette ligne, la Russie règne au nord de l'Amérique, de l'Asie, et de l'Europe, sans interposition d'aucun peuple étranger. Au nord, elle n'a pour confins que la mer Glaciale, dans une étendue de 200 degrés en longitude. D'orient en occident, à la hauteur du 60ᵉ degré de latitude, son territoire offre une longueur continue de 11,111 kilomètres ou 2,778 lieues. Nous étudierons sans interruption les parties indivises de ce grand empire quand nous arriverons au centre de sa puissance, c'est-à-dire en Europe.

Bornons-nous à dire en ce moment que l'Amérique russe possède, au nord-ouest de l'Océanie, plus de 800 lieues de côtes, et que ces côtes limitent un territoire qui surpasse cent millions d'hectares; c'est le double de la France. A peine un si vaste pays renferme-t-il 80,000 habitants. Ce n'est pas même un individu par douze cents hectares : les déserts sont aussi peuplés.

L'Amérique russe ne fait qu'un genre de négoce avec le reste du monde; c'est le commerce des fourrures enlevées aux quadrupèdes sauvages dans les immenses solitudes. Le froid du cercle polaire, par un bienfait de la nature, donne à ces animaux un pelage plus abondant, plus chaud et plus fin. Ils ont ainsi, pour conserver leur propre chaleur, des moyens d'autant plus puissants que le climat devient plus rigoureux. A l'utilité la nature ajoute aussi la beauté; le luxe de l'homme en profite.

Grande vallée orientale de l'océan Pacifique.

Le Grand Océan présente, à partir de l'Amérique russe, jusqu'au delà du cap Horn, une vallée qui surpasse trois mille lieues en longueur, sur une largeur qui, mesurée de l'occident à l'orient, surpasse mille lieues.

Elle s'élargit à mesure qu'on s'éloigne de notre pôle.

Elle porte plus spécialement le nom d'*océan Pacifique*, nom mérité pendant les mois de la plus belle saison, mais qui ne l'est guère pendant le reste de l'année.

CHAPITRE PREMIER.

POLYNÉSIE.

A l'orient de l'immense vallée les montagnes sous-marines commencent à montrer leurs sommités; elles forment des îles si nombreuses qu'on a donné le nom de *Polynésie*, πολυννσία, à l'archipel qui les embrasse.

Ces montagnes sont groupées suivant un système comparable à celui de certaines grandes chaînes que nous remarquons sur les continents. Elles forment des lignes transversales sensiblement parallèles. Ces lignes montagneuses sont séparées par des vallées secondaires dont la largeur se compte pourtant par centaines de lieues. Dirigées de l'orient à l'occident, elles inclinent sensiblement vers le nord, à mesure qu'elles s'éloignent de la vallée principale, que couvrent les eaux de l'océan Pacifique.

§ 1. Archipel des îles Sandwich.

En 1778, à mille lieues de l'Amérique, et vers les confins de la zone torride, le célèbre capitaine Cook découvrit un archipel, le plus important de toute la Polynésie; il lui donna le nom de son protecteur, de son ami Sandwich, alors premier lord de l'amirauté d'Angleterre. Immédiatement après cette belle découverte, il s'éloigna pour explorer le grand arc rentrant que forme, vers le nord, la côte occidentale d'Amérique; il poursuivit ses investigations jusqu'au cap le plus avancé vers l'occident, en face de l'Asie, dans le détroit de Behring.

Après avoir fait cette savante et belle campagne, il revint aux îles Sandwich, et découvrit Hawaï. C'est la plus grande de ces îles, la plus grande aussi de toute la Polynésie; elle a plus d'un million d'hectares.

Rien ne peut égaler les marques de confiance et de vénération que le roi d'Hawaï, le corps des prêtres et le peuple donnèrent à Cook, à ses officiers, aux simples marins de son équipage. Émerveillés à l'aspect d'une race puissante par elle-même et par ses armes, à l'aspect de leur commandant, dont la voix maîtrisait les vents et faisait à son gré mouvoir des vaisseaux si supérieurs aux humbles pirogues, ces hommes simples crurent voir en lui le dieu qu'ils attendaient; le dieu qui devait, d'après une antique prophétie, revenir miraculeusement porté sur une île flottante! Ils conduisirent le capitaine Cook dans leur temple principal, et, sans qu'il les comprît, ils l'adorèrent.

L'illustre navigateur avait une autre ambition que celle de recevoir ces vains hommages. Il ne s'arrête pas même à parcourir l'archipel dont il a fait la découverte; il met à la voile, afin accomplir la dernière partie d'une mission dont le bonheur, hélas! allait cesser. A peine a-t-il perdu la terre de vue, un coup de vent irrésistible avarie sa mâture et rend urgent le retour dans un port. Il reparaît aux côtes d'Hawaï, non plus comme un être surnaturel porté sur l'île flottante qui marchait à sa voix, mais comme un faible mortel vaincu par la mer. La plage est déserte; seulement quelques indigènes, du fond des bois et derrière des rochers, épient le navire à qui ses marins mêmes enlèvent un dernier prestige, en le dépouillant de ses voiles et de tous ses agrès pour le réparer. Chez les peuples dans l'enfance, l'instinct sans pitié des riverains de la mer est de vouer les naufragés à la spoliation. Les pillards d'Hawaï, nageurs intrépides, dérobent de nuit une grande chaloupe amarrée tout près du navire en radoub. Cook exaspéré la réclame avec emportement; il vole à terre. Pour garantie, pour otage, il s'efforce d'entraîner à son bord le roi même. Le peuple résiste : un combat inégal s'engage, et le grand navigateur périt barbarement, lâchement assassiné. L'instant d'après la rive est déserte, et la vengeance devient impossible aux marins.

Lorsque la découverte des merveilles d'un nouveau monde océanique éprouvait cette perte immense, perte qu'on apprit tard en Europe, la guerre avait éclaté, sur toutes les mers connues, entre les Anglais et les Français, sauveurs des Américains. Louis XVI, cet illustre ami de la géographie et de l'humanité, honora son règne en ordonnant à ses vaisseaux qu'on respectât partout les navires du capitaine Cook, et, loin de les capturer, qu'on leur prêtât assistance. Le célèbre Franklin, qui pouvait parler haut en attestant les services immortels de la science, Franklin, ambassadeur des États-Unis à Paris, supplia son gouvernement d'imiter l'acte généreux dont il était spectateur; mais il échoua dans sa tentative. La France méritait que la fatalité des événements ne la frustrât pas d'une si belle occasion de tendre la main au génie, et de montrer aux nations son généreux amour de la vraie gloire.

Un grand roi : Taméaméah le Civilisateur.

Douze ans après la perte de Cook, le plus renommé de ses compagnons, Vancouver, visita de nouveau les îles Sandwich, auxquelles il apporta des présents et des lumières. Son amitié fut appréciée, comme elle méritait de l'être, par un nouveau monarque indigène, qui grandissait chaque jour : c'était Taméaméah Ier, qui fondait à la fois une dynastie, un empire, une civilisation.

Le rusé Vancouver eut l'art de faire considérer comme un honneur à ce prince de se déclarer, lui, le plus indépendant des hommes, sujet nominal de Georges III, roi d'Angleterre. Cette suzeraineté sans conséquence fut à juste titre, dit un savant historien britannique, considérée comme un titre honorifique, dont il était impossible d'obtenir par la force l'interprétation littérale[1].

Les Anglais se sont contentés d'exercer, par leurs voyageurs et leurs commerçants, une influence active et bienfaisante; ils ont été merveilleusement compris par un prince régénérateur de son peuple.

Le roi de l'archipel Sandwich, qui rendait un hommage si complaisant et si nul au souverain de l'empire britannique, ne croyait certes pas abdiquer par un tel acte. Ce sauvage fut un des monarques les plus éminents qu'ait produits le nouveau monde. Quoique d'une famille princière, il n'était pas né sur le trône. Lorsqu'il eut atteint l'âge viril, les jeunes gens de son île natale, Oahou, le choisirent pour les diriger; il leur apprit à perfectionner

---

[1] D. Lardner's Cyclopedia; *History of maritime and Inland discovery.*

les cultures, en attendant qu'il leur enseignât à perfectionner l'art de la guerre. Les dissensions civiles et la victoire
eurent pour résultat de le rendre roi d'Oahou. Attaqué
par les chefs des autres îles, il les vainquit tour à tour, et
devint bientôt maître de tout l'Archipel.

Taméaméah fit servir à consolider son autorité les
croyances religieuses consacrées par les traditions; mais,
à mesure qu'il devint plus puissant, il attaqua les coutumes
funestes en sapant par degrés les superstitions les plus ré-
voltantes. C'est ainsi qu'il agit à l'égard du *tabou;* dont
l'autorité redoutable s'étendait dans toute la Polynésie, et
qui reposait sur les traditions de l'idolâtrie.

Le tabou frappait d'interdit ou couvrait du manteau
de l'inviolabilité, suivant qu'il était anathème ou protection. Protecteur, il rendait sacrés les personnes, les
biens, le pouvoir des prêtres et du souverain; toute
infraction à ce tabou religieux était mise au rang des
sacriléges. Un tel crime était puni par le sacrifice de la
vie : sacrifice accompli par les pontifes, au milieu de
leurs cérémonies superstitieuses.

L'autre tabou, portant anathème, pouvait frapper pour
un certain temps la personne de tout insulaire, ou s'appliquer à ses biens. Quand un individu s'en trouvait
atteint, il subissait une véritable excommunication : aucun habitant ne pouvait l'abriter sous son toit, ni le
nourrir, ni conserver avec lui la moindre relation. Ce dernier tabou ne pouvait durer qu'un temps limité; dans les
cas ordinaires, sa plus grande étendue était de quarante
jours. Dès que Taméaméah se sentit assez puissant, il
réduisit la durée du tabou qui frappait ainsi ses sujets,
d'abord à vingt jours, puis à dix jours, et, dans les derniers temps de son règne, à cinq jours seulement.

A l'égard du tabou religieux ou politique, avant d'oser

le faire disparaître, le roi commença par se déclarer le chef de la religion nationale, à la manière de Pierre le Grand. C'est à ce titre qu'il put attaquer la terrible sanction des sacrifices humains, accomplis par des prêtres, en expiation de prétendus sacrilèges : il osa les abolir. Il abolit aussi la coutume impie qui réservait les prisonniers de guerre pour être immolés dans les solennités de l'idolâtrie. On se ferait l'idée du mérite de pareils actes, si l'on supposait qu'en Espagne Philippe II, changeant de nature et cessant de se complaire dans l'immolation de ses sujets, eût interdit, au nom de Dieu même, les supplices ordonnés par l'inquisition, et qu'il eût pour jamais éteint la flamme des auto-da-fé.

Supérieur aux préjugés de sa terre natale, quoiqu'il soit resté jusqu'à sa mort le protecteur du culte informe de ses pères, il accueillit avec une faveur constante les missionnaires protestants : les seuls qui de son temps aient pénétré dans ses États. Il leur permit d'ouvrir des écoles et d'établir une imprimerie pour multiplier leurs bibles. Cependant il leur opposa la force d'inertie lorsqu'ils voulurent, non-seulement le convertir, mais s'emparer de lui, comme plus tard ils s'emparèrent de sa race.

L'idolâtrie même, au nom de laquelle il commandait, lui servait pour en corriger les excès et les abus opposés à l'intérêt général. Il employa la suprématie de son autorité religieuse à détruire par degrés les pratiques contraires à l'humanité; en même temps, il eût craint de perdre son prestige aux yeux de ses propres sujets, s'il avait abjuré le culte traditionnel sur lequel était fondée l'obéissance à son pouvoir. Il semblait ignorer combien était grand le progrès qu'il avait fait faire à la raison de son peuple, et combien sa puissance était profondément enracinée dans tous les cœurs. Ce fut peut-être la seule erreur de son règne, et la seule gloire qui manque à sa vie. Il se contenta d'avoir tout préparé pour que son fils pût accomplir une régénération religieuse dont il pressentait l'importance. Revenons aux progrès d'ordre civil.

Pour nous former une juste idée de l'œuvre civilisatrice accomplie par le roi Taméaméah, il faut nous les figurer, lui et son peuple, tels que Vancouver apprit à les connaître dans son premier voyage avec le capitaine Cook. Ses guerriers n'avaient pour armes que la lance, l'arc et les flèches, ou la fronde et les pierres; ils ne connaissaient pas les armes à feu; ils ne connaissaient pas même l'*existence du fer* : du fer, sans lequel tant d'arts sont impossibles et tant d'autres imparfaits. Sous le climat de la zone torride, les vêtements ne sont guère un objet de nécessité; les chefs portaient, plutôt comme un costume d'apparat que pour cacher leur nudité, une espèce de pallium, couvert de plumes brillantes, et qui leur tenait lieu de tissus recherchés, dont ils ignoraient l'opulence. Le commun peuple vivait mal abrité sous des huttes grossières. L'usage ignoré des lits et des tentures, l'absence complète des tables et des siéges, réduisaient à peu de chose un mobilier presque sans objet. On mangeait sans vaisselle, sans couteaux, sans fourchettes, sans cuillers et sans même employer les petits bâtons imaginés par les Chinois : les doigts servaient à tout, en exceptant la propreté.

Les insulaires, on le voit, atteignaient la perfection physique imaginée par Diogène. Pour compléter la renaissance de son école du cynisme, les mères s'abstenaient d'expliquer à leurs filles la pudeur, et parfois la chasteté; l'ignorance de ces vertus, qui sont le plus bel ornement d'un bel ordre social, tenait lieu de l'innocence. La famille était sans lois saintes. Le mariage, aussi facile à rompre qu'à

libre-échanger, qu'on me passe ce mot barbare, le mariage
ne s'élevait pas même au rang d'un acte civil; car la cité
n'avait point d'actes. Quoique tant de choses utiles ou vénérables fussent inconnues au peuple polynésien, il n'en
était pas moins éloigné de l'âge d'or pur et charmant, si
rêvé des premiers poëtes. L'insulaire s'éloignait également
de ces qualités morales prêtées à la vie sauvage par les modernes philosophes, quand ils voulaient nous apprendre
à mépriser, à détester nos sciences, nos arts, nos lois et
notre civilisation. Qu'on imagine réunis l'abus infini de la
force, la violence, le meurtre, la spoliation effrontée, le
larcin sous toutes les formes; l'incontinence affichée, même
par le sexe dont elle est l'opprobre; l'inceste sans flétrissure; l'alliance permise entre frère et sœur, et le mal in-
testin qui s'ensuit dans la santé, la force et les mœurs des
familles; enfin l'avortement systématique, et l'infanticide
sans remords. Voilà la liste incomplète des vices accoutu-
més, ou des usages tolérés au sein d'une société tombée
dans l'imperfection, mais non pas restée dans l'enfance;
d'une société vieillie, caduque par le mal, et jeune seulement par l'ignorance du bien, du bon et du beau.

Tel était l'état des îles Sandwich lorsque Taméaméah
résolut d'introduire parmi son peuple la civilisation des
Occidentaux, œuvre à laquelle il consacra trente années.

En 1795, un capitaine américain, indigne d'être citoyen
du noble pays qu'a présidé Washington, vint aux îles
Sandwich avec deux navires destinés au commerce des
fourrures. Des voleurs insulaires enlevèrent un de ses
canots, comme ils avaient volé le capitaine Cook, et
n'accomplirent ce larcin qu'en tuant un matelot. L'Américain, au lieu de réclamer justice, attend froidement que
des pirogues chargées d'insulaires, innocents du délit,
s'approchent sans méfiance pour commercer avec lui. Il

les laisse venir; puis, à bout portant, il tire sur elles tous ses canons chargés à mitraille, et fuit vers une autre île. Bientôt son fils périt par représailles : un sauvage l'engloutit avec lui dans la mer. Quant au père, impuni, il s'éloigne avec la lâcheté commune à la cruauté.

Les maîtres d'équipage des deux navires américains, Young et Davis, étaient tombés entre les mains de Taméaméah, qui, non-seulement leur sauva la vie, mais résolut d'en faire l'instrument de ses desseins. Il se servit d'eux pour construire à l'européenne de bons navires à voiles, et pour former des équipages habiles à la manœuvre. Le roi voulut qu'ils enseignassent à ses sujets tout ce qu'ils pouvaient avoir appris dans la pratique des arts utiles. Ils ne furent pas seulement ses chefs de travaux. Aussitôt qu'il eut apprécié leur bon sens, leur prudence et leurs lumières naturelles, il en fit ses conseillers et ses ministres; ils devinrent ses diplomates, chaque fois qu'il fallut traiter avec les Européens. Tous deux furent pour lui ce qu'avait été Lefort pour Pierre le Grand.

. Le réformateur polynésien a fini par vaincre ses passions avec plus d'empire sur lui-même que le législateur immortel de la Russie[1]. Comme les premiers Moscovites et les peuples imparfaitement civilisés, tenté par les liqueurs qu'apportaient les Européens, il en usait avec intempérance. Alors il n'était plus maître de lui-même, et commettait des actes de violence, dont il rougissait ensuite, mais sans pour cela se corriger. Avant qu'il arrivât au dernier terme de la dégradation, ses deux ministres, Young et Davis, lui déclarèrent que, s'il voulait conti-

---

[1] « Dans un de ces repas trop à la mode alors, Pierre tira l'épée contre Lefort.... il demanda pardon à Lefort. Il disait qu'il voulait réformer sa nation, et qu'il ne pouvait pas encore se réformer lui-même. » (Volt. *Hist. de Pierre le Grand,* chap. IX, Voyages.)

nuer de tels excès, l'un et l'autre l'allaient quitter, pour
ne pas bientôt périr sous ses coups. Loin de s'irriter contre
eux, il leur jura de revenir à la sobriété, régla lui-même
la dose de rhum dont il pourrait user chaque jour, *et ne
la dépassa jamais !*.... Cela n'est-il pas plus magnanime que
d'assassiner Clytus, sauf à le pleurer, comme Alexandre?
ou de verser le sang de Lefort, comme Pierre Ier, au
milieu d'orgies indignes de si grands hommes?

Aussitôt qu'il eut complété la conquête des îles, Taméaméah comprit le seul moyen d'assurer l'indépendance
de ses États : c'était d'en organiser la force militaire en
se conformant aux principes européens. Il se procura
des instructeurs pour enseigner. à ses soldats les ma-
nœuvres des Occidentaux. Il ne négligea rien pour s'approvisionner de poudre, de fusils et de bouches à feu.

Dès 1804 Taméaméah comptait vingt et un navires
armés et gréés à l'européenne; il possédait un arsenal
rempli d'armes, les meilleures qu'il eût pu se procurer; il
attirait des ingénieurs et s'en servait pour bâtir des forts
bastionnés, pour ériger des batteries respectables. Il
voulait à tout prix pouvoir défendre l'entrée de ses ports,
dont l'excellence pouvait tenter les peuples maritimes, qui
d'ordinaire sont si désireux des îles d'autrui !

Afin de payer le matériel militaire accumulé par sa
prévoyance, il avait mis en coupe réglée le bois précieux
de sandal, dont abondaient ses forêts. Il tirait parti de
tous les étrangers pouvant enseigner quelque chose; il les
priait de communiquer à son peuple leurs arts et tous les
moyens de multiplier les objets d'échange. Il avait encore
un autre secret pour favoriser le commerce; il combattait
par des peines sévères le penchant de ses sujets au larcin.
En même temps, à la justice il joignait la bonté; ce qui
le faisait à la fois chérir et révérer de ses sujets.

Aussi dès qu'on apprit qu'il approchait du terme de sa vie, ce fut une douleur universelle dans toutes les îles. Lorsqu'il mourut, la plupart de ses sujets, alliant la tradition du tatouage à l'art des Occidentaux, gravèrent sur leurs bras, avec nos lettres et nos chiffres, ce souvenir, plus profondément gravé dans leurs cœurs : *Taméaméah, notre roi grand et bon, est mort le 8 mai 1819.*

Nous avons déjà parcouru la moitié du globe, et nous parcourrons l'autre moitié sans trouver, dans un demi-siècle, aucun autre peuple qui, par les efforts d'un seul homme, ait passé de l'état sauvage à la civilisation moderne, en s'organisant à la fois pour la guerre et pour la paix. Il importe peu que les îles Sandwich ne constituent pas un vaste empire; leur archipel surpasse en étendue, et même en population, des États à jamais illustres : l'Attique, la Laconie et l'État Romain sous Numa. Soyons heureux de rendre hommage à l'une des gloires les plus rares et les plus pures du XIXe siècle : c'est celle d'un demi-sauvage !

Trois mois, jour pour jour, après la mort de ce roi digne de mémoire, et sous le règne de son fils Taméaméah II, arrivait aux îles Sandwich le premier bâtiment de guerre que la France eût montré dans cet archipel. C'était la corvette *l'Uranie*, commandée par M. de Freycinet, qui depuis fut membre de l'Institut, académie des sciences. Le commandant de Freycinet remplit une œuvre de pacification entre le nouveau prince et des chefs ambitieux : ceux que ne contenait plus la présence du souverain civilisateur. Il réussit dans ce dessein.

Telle fut la confiance inspirée par les visiteurs français, que le premier ministre, qu'on surnommait *Pitt*, apparemment pour sa capacité gouvernementale, Pitt se fit baptiser, à bord de *l'Uranie*, par le cousin de Mgr de

Quélen, le célèbre archevêque de Paris. La cérémonie s'accomplit sur la corvette, en présence du roi, des princesses et de toute la cour. Peu de jours plus tard, le frère du ministre, gouverneur d'Hawaï, se fit pareillement administrer le baptême.

Le nouveau roi ne se montra pas indigne de son grand prédécesseur; il commença par supprimer les cinq jours de tabou, qui subsistaient encore. Comme il avait eu pour précepteur un ministre protestant, il se fit chrétien de la même secte; et, comme il arrive aux peuples dans l'enfance, en peu de temps son peuple l'imita.

Les missionnaires venus des États-Unis d'Amérique acquirent alors une très-grande influence sur les habitants, sur le prince et sur son gouvernement. Ces convertisseurs, pleins de zèle, manifestèrent un esprit de domination plus profondément calculé que celui des prêtres idolâtres.

Les apôtres américains imitèrent peu la simplicité, la pauvreté des premiers disciples du Sauveur. Sans effacer, à l'exemple du divin maître, leur ambition d'ici-bas, ils voulaient essentiellement que leur royaume fût avant tout de ce monde. Ils se sont fait bâtir des demeures somptueuses, qu'ils ont, aux frais des fidèles, meublées avec un luxe étudié. S'il faut en croire le savant docteur Meyen, témoin oculaire, les dames des missionnaires se promenaient en voitures découvertes, traînées par les naturels du pays; ce qui remédiait, par la multiplicité des néophytes, à la rareté des bêtes de trait.

Peu de temps après le passage aux Sandwich du savant de Freycinet, des missionnaires catholiques entreprirent de continuer l'œuvre commencée par l'abbé de Quélen. On va voir comment la tentative finit par l'expulsion de ces Pères et par la persécution de leurs néophytes.

Nous sommes heureux de pouvoir citer à ce sujet un

voyageur considérable, aujourd'hui vice-amiral, M. Laplace, commandant de la frégate *l'Artémise*. Il venait d'obtenir, en 1839, en traitant avec S. M. Pomaré, malgré les missionnaires anglais, que la foi catholique ne serait plus persécutée dans les États de cette reine; puis, sans retard, il s'était dirigé vers les îles Sandwich. « Je venais, dit-il, pour mettre également un terme aux persécutions dont les missionnaires méthodistes américains, établis en maîtres dans ces îles, accablaient nos prêtres et leurs néophytes. J'allais me trouver aux prises avec des antagonistes bien autrement fougueux, bien autrement intolérants et amoureux du pouvoir temporel que ceux contre lesquels je venais de lutter. Ceux-ci, y compris même le révérend *Pritchard*, étaient des modèles de douceur et de charité chrétienne auprès du chef des méthodistes américains et des nombreux collègues qui l'entouraient aux Sandwich. Ils persécutaient les prêtres catholiques, dont ils soumettaient les néophytes aux châtiments corporels, à la persécution, afin de leur faire abandonner leur foi. Leur intraitable puritanisme était odieux même à leurs concitoyens, navigateurs ou commerçants des États-Unis, que la pêche ou le négoce attiraient dans ces parages. »

Dès 1819, les Français avaient commencé de convertir au catholicisme quelques habitants des îles Sandwich. Bientôt après étaient arrivés les méthodistes de la grande confédération américaine, et les luttes avec leurs devanciers avaient aussitôt commencé : huit ans plus tard, la rivalité finissait par la persécution du plus faible.

Attirés dans les îles Sandwich, deux commandants français, Vaillant, capitaine de *la Bonite*, en 1836, et Du Petit-Thouars, capitaine de *la Vénus*, en 1837, avaient stipulé la protection des catholiques auprès du gouvernement insulaire; mais ces stipulations, solennellement consenties, étaient violées aussitôt que s'éloignait le pavillon défenseur de la liberté des consciences.

Par un traité de réparation, le capitaine Laplace obtint du gouvernement des îles Sandwich cent mille francs d'indemnité, pour compenser les dommages qu'avaient éprouvés ses coreligionnaires. Dans ce traité, la tolérance était noblement stipulée, avec l'exercice libre et public de tout culte chrétien.

Les Américains protestants, mais non missionnaires, applaudirent à ce succès. Ils assistèrent avec l'état-major et la garnison de la frégate à l'office solennel que nos marins firent célébrer sur le rivage. Nous inaugurions ainsi, dans les vastes mers de l'océan Pacifique, cette liberté des cultes, l'une des gloires de la France au xixe siècle.

J'ai cru devoir présenter l'historique de ces progrès moraux, si remarquables, accomplis depuis la dernière moitié du xviiie siècle jusqu'au milieu du xixe. Faisons connaître maintenant la situation matérielle et commerciale d'une contrée vraiment digne de notre intérêt.

Les principales îles Sandwich.

Dans l'île d'Hawaï, la plus grande des Sandwich, s'est incroyablement multiplié le bétail qu'en 1793 avait apporté Vancouver. Aujourd'hui ce bétail est une ressource précieuse pour approvisionner les navires baleiniers.

L'île d'Hawaï est la plus fertile de toutes; on y cultive la canne, et le sucre qu'on en retire est excellent. Le café s'y faisait aussi remarquer pour sa qualité. Des missionnaires excessifs auraient, à ce qu'on prétend, fait arracher les cafiers, pour ôter aux indigènes le luxe, blâmable à leurs yeux, d'une boisson qui fait les délices de l'Orient : ce fait me paraît incroyable.

L'île d'Oahou, moins grande que Hawaï, possède l'excellent port d'Onoloulou, principal centre du commerce. C'est là que touchent les navires qui fréquentent l'océan Pacifique, avant de faire la pêche sur les côtes du Japon, ou lorsqu'ils reviennent vers le midi; c'est là qu'au besoin ils se radoubent et prennent des vivres frais.

Population.

Nous possédons un recensement officiel propre à constater, quant au nombre des habitants, l'importance relative des diverses îles.

RECENSEMENT DE LA POPULATION, FAIT EN DÉCEMBRE 1853.

ILES RECENSÉES.	SEXE MASCULIN.	SEXE FÉMININ.	TOTAUX.	ÉTRANGERS.
Hawai.	12,443	11,750	24,193	259
Mani.	8,995	8,425	17,420	244
Molokai.	1,799	1,766	3,565	42
Lanai.	317	282	599	"
Oahou.	9,551	8,264	17,815	1,311
Kanai.	3,672	3,054	6,726	"
Oniihao.	392	398	790	264
Totaux...	37,168	33,939	71,108	2,140

Outre les sept îles habitées, dont nous venons de donner la population, il y a cinq îlots et des rochers isolés qu'il faut plutôt considérer comme des écueils et des dangers que comme des possessions utiles.

En réunissant les étrangers aux indigènes et suppléant à quelques omissions, on obtient un total de 73,588 habitants.

Décroissement de la population.

En 1778 le capitaine Cook estimait, peut-être avec exagération, que les îles Sandwich présentaient un total de 3oo,ooo habitants.

.A la fin de 1829, on n'y comptait plus que 13o,315 âmes; à la fin de 1853, on descendait à 73,588.

Avant de taxer, comme on l'a fait, d'exagération le nombre approximatif donné par le capitaine Cook en 1778, supposons qu'il soit exact, ainsi que les dénombrements postérieurs; supposons que, entre 1778 et 183o, la diminution se soit opérée tous les ans dans une même proportion; supposons aussi que, entre 183o et 1853, il y ait eu la même constance dans la diminution d'une année à la suivante,

Nous calculons alors que la perte *annuelle* de la population s'est élevée :

> Entre 1778 et 183o, à. . . . . 17 1/2 pour mille.
> Entre 183o et 1853, à . . . . 25 pour mille.

On ne doit pas trouver exagérée l'évaluation de Cook, d'après laquelle en un demi-siècle la diminution annuelle est seulement de 17 1/2 pour mille habitants, lorsque, dans le quart de siècle qui suit, la diminution annuelle s'élève à la proportion déplorable de 25 pour mille !

Ce devrait être pour le gouvernement des îles Sandwich le sujet d'étude le plus sérieux, que cette diminution, qui paraît devenir de plus en plus rapide au lieu de se ralentir. Elle n'est pas particulière à ces îles; des faits du même ordre sont constatés dans les autres groupes de la Polynésie.

On a cité des causes nombreuses : l'abus des liqueurs

fortes apportées par les navigateurs occidentaux; le recrutement trop considérable des navires baleiniers au
moyen de jeunes insulaires, qui souvent périssent dans ces
pêches dangereuses; la petite vérole, apportée d'Europe
et d'Amérique; certaines maladies épidémiques très-des-
tructives, etc.

Je suis convaincu qu'en étudiant chacune de ces causes
et les remèdes qu'on y peut apporter, non-seulement on
mettrait un terme à la dépopulation; mais on replacerait
un peuple vraiment digne d'intérêt dans la situation
d'accroissement naturelle à l'espèce humaine.

Aujourd'hui les îles Sandwich, dont le territoire surpasse 1,200,000 hectares, n'ont qu'un habitant par 16 hectares : dix fois moins qu'en France. Le climat est superbe
et la terre féconde; mais de vastes territoires, cultivés il
n'y a qu'un demi-siècle, sont abandonnés faute de bras.
Tout invite à la multiplication de l'espèce humaine, tout
semble la rendre facile en dépit de la triste réalité.

La nature a placé les îles Sandwich dans une situation
qui leur assure un commerce admirable.

Heureuse situation des îles habitées.

Hémisphère boréal. Latitudes :..... de 19° à 22°30′
A l'occident de Paris. Longitudes :... de 157° à 162°50′

Sous les mêmes latitudes qu'occupent les îles habitées,
nous trouvons : à l'est, le Mexique et l'extrémité de la
presqu'île de la Californie; à l'ouest, la mer de Canton,
Macao, Hong-Kong, Formose et le golfe de Tonquin. Ces
mêmes îles sont un intermédiaire précieux entre l'Amérique d'une part, et de l'autre le Japon, la Corée, les
Philippines et les îles de la Sonde.

Elles ont acquis une importance nouvelle depuis la découverte de l'or en Californie; cette importance va s'accroître par la découverte du même genre faite, à l'orient de l'île Vancouver, sur le continent de l'Amérique britannique. Enfin, à mesure que les Russes aideront à la fertilité de la nature, dans la vaste contrée qu'ils possèdent et que le fleuve Amour arrose, au nord de la Chine, à l'est du Japon, à mesure aussi que se peuplera la presqu'île du Kamtchatka, les navigateurs trouveront dans les îles Sandwich de précieux ports de relâche, quand ils voudront communiquer avec l'Amérique occidentale et la mer Atlantique.

Ces îles sont également un point commun de ravitaillement et de refuge, soit pour l'aller, soit pour le retour des navires baleiniers qui fréquentent les trois gîtes principaux de la pêche du Grand Océan, sur notre hémisphère : 1° dans la zone torride; 2° dans les mers du Japon; 3° dans la mer de Behring et, par delà le détroit de ce nom, jusqu'aux glaces perpétuelles.

Mais le nombre incroyable des baleiniers, surtout fournis par les États-Unis, dépasse à tel point les justes bornes, que la fécondité de la nature est vaincue par l'avidité des hommes. Chaque année, des pêcheurs plus nombreux obtiennent des produits moins abondants.

Deux ports seulement sont consacrés à l'entrée des marchandises étrangères : ce sont les ports d'Onoloulou et de Lahaina. Les navires baleiniers ont de plus accès dans les ports de Hilo, Kealakeakua et Hanalay, pour se ravitailler et recruter des pêcheurs.

Le commerce des îles Sandwich est déjà considérable, surtout à l'égard des importations.

TABLEAU DU COMMERCE TOTAL DES ÎLES SANDWICH.

ANNÉES.	IMPORTATIONS TOTALES.	EXPORTATIONS.	
		PRODUITS INDIGÈNES.	RÉEXPORTATIONS.
	francs.	francs.	francs.
1850....................	5,527,210	3,185,435.	248,429
1851....................	9,739,200	1,649,147	2,036,790
1852....................	4,057,647	1,373,724	2,035,117
1853....................	6,845,620	1,470,500	1,022,063

Les habitants eux-mêmes reconnaissent l'infériorité de leurs exportations.

Il est juste d'ajouter que les consommations faites dans les ports par les nombreux navires baleiniers, ou autres, ne font point partie des exportations; elles remboursent néanmoins une portion considérable des importations.

Voici comment, pour l'année 1853, se décomposaient les importations :

Objets étrangers admis francs de droits....	424,011 fr.
Objets étrangers imposés	6,196,250
Objets admis en entrepôt.	86,948
Objets retirés de la consommation........	138,354
	6,845,563

Gouvernement représentatif et ses rapports avec le commerce.

Ce n'est pas un des résultats les moins étonnants de la civilisation, dans les îles Sandwich, que l'institution récente d'un gouvernement représentatif, composé d'un roi, d'une chambre des nobles et d'une chambre des communes. Loin de regarder comme un jeu puéril cette imitation suggérée par l'Angleterre, cherchons plutôt ce qu'elle offre de sérieux et de fécond.

Partout où s'établit un tel ordre de gouvernement, on peut être certain que les intérêts commerciaux seront entendus avec habileté-et défendus avec énergie.

Aujourd'hui les îles Sandwich comprennent combien il importe de ne pas se lier les mains par des traités qui fixent *à jamais* la limite des droits d'entrée sur les produits de l'étranger. A cet égard nous les trouvons infiniment plus avancées que la Turquie et beaucoup d'autres États qui sont plus puissants, mais moins éclairés.

L'objet de la loi douanière de 1855 est de créer un tarif raisonné, suivant la nature des produits, chose que l'Angleterre fait si bien chez elle; et de remplacer ainsi le droit aveugle de 5 p. o/o sur toutes les marchandises. Le tarif établit quatre classes facultatives, qui payeront :

1re	2^e	3^e	4^e
zéro.	5	10	15 pour cent.

Ces insulaires, on le voit, sont bien plus modérés dans leur taxation que les grands promoteurs du libre échange britannique, dont les taxations les plus élevées dépassent 100 p. o/o. Citons un noble langage :

« La présente loi, qu'ont votée les deux chambres des nobles et des représentants, et que le roi a sanctionnée; la présente loi, dit le ministre des finances, a pour objet de faciliter la négociation de *nouveaux traités,* qui rendront notre législation *affranchie* et *nationale.* Jusqu'au moment où nous aurons obtenu ce résultat, nous ne serons pas une nation indépendante et libre..... »

Il est douteux que le grand souverain du Céleste Empire, malgré ses 400 millions de sujets et ses 3,000 ans d'expérience, dans les traités qu'on va lui dicter, marche d'après d'aussi savants et d'aussi nobles principes que le très-petit, très-faible et très-nouvel État des Sandwich.

§ 2. LES ÎLES DANGEREUSES ET LES ÎLES DE LA SOCIÉTÉ.

TAHITI.

Vers le milieu du siècle dernier, le jeune de Bougainville attirait l'attention de l'Europe savante. A vingt-trois
ans, dans la même quinzaine, il entrait aux mousque-
taires du roi, et publiait un traité complet sur la partie
la plus difficile des nouveaux calculs de Leibnitz et de
Newton. Pour un esprit qui suffisait à d'aussi profondes
études, les applications élémentaires de la géométrie à la
tactique, à la stratégie, ne devaient plus sembler qu'un jeu.
Bientôt il faisait en Allemagne son premier apprentissage
militaire. Cependant la diplomatie l'empruntait à la guerre ;
Bougainville, secrétaire d'ambassade, allait en Angleterre,
et la Société Royale de Londres, la grande institution scientifique, le plaçait au rang si peu prodigué de ses associés
étrangers. Malgré ces honneurs pacifiques, Bougainville se
sent ramené par un penchant irrésistible vers la carrière
des armes. La guerre, enflammée dans les deux mondes,
le conduit au Canada. Son instruction et sa vaillance
font de lui le major général de l'héroïque Montcalm, dont
la mort seule put entraîner la perte d'une admirable colonie, lâchement oubliée. Bougainville, en dirigeant un
corps isolé, avait obtenu sur un ennemi double en force
une victoire éclatante ; il secondait son général dans la
bataille où celui-ci perdit la vie, mais non la gloire.

Après la paix de 1763, il conçoit l'ambition de procurer à sa patrie quelque colonie nouvelle qui puisse un jour
la consoler d'une perte, hélas! irréparable. Il s'adresse aux
armateurs de Saint-Malo, qui jadis confiaient leurs navires
à Duguay-Trouin. Il les décide à former, sous sa conduite,
un établissement dans une autre zone tempérée de l'Amérique ; là le climat ne combattrait pas plus qu'au Canada

l'énergie des Européens et leur puissance de travail. Il
aborde à des îles fertiles qu'il appelle les *Malouines,* du
nom des généreux Bretons, ses armateurs. Il découvre
la belle rade qui sera la *Baie des Français;* il y pose le
fondement de sa colonie. Mais l'Espagne, au bruit du succès, revendique la possession des îles où nous allions créer
la prospérité. Toujours facile à prononcer contre elle-
même, la France accueillit cette réclamation : il fallut renoncer à l'espérance qui surgissait de ce côté.

Bougainville, alors, forma le projet d'accomplir un
voyage de découvertes dans l'océan Pacifique, dont il s'é-
tait si fort approché : on lui donna le rang de capitaine de vaisseau. En 1767, il entreprit sa brillante et
savante expédition. Il franchit le long et périlleux détroit
de Magellan; puis, remontant vers l'équateur jusqu'au tropique austral, où commence la zone torride, il découvrit
et traversa dans toute sa longueur une prodigieuse pléiade
de petites îles : c'était la vraie Polynésie. Elles sont environ-
nées à fleur d'eau par des ceintures de coraux que multiplie
leur propagation sous-marine, et qui deviennent des rochers
féconds en naufrages. Tel était le groupe innombrable que
Bougainville appela si justement les îles *Dangereuses;* les
indigènes les avaient nommées *Pomotou,* les îles des perles.

A l'extrémité la plus éloignée de l'Amérique, notre navigateur atteignit une île plus étendue que toutes les autres, plus belle d'aspect, et plus souriante à tous égards :
c'était *Tahiti,* où peu de mois auparavant Wallis avait abordé.

Les îles Dangereuses étaient peuplées de sauvages, assez
souvent cannibales et pirates avec passion. A 3 degrés de
distance de ce groupe, il trouva celui des îles de la Société, qui comptait Tahiti pour suzeraine, et se distinguait
par des vertus contraires. La terre volcanisée de cette île
était revêtue d'une végétation pleine de grandeur et de

charmes. Cet endroit de l'Océanie, que les Occidentaux allaient bientôt fréquenter avec délices, rappelait ces gracieux accents du cygne de Cambrai : « Il semblait que ces déserts n'eussent plus rien de sauvage; tout y était doux et riant; la politesse des habitants semblait adoucir la terre. »

Après une traversée laborieuse et pleine de périls, les Français trouvèrent un pays hospitalier, dont les habitants, remarquables à la fois pour l'élégance des formes et la distinction de la figure, accueillirent en frères les visiteurs européens. Les jeunes Tahitiennes, tantôt manœuvrant de frêles pirogues, tantôt nageant au sein des flots sans vêtements importuns, accueillirent plus joyeusement encore le navire de découverte, et montèrent à l'abordage.

On était alors plein des souvenirs de l'antiquité classique. Bougainville se crut transporté sur les rivages embellis par la mythologie d'Homère et les chants d'Anacréon; il appela *Nouvelle-Cythère* l'île qui s'offrait à ses yeux comme la Cyclade enchantée qu'aborda Vénus Anadyomène, en sortant du sein des eaux. On touchait aux dernières années du règne peu puritain de Louis XV; on fut tout à coup épris d'une île où le laisser-aller de la nature avait si peu de limites : c'était le temps des abbés. Le plus brillant de tous, l'abbé Delille, pour décorer par un frais épisode son nouveau poëme des *Jardins*, célébra l'île de Tahiti, si riche en jardins naturels, en voluptueux paysages; l'île où la beauté, disait-il avec complaisance,

> Pour être sans pudeur, n'est par sans innocence !

Or Bougainville et ses compagnons pouvaient révéler ce qu'était cette innocence.

Tahiti, la perle des îles des perles et l'honneur d'un archipel, en était la métropole; son roi comptait sous son autorité directe le groupe le plus rapproché, qu'on nomme les îles de la *Société*. Il exerçait, je l'ai déjà dit, une suzeraineté sur les îles Dangereuses.

L'instinct du prosélytisme, du trafic et de la domination fit, de bonne heure, comprendre aux protestants d'Angleterre qu'il fallait choisir Tahiti pour le centre de leurs missions dans toute la Polynésie. Elles se mirent à l'œuvre trois ans avant la fin du siècle dernier.

Les succès de l'entreprise furent d'abord insensibles. Ce n'est guère qu'après la fin de la guerre générale, vers 1815, que les missionnaires purent introduire la conversion dans la famille royale. Aidés du bras séculier, ils firent des progrès marqués chez les grands et chez le peuple.

Jamais on ne vit plus étonnant phénomène que celui des conquêtes opérées sur les voluptueux Polynésiens par des prédicants impérieux, moroses, ennemis jurés des plaisirs, même innocents. Ils proscrivirent ces costumes légers, ondoyants et gracieux, que réclamait le climat, sous la zone torride : tout était à la fois contrarié, combattu, anathématisé par les modernes puritains. C'eût été trop peu du circonspect et conciliant Poundtext; les révérends Habacuc et Kettledrum, ces redoutables prédicants, burinés sur les lieux par Walter Scott, n'étaient pas plus despotiques, ni plus emportés, ni plus violents, lorsqu'ils éprouvaient la contradiction la plus légère.

Outre les soins d'un autre monde, les missionnaires envoyés d'Albion savaient chercher pour celui-ci les voies du commerce, et des sectateurs pour les produits britanniques. Ils venaient à la fois convertir, trafiquer et surtout gouverner. Ils s'appuyaient sur la double influence de la patrie mère et de l'Australie; de l'Australie, dont les cités grandissantes se considéraient à leur tour comme les métropoles de la propagande religieuse, commerciale et politique, dans toute la Polynésie.

Cependant, après 1815, quelques navires français, attirés sur les côtes du Pérou et du Chili, s'aventuraient dans
les îles de l'océan Pacifique. Quand ils abordaient celles
où déjà se trouvaient des missionnaires britanniques, les
nôtres s'y trouvaient devancés par des préjugés et des calomnies contre les papistes et les Français. Pourquoi cette
haine, et l'effroi qu'elle révélait?

A l'époque où les Anglais, du sein de leurs mers tranquilles, renversaient l'admirable tableau peint par Lucrèce,
et contemplaient avec suavité [1] les tempêtes du continent, ils envoyaient leurs missions au bout du monde. Mais
la France, avec ses églises dévastées, ses prêtres persécutés
et Dieu mis en question par la tyrannie révolutionnaire, la
France ne pouvait pas songer à de pareilles entreprises. Le
blocus de toutes les mers les rendit impossibles tant que
durèrent les combats du premier empire français.

Ce fut seulement vers 1820 que des missionnaires français tournèrent les yeux vers l'Océanie : ils vinrent d'abord,
en très-petit nombre, dans les îles les moins attrayantes,
mais les plus voisines de l'Amérique du Sud. Leur constance
avait à lutter contre la barbarie des sauvages et bientôt
contre la jalousie de leurs rivaux protestants; cependant
ils n'étalaient rien qui pût exciter la haine et l'envie.

Sans famille, sans serviteurs, ils n'apportaient avec eux
que l'humilité, la douceur et la pauvreté. Leur charité, dans
l'indigence, n'avait à donner que les biens de l'âme; mais ces
biens sont inépuisables. Le protestantisme parle avec dédain des pompes du catholicisme; il accuse d'idolâtrie la
majesté de nos fêtes, au sein des cités somptueuses. Mais,
dans les archipels de l'océan Pacifique, ces pompes se com-

---

[1] Suave, mari magno, turbantibus æquora ventis,
E terra magnum alterius spectare laborem.

(*De nat. rer.* lib. II.)

posaient des pieds nus des missionnaires et de la croix de bois, cette croix qui recommençait à sauver un monde. Il y avait, dans les prêtres qui la portaient en Polynésie, un charme sympathique avec l'esprit simple et naïf des indigènes. Privés des secours et des récompenses qui semblent tout aux yeux du trafiquant et de l'ambitieux, les propagateurs indigents du catholicisme l'emportaient sur le luxe de leurs rivaux; ces derniers s'en vengeaient par les mauvais offices, le dénigrement et la persécution.

Plus tard nos navires revenaient en France; ils redisaient les souffrances dont ils avaient été les témoins, et le gouvernement finissait par être instruit.

On ne pouvait pas endurer toujours qu'on prodiguât l'outrage à des Français, à des prêtres, non-seulement inoffensifs, mais bienfaisants, et qui s'exposaient à mourir chez les sauvages pour leur apporter la foi et la civilisation.

Cependant l'amour des sciences géographiques, le désir de conserver à la France sa juste part des découvertes qu'elle avait commencées par les travaux de Bougainville, de Lapeyrousse et de d'Entrecasteaux, qu'elle avait continuées en 1801 par l'expédition de Baudin; ce noble désir fit envoyer successivement les Freycinet, les Dumont d'Urville, les Duperré, les Vaillant, les Du Petit-Thouars et les Laplace, pour accomplir ce qu'on appelle des voyages autour du monde. En parcourant les archipels de la Polynésie, ces navigateurs éminents montraient notre pavillon flottant sur des corvettes ou sur des frégates admirablement armées et gréées, surtout les plus récentes. Ils avaient sous leurs ordres d'excellents équipages et des officiers de choix, prompts quand il le fallait à châtier les insulteurs, et, dans tous les temps, habiles à se faire aimer des populations: c'est le propre des Français. Ces apparitions brillantes firent changer en notre faveur les aborigènes. Quand notre pavillon apparaissait, les chefs faisaient droit à nos justes représentations : la persécution cessait. Dans les lieux mêmes d'où les préventions avaient d'abord fait repousser nos missionnaires, souvent leur retour était bien accueilli, et leur douce influence acquérait tout son empire.

Les difficultés furent plus graves à Tahiti, où des événements considérables s'étaient accomplis. Là le succès des missionnaires anglais était complet. Une femme régnait sous leur domination, l'un d'eux était son directeur. Ils dictaient les lois au nom du culte et des mœurs; ils conduisaient à leur gré le conseil représentatif, qu'ils avaient établi, dans *Papéïti*, le meilleur port et la capitale de l'île. Tout attestait leur suprématie. Tandis que la reine habitait une grande halle en bois, presque sans meubles, présent mesquin de la Société biblique de Londres, le principal missionnaire habitait un hôtel qu'on eût pris plutôt pour le palais de la royauté ; hôtel qu'il s'était fait bâtir par ses néophytes. C'était un vaste bâtiment en pierres, précédé d'une cour d'honneur et suivi d'un beau jardin : là résidait le très-révérend M. Pritchard avec sa famille. Le premier étage offrait de spacieux magasins pour les objets traficables dont Mme Pritchard dirigeait le débit; le rez-de-chaussée était occupé par *une pharmacie* qu'exploitait le révérend même. Il fallait considérer cet audacieux vendeur du Temple comme un conseiller intime à la cour, un premier ministre dans le gouvernement de Tahiti, et pour la majorité des îles polynésiennes comme un primat des Wesleyens : tout cela se conciliait habilement avec une espèce d'agence au nom du gouvernement britannique.

En 1838, deux prêtres français, isolés et pauvres, arrivés sur une chétive goëlette, adressèrent leur prière à la reine Pomaré, pour obtenir de résider dans Tahiti. Malgré les représentations favorables du consul des États-Unis et de

plusieurs grands chefs, l'inexorable Pritchard et les autres
prédicants obtinrent qu'on expulserait les humbles sup-
pliants, contre lesquels on ameuta le commun peuple.

Citons ici mon célèbre confrère à l'Académie des sciences
morales et politiques M. Louis Reybaud. Voici comment il
s'exprime dans son intéressant ouvrage sur la Polynésie et les
îles Marquises : « Le consul des États-Unis sauva les missionnaires français ; mais le chef de la mission anglicane, Pritchard, n'était pas homme à s'arrêter à mi-chemin. Cumu-
lant les fonctions de ministre du culte et celles d'agent
commercial, il réunit les hommes dévoués de sa double
clientèle, fit entourer la maison dans laquelle se trouvaient
les prêtres français, *les en arracha après avoir enfoncé la
toiture*, et les rembarqua de vive force sur la goëlette qui
les avait amenés. » Ce frêle navire, on le fit partir avec violence, et sur-le-champ, quoiqu'il ne fût pas ravitaillé.

Depuis plusieurs années un Français résidait à Tahiti ;
il avait appuyé la demande des deux prêtres de son pays,
il fut sans retard banni comme eux. Enfin, la même persécution continua contre quiconque, fût-il au nombre des
grands chefs, avait montré sa sympathie ou sa simple com-
passion pour les infortunés catholiques. De tels excès ne
pouvaient pas rester impunis.

En septembre 1838, l'un de nos circum-navigateurs,
qui portait dignement le nom des Du Petit-Thouars, illustré deux fois, par l'héroïsme naval et les sciences naturelles, le commandant de *la Vénus* châtie ces méfaits. Il
obtient une réparation méritée en faisant signer un traité
solennel à la reine Pomaré

Bientôt après, au mépris de cette convention, M. Pritchard eut le crédit de faire passer une loi qui défendait
aux catholiques de s'établir dans le pays, et d'y professer
en public leur religion.

Telle était la loi que se proposa de faire révoquer un autre éminent navigateur, chemin faisant autour du monde. C'était M. le capitaine de vaisseau Laplace, qui commandait la frégate *l'Artémise*.

Il a·publié l'ouvrage le plus remarquable sur les arts, les mœurs et l'état social des pays qu'il a visités[1]. Je déclare ici le prendre pour guide, sous sa responsabilité, dans l'exposé des faits dont il fut témoin oculaire.

En mai 1839 il arrivait à Tahiti, accablé d'un plus grand malheur que Cook avant son dernier départ des Sandwich; des récifs invisibles avaient arraché son gouvernail et treize mètres de sa quille, en ouvrant d'énormes voies d'eau. Par son courage et sa présence d'esprit, il avait sauvé sa frégate; mais il eut besoin de l'abattre en carène et de la radouber dans le port de Papéïti, capitale de l'île. Il eut ainsi le temps de bien étudier les choses et les hommes.

Au milieu de la baie de Papéïti, le commandant de *l'Artémise* voyait la petite île de Motou-Roa; là se trouvait la villa des souverains, où le roi Pomaré II se dérobait naguère aux regards des missionnaires pour s'enivrer sans contrôle et commettre les excès dont il est mort, tout converti qu'il était au puritanisme.

La grande île de Tahiti, si célèbre pour la beauté de sa nombreuse population, la richesse de ses cultures, le nombre et la force de ses navires de guerre et de commerce, Tahiti, incroyablement dépeuplée, n'était plus reconnaissable.

On a taxé Cook d'exagération lorsqu'il avait attribué cent mille habitants à cette île, il y a déjà quatre-vingt-dix ans; Forster, savant scrupuleux, qui l'accompagnait,

---

[1] *Campagne de circumnavigation de la frégate* l'Artémise, de 1837 à 1840. Paris, 6 vol. in-8°.

avait porté jusqu'à cent quarante-cinq mille âmes cette même population.

Mais, avant d'aborder l'île principale, le commandant Laplace avait pris connaissance d'une des îles secondaires, Toubouay, que Cook avait vue peuplée d'habitants actifs et nombreux; ils possédaient alors un grand nombre de pirogues, dont l'illustre navigateur avait admiré la perfection. Soixante et dix ans plus tard, le capitaine français n'y trouvait plus ni pirogues, ni même d'habitants; elle était déserte. Faut-il s'étonner qu'à Tahiti la dépopulation fût devenue, non pas totale, mais effrayante?

Les missionnaires anglais ont fini par ne compter que 7 à 8,000 habitants dans une île si féconde et dont la surface est de 150,000 hectares; c'était, proportion gardée, sept fois moins qu'en notre département des Landes, où la nature a prodigué les sables et les marais.

Oserait-on dire que cette extinction de la race humaine, qui s'accomplissait avec une effrayante rapidité dans Tahiti et dans beaucoup d'autres îles explorées par les missionnaires anglo-saxons, était un résultat du christianisme en lui-même? Mais le fait était démenti par l'admirable spectacle des îles Gambier, dont nous parlerons bientôt avec plus d'étendue.

Dans ces îles étaient arrivés, c'était le début de nos modestes missions, deux prêtres, catholiques il est vrai, indigents, sans appui, et n'ayant pour eux que leur désintéressement, leur zèle et leur foi; ils avaient à convertir des hommes féroces, et les femmes les plus dissolues de la Polynésie. Ils souffrirent tous les maux sans murmurer; malheureux et pauvres, ils consolèrent surtout les malheureux et les pauvres; les instruisant, et, par la voie de l'exemple, leur enseignant l'obéissance à leurs chefs, l'oubli des injures et la résignation. A ce spectacle les chefs se sentirent rassurés d'abord, et puis touchés. Bientôt après ils se rangèrent au nombre des fidèles. Alors cessèrent les guerres civiles; les coutumes sanguinaires disparurent en même temps que l'idolâtrie. Nos prêtres montrèrent aux naturels du pays à mieux cultiver la terre, ce qui fit cesser les disettes, si fréquentes auparavant; les matelots étrangers ne trouvèrent plus les familles disposées à favoriser leurs débauches, au risque de gagner des maladies infâmes, chez un sexe qui sut enfin se défendre. Par ces moyens la population des îles Gambier, au lieu de décroître, a pris au contraire un mouvement progressif, symbole du bonheur public.

Comparons ces progrès avec la décadence de Tahiti, depuis la fin du dernier siècle.

A Tahiti, le culte idolâtre était beaucoup moins imparfait que dans les autres archipels. Il exerçait une utile influence sur le travail des champs, sur les soins hygiéniques, sur la propreté même, si nécessaire à la santé sous la zone torride : l'exquise propreté, si peu connue dans l'Orient, qui restitue à la beauté tout l'attrait de la nature, et qui rendait plus charmantes les Tahitiennes aux yeux de nos premiers navigateurs. La gaieté, les chants, et les danses et les fêtes joyeuses, en allégeant le fardeau de l'existence sous un ciel accablant, tendaient à prolonger la vie. Malgré l'atrocité de quelques rites, détestable erreur d'un faux culte, les mœurs étaient remarquables pour leur aménité.

Bougainville et Cook avaient été dans l'enchantement de voir, comme une ceinture vivante et prospère, une foule de villages maritimes, que rejoignaient des chemins toujours praticables. Dans l'intérieur ils avaient admiré de nombreuses et vastes cases, érigées au milieu des bois d'orangers, de citronniers et de bananiers, entourées par les cultures dépendantes et par les tenanciers, qui vivaient

dans le voisinage du chef, j'ai presque dit du patriarche.
Ces ornements de la civilisation primitive, le navigateur de
1839 les cherchait en vain : l'île qu'il visitait ne contenait
plus que dix mille habitants, qui bientôt devaient descendre
à sept ou huit mille. Le même observateur voyait les habitants en proie, ce sont ses termes, à la plus profonde
misère, aux plus horribles comme aux plus honteuses
maladies, suites de la débauche et de l'oisiveté. Les liens
primitifs d'obéissance et d'affection, entre les chefs et leurs
vassaux, étaient détruits. Ces derniers avaient abandonné
la culture des domaines où, depuis des siècles, leurs pères
avaient vécu, pour courir à la côte au-devant des étrangers,
et laisser sans secours leurs femmes, leurs enfants et leurs
vieux parents. Presque partout, vers 1840, régnait une
déplorable solitude en des plaines, en des vallons où,
trente années plus tôt, on voyait une multitude d'habitations
situées au milieu de vastes champs cultivés ; toute industrie
avait disparu. Combien étaient dégénérés les neveux des
navigateurs insulaires, de ceux qui possédaient la nombreuse et belle flottille dénombrée par Cook avec une si
noble complaisance! Ils ne possédaient plus que quelques
rares et misérables pirogues, bonnes seulement au cabotage le plus rétréci, le long des côtes de l'île, et rampant
à l'abri des récifs coraliens.

Suivant le même témoin, « le changement qui s'est
opéré dans le caractère des naturels n'est pas moins frappant. Ces gens si gais, si propres autrefois, si généreux
avec les étrangers, étaient devenus tristes, sales, abrutis,
fripons et menteurs. Tel est, selon lui, l'état où les missionnaires protestants, quoique sans doute animés des
intentions les meilleures, ont réduit Tahiti. Il leur reproche de n'avoir pas, comme l'ont fait leurs rivaux catholiques, compris qu'il fallait, au lieu de briser l'état social

existant, substituer avec prudence et douceur le nouveau culte à l'ancien, conserver soigneusement la hiérarchie des rangs, seule garantie de l'ordre dans les sociétés voisines de l'enfance. C'est ce qu'ils n'ont pas entrepris. Dès qu'ils en ont eu la force, ils ont anéanti tout ce qui ne leur a pas semblé strictement conforme à leurs règles inflexibles. Envoyés simplement pour prêcher la parole d'un Dieu de paix et de mansuétude, pour donner l'exemple du travail et la connaissance de nos arts productifs, ils se sont érigés en législateurs; ils ont abusé de l'ascendant qu'ils devaient à la religion, à l'influence britannique, afin de peser sur les Polynésiens; ils ont fini par s'en faire les véritables despotes. Louons-les pour leurs écoles, pour leur zèle à propager de saintes croyances; mais leurs néophytes manquent de secours quand ils sont malades, et de consolations quand ils sont malheureux. Les convertis ont déserté les cultures de leurs anciens chefs; ils sont venus se mettre en contact avec les marins de toutes les nations; là, malgré les peines sévères portées par leurs pasteurs contre l'ivrognerie, contre les offenses aux bonnes mœurs, ils se livrent à la débauche la plus effrénée. Leur avilissement arrive à ce point que, pour satisfaire leurs penchants vicieux, ils vendent leurs femmes et leurs filles aux Européens; et, suivant l'occasion, se montrent voleurs non moins adroits qu'effrontés. »

La liberté religieuse apportée par les Français.

Quand on chassait de Tahiti les prêtres catholiques, et quand on leur interdisait tout culte ostensible, c'était donc pour conserver la prétendue régénération d'un état social dont nous venons de copier le tableau dessiné d'après nature! En juin 1839, la reine Pomaré convoqua le conseil des grands chefs. Elle voulut qu'on délibérât sur la liberté religieuse, réclamée, au nom de la France, par le commandant de *l'Artémise*. La discussion elle-même fut libre, approfondie, et dura deux séances. En un mois de séjour, notre équipage et son état-major avaient conquis la sympathie du peuple et des chefs les plus sages, avaient gagné le bon vouloir des femmes du commun et des dames de la cour. La reine elle-même, rassurée, avait cessé de fuir notre approche. Elle avait accepté l'offre de visiter *l'Artémise*, où l'urbanité nationale la fit jouir d'une fête aussi respectueuse et cent fois plus enchanteresse qu'elle en eût jamais reçu à bord d'aucun navire étranger : elle fut dès lors attirée vers une cause défendue par de tels apologistes.

Quand l'assemblée délibérante eut émis un vote favorable, les prédicants essayèrent de le faire annuler par un conseil privé, réuni sous la présidence de la reine. La judicieuse princesse leur demanda simplement : « A Sydney, en Angleterre, permet-on l'exercice de toutes les religions ? » Il fallut bien répondre, *oui*. Alors Sa Majesté tahitienne déclara qu'elle imiterait sa puissante sœur Victoria, et qu'elle accepterait pour ses États la même liberté.

Citons maintenant, comme un juste hommage à l'auteur du traité, l'article dont il eut l'honneur d'obtenir la libre signature :

La reine Pomaré et les grands chefs de Tahiti, voulant donner à la France un témoignage de leur désir d'entretenir avec elle des relations d'amitié et d'alliance, et les assurer aux Français retenus dans leur île par le commerce ou par l'intention d'y résider, ont décidé, à la demande du capitaine Laplace, commandant la frégate française *l'Artémise*, que l'article suivant serait ajouté à ceux du dernier traité conclu, en septembre 1838, entre la reine Pomaré et le capitaine de vaisseau Du Petit-Thouars, savoir : *Le libre exercice de la religion catholique est permis dans l'île Tahiti et dans toutes les autres possessions de la reine Pomaré. Les Français catholiques y jouiront de tous les priviléges accordés aux protestants, sans que pourtant ils puissent s'immiscer, sous aucun prétexte, dans les affaires religieuses du pays.* Fait à Tahiti, le 20 juin 1839.

Telle a donc été l'influence des Français dans les îles de la Société : établir par les traités, en faveur des étrangers, à quelque nation qu'ils appartiennent, la protection des cultes opprimés, et la parfaite liberté des consciences.

Ces conditions, qu'en Europe on n'oserait pas combattre ouvertement sans rougir, parurent insupportables aux missionnaires dirigés par le révérend Pritchard, et bientôt ils les violèrent.

Coup sur coup, depuis le traité Du Petit-Thouars, trois navigateurs éminents apparaissent à Tahiti; chacun d'eux obtient la réparation de quelque nouvelle injustice.

Les grands chefs et le mari même de la reine Pomaré comprirent enfin qu'un pareil état de choses ne pouvait pas subsister. Dès 1841, ils avaient pris la résolution de réclamer le protectorat de la France; ils le choisissaient parce qu'il leur semblait le plus rassurant de tous.

Un an plus tard, le commandant de notre station des mers du Sud, M. Du Petit-Thouars, vient une nouvelle fois réclamer des garanties contre la violation incessante de son traité, complété par celui du commandant Laplace. Alors est reprise et confirmée par la reine la résolution des chefs pour réclamer le protectorat de la France; M. Du Petit-Thouars y consent, sauf l'acceptation de son Gouvernement. Les consuls d'Angleterre et des États-Unis applaudissent aux conditions qui réservaient à la reine la plénitude de ses droits sur ses sujets, et qui confirmaient la liberté religieuse, conquise par nos efforts.

Quelque temps après, M. Pritchard revient monté sur un bâtiment bien nommé, *la Vindicative;* il ose prêcher contre les Français la révolte. Sur ces entrefaites, l'acceptation du protectorat par la France est notifiée. Les îles reçoivent pour premier gouverneur l'héroïque Bruat, un de ces guerriers de rare énergie, qui devait montrer sa vaillance à côté des vaisseaux anglais à Sébastopol, et mourir amiral de France. Tel était l'adversaire qu'allait braver le prédicant passionné, créateur de la sédition. Celui-ci, maîtrisant le faible esprit de la reine Pomaré, la pousse à méconnaître le protectorat dont elle a signé la demande et pris l'engagement solennel; il la reçoit en transfuge dans son presbytère pharmaceutique et commercial. Il fallut entourer la maison du fauteur de l'anarchie, et déployer d'autorité le pavillon du protectorat sur le foyer même de la révolte.

Le gouverneur Bruat alla trop loin lorsqu'il déclara déchue de son trône la princesse qui reniait son propre traité. C'était agir, il est vrai, comme un gouverneur anglais dans l'Inde, et le modèle était grandiose; mais l'Angleterre aime qu'on admire ses exemples, et n'aime pas qu'on les imite.

Le Gouvernement français, fidèle à l'engagement que violait une princesse égarée, ordonna qu'on maintiendrait purement et simplement le protectorat en sa faveur.

Au milieu de ces conflits, les vœux du fauteur de désordre étaient satisfaits. La guerre civile éclatait; elle fut étouffée par des faits d'armes qui montrèrent à notre marine ce qu'elle avait droit d'espérer de vaillance et de capacité dans le gouverneur Bruat. Avant la fin de 1844, la paix régnait partout, et le protectorat français exerçait sans obstacle son autorité bienfaisante.

Depuis quatorze ans, dans tout l'archipel de la Société, les Anglais, les Américains et les étrangers de toute autre origine, sont protégés à l'égal des Français quant à leurs personnes, leurs biens, leur commerce et leur culte.

Un effet, autrement grave que d'obscurs combats dans

une île qui ne comptait pas un grand nombre d'habitants,
se produisait en Angleterre. Pritchard, l'auteur insidieux
de tous les troubles, se présentait à son pays comme une
victime innocente; il affirmait qu'on avait violé dans son
individu la foi protestante, dont il était le ministre, et la
majesté de l'Angleterre! Il invoquait à grands cris la per-
sonnalité de cet être supérieur qui doit avoir, quoi qu'il
fasse, raison partout, raison toujours, le citoyen des trois
royaumes, le nouveau *civis romanus*.

Il nous suffit de rappeler les discussions violentes des
réunions protestantes, et celles du parlement britannique
et celles des chambres françaises : discussions envenimées,
suivant l'usage, par une presse altérée de scandale et de
discorde. Une implacable guerre de religion faillit éclater,
en plein milieu du xixe siècle, entre les deux peuples les
plus éclairés de la terre, pour châtier les Français d'avoir
établi..... quoi? dans l'Océanie, un respect égal pour
toutes les religions!

En France, l'opinion publique et la fierté nationale,
irritées depuis le traité de juillet 1840, auraient voulu
qu'on ne fît aucune concession, même au prix de la guerre.
On vit à regret qu'une indemnité serait soldée au turbu-
lent Pritchard, pour des dommages si volontairement, si
violemment cherchés. Le Gouvernement crut devoir aller
jusque-là par amour de la paix. Ce fut un grave échec à
sa popularité; les passions en profitèrent, et l'ébranlement
d'un grand trône compta, parmi ses causes misérables, le
fanatisme insolent d'un Pritchard, et ses méfaits récom-
pensés au fond de l'Océanie!

La dépopulation de Tahiti, énorme jusqu'au dernier jour
où les missionnaires étrangers exercèrent le pouvoir religieux et politique, semble aujourd'hui s'être arrêtée. Le
dernier recensement montre un accroissement d'un hui-

tième pendant les quatorze ans que notre protectorat a répandu ses bienfaits. Espérons que ce mouvement de prospérité continuera; il nous fera trouver légers les sacrifices qu'exige un pays onéreux pour notre trésor. Sous le protectorat désintéressé de la France, montrer à la Polynésie, Tahiti florissante *et tolérante*, telle doit être notre juste et noble ambition.

Commerce de Tahiti.

Nous terminerons cet historique des graves changements éprouvés dans Tahiti depuis l'origine du siècle, par les tableaux instructifs qui suivent :

Mouvement naval du port de Papéïti en 1856.

	Entrées.	Sorties.
Bâtiments français	65	65
Anglais	15	14
Suédois et Brémois	2	3
Yankies (États-Unis)	15	16
Nouvelle-Grenade et Chili	7	5
Iles Polynésiennes	39	37
Totaux	143	140

A ce mouvement il convient d'ajouter 16 navires baleiniers qui, dans l'année 1856, sont venus se ravitailler à Papéïti.

Valeur des importations et des exportations en 1856.

	Importations.	Exportations.
Par navires français	1,159,334ᶠ	848,920ᶠ
Par navires étrangers	1,608,413	678,375
Caboteurs de la Polynésie	144,585	199,590
Totaux	2,912,332	1,726,885

On peut expliquer la supériorité de l'importation comme représentant une partie des dépenses qu'exige le protectorat français. Un fait analogue est manifesté par notre commerce en Algérie.

§ 3. LES ÎLES MARQUISES.

Les îles Marquises, devenues possession française en 1841, n'ont été jugées susceptibles d'aucun avenir au point de vue des cultures et du commerce. On n'a pas même persévéré dans la pensée d'en faire un lieu de déportation : nous n'entrerons à leur sujet dans aucun détail.

§ 4. ILES BASSES : GROUPE DES ÎLES GAMBIER.

Si l'on part de Cobija, le port extrême de la côte péruvienne, en suivant le cercle.23° de latitude australe; si l'on navigue ainsi presque sur le parallèle qui sépare la zone torride australe et la zone tempérée, après avoir parcouru 6,588 kilomètres (1647 lieues), on aborde à Mangaréva, la principale des onze îles Gambier.

Ici commence un très-nombreux archipel de petites îles, qui justifient vraiment le nom de *Polynésie :* c'est le groupe général des îles *Pomatou.* On les appelle aussi les îles *Basses,* à raison du peu de hauteur qu'elles ont au-dessus de la mer. Ce grand archipel s'avance du sud-est vers le nord-ouest, dans une longueur qui dépasse 500 lieues, et sur une largeur de 200.

Parmi les îles Basses considérons plus particulièrement le groupe des îles Gambier. Montrons ce qu'a fait, en cet humble coin de la terre et dans un quart de siècle seulement, le zèle éclairé des missionnaires français.

Tandis que les habitants des autres îles Pomatou restent plongés dans une idolâtrie stupide, et qu'ils se détruisent les uns les autres par des guerres acharnées, en immolant leurs prisonniers, dont ils font d'odieux festins, voici les habitants des îles Gambier, convertis au catholicisme, ayant adopté les mœurs chrétiennes, la vie de famille et la loi sacrée de la monogamie. Afin d'instruire le peuple, les missionnaires français ont ouvert des écoles élémentaires, destinées à l'enfance; pour l'âge plus avancé, deux de ces pères ont créé l'enseignement d'un collége. Déjà les adolescents savent parler, lire, écrire le français; ils possèdent des notions de calcul, de géométrie et de géographie. Les apôtres catholiques les ont par degrés soumis à la régularité d'un travail manuel quotidien.

Les mêmes précepteurs ont appris aux habitants à construire des maisons en pierre, à mieux cultiver la terre, à détruire les mauvais buissons pour les remplacer par des arbres utiles et surtout par le cacaotier. Ils habituent l'insulaire à protéger ses cultures en les abritant, par des clôtures hautes et vivaces, contre les vents de la mer.

A Mangaréva prospère un atelier de filature et de tissage où l'on fabrique de bons tissus, formés les uns avec la laine des moutons naturalisés, les autres avec le coton indigène. Les missionnaires dirigent ce travail, accompli par de jeunes insulaires qui vivent en commun et qui préparent les tissus nécessaires aux vêtements de tous : ce sont les hommes faits qui cultivent la terre.

Les missionnaires catholiques, pauvres et désintéressés, suivent l'exemple des premiers apôtres; ils vivent de sacrifices. Leur abnégation et leur dévouement font partie de leur prestige.

Un roi gouverne les îles Gambier; les missionnaires attendent qu'il réclame leurs conseils sans convoiter son indépendance. Ils ont adouci les mœurs de ses sujets. Ils ont préservé les habitants du vice de l'ivrognerie, vice trop répandu dans les îles de l'océan Pacifique par les grossiers pêcheurs qui viennent d'Europe et des États-Unis : vice funeste entre tous, qui contribue à dépeupler les îles encore idolâtres, comme il a fait disparaître du continent américain tant de tribus aborigènes.

Dans les divers groupes de la Polynésie, que je ne puis pas énumérer, et qui pour nous n'auraient pas d'importance, l'église anglicane et les méthodistes ont aussi leurs missionnaires, recommandables pour leur zèle et la pureté de leurs mœurs; mais il leur faut une femme, et des enfants presque toujours nombreux. Ils sont habitués aux aisances de la vie. Quand ils s'établissent dans une île plus ou moins sauvage, c'est pour y transporter les habitudes et l'aisance britanniques avec les conforts du ménage. Leurs habitations sont bâties, meublées au dedans et décorées au dehors, autant qu'il se peut, comme pourrait l'être, sur leur terre natale, un cottage orné, *an ornamented cottage.* Il leur faut des espaliers et des plantes d'ornement qui grimpent le long des murs, et les corbeilles de fleurs et la pelouse veloutée pour reposer la vue en avant du portique et de la véranda; ils profitent avec bonheur de quelque ruisseau rafraîchissant qui leur rappelle, par la verdure qu'il fait naître, la beauté champêtre de leur patrie.

Aux aborigènes, que les missionnaires anglo-saxons emploient à bâtir pour eux, à planter et cultiver pour eux, ils enseignent de front les principes de leur culte et les maximes du commerce, soit avec la Grande-Bretagne, soit avec les Anglo-Saxons des États-Unis.

Souvent ils se font donner un titre de consul pour pouvoir au besoin s'autoriser d'un pavillon et parler en

maîtres ; ils apprennent aux néophytes le plaisir de porter
les tissus voyants de Manchester, de chasser avec les fusils
de Birmingham, de couper, d'ouvrir le bois avec les outils de Sheffield ; de faire, en un mot, cet emploi des produits manufacturiers que les commis voyageurs, prédicants
ou non, désignent sous le nom métaphorique de *civilisation*.

§ 5. Nouvelle-Calédonie et ses dépendances.

Nous regrettons de ne pouvoir pas traiter avec tout le
développement désirable un groupe d'îles qui sont aujourd'hui soumises à la France. L'immense difficulté que
nous éprouverons sera d'y propager une population nationale, avec un goût aussi peu prononcé que celui de nos
concitoyens pour émigrer en des contrées lointaines.

Voici dans quelles limites géographiques est enfermé le
groupe calédonien.

Latitude australe.	Longitude orientale.
Du 20°,10′ au 22°,26′. ·	Du 161°,35′ au 164°,35′.

L'île principale a la forme d'une ellipse très-allongée,
dont le grand axe est dirigé du nord-est au sud-ouest ; son
territoire est considérable, il surpasse un million d'hectares.

La Nouvelle-Calédonie est à 300 lieues de l'Australie ;
distance qui doit suffire pour qu'en l'occupant les Français n'aient pas semblé s'établir *aux portes* de la grande
possession britannique, et la gêner par leur voisinage.

C'est depuis 1853 que les Français ont pris possession
du groupe calédonien ; Cook l'avait exploré le premier.
Cinquante ans plus tard les études hydrographiques du
même groupe furent entreprises par le capitaine Dumont-
Durville. Ce célèbre navigateur, pour rendre hommage à

l'un de nos plus sages ministres de la marine, a donné le nom de *Chabrol* à l'une des îles dont est entourée la Nouvelle-Calédonie.

En 1843 nos missionnaires catholiques, devançant les forces navales, vinrent s'établir au mouillage de la Balade, afin d'essayer la conversion de la race papoue, qui peuple cette grande île. C'est une race sauvage et, qui pis est, cannibale. Les protestants avaient tenté, mais en vain, de les soumettre à leurs croyances : leurs successeurs n'ont obtenu que des succès jusqu'ici très-restreints.

La Nouvelle-Calédonie est distinguée très-naturellement en deux parties. Celle où les eaux coulent vers l'orient offre de grandes plaines bien arrosées, et contient des terres facilement cultivables; celle où les eaux coulent vers l'occident présente des pentes abruptes, des torrents moins favorables à l'agriculture; mais elle renferme, assure-t-on, des richesses minérales.

Cette île, comme la plupart des îles polynésiennes, est entourée de récifs à fleur d'eau produits par l'exhaussement progressif des coraux.

Parmi les îles secondaires qui forment les dépendances de la Nouvelle-Calédonie, signalons : 1° l'archipel d'Entrecasteaux, voisin du Récif-des-Français; 2° les îles la Loyauté, Halgan, Britannia, et l'île Chabrol, déjà mentionnée.

Les volcans à l'intérieur et les madrépores à la circonférence sont les créateurs de la Nouvelle-Calédonie.

Toutes les cultures tropicales doivent réussir en des plaines qu'échauffe le soleil de la zone torride; les parties les moins basses pourront servir aux cultures de la zone tempérée.

On évalue la population aborigène du groupe calédonien à 60,000 habitants; c'est à peine un habitant par vingt hectares. Il faut tout tenter pour civiliser ces sauvages et leur faire aimer le travail.

On trouvera dans la plaine un abondant et riche minerai de fer. On espère y découvrir de l'or : on a trouvé, dit-on, des quartz aurifères aux environs de Balade.

Un cabotage important et sûr pourra s'établir entre l'île et les récifs longitudinaux qui l'entourent.

Du récif du sud au récif d'Entrecasteaux il y a 220 lieues; c'est la plus grande longueur qu'offre l'archipel de la Nouvelle-Calédonie. Du côté de l'équateur et de l'occident, on est séparé de la Nouvelle-Guinée et de l'Australie par la mer de Corail.

Droit en marchant vers l'équateur, on aborde aux îles Salomon, prolongées à l'orient par les Nouvelles-Hébrides, où Bougainville a découvert le détroit qui porte son nom; enfin à 250 lieues vers l'est sont les îles Viti, qui terminent les régions peuplées par la race noire.

Côte orientale.

1° *Balade.* Parcourons rapidement la côte et les ports de la Noūvelle-Calédonie.

En venant du côté de l'équateur et longeant la côte orientale, le premier port que nous trouvons est celui de la *Balade,* formé par une enceinte de coraux. C'est le port de refuge ou d'attente pour communiquer de l'est de l'île avec l'Australie, les îles hollandaises, la Chine et les Indes britanniques; mais, pour entrer ou sortir, il faut traverser des défilés entre les récifs madréporiens, qui sont la difficulté générale aux abords de l'île. Le port de Balade est sûr pendant neuf mois de l'année.

Les montagnes voisines ont offert des échantillons de fer, de plomb, de cuivre. Le chef de la tribu qui peuple ce district est devenu catholique. La tribu qu'il commande, la plus sauvage de l'île, est composée d'hommes de haute stature, au teint couleur de chocolat : c'est un croisement de l'Indien et du nègre d'Afrique, dont il conserve la figure et les cheveux crépus. Anthropophage par goût, il est d'ailleurs plein d'intelligence, de finesse et même d'astuce, qualités et défauts qu'on retrouve atténués dans les autres parties de l'île. Paresseux avec délices, c'est sa compagne qui fait les travaux fatigants, entre autres ceux de culture. A la guerre, elle porte les vivres et rapporte le butin. Par malheur pour les femmes de cette race, elles deviennent hideuses après leur douzième année, dès qu'elles ont eu des enfants ; elles passent alors à l'état complet de bêtes de somme, et leurs maris les tuent sous les plus frivoles prétextes. La polygamie aggrave leur sort ; elle oppose un des plus grands obstacles aux conversions religieuses. Malgré le zèle infatigable des missionnaires, ils n'ont converti que 600 âmes au milieu d'un peuple de 60,000 personnes.

Les habitants aiment très-peu le travail ; cependant ils peuvent travailler, et travailler à merveille. Ils raisonnent leurs opérations et savent les perfectionner à mesure qu'ils les répètent ; mais on doit chercher tous les moyens de tenter leurs désirs pour vaincre leur apathie.

Chose heureusement rare sur la terre, ces peuples ne professent aucune religion ; ils n'ont pas même de fétiches. A mesure qu'on développera leur intelligence et qu'on les rapprochera de nos mœurs, ils adopteront naturellement la foi catholique.

Étrange inconséquence ! Ces hommes, qui n'ont pas l'idée d'un bienfaiteur de l'univers, croient à des esprits malfaisants. Ils ont des sorciers qui sont médecins empiriques ; mais ces charlatans payent souvent de leur vie l'insuccès de leurs prophéties et de leurs médicaments.

Le tabou, cette interdiction dont les chefs couvrent les objets que le peuple doit respecter, est purement commandé par le pouvoir mondain des supérieurs. Ces chefs, au sein de leurs cases, sont absolus; au dehors, ils disposent à leur gré des biens et des personnes. Ils exercent sans contrôle le pouvoir de vie et de mort. Au moindre geste, leurs ordres les plus cruels sont exécutés sans délai, sans murmure.

2° *Puébo.* En suivant la côte à partir de Balade, on arrive à ce port, dans une vallée où l'on a trouvé de belles pépites d'or. Il ne faut pas s'en étonner, car les terres sont de même nature que dans la Nouvelle-Hollande; les échantillons, examinés à Sydney, ont été trouvés pareils à ceux de la grande possession australienne.

3° Le port de *Hienguen* est médiocre comme le précédent. Son voisinage est habité par une tribu d'hommes superbes et moins sauvages que ceux dont nous avons déjà parlé. Le sol, plus riche et mieux cultivé, est couvert de bananiers, de cocotiers et de cannes à sucre. Le tabac y croît comme une plante parasite, ainsi que le cotonnier et le chanvre des Philippines; on doit y joindre l'olivier sauvage.

4° *Kouahoua,* bien abrité contre les vents du nord et du nord-ouest, les plus dangereux lors de la mauvaise saison. De hautes montagnes, riches en minerai de fer, entourent ce port; elles sont couvertes de bois de sandal, qu'on vient chercher d'Australie.

Entre la côte et les récifs on communique par mer jusqu'à Kanala, qui s'en trouve éloigné de quatre lieues.

5° *Kanala :* c'est le plus grand, le plus sûr et le plus beau port de l'île. On ose comparer sa rade avec la rade de Toulon; le meilleur mouillage a reçu le noble nom de *Port-Durville.* Ici l'on se trouve au centre de la côte orientale. Les vallées circonvoisines sont couvertes de la végétation naturelle la plus vigoureuse; on y voit des cannes à sucre gigantesques; on y trouve l'indigotier à l'état sauvage, et des arbres qui portent des fruits précieux.

Un vaste amphithéâtre de montagnes richement boisées protége ces beaux vallons et verse en abondance des eaux pures et fertilisantes. Dans les eaux marines du voisinage on trouve des tortues dont l'écaille est recherchée en Australie; on y trouve aussi le *tripang*, la *biche de mer*, gros ver qui se tient sur le sable au fond de l'eau salée; les Chinois en sont très-friands. C'est en salant le tripang qu'on parvient à le conserver.

Tout à fait à la pointe australe de la Nouvelle-Calédonie, est l'île des Pins, environnée d'îlots ombragés comme elle par les beaux arbres auxquels elle doit son nom.

Côte occidentale.

Rétrogradons vers l'équateur en longeant la côte occidentale. Nous trouvons d'abord le port *Saint-Vincent*. Il est formé par de vraies lagunes que défendent, du côté du large, des récifs madréporiques. Il offre des profondeurs d'eau de 10 à 15 mètres, qui peuvent recevoir les plus grands navires; mais le mouillage est beaucoup trop éloigné de la grande côte. Les naturels des montagnes avoisinantes sont d'une férocité que rien jusqu'ici ne peut adoucir.

Le port de *Nou*, dans la baie *Nouméa*, présente une rade vaste et superbe. On l'a nommé *Port-de-France;* il est d'un facile accès et bien abrité. L'île de Nou forme le *brise-lame* naturel de ce port, dans lequel réside aujourd'hui le commandant de l'île. Il y faut amener l'eau potable. Ce port fait face à Sydney, la capitale de la Nouvelle-Galles du Sud.

Baie de Moraré. On trouve au contraire l'eau douce en abondance sur le littoral de cette baie, qui deviendra précieuse parce que sa côte n'est qu'une immense mine de fer et de houille. On compte autour de la baie quinze monticules, hauts de 30 à 40 mètres, composés d'un excellent charbon fossile. On voit au milieu de la baie un îlot qui s'élève à 60 mètres de hauteur et, qui, de la base au sommet, n'est qu'un massif de houille, bonne encore, mais moins parfaite que celle de la côte. De là le charbon peut être conduit très-facilement, par mer ou par eau, jusqu'au Port-de-France.

Un jour, lorsque l'hydrographie aura fait l'étude complète des récifs de coraux et des passes qu'ils présentent dans tout l'archipel neo-calédonien, nous pourrons établir un cabotage aussi sûr qu'avantageux. Si l'on profite de la houille pour multiplier les navires à vapeur, que les noirs de l'île seront très-propres à chauffer, on aura la navigation la plus commode et la plus active. Les mêmes bâtiments pourront rayonner jusqu'en Australie.

CHAPITRE II.

L'AUSTRALIE.

Nous venons d'offrir un triste abrégé des changements qui s'opèrent au milieu des îles de la Polynésie. Une race où l'individu réunit la force à la beauté, une race intelligente, hospitalière ou sauvage, disparaît au contact de la civilisation occidentale, et de ce qu'on appelle ses bienfaits. C'est à peine si, dans quelques rares endroits, le protectorat de la France, désintéressé, tolérant, humain, a suspendu cette effrayante dépopulation. Dans une infinité d'îles, les Occidentaux ont aidé beaucoup à détruire, et jusqu'à ce jour ils n'ont rien édifié.

Un autre spectacle nous est offert sur le vaste continent de l'Australie et de quelques îles adjacentes : là le peuple anglais commence la troisième de ses grandes créations. Après avoir fondé, puis perdu ses treize belles colonies, noyau des États-Unis; après avoir développé et, jusqu'à ce jour, conservé les deux Canadas, de concert avec les provinces qui contournent le lac de Saint-Laurent, il est entré dans l'Océanie pour y former un établissement dont les progrès étonnent l'observateur, par la continuité, la rapidité, la sagesse et déjà la grandeur.

Essayons de suivre ces progrès, en comparant les difficultés à vaincre avec les succès obtenus.

Dans la première moitié du XVIIe siècle, lorsque les Hollandais prédominaient sur les mers de l'Inde, ils découvrirent l'archipel qui depuis a reçu le nom d'*Australien*, parce qu'il est situé dans l'hémisphère austral.

L'île principale de cet archipel est la plus vaste du monde. Dans le principe elle a reçu le nom de *Nouvelle-Hollande;* c'est l'*Australie* proprement dite. On peut en estimer par aperçu la contenance à six cents millions d'hectares, contenance égale à vingt-six fois celle de l'Angleterre et de l'Écosse réunies. Une seconde île, beaucoup moins grande, un peu plus rapprochée du pôle austral, est appelée la *Terre de Van-Diémen*. Trois autres îles, qui se touchent presque, plus avancées vers l'orient, ont reçu le nom de *Nouvelle-Zélande*. Des îlots nombreux, peu remarquables d'ailleurs, sont disséminés alentour.

Dans ce magnifique archipel australien, dont le territoire est plus vaste que trois fois l'Hindostan britannique, les Hollandais n'ont pas fondé le moindre établissement; leurs conquêtes et leurs travaux de colonisation sont concentrés sur d'autres îles plus rapprochées de l'Orient.

L'Angleterre, au milieu du XVIIIe siècle, va créer un nouvel empire en ces vastes contrées, que dédaignait la Hollande.

Nouvelle-Hollande : Botany-Bay.

En 1769 le célèbre capitaine Cook a visité la côte orientale de la Nouvelle-Hollande; il avait avec lui des botanistes éminents, les Brown, les Forster, et l'opulent Joseph Banks au milieu d'eux : Joseph Banks, qui devint le digne ami du roi George III, et qui, pendant près d'un demi-siècle, présida la Société royale de Londres. Afin d'honorer une science ainsi représentée, le capitaine Cook appela *Botany-Bay* (la baie botanique) un mouillage qui, vingt ans plus tard, allait fixer l'attention des deux mondes.

Colonisation, par les déportés, à Botany-Bay.

Les Anglais se demandèrent comment ils prendraient possession du vaste pays où la nature étalait des richesses végétales dont leurs célèbres voyageurs faisaient des récits merveilleux. Ils n'avaient plus, comme au siècle précédent, d'émigrations occasionnées par l'intolérance religieuse et par la fureur des guerres civiles. Les trois royaumes ne comptaient guère que le tiers de la population actuelle, et le sol de la mère patrie suffisait largement à nourrir ses habitants; aussi l'Angleterre, au xviiie siècle, exportait-elle encore le superflu de ses blés au lieu d'en importer, comme aujourd'hui, d'immenses quantités pour suffire à sa subsistance. Pour ces motifs, peu d'Anglais alors émigraient.

A cette époque, les citoyens de la Grande-Bretagne auraient cru porter atteinte à leur liberté la plus chère s'ils avaient permis l'établissement d'une police, même sans armes, aux ordres du Gouvernement. Les malfaiteurs, enhardis, se faisaient un rempart impudent de cette liberté sans bornes. Tout acte de surveillance officielle étant interdit, et l'autorité, n'ayant aucun moyen d'être préventive, n'atteignait les coupables qu'à la longue, après la perpétration de délits et de crimes qui méritaient les châtiments les plus sévères. Les prisons n'étaient pas assez bien gardées pour empêcher de nombreuses évasions; enfin les redoutables échappés de la geôle, pareils à nos récidivistes, étaient à la fois, pour les novices, des professeurs de perversité, et, pour la société, les plus dangereux des criminels.

Le gouvernement obtint un acte du parlement afin d'envoyer à Botany-Bay les malfaiteurs auxquels on faisait grâce de la vie, ceux dont les forfaits étaient dans la métropole un fatal exemple, souvent même un péril. Dans le dessein d'atteindre ces coupables, on institua la peine légale de la *déportation*. Le premier envoi des condamnés date de l'année 1787, et ce genre de châtiment a duré sans altération jusqu'en 1840.

§ 1ᵉʳ. NOUVELLE-GALLES DU SUD.

La colonie pénitentiaire fut appelée la *Nouvelle-Galles du Sud*, en l'honneur du prince de Galles, fils aîné de George III.

Il peut paraître singulier que la Nouvelle-Galles du Sud soit précisément la partie septentrionale de la Nouvelle-Hollande; de même que la mer du Sud est en réalité, par rapport à l'Océan de l'équateur et des tropiques, une mer du Nord. C'est ici le lieu de répéter les observations que nous avons présentées dans la première partie. Les navigateurs européens, quand ils font voile en s'éloignant du pôle boréal, vont vers le pays du sud. En conséquence, lorsqu'ils abordent un pays, la partie du nord est à leurs yeux la plus voisine de leur propre pôle, et la partie du sud en est la plus éloignée. Ces dénominations relatives sont vraies tant qu'on reste sur notre hémisphère; mais dès qu'on franchit l'équateur, elles deviennent inexactes. Ainsi l'Australie dite du *Nord*, la plus voisine du pôle boréal, et par conséquent la plus éloignée du pôle opposé, se trouve située sous la *zone torride*, et l'Australie du Sud appartient à la *zone tempérée*.

Lorsque les populations de l'hémisphère austral seront assez puissantes pour présider à l'appellation de leurs territoires, elles rectifieront un système qui fait d'elles, au mépris de l'équateur, une espèce de prolongement, d'appendice à l'hémisphère de l'ancien monde.

Premier gouverneur, le capitaine Phillip.

Un Ordre en Conseil, daté du 6 novembre 1786, nomme Arthur Phillip gouverneur du territoire désigné sous le nom de *Nouvelle-Galles*. Cet Ordre confère à la colonie des limites qui furent longtemps tenues secrètes. Elles comprenaient, dans une profondeur indéfinie, la contrée australe que bordait le Grand Océan, depuis le 10° degré 37′ de latitude jusqu'au 43° degré 39′; c'était une étendue méridienne de presque *mille lieues*. On adjoignait à la possession un grand nombre d'îles secondaires situées à l'orient de cette frontière maritime.

L'expédition navale qui transportait les premiers condamnés et tous les moyens de colonisation, commandée par le gouverneur Phillip, partit de Plymouth le 13 mai 1787. En s'arrêtant un mois seulement au cap de Bonne-Espérance, elle jeta l'ancre, à Botany-Bay, le 18 janvier 1788; la traversée effective avait duré huit mois et six jours. Tels seront les progrès de la navigation, qu'on verra des navires à voiles faire le même voyage en réduisant *des deux tiers* le temps de la traversée.

Botany-Bay ne répondit nullement aux promesses brillantes des naturalistes. On trouva qu'elle était obstruée par de vastes bancs de vase; on y cherchait en vain un port naturel où des navires de grand tonnage pourraient accoster la terre. Une rade, à ce point imparfaite, était entourée de marécages ; en cherchant des eaux plus ou moins courantes, qui vinssent jusque dans la baie, on les trouvait saumâtres; enfin le sol circonvoisin, de nature sablonneuse, offrait dans la belle saison ces plantes fleuries et ces arbustes variés qui charmèrent les botanistes, mais qui promettaient peu les riches récoltes nécessaires à des colons agricoles.

Découverte de Port-Jackson.

Découragé par cet examen plus attentif et plus sévère, Arthur Phillip prit sous sa responsabilité de chercher un autre port, un autre centre de colonisation.

La nature avait caché, non loin de Botany-Bay, la position la plus admirable, et dont le capitaine Cook n'avait pas connu l'importance. Lorsque l'illustre navigateur eut quitté cette baie pour faire voile en remontant vers l'équateur, après quelques lieues de parcours, son gabier Jackson, en vigie dans la grande hune, annonce une anse profonde; Cook, sans la visiter, en détermine la latitude, et l'appelle *Port-Jackson*. S'il avait pu supposer qu'il désignait ainsi l'entrée d'une rade incomparable, de la plus vaste étendue, capable de recevoir des vaisseaux sans nombre et de toutes grandeurs, il ne l'aurait pas désignée sous le nom d'un obscur matelot.

Lorsque le capitaine Phillip, suivant la route de Cook,

mais pour examiner de près le littoral, arrive à l'entrée de Port-Jackson, et qu'il y pénètre, il reconnaît du premier coup d'œil la position propre sous tous les rapports à recevoir le berceau de sa colonie. Un examen plus approfondi lui fait admirer une mer intérieure, vaste, profonde, parfaitement abritée, avec une foule de ports naturels et quelques-uns magnifiques: tout répond à ses vœux. C'est dans la partie la mieux abritée de cette rade qu'il va fonder sa première ville, métropole future de six vastes colonies. Il donne à cette ville le nom de *Sydney*, premier lord de l'amirauté. Plus tard, nous décrirons avec soin Port-Jackson et Sydney.

La Peyrouse à Botany-Bay.

Quelles bizarres rencontres la fortune ménageait aux grands navigateurs européens!... La Peyrouse, arrivant du Kamschatka, passait en vue de Port-Jackson, dont il ignorait l'existence, et faisait son entrée dans Botany-Bay, le jour même où Phillip prenait possession du premier et plus beau mouillage. La Peyrouse venait, sur la foi des récits de Cook, se ravitailler et construire, dans une baie déjà célèbre, deux grandes chaloupes qu'il avait à remplacer. Cette tâche accomplie, il remit à la voile, et la France ne reçut plus aucune nouvelle des lieux qu'allait visiter son illustre et malheureux navigateur.

La dernière lettre que La Peyrouse ait écrite [1], datée de Botany-Bay, contient le jugement le plus sain qu'on ait porté sur les indigènes de la Nouvelle-Hollande; sur ces barbares qui l'avaient blessé d'un coup de lance, malgré son humanité. Il avait sainement jugé les races sauvages qui devaient bientôt l'assassiner.

[1] A M. de Fleurieu.

« J'ai fait à terre une espèce de retranchement palissadé, pour y construire en sûreté de nouvelles chaloupes. Cette précaution était nécessaire contre les Indiens de la Nouvelle-Hollande, qui, quoique très-faibles et peu nombreux, sont, comme tous les sauvages, très-méchants, et brûleraient nos embarcations, s'ils avaient les moyens de le faire et s'ils en trouvaient une occasion favorable. Ils nous ont lancé des zagaies, après avoir reçu nos présents et nos caresses. Mon opinion sur les peuples incivilisés était fixée depuis longtemps; mon voyage n'a pu que m'y affermir.

J'ai trop, à mes périls, appris à les connaître !

« Je suis cependant mille fois plus en colère contre les philosophes, qui exaltent tant les sauvages, que contre les sauvages eux-mêmes (7 février 1788). »

La colonisation de l'Australie par les Anglais a trop vengé la mort de La Peyrouse et de Cook sur les races aborigènes de l'Océanie. Les habitants primitifs de la Nouvelle-Hollande sont aujourd'hui presque tous exterminés, ou morts de misère *et de civilisation*, comme on l'ose dire. Plus tard, nous aborderons ce sombre sujet.

Revenons au gouverneur Phillip. Pour fonder et faire subsister un premier établissement, il fallait vaincre des difficultés infinies. Il en a dignement triomphé, malgré la négligence incroyable et l'imprévoyance de la métropole.

A la fin de l'année 1792, Arthur Phillip revenait en Angleterre, après avoir déployé des talents et rendu des services dont l'Australie doit être éternellement reconnaissante.

M. le marquis de Blosseville a fait paraître un ouvrage plein d'intérêt et dicté par les plus nobles sentiments; c'est l'*Histoire de la colonisation pénale et des établissements de l'Angleterre en Australie.* Nous y renvoyons le lecteur qui voudra juger, d'après les faits bien observés, une grande et longue expérience, commencée par Phillip et poursuivie pendant un demi-siècle : elle avait pour but de moraliser les déportés en les appelant à cultiver un pays qui leur offrait, par l'exploitation du sol, tous les degrés de bien-être et de fortune que peut procurer le travail.

Le gouverneur King : premiers soins pour l'enseignement populaire.

Après le fondateur de la colonie, je ne citerai plus que deux gouverneurs. Le premier, Gidley-King, établit une école pensionnée pour 6o orphelines ou jeunes filles indigentes, qu'il importait de soustraire aux mauvais exemples de leurs parents. C'est à Paramatta, ville située à sept lieues de Sydney, que ce pensionnat est fondé.

La dotation de l'établissement consistait en 5,ooo hectares de terre, auxquels étaient ajoutés les animaux nécessaires pour une grande exploitation. Dans la pensée du gouverneur, l'éducation terminée, les jeunes filles devaient être mariées, en recevant quelques troupeaux avec un fonds de terre. Voilà certainement une noble création, qui pouvait aider à moraliser une colonie pénale.

A cette époque, on évaluait presque au quart du revenu colonial la somme destinée à l'instruction publique. Si l'on avait fait un usage intelligent de semblables secours, il en serait résulté des biens infinis pour la colonie. Mais on était encore loin de l'époque où les créations d'un système raisonné pouvaient être accomplies.

Le gouverneur Macquarie.

L'administration du colonel Macquarie est à mes yeux

une des plus éclairées et des plus bienfaisantes. Commencée dès 1810, elle dura jusqu'en 1822; ce fut, à la fois la plus longue et la plus féconde en bons résultats.

Jusqu'à l'année 1810, la capitale n'était qu'un grand village en désordre. Macquarie en rectifia les alignements et rendit la voie publique praticable; il établit un marché quotidien, en procurant aux habitants un approvisionnement régulier de comestibles. Il érigea le premier hôpital considérable qu'ait possédé la colonie. En même temps, lady Macquarie dessinait avec goût les promenades publiques de la capitale.

Sous l'administration que je signale, le huitième des revenus coloniaux, encore bien faibles, était réservé pour l'instruction populaire. Dans la seule année 1820, le gouverneur instituait une école qui pouvait recevoir 500 élèves. C'est à lui que la Nouvelle-Galles doit l'introduction *de l'enseignement mutuel*, suivant la méthode *lancastrienne*.

D'après ses instances l'administration métropolitaine accordait le passage gratuit aux femmes, aux enfants des déportés qu'on émancipait pour leur bonne conduite. On retenait ainsi dans l'Australie des hommes acclimatés et donnant de sérieuses garanties : la mesure était excellente.

En 1820 une caisse d'épargne fut ouverte à tous les dépôts supérieurs à 3 francs. Dès que la somme confiée par un déposant s'élevait à 25 francs, on accordait un intérêt de 7 1/2 p. o/o. Pareille institution, dans une colonie de déportés, était un bienfait immense; elle enseignait à cette classe de colons l'économie fructueuse, et conservait à l'abri de toute spoliation le modeste avoir de leurs familles.

Sous Macquarie se forme la première banque australienne, d'après le plan des banques écossaises. A peine établie, elle met en circulation des billets de 12 fr. 50 cent.

de 6 fr. 75 cent. et de 3 fr. 75 cent. Ces billets rendent à la colonie les services les plus importants.

Grâce aux améliorations de toute nature appliquées à l'agriculture, aux travaux publics, au commerce, un écrivain, M. Wentworth, pouvait présenter le résumé suivant des revenus, en comparant les deux classes de colons.

Situation de la Nouvelle-Galles en 1820.

Classes productives...... les émancipés. les émigrés volontaires.
Produits annuels (francs). 28,090,000 fr.   13,153,400 fr.

Macquarie n'accordait pas ses soins aux seuls colons d'origine européenne. Il aurait voulu porter remède aux maux infinis qu'enduraient les aborigènes. Il avait, comme essai, fondé sur un des promontoires de Port-Jackson un village peuplé de familles indigènes; il leur prodiguait ses soins et ses secours. Après lui, ce faible établissement n'a pas été soutenu, et rien n'a ralenti l'extinction des premiers possesseurs de la terre australienne.

Les Anglais, pendant longtemps, n'ont connu qu'une portion très-minime du grand territoire dont ils s'étaient arrogé l'empire. Le gouverneur Macquarie favorisait les voyages de découvertes qui devaient révéler les contrées favorables à la colonisation.

Une rivière, un port, à quatre-vingts lieues de Sydney, perpétueront sa mémoire et portent son nom.

Jusqu'à Macquarie, les montagnes Bleues étaient restées comme un obstacle infranchissable. Elles arrêtaient l'expansion des établissements à trente-deux lieues de Sydney, en remontant vers le nord-ouest. On regarda comme un événement la découverte d'un premier passage à travers ces montagnes, après un quart de siècle de colonisation. Deux ans plus tard, par l'action énergique du gouverneur, une route voiturable était exécutée depuis Sydney jusqu'au delà de cette chaîne; elle descendait dans un immense bassin offrant ses prairies naturelles aux prochaines entreprises. Pour accomplir ces travaux, l'habile administrateur avait promis la liberté aux condamnés qui supporteraient jusqu'au bout un si rude labeur. L'entreprise achevée, pour l'inaugurer, il conduisit en voiture lady Macquarie jusqu'aux grandes plaines conquises. Là, le 7 mai 1815, il posa la première pierre de la ville de *Bathurst*, ainsi nommée pour honorer le ministre des colonies de cette époque.

Les efforts du gouverneur venaient tour à tour en aide aux diverses classes de la population, qui provenait de trois-sources diverses : la première comprenait les malfaiteurs pour les délits et les crimes communs; la seconde comprenait les condamnés politiques, en très-grand nombre irlandais; la troisième, qui devait finir par l'emporter sur les deux autres, comprenait les colons libres, attirés peu à peu par le désir de marcher à la fortune en exploitant les richesses naturelles d'une contrée qu'on apprenait à mieux connaître.

Quoique la colonie obtînt les résultats les plus remarquables, grâce à l'excellente administration dont j'énumère les bienfaits, elle n'en était pas moins dépréciée dans la mère patrie. On l'attaquait avec injustice, comme n'atteignant qu'imparfaitement son but, et surtout comme ruineuse.

Macquarie sut répondre par des faits. D'après des calculs officiels, de 1788 à 1821, pour tous les frais des condamnés depuis le départ d'Angleterre et pour le séjour dans la Nouvelle-Galles, la dépense était de 132,525,000 fr. appliqués à 33,150 déportés. Ces mêmes hommes auraient coùté 407,746,525 francs, s'ils étaient restés dans la métropole. L'épargne pour le trésor s'élevait, par conséquent, à 275,221,525 francs. A cette économie si grande, on devait ajouter la valeur d'une colonie qui déjà faisait entrevoir son incomparable avenir.

Il ne faut pas croire que tant d'améliorations et d'importants résultats aient été produits par des soins faciles, au sein d'une société paisible, bénévole et reconnaissante. Jamais colonie composée d'éléments plus divers et plus opposés n'avait encore été fondée. Des passions, des cupidités, des haines infinies fermentaient au milieu d'un tel peuple. L'autorité publique, chargée de les contenir en de justes bornes, se trouvait en lutte perpétuelle avec les vanités, les intérêts et les inimitiés.

L'avidité commerciale, l'esprit de monopole et la soif de la contrebande, irrités qu'on s'opposât à leurs excès, avaient été jusqu'à l'émeute pour renverser et déposer le gouverneur qui précéda Macquarie. Celui-ci, plus respecté, défendu longtemps par ses bienfaits, recommandé par les progrès mêmes qui découlaient de sa sagesse et de ses lumières, avait fini par être dénoncé dans la métropole, et représenté sous des traits odieux.

Le parlement d'Angleterre ne pouvait manquer de retentir de ces plaintes. L'administrateur, qui méritait d'être récompensé, fut attaqué par des orateurs plus amis du bruit et du scandale que de la froide vérité. Une enquête sur les lieux fut ordonnée par la chambre des Communes, et cet ordre était une flétrissure anticipée. On fit plus: on envoya pour commissaire un parent du plus passionné des déclamateurs; de celui qui, dans la chambre populaire, avait dénoncé Macquarie avec une incroyable violence. Est-il besoin d'ajouter que cette enquête ne pouvait tourner qu'à la confusion de ses instigateurs? Mais, l'enquête finie, l'administration du gouverneur justifié touchait à son terme, et le départ de l'homme éminent consolait la haine de ses détracteurs.

Superficie et peuplement progressif.

La Nouvelle-Galles du Sud, même après les démembrements que nous ferons plus tard connaître, compte encore aujourd'hui 130 millions d'hectares : deux fois et demie le territoire de la France. Elle s'étend du 26e au 38e degré de l'hémisphère austral. Dans l'intérieur des terres elle est terminée, suivant des directions astronomiques, à la manière des colonies qui devinrent les États-Unis; au nord, par le cercle parallèle du 26e degré; à l'occident, par le cercle méridien qui marque 143° 30′ à l'est de Paris. Du côté de l'orient, la colonie n'est limitée que par la mer.

Premiers progrès de la Nouvelle-Galles du Sud.

Années.....	1788	1792	1810	1821	1828
Population.	1,030	3,762	8,293	29,783	36,598

Ainsi qu'on le voit par ce tableau, en quarante ans la population s'est accrue dans l'énorme rapport de un à trente-six !

Il faut remarquer ici deux choses : premièrement le faible début de la colonisation; ensuite une progression si rapide d'abord, longtemps croissante et finalement ralentie.

Progrès décennaux mesurés d'après les nombres qui précèdent.

Entre 1788 et 1810.	Entre 1810 et 1821.	Entre 1821 et 1828.
1,581 pour mille.	2,197 pour mille.	342 pour mille.

Lorsqu'on arrivait à ce degré de ralentissement, une autre source de colonisation était sur le point de se déve-

lopper; bientôt elle allait produire un changement essentiel dans l'état social de la colonie.

Par degrés, à côté des condamnés, la Nouvelle-Galles
du Sud avait commencé à recevoir des colons honnêtes
et libres; les uns pour surveiller la population pénitentiaire, les autres pour entreprendre des travaux indépendants ou d'agriculture ou d'industrie urbaine. On avait
imaginé, pour les déportés, des positions graduées, depuis le moment qui suit le jugement primitif jusqu'à l'expiration de la peine ou la commutation progressive et la
grâce finale. Un premier adoucissement consistait à permettre au condamné de travailler chez un maître particulier, moyennant certains assujettissements. Si la bonne
conduite justifiait cette première faveur, on accordait une
complète liberté d'emploi, soit à la ville, soit à la campagne, moyennant ce qu'on appelait *un congé de confiance* [1].
Ces situations différentes sont indiquées dans le tableau
qui va suivre; il mérite une attention particulière.

DÉNOMBREMENT DE LA NOUVELLE-GALLES DU SUD, 1840 À 1841.

CLASSES.	HOMMES.	FEMMES.	TOTAUX.
Population libre.			
Arrivés libres dans la colonie.........	30,745	22,158	52,903
Nés dans la colonie...............	14,819	14,622	25,441
Libérés ou graciés...............	15,760	3,637	19,397
	61,324	40,417	101,741
Condamnés non libérés.			
Condamnés, avec congés de confiance.	5,843 ⎫	316 ⎫	6,159 ⎫
Condamnés appointés chez les citoyens.	6,658 ⎬ 24,844	979 ⎬ 3,133	7,637 ⎬ 27,977
Condamnés affectés aux travaux forcés..	11,343 ⎭	1,838 ⎭	13,181 ⎭
Population complète....	85,168	46,550	128,718

On remarquera, dans le tableau qui précède, la grande

[1] C'est le *ticket of leave*, à la lettre, *permis d'absence.*

inégalité des deux sexes ; cette inégalité ne devient considérable qu'à l'âge de 21 ans.

Entre les années 1828 et 1840, le progrès décennal de la population s'élève à 378 pour mille. Nous en avons indiqué la cause, qui tient à l'influence, déjà sensible, de l'immigration volontaire.

	Hommes.	Femmes.
Habitants au-dessous de 21 ans..	22,691	21,294
———— au-dessus de 21 ans...	62,477	22,356

C'est parmi les condamnés et parmi les libérés qu'avait lieu l'extrême inégalité. Les femmes, moins robustes que les hommes et moins audacieuses, ne commettent guère de crimes à force ouverte ; aussi leurs méfaits méritent-ils, pour le plus plus grand nombre d'entre elles, des châtiments correctionnels plutôt que des peines infamantes, et la déportation, que ces peines comportent.

On explique ainsi comment le nombre des adultes du sexe masculin est, proportion gardée, plus considérable dans la Nouvelle-Galles du Sud que dans les sociétés régulièrement établies. Il en résulte plus de travail accompli pour une même population totale. Mais le nombre des femmes nubiles étant beaucoup moindre, l'espèce est plus lente à s'accroître. Elle aurait pu diminuer sans la constance et la grandeur des immigrations.

On peut connaître à fort peu près, par la diversité des cultes, les colons envoyés de la Grande-Bretagne et de l'Irlande. En 1841 l'on avait dénombré 129,425 protestants et 56,262 catholiques.

Les citoyens d'origine libre augmentant de plus en plus dans l'Australie, ils firent entendre des réclamations si puissantes, qu'ils obtinrent finalement, en 1840, que la métropole n'enverrait plus ses déportés dans la Nouvelle-Galles du Sud.

Le premier recensement quinquennal après cette résolution montre déjà les bons effets d'une telle cessation.

RECENSEMENT DE 1845-1846.

CLASSES.	HOMMES.	FEMMES.	TOTAUX.
Population libre.			
Arrivés libres dans la colonie........	48,899	38,216	87,115
Nés dans la colonie...............	31,216	31,220	62,436
Libérés ou graciés...............	22,537	4,487	27,024
	102,652	73,923	176,575
Condamnés non libérés.			
Condamnés gratifiés d'un congé de confiance	7,116	462	7,578
Condamnés affectés aux travaux publics.	3,074 $\Big\}$ 9,321	238 $\Big\}$ 917	2,372 $\Big\}$ 10,838
Condamnés affectés aux travaux parti-culiers de colons désignés.........	731	217	948
Population complète......	112,573	74,840	187,413

On reconnaît ici les résultats produits en cinq années,
depuis qu'on a cessé d'envoyer de la Grande-Bretagne les
criminels condamnés à la déportation.

Les condamnés des deux dernières classes qui n'ont
encore obtenu ni pardon ni congé de confiance sont
presque diminués des huit neuvièmes pour les hommes,
et des cinq sixièmes pour les femmes.

Aujourd'hui le nombre des condamnés dont les degrés
de pardon ne sont pas épuisés est devenu tout à fait insi-
gnifiant.

Il ne reste plus que les stigmates imprimés par le souvenir des peines infamantes. Mais, au sujet de telles
peines, on peut dire qu'elles ne laissent, en Australie, ni
ces traces indélébiles ni cette aversion insurmontable qui
poursuivent, aux États-Unis, les gens de couleur les plus

innocents appelés à la liberté. Dans ce dernier pays, une odieuse infamie, sorte de stigmate physique, est imprimée sur la face du libéré, et l'est ineffaçablement par la nature de sa peau. Sur la terre australienne, une autre infamie, à la fois légale et morale, s'affaiblit avec le temps et par la bonne conduite; elle disparaît tout à fait dès la seconde génération, quand le souvenir n'en est pas ravivé par de nouveaux méfaits.

Émigrations volontaires.

Pendant le premier tiers de siècle qui s'écoula depuis la fondation de la colonie, les Anglais n'éprouvèrent pas le besoin d'activer la colonisation de l'immense contrée dont ils n'occupaient qu'un recoin presque imperceptible.

C'est seulement à partir de 1825 qu'ils ont dénombré les émigrants volontaires, et l'on en comptait à peine mille par année dans les premiers temps. On va voir avec quelle rapidité toujours croissante cette émigration s'est développée.

ÉMIGRATIONS VOLONTAIRES, PAR PÉRIODES QUINQUENNALES, DU ROYAUME-UNI DANS L'AUSTRALIE ET AUTRES LIEUX, ENTRE 1825 ET 1855.

ÉPOQUES.	EN AUSTRALIE.	À L'ÉTRANGER.	ÉMIGRATION totale.
De 1825 à 1829...................	5,175	55,635	103,911
De 1830 à 1834...................	13,429	143,360	381,956
De 1835 à 1839...................	39,845	149,132	287,358
De 1840 à 1844...................	62,716	221,506	465,57
De 1845 à 1849...................	64,222	690,914	1,029,209
De 1850 à 1854...................	270,088	1,158,646	1,438,947
Totaux.........	455,475	2,419,193	3,706,058

Telle est donc la marche de l'émigration : sur le total des personnes parties de la métropole, dans les dix premières années, 1825 à 1835, moins de *quatre* pour cent arrivent en Australie; dans les dix années suivantes, 1835 à 1845, il en arrive près de *sept* pour cent; dans les dix années subséquentes, 1845 à 1855, plus de *treize* pour cent, et maintenant plus de *vingt* pour cent. Nous assignerons la cause de ces derniers et vastes accroissements.

Ce doit être pour l'Angleterre le sujet d'un profond regret qu'une si grande partie de ses émigrants, malgré toutes les facilités, tous les secours offerts par le gouvernement métropolitain, soient incomparablement plus nombreux pour passer à l'étranger que pour passer dans les colonies britanniques. Les États-Unis reçoivent quatre émigrants du Royaume-Uni quand l'Australie n'en reçoit qu'un. Il y a là quatre rivaux héréditaires, et trop souvent quatre ennemis acharnés, au lieu de quatre sujets loyaux et fidèles, qu'ils auraient été, si l'on avait eu l'art de les attirer dans une colonie du Royaume-Uni.

Les Chinois en Australie.

Pour avoir une idée complète de la population nouvelle d'Australie, il faudrait connaître les émigrés des pays autres que les trois royaumes. Il y a peu d'Européens étrangers; mais les Chinois, dont le nombre nous a frappé dans la Californie, n'ont pas mis moins d'empressement à passer en Australie. La recherche de l'or est pour eux d'un même appât dans les deux contrées : plus tard nous ferons de leur sort l'objet d'un examen approfondi.

Passons maintenant de l'étude du peuple à la description des cités.

Ville de Sydney.

La capitale de la Nouvelle-Galles du Sud est en même temps la cité mère des possessions britanniques dans l'archipel d'Australie : c'est la ville de Sydney, qui possède un port magnifique, et qui joue ce grand rôle.

Pour arriver à Sydney, lorsqu'on vient de la mer, on fait voile d'orient en occident. Si l'on est en plein midi, l'on trouve d'abord à droite, du côté du soleil, le cap du Nord (North-head); du côté du pôle austral, c'est le cap du Midi. Après avoir franchi la passe, large de trois kilomètres, on trouve, toujours du côté du soleil à midi, le havre du Nord, profond de deux kilomètres. On a devant soi le havre du Milieu (Middle-harbour), très-sinueux et très-avancé dans les terres. On tourne à gauche et l'on pénètre dans l'admirable partie intérieure de Port-Jackson, partie dont l'axe, un peu courbé, se déploie dans une étendue d'environ trois lieues. Le grandiose est comparable à celui de Constantinople et de sa mer intérieure; mais ici la Corne d'or est l'immense nappe des eaux.

Vers le milieu du grand arc de Port-Jackson, et sur la côte rentrante, s'avance hardiment la cité de Sydney. Le rivage de la mer, incroyablement accidenté, contourne la ville et la pénètre, jusque vers son centre, par quatre baies inégales; elles forment en sa faveur autant de bassins naturels, où viennent mouiller des navires.

A la capitale s'ajoutent de longs faubourgs, en grande partie maritimes; tel est celui de Pyrmont, bâti sur une presqu'île qui s'avance à deux kilomètres dans les eaux, comme pour ajouter trois ports de plus à tous ceux que la mer forme dans Sydney. Cette cité, par ses nombreux et beaux mouillages, est à mes yeux plus maritime que

Venise par ses canaux. Elle ouvre pour ainsi dire ses entrailles, afin de recevoir un nombre illimité de navires, et d'un tirant d'eau beaucoup plus considérable que ceux qui peuvent entrer dans les lagunes, au fond de l'Adriatique.

Ce n'est pas seulement la périphérie de Sydney qui présente cette figure accidentée avec tant de bonheur. Les deux rives de Port-Jackson, dans leur vaste étendue, offrent une succession continue de langues de terre très-proéminentes, d'îles protectrices et de bassins propres au refuge : ce sont en quelque sorte des nids destinés à recevoir des *couvées* de navires. Ces ports, auxquels les Anglais donnent le nom pittoresque et gracieux de *coves*, peuvent admettre des bâtiments de diverses grandeurs, avec des abris propres au carénage de ces bâtiments, à l'habitation des pêcheurs, des caboteurs, etc.

En définitive, lorsque, par un beau jour d'été, par un soleil dont l'élévation, la latitude, est celle d'Alexandrie, et sous un ciel aussi resplendissant que celui de l'Égypte, le voyageur parcourt les belles eaux de Port-Jackson dans leur magnifique étendue, en contemplant des deux côtés une telle succession de baies, de *coves* et de promontoires, il est frappé d'un des spectacles les plus imposants que puissent offrir les grandes scènes maritimes.

Il y a soixante et dix ans, mille forçats arrivaient dans ces lieux pour y commencer humblement un Botany-Bay transféré. Aujourd'hui cent mille citoyens, heureux et libres, à l'abri de toute guerre et nageant dans l'opulence, ajoutent les grandeurs de la civilisation aux grandeurs de la nature. Leurs monuments montrent à l'autre hémisphère la plus récente capitale des trois empires qu'a fondés la race anglo-normande et saxonne en Europe, en Amérique, en Océanie.

Dès l'année 1841, Sydney possédait 4,516 maisons [1], peuplées d'environ 30,000 habitants. Cinq ans plus tard, elle comptait 45,190 âmes; elle en compte aujourd'hui près de 100,000. Cette grande cité, siége de deux archevêchés, l'un catholique et l'autre anglican, possède plusieurs établissements qui caractérisent la civilisation avancée des races européennes. Les cathédrales, les églises et les temples élèvent vers le ciel leurs clochers et leurs tours. C'est à Sydney qu'est établie l'université centrale, nommée *collége d'Australie*, où sont entretenus de nombreux professeurs pour les sciences et les lettres, avec des droits égaux à ceux d'Oxford et de Cambridge pour conférer des degrés. Des musées sont préparés à côté des amphithéâtres. Afin de suffire à la construction de ces derniers édifices, le parlement de la Nouvelle-Galles a voté 1,250,000 francs, et 200,000 francs pour bâtir une école secondaire. Nous citerons aussi l'école des arts et métiers, l'école du commerce, les sociétés des sciences naturelles et d'agriculture.

Dans le beau jardin des plantes de Sydney, un botaniste éminent, M. Fraser, a naturalisé la plupart des végétaux utiles de l'Europe : service immense pour une contrée dont les plantes, ainsi que les animaux, diffèrent complétement des animaux et des plantes de l'ancien monde.

Les travaux entrepris pour fournir d'eau potable la grande ville de Sydney méritent d'être remarqués. A trois lieues de la ville on réunit dans un réservoir les eaux

---

[1] Le gouverneur de la colonie fait remarquer que, de 1850 à 1856, le nombre des maisons construites dans la colonie n'a pas suivi le progrès de la population; ce qu'il attribue justement à l'extrême cherté des constructions, d'où s'ensuit aussi la cherté des loyers. Le peuple est, par conséquent, logé plus à l'étroit, et sa santé, ses habitudes d'ordre et de propreté doivent en souffrir : cela deviendra plus sensible quand nous parlerons de Victoria.

qui proviennent d'un spacieux terrain qu'on a drainé; l'eau qu'on a recueillie traverse un vaste banc de sable, qui la filtre naturellement. Les eaux rassemblées dans le réservoir général doivent être élevées dans d'autres réservoirs aussi hauts que l'exigeront les plus hautes maisons de Sydney. L'on emploiera pour cela trois puissantes machines à vapeur.

Sydney n'a pour garnison qu'un régiment d'infanterie, avec une compagnie d'artillerie : probablement en tout moins de mille hommes. La mère patrie fait payer en entier par la colonie ce millier de soldats et les forts et les batteries, et jusqu'aux canons protecteurs.

Lors de la dernière guerre contre la Russie, la Nouvelle-Galles avait formé, pour sa défense, des corps de volontaires, infanterie, artillerie et cavalerie; après la paix, ils se sont dissous sans consulter la métropole.

Les Anglais ont construit un arsenal pour la marine militaire dans une belle position de l'île de Banks.

Pour le service du même arsenal, ils ont, en ces derniers temps, construit une grande forme de radoub; sa longueur est de 96 mètres et sa largeur est de 18 mètres 3/10.

Villes de Paramatta et du Nouveau-Newcastle.

A trois lieues de Sydney s'élève la petite ville de Paramatta, près de laquelle le savant général Brisbane a fait construire un observatoire précieux pour l'étude stellaire de l'hémisphère austral. Deux astronomes célèbres, feu Rumker et M. Danlop, ont illustré cet observatoire par leurs importantes et nombreuses observations.

Sur la côte orientale qu'occupe la Nouvelle-Galles du Sud, faisons remarquer le Nouveau-Newcastle : c'est un port de mer important par le voisinage de vastes mines de houille, voisinage auquel la ville même a dû son nom.

Il faut remarquer aussi la baie de Moreton, d'où l'on expédie directement en Angleterre les laines du pays circonvoisin, l'un de ceux où les troupeaux sont les plus nombreux. On discute en ce moment pour savoir s'il ne convient pas d'ériger en colonie indépendante le district très-spacieux de Moreton-Bay.

Progrès agricole et pastoral.

Il est temps de parler des progrès agricoles et pastoraux qui pendant longtemps furent pénibles et lents.

Vers la fin du dernier siècle, la colonie avait perdu le troupeau de race bovine possédé par le gouvernement : ces animaux s'étaient sauvés, et, pendant un certain nombre d'années, on n'en avait pas eu la moindre nouvelle. Plus tard on les retrouva, au milieu des bois, dans une région fertile; il y en avait près de cent. On préféra les laisser libres, afin qu'ils préparassent à la colonie des ressources précieuses et qui ne coûteraient aucun sacrifice.

Puissante influence du colon Mac-Arthur.

Il se trouvait alors à la Nouvelle-Galles un officier de rare intelligence, le capitaine Mac-Arthur. Il conçut que la contrée où le troupeau du gouvernement avait pu prospérer de lui-même devait être éminemment propre au pâturage ainsi qu'à l'agriculture. Il obtint une concession très-étendue, dans le voisinage de l'endroit où l'on avait retrouvé ces animaux; puis, avec une activité infatigable, il s'occupa d'en tirer parti. Loin de trouver des imitateurs, on le taxait de folie à s'aventurer si loin; et pourtant, il s'agissait seulement de se transporter à *seize lieues* de la capitale.

On doit à Mac-Arthur l'initiative d'une mesure à laquelle il faut attribuer la fortune de la colonie. Dès le commencement du siècle, il obtint qu'un navire irait prendre au cap de Bonne-Espérance vingt mérinos de race pure, tirés de la bergerie du colonel Gordon, un Écossais mort au service de la Hollande. Il eut pour lui le quart de ces animaux, et seul il en tira grand parti. Voilà le premier élément des magnifiques troupeaux de race améliorée dans l'Australie. Pour ajouter à ces moyens de perfectionnement, Mac-Arthur obtint encore des animaux reproducteurs, aussi d'origine espagnole; ils lui furent donnés par la bergerie royale de George III.

Enfin la prise d'un navire espagnol, à bord duquel on trouva de beaux moutons mérinos, accéléra la multiplication des troupeaux d'espèce améliorée.

L'infatigable Mac-Arthur obtint une concession additionnelle de 2,000 hectares, gratuite comme on les avait jusqu'alors accordées : nul ne possédait mieux que lui le moyen de la rendre productive. Le gouvernement métropolitain mettait en outre à sa disposition les bergers dont il avait besoin, et qu'il pouvait choisir parmi les *prisonniers du gouvernement;* c'est ainsi que, par ménagement, sont appelés les déportés encore condamnés aux travaux publics.

Veut-on connaître maintenant avec quelle merveilleuse rapidité l'on a propagé les grands animaux utiles? Nous nous contenterons de citer le parallèle suivant, présenté par M. Wentworth, déjà cité p. 62.

ADULTES PRODUCTEURS, TERRES EMPLOYÉES, ET GRANDS ANIMAUX UTILES,
EN 1820.

Colons adultes..	7,755	1,558
Hectares de terre en culture.......................	11,747	4,345
Hectares de terre en pâture........................	85,824	80,270
ANIMAUX POSSÉDÉS.		
Espèce.......... { chevaline.......................	2,415	1,553
bovine........................	42,788	28,582
ovine..........................	174,179	87,391
porcine........................	18,563	6,304
TOTAUX...............	238,145	123,830
Animaux par 1,000 hommes adultes[1]...............	30,704	77,480

Évidemment la Nouvelle-Galles prenait rang parmi les peuples pasteurs. Dès 1820, elle envoyait en Angleterre 45,093 kilogrammes de laine; dans l'année suivante, elle en envoyait 84,400 kilogrammes.

Mac-Arthur donnait aussi l'impulsion pour varier et pour améliorer les cultures. Il désirait beaucoup donner à la Nouvelle-Galles du Sud la culture de la vigne. Il demanda qu'on fît venir une colonie de vignerons empruntés à la France ainsi qu'aux bords du Rhin : il réclamait pour son compte vingt hommes mariés, qui fussent habiles à l'exploitation des vignobles les plus estimés.

---

[1] En ne comptant pas les condamnés non libérés, les fonctionnaires ni les garnisons.

Progrès ultérieurs du système pastoral.

Jusqu'à ce jour, les colonies de l'archipel australien n'ont pas même espéré de se créer une industrie manufacturière. Un'long temps doit s'écouler avant qu'elles puissent y parvenir, vu l'excessive cherté de la main-d'œuvre. Ce qui caractérise en premier lieu l'Australie, c'est la richesse pastorale, celle qui doit précéder toutes les autres; celle, en effet, qui, pour être développée, demande le moins de bras et de capitaux; celle, enfin, qui doit marcher à pas de géant dans un pays immense, où la terre a cent fois plus d'étendue que ses habitants n'en pourraient labourer, fussent-ils tous agriculteurs.

Dès 1810, on voit les premiers et faibles développements de l'élevage des animaux domestiques. Un tiers de siècle plus tard, on arrive à la plus grande proportion entre le nombre de ces animaux et la population humaine.

DÉNOMBREMENT COMPARÉ DES ANIMAUX DOMESTIQUES EN 1810 ET 1845.

ANNÉES COMPARÉES.	POPULATION HUMAINE.	INDIVIDUS DE L'ESPÈCE		
		CHEVALINE.	BOVINE.	OVINE.
1810............	8,293	1,114	11,276	34,550
1845............	187,418	71,169	1,059,432	5,604,644

Proportions pour mille habitants.

Années..	Espèce chevaline.	Espèce bovine.	Espèce ovine.
1810...	134	1,359	4,166
1845...	380	5,653	29,905

*Mise en fermage des terres de la couronne, pour l'élevage
des troupeaux.*

Les colons aventureux qui voulaient s'enrichir par l'é-
levage des troupeaux s'étaient emparés de vastes terrains,
inhabités, incultes, mais propres au pâturage. Ils demandaient vivement qu'on les leur concédât à des conditions
qui leur permissent de les améliorer. En 1846, un acte
du parlement autorisa la couronne à faire des concessions
de pacages pour un temps qui n'excéderait pas quatorze
années.

Dans la colonie de la Nouvelle-Galles du Sud, les terres
furent divisées en trois classes, suivant qu'elles apparte-
naient à des districts, 1° déjà régularisés, 2° non régularisés, 3° en voie de régularisation. Dans les districts de la
première catégorie, le fermage fut annuel et réservé pour
les champs libres encore et contigus aux terres possédées
par des colons. Dans la deuxième classe, la rente des
pacages était concédée pour quatorze ans. Si l'État vendait
les terres à l'expiration des quatorze ans, il remboursait la
valeur des améliorations. A l'égard de la troisième classe,
les concessions de pacage pouvaient varier entre un an
et quatorze ans.

Plus tard on a pris les mêmes mesures pour les pâturages des colonies de Sud-Australie et d'Ouest-Australie.

Il est facile de justifier le système suivi par le gouvernement à l'égard de terrains vierges encore et d'une si
vaste étendue.

En affermant d'immenses pâturages, on évite l'inconvénient de vendre prématurément, à trop vil prix, des
terrains éloignés encore de toute colonisation.

Dans l'état primitif des terres, leurs herbages ne peuvent nourrir qu'un très-petit nombre d'animaux. Si l'on

voulait les vendre en cet état, le prix de vente serait presque nul. Il valait mieux se contenter, en premier lieu, d'un fermage extrêmement modéré; l'on n'exigeait qu'*un schelling*, c'est-à-dire 1 fr. 25 cent. par hectare.

L'amélioration première consiste à cultiver une petite portion pour nourrir les pasteurs loin des terres colonisées; à faire quelques clôtures et à construire des huttes pour loger les personnes; à creuser des puits, à préparer des retenues d'eau potable pour les hommes et pour les animaux. Ceux-ci par degrés engraissent la terre.

Aliénation successive des terres de la couronne.

Nous venons d'expliquer le système de fermage des terres de la couronne et ses effets favorables à l'élevage des troupeaux, à la fécondité du sol. Nous compléterons ce sujet en expliquant les mesures adoptées pour la vente des mêmes terres que, dans le principe, on donnait gratis.

En 1831, pour la première fois, l'autorisation fut donnée de vendre à l'enchère les terres appartenant à la couronne en Australie et dans l'île de Van-Diémen. C'est à dater de ce moment que la colonisation a fait les plus grands progrès.

Lorsque l'on commença de suivre le système que nous venons d'indiquer, le moindre prix de vente fut seulement de 5 schellings par acre, c'est-à-dire 15 fr. 60 cent. par hectare. On a par degrés élevé ce prix minimum à 37 fr. 50 cent. et finalement à 62 francs par hectare : ce qui signifie qu'en un quart de siècle la valeur de la terre non fécondée, mais pouvant l'être, a *quadruplé*.

L'acte du parlement de 1842, qui permettait d'élever ainsi par degrés le prix minimum des terres à vendre, offre une disposition pleine de sagesse. *Défense est faite à l'administration de revenir à de moindres prix légaux que ceux auxquels on s'est une fois élevé.* Par là les premiers acquéreurs n'ont jamais à craindre que les nouveaux venus obtiennent sur eux, quant à l'avilissement du prix de la terre, un avantage qui serait contraire à l'équité.

Sage application du produit de la vente des terres.

Les Espagnols n'ont semblé fonder leurs colonies que pour en tirer des millions, prix odieux de la sueur et de la vie des vaincus. L'Angleterre s'élève à de plus hautes pensées dans ses colonies, où les travailleurs sont ses propres enfants. Tout ce qu'elle pourrait tirer de tels établissements, à titre de revenu public, elle préfère l'employer pour les rendre plus peuplés, plus productifs et plus commerçants. C'est un moyen à la fois ingénieux et généreux d'accroître la richesse et l'empire de la métropole par la richesse et le bonheur procurés à ses possessions extérieures.

En Australie, la moitié du produit des fermages et de la vente des terres est employée pour défrayer une grande immigration; l'autre moitié sert aux travaux d'utilité publique et pour défrayer le cadastre progressif des superficies à mettre en valeur.

A Londres, dès 1831, l'on avait institué la première commission chargée de subventionner et de diriger l'envoi des travailleurs demandés au Royaume-Uni pour les colonies australiennes. A cette époque, le passage le moins dispendieux coûtait de 875 à 1,000 francs; ce qui le rendait impossible pour des ouvriers sans capital. Il fallait porter remède à ce grave inconvénient par des secours distribués avec intelligence.

On a permis que les acquéreurs de terres désignassent, dans la métropole, les émigrants qu'ils désireraient obtenir pour leurs travaux et dont le passage serait payé *sur la moitié du prix des terres achetées.*

La révolution de février 1848 avait privé d'occupation un nombre, hélas! trop considérable d'ouvriers français qui travaillaient dans le voisinage de Calais. Avec leurs familles, ils se rendirent en Angleterre, et demandèrent passage pour la Nouvelle-Galles du Sud. Une souscription, généreusement ouverte par les Anglais, fournit à ces infortunés le *quantum* exigé de tout émigrant; leur courageux travail a payé ce bienfait avec usure.

De 1832 à 1851, en dix-neuf années, le nombre des immigrants de toute origine a dépassé 123,000 âmes, et la dépense coloniale pour faciliter l'immigration n'a pas été moindre de 37 1/2 millions de francs.

Qu'est-il résulté de ces sages mesures? En 1831 la population de la Nouvelle-Galles du Sud n'excédait pas 50,000 habitants; dès 1850 elle s'élevait à 250,000 âmes. Dans le court espace de dix-neuf années, *elle avait quintuplé.*

Dernier recensement de la Nouvelle-Galles du Sud, après la séparation de trois nouvelles colonies.

Hommes............................	147,000	
Femmes............................	119,000	266,000

En faisant connaître à quelle cause est due la grandeur de l'immigration aux États-Unis, nous avons indiqué les sommes importantes envoyées, par les immigrants qui prospèrent, aux membres de leur famille restés en Europe. Nous avons eu plaisir à citer les Irlandais.

Le gouvernement britannique autorise les caisses publiques d'Australie à recevoir de semblables remises de fonds pour favoriser l'immigration des parents et des amis qu'ont laissés dans la mère patrie les colons plus ou moins enrichis.

Caisses d'épargne, et leurs rapports avec la vente des terres.

Les caisses d'épargne d'Angleterre accordent un petit surplus d'intérêt pour favoriser les émigrants qui s'engagent *à n'être remboursés qu'en terres australiennes.* On encourage de la sorte à l'acquisition des terres les ouvriers à la fois rangés, actifs, économes. De plus, *la moitié de leurs épargnes devient applicable à payer leur passage en Australie.*

.Aussi longtemps que le gouvernement métropolitain continuera d'appliquer la politique, si digne d'éloges, dont nous venons d'énumérer les actes bienfaisants, il sera digne de conserver et conservera le magnifique territoire où grandit sous ses auspices la civilisation la plus rapide.

Constitution représentative en Australie.

L'année 1850 est mémorable dans l'histoire de l'Australie; elle a vu réformer la constitution bizarre et précaire donnée en 1842 à la Nouvelle-Galles. Lord Grey, pendant son ministère agité, avait eu l'idée dangereuse de réunir dans une seule chambre représentative un tiers des membres nommés par le pouvoir exécutif et deux tiers choisis par les électeurs censitaires; il est aisé de concevoir quels froissements et quelles résistances devaient résulter d'un mélange aussi discordant. En 1850 on a profité de l'expérience et constitué deux chambres pour la Nouvelle-Galles, suivant l'exemple de l'Angleterre et celui des États-Unis. On a donné le même gouvernement représentatif à trois autres provinces, Victoria, l'Australie du Sud et l'Australie de l'Ouest.

La Grande-Bretagne procédait à la constitution graduelle de ses colonies australiennes à mesure qu'elles acquéraient un certain degré d'importance; elle agissait comme la confédération américaine, lorsque celle-ci constitue ses nouveaux États.

Redisons-le : depuis le commencement du xixe siècle, l'Angleterre a fait preuve d'un esprit éclairé, libéral et conciliant en faveur de ses colonies, et surtont de l'Australie.

Beau tableau du génie britannique dans ses colonisations,
par M. Gladstone.

L'ancien chancelier de l'échiquier, M. Gladstone, a noblement exprimé le principe moderne des colonisations britanniques. « Nous rassemblons, a-t-il dit au sein de la Chambre des Communes, nous rassemblons un certain nombre d'hommes libres, pour former, dans le nouveau monde, des populations qui jouissent d'institutions libres comme les nôtres. Un État ainsi préparé se développera par le principe d'accroissement qu'il porte en lui; le pouvoir impérial de la mère patrie le préserve amplement contre toute agression étrangère. Ainsi se propagent avec le temps notre langue, nos mœurs, nos institutions et notre religion, portées par la colonisation jusqu'aux parties les plus lointaines de la terre. Les émigrants anglais emportent avec eux leur liberté, comme ils emportent leurs instruments aratoires et tout autre ustensile nécessaire à l'établissement de leurs demeures : liberté qu'ils transmettront à leur postérité. Voilà le secret, voilà l'infaillible moyen par lequel nos concitoyens, loin de la mère patrie, triomphent de tous les obstacles dans l'œuvre ardue de la colonisation. »

Longtemps après, M. Gladstone a beaucoup plus développé, dans un enseignement oral fait à la classe ouvrière, les meilleures idées de son pays sur ce beau sujet de la colonisation; il n'a rien dit de plus généreux, de plus profond et de plus vrai.

Découverte de l'or dans la Nouvelle-Galles du Sud.

Le célèbre Sir Roderick Murchison, président de la société géologique de Londres, en comparant la structure des monts Oural, riches en mines d'or, avec les monts de la Nouvelle-Galles du Sud, avait annoncé que ces derniers devaient aussi renfermer des richesses aurifères. Les cupidités étaient excitées par les découvertes récentes et merveilleuses que les habitants des États-Unis avaient faites en Californie. On opéra des recherches sur les lieux qu'avait signalés le savant géologue, et l'on découvrit, dans la même année, les gisements de la Nouvelle-Galles du Sud, bientôt surpassés en produits par ceux de la nouvelle colonie de Victoria.

Au lieu de laisser les chercheurs d'or effleurer à l'aventure et souvent gaspiller la surface de ces gisements, l'administration britannique ne tarda pas à soumettre ces chercheurs aux règles d'une police financière efficace. On les obligea, 1° de prendre et de payer une licence de 12 fr. 50 cent. par mois ou 150 francs par année, pour avoir la faculté d'extraire l'or en des terrains faisant partie du domaine public; 2° de payer une somme égale s'ils érigeaient sur ces terrains des constructions temporaires; 3° de payer seulement moitié des 12 fr. 50 cent. par mois, pour qu'on leur permît l'exploitation de l'or sur des champs possédés par des habitants.

Les travailleurs, attirés par l'appât du métal précieux, trouvèrent exorbitant que l'État en demandât une parcelle, destinée pourtant à concourir au progrès de la colonisation; ils se soulevèrent en refusant de payer ces contributions. Mais, dans les pays qui font partie de l'empire britannique, la force finit toujours par rester à la loi : les rebelles furent soumis, punis, et payèrent.

J'ai pu calculer, pour l'année 1856, le rapport des droits perçus à celui de l'or produit.

Parallèle de l'or transporté des gîtes aurifères à Sydney avec les droits perçus.

Poids total de l'or transporté. . . . . 4,943 kilogr.
Valeur dans la colonie. . . . . 15,933,940 francs.

Dans la même année 1856, on comptait en moyenne 14,609 patentes renouvelées quatre fois; le produit de ces impôts s'élevait à 775,806 francs.

Le total des licences représente seulement 48,687 fr. par million d'or effectivement *transporté;* celui-ci, d'ailleurs, n'est pas tout l'or *recueilli.*

Absence d'exploitation des quartz aurifères.

Il est à remarquer que, dans les états officiels de 1856, on trouve une colonne pour les licences relatives à l'exploitation des quartz aurifères; or cette colonne est *en blanc.* Ainsi, pendant 1856., l'exploitation de ces quartz n'aurait pas encore été commencée dans la Nouvelle-Galles du Sud. Nous verrons cette colonie devancée par le nouvel État de Victoria.

S'il faut en juger d'après l'or transporté des mines de la Nouvelle-Galles dans la ville de Sydney, la production de ce métal serait peu considérable pour cette colonie.

Hôtel des monnaies de Sydney.

Sydney, qui possède le seul hôtel des monnaies de l'Australie, est un port qui n'est pas sans importance à l'égard de l'or qu'on y fait passer et qu'on réexporte.

Or monnayé dans Sydney depuis la création de cet hôtel, 18 mai 1855, jusqu'à la fin de l'année 1856.

Monnaies d'or frappées en 7 mois 12 jours de 1855..   12,810,500 fr.
Monnaies d'or frappées en 1856...............   29,050,000

Ainsi l'or monnayé à Sydney, dans l'année 1856, offre presque une valeur double de l'or transporté des mines de la colonie par la voie officielle de la malle-poste ou des convois. (Voyez page précédente, ligne 11.)

NOUVEAU DISTRICT DE PORT-PHILIPPE.

Dès l'année 1835, lorsque la Nouvelle-Galles du Sud était en pleine voie de prospérité, lorsque son industrie pastorale couvrait de troupeaux un vaste territoire ayant pour centre civil et commercial Port-Jackson et Sydney, l'on conçut la pensée d'étendre la colonisation dans la partie la plus tempérée, du côté du pôle austral.

Embarquons-nous avec les nouveaux colonisateurs. En naviguant sur la direction qui vient d'être indiquée, nous longeons d'abord la côte orientale, dans une étendue de 150 lieues. Nous arrivons au cap Howe, au delà duquel le littoral incline tout à coup vers l'occident. Ici commencera l'établissement nouveau qu'on s'est proposé de former.

En continuant notre route au delà du cap Howe, après

un parcours de 140 lieues, nous atteignons le cap Wilson,
le plus avancé de tous vers le pôle austral. Ensuite la côte
remonte un peu vers l'équateur.

Nous suivons pendant 70 lieues cette dernière direction, et nous parvenons au fond d'un vaste golfe.

Description du lac ou golfe nommé Port-Philippe.

Ici nous trouvons la plus belle position maritime que
l'Australie puisse offrir après Sydney : c'est celle de *Port-
Philippe.* On a consacré par ce nom le souvenir du premier
gouverneur qu'ait eu l'Australie; de l'homme de mer dont
l'instinct supérieur avait découvert, et je dirais presque
inventé Sydney! Port-Philippe est devenu le centre commercial du nouveau district à coloniser.

Depuis longtemps on avait reconnu l'importance de
cette admirable position, mais sans y créer le moindre établissement. Seulement quelque temps avant 1835, un très-
petit nombre d'Anglais, colons de Van-Diémen, avaient
profité du voisinage; on leur devait quelques essais isolés
de vie pastorale sur la partie du continent australien qui
faisait face à leur île.

Ce qu'on appelle Port-Philippe est un grand lac maritime, ayant en superficie 236,000 hectares, près de quatre
fois le lac de Genève. Ce magnifique bassin communique
avec la mer par une entrée large seulement d'une demi-
lieue; elle est assez resserrée pour empêcher que l'Océan
ne propage, dans les eaux intérieures, ses grandes agitations.

Les explorateurs du nouveau district trouvèrent d'abord,
à l'entrée du lac appelé Port-Philippe, une baie spacieuse
et bien fermée, qu'on nomma la baie du Cygne, *Swan-bay.*
Bien qu'elle fût plus vaste que notre rade de Toulon, les

investigateurs passèrent outre. En tournant à l'ouest, ils côtoyèrent une grande presqu'île, et, poussant toujours vers l'occident, ils entrèrent dans la large baie de Géelong; ils avaient suivi déjà 12 lieues de littoral dans l'intérieur de Port-Philippe.

Fondation de Géelong et de Williamstown.

Au fond de cette baie ils érigèrent une première hutte, dans le lieu qui sera la ville de *Géelong*, ville qui s'élève à présent entre le port du même nom et la rivière Barwon. Cette rivière descend en plein Océan, après un parcours de 4 lieues, à pareille distance de l'entrée du lac Philippe.

Géelong fut le premier centre commercial du nouveau district, dont la création ne remonte qu'à 1835. Ses accroissements étaient certains, grâce à l'excellence de sa position pour recevoir les produits du territoire occidental. Cette ville, qui n'avait pas au delà de 454 habitants en 1841, dix ans après en comptait 8,297; elle devait prendre plus tard des développements beaucoup plus considérables.

Après avoir indiqué Géelong, les colonisateurs continuèrent d'explorer la côte occidentale du lac Philippe, en remontant vers l'équateur. A l'extrémité de cette côte, ils trouvèrent un beau port naturel qui peut recevoir les plus grands navires de commerce ainsi que de guerre; ils y bâtirent quelques maisons, qui furent le noyau de *Williamstown*. Les Australiens voulaient, par ce nom, rendre hommage à Guillaume IV, alors souverain des trois royaumes.

Fondation de Melbourne, capitale du district.

Immédiatement au delà de Williamstown, on trouve

l'embouchure d'une rivière que les naturels du pays appellent *Yarra-Yarra*. En la remontant à 10 ou 12 kilomètres, on est arrêté par une haute cataracte, comparable
aux cataractes qu'on rencontre lorsqu'on remonte, à courte
distance, les rivières occidentales de la Nouvelle-Angleterre. Dès 1837, en aval de cette cataracte, on a commencé de bâtir la ville de *Melbourne*, nom du premier
ministre, peu marquant, de cette époque.

Melbourne, fondée deux ans plus tard que Géelong,
eut des progrès encore plus rapides; elle devint le chef-
lieu du district de Port-Philippe, et plus tard la capitale
d'une colonie nouvelle, dont l'avenir est magnifique.

Industrie pastorale du district de Port-Philippe.

Tout appelait les colons vers l'industrie pastorale. Ils
avaient sous les yeux les progrès déjà si considérables
qu'avait faits l'élevage des bêtes à laine dans la partie
colonisée de la Nouvelle-Galles. La contrée occidentale
du district Philippe leur offrait des plaines immenses,
d'un niveau très-remarquable, propres au labour et surtout après le pâturage. Ils ont heureusement secondé la
nature. Ils ont perfectionné leurs laines en même temps
qu'ils multipliaient leurs troupeaux. Ils ont, à l'exemple
des colons de la Nouvelle-Galles, demandé des animaux
reproducteurs aux races les plus choisies. Leurs succès
sont dignes d'admiration.

Les colonies qui s'adonnent au labour ne peuvent être
fécondées qu'en proportion du nombre des bras; aussi,
le cas excepté d'émigrations considérables, l'accroissement des cultures est borné par la lenteur d'accroissement
propre à la race humaine.

Mais quand les habitants s'adonnent à l'élevage du

bétail, et surtout à celui des bêtes ovines, la multiplication naturelle des troupeaux peut très-facilement doubler tous les deux ou trois ans, et même avec plus de
promptitude. Si des immigrations d'animaux viennent au
secours, le progrès, déjà si rapide, devient plus rapide encore. On trouve facile, au moyen d'un appel aux habitants
de la métropole, de faire suivre ce progrès à la population
humaine. Il suffit de se procurer un nombre de pasteurs
comparativement très-peu considérable, puisqu'à chacun
d'eux on confie parfois jusqu'à mille moutons.

Tel est le secret de la multiplication prodigieuse des
bêtes à laine dans les vastes plaines du district de Port-
Philippe. On jugera de cette multiplication par l'accroissement de la quantité des laines envoyées de ce district
à la métropole.

Progrès des laines exportées, de 1837 à 1851.

Années.	Kilogrammes.
1837	79,378
1844	1,957,710
1851	7,833,250

Si nous calculons l'accroissement, supposé régulier de
1837 à 1844, nous trouvons que le poids total de la
laine, et par conséquent en général le nombre des animaux, *a doublé tous les dix-huit mois.*

Mais, si nous opérons le même calcul entre 1844 et
1851, nous trouverons que le nombre des animaux n'a
plus doublé que *tous les deux ans et trois mois.*

Ce ralentissement est d'une facile explication. Aussi
longtemps que le nombre des bêtes à laine, dans le district de Port-Philippe, n'était qu'une petite portion du
nombre total de ces animaux possédés par l'Australie, peu

d'efforts et de capitaux suffisaient pour ajouter beaucoup, par la transmigration, à la production naturelle du district. Mais dans la seconde période de sept ans, lorsque le nombre des bêtes à laine du nouveau district s'approche du nombre des mêmes animaux dans tout le reste de l'Australie, les secours de la transmigration deviennent comparativement moindres; en même temps, Port-Philippe fournit à son tour des troupeaux à des établissements plus nouveaux encore. Ces deux causes expliquent le ralentissement du progrès, mais sans que l'énergie, l'intelligence et l'économie des colons aient pour cela diminué.

J'ai pensé qu'il y aurait autant d'utilité que d'intérêt à mesurer ce mouvement progressif de la richesse pastorale, lorsqu'elle arrive au plus grand degré d'accélération que l'industrie humaine puisse atteindre.

Progrès du nombre des habitants; leur esprit d'indépendance.

Au 31 décembre 1850, avant que la colonie fût séparée de la Nouvelle-Galles du Sud, celle-ci comptait 265,503 habitants; deux mois plus tard, le district de Port-Philippe offrait déjà 77,345 habitants. On verra bientôt grossir merveilleusement ce noyau primitif d'une colonie qui va conquérir l'indépendance.

Les habitants du district, peuplé seulement depuis quinze ans, sans communications par voie de terre, étaient séparés de Sydney par un littoral d'au moins 300 lieues. Ils se plaignaient avec énergie d'une centralisation administrative qui plaçait si loin d'eux le chef-lieu de leurs affaires. Leur impatience exprimait les vœux les plus pressants pour devenir un État distinct; en dernière instance, *ils refusaient d'envoyer des députés à l'assemblée législative, dont ils voulaient se séparer.*

Érection du district de Port-Philippe en colonie séparée.

§ 2. VICTORIA.

Afin de faire droit à des désirs irrésistibles, dès l'année de l'Exposition universelle, et lorsque nous étions à Londres, on distrayait de la Nouvelle-Galles du Sud le grand district de Port-Philippe, dont nous venons de faire connaître les heureux commencements. On le dotait d'une existence autonome, avec son gouverneur spécial, son gouvernement représentatif et ses lois particulières. Lorsque la métropole sanctionnait cette mesure importante, elle ignorait la découverte de l'or, faite dans le second semestre de l'année 1851; découverte qui devait imprimer un incroyable essor à l'État qu'on organisait sur ces nobles bases.

En donnant à la colonie le nom de *Victoria*, l'on rendit hommage à la souveraine, aussi chérie que vénérée, du grand empire britannique.

Limites géodésiques de Victoria.

Hémisphère austral. Latitude..... 34°   à 39°
Longitude orientale............ 138° 40′ à 147° 40′

Frontières de la colonie.

La colonie de Victoria, comme autrefois le district de Port-Philippe, commence au cap Howe. Sa frontière maritime se développe dans une étendue d'environ 400 lieues, jusqu'au cercle méridien marqué par 138° 40′ de longitude orientale. Ce méridien, prolongé jusqu'à la rivière Murray, sépare les deux colonies de Victoria et de Sud-Australie, laquelle est à l'occident.

Superficie et population.

On évalue approximativement la superficie du territoire
à 25,381,000 hectares; elle surpasse en étendue la Grande-
Bretagne, aujourd'hui peuplée de 21 millions d'habitants.

Superficie. . . . . 25,381,000 hectares.
Population, en mars 1851 . . . . . .   77,345 habitants.
Territoire pour mille colons. . . .   318,100 hectares.

Évidemment un territoire où la population était à ce
point clair-semée ne pouvait avoir quelque importance
que par son industrie pastorale, dont nous avons signalé
les premiers progrès.

Au commencement de l'année 1858, le dénombrement donnait 470,000 habitants.

Ainsi dans le court intervalle de sept ans, la population de Victoria se trouve plus que *sextuplée*. Les États-
Unis ne présentent pas de progressions plus accélérées,
dans leurs états naissants, d'une extrême prospérité.

D'après quatre recensements officiels, j'ai calculé approximativement la population de Victoria : 1° pour le
1er janvier de sept années consécutives; 2° la valeur
moyenne en chaque année [1].

Dans les recherches qui vont suivre sur les progrès de

Années.	Au 1er janvier.	Années.	Population moyenne.
2 mars 1851	77,341	1/2 1851	95,534
1er janvier 1852	104,583	1852	127,396
1853	150,210	1853	182,975
1854	215,740	1854	249,885
1855	284,030	1855	312,804
1856	341,578	1856	376,172
1857	410,766	1857	435,383
1858	460,000		

la colonie, pendant ce laps de temps très-court, les changements seront si rapides qu'il faudra, chaque année, les
comparer avec la population croissante elle-même.

En beaucoup d'autres contrées, les progrès décennaux
sont moins rapides et moins importants qu'ici les progrès
annuels; quelques nations s'accroissent moins pendant
un siècle.

C'est à la découverte de l'or qu'il faut attribuer ces dé
veloppements pleins de grandeur, et les perturbations profondes qui les ont accompagnés comme des contre-coups
inévitables. Nous en tiendrons compte.

Découverte et production de l'or dans la colonie de Victoria.

Pour la richesse et la multiplication des gîtes aurifères,
le territoire de Victoria l'emporte incomparablement sur
celui de la Nouvelle-Galles.

Dans une immense étendue de territoire, la difficulté
n'est point de trouver une place, *un placer,* qui contienne
de l'or; mais une place qui n'en contienne pas.

Si la nature s'est montrée prodigue envers la colonie
de Victoria, l'homme a secondé la nature par des mesures
qui sont dignes de la plus sérieuse attention.

Conditions sociales comparées de Victoria et de la Californie,
depuis la découverte de l'or.

Peu d'années avant l'époque où nous arrivons, la Californie avait offert un spectacle comparable à celui de
Victoria pour l'abondance du métal précieux que la nature
y fournit à l'homme; mais la différence est infinie pour la
manière dont les travaux ont pris naissance, et pour les
phases traversées par le peuple qui s'organise autour d'un
volcan dont la lave est l'or.

En Californie, la liberté sans borne ouvre les portes aux exploitants attirés de tous les points de la terre. Tous sont égaux, tous sont sans frein : des hommes, enflammés de cupidité, s'accumulent dans une contrée auparavant presque déserte, et dans laquelle on trouvait plus de sauvages que d'hommes civilisés. La force publique est inconnue; les lois sont à naître; chaque individu n'a pour moyen d'attaque et de défense que ses bras, sa vigueur de caractère, et souvent sa perversité. Mais le besoin pressant d'une sûreté commune rapproche les esprits les moins impurs, au milieu de tant d'éléments hétérogènes. Un fantôme d'ordre social se dessine. Bientôt une constitution calquée sur trente autres des États-Unis est proclamée; elle reste d'abord une lettre morte. Des tribunaux s'organisent dans l'intention avouée de protéger les biens et les capitaux. Des juges amovibles sont nommés, à court terme, par leurs propres justiciables; les malfaiteurs font main basse sur cet ordre d'élections, pour remettre à des complices la justice elle-même et son glaive faussé; puis le crime lève la tête, et si haut, qu'il faut à la fin que des hommes ayant au fond du cœur l'amour et le besoin du droit constituent la terrible dictature du *Comité de vigilance*. Enfin apparaît un pouvoir supérieur à toute violence individuelle, un pouvoir qui fait connaître à l'assassinat sans remords le seul remède efficace ici-bas, le supplice, ordonné par une raison froide, ferme, impassible, élevée, comme un jugement émané du juge des juges.

En Australie va se déployer à nos yeux un tout autre spectacle. Le pouvoir exécutif, sans rien enlever à la liberté, conserve ses conditions d'existence et de respect qu'il tient de la métropole et d'un trône. Les juges reçoivent leur mandat d'une région supérieure et révérée. Malgré la turbulence et l'incroyable mélange des chercheurs d'or, les lois s'avancent comme eux de placer en placer. Pour se faire obéir, elles chercheront, s'il le faut, des constables même au milieu des forçats libérés : ceux-ci, rendus aux bienfaits, aux égards de l'ordre social, ne souffrent pas que de nouveaux coupables le deviennent sans encourir à leur tour la flétrissure et la punition.

Ces deux conditions si diverses constatées dans le parallèle de la Californie et de Victoria, portons un regard attentif sur les faits accomplis et sur les résultats obtenus dans la colonie australienne.

J'examinerai successivement la richesse annuelle des exploitations aurifères ; la nationalité, la condition des individus et des familles appelés à cet ordre de travaux ; la réaction des trésors produits sur les autres richesses de la colonie, et sur la constitution des diverses classes dont la population est composée.

Si l'on me reprochait de n'être pas assez avare de résultats numériques, je demanderais comment on pourrait les supprimer, lorsque la valeur du métal dont je veux signaler l'influence sociale ne s'offre au commerce, aux individus, à l'État, que sous la forme d'un chiffre monétaire, et n'influe qu'à ce titre sur la société.

Il y aura seulement un avantage avec la race britannique, calculatrice au plus haut degré ; c'est qu'elle a fait servir l'autorité même des lois et la fixation des impôts les plus légers, à constater incessamment les progrès de la production dans la colonie grandissante. J'ai profité de ce penchant.

Je commencerai par donner, d'après les documents parlementaires, la valeur et la quantité de l'or produit chaque année dans la colonie de Victoria.

QUANTITÉS ET VALEUR DE L'OR PRODUIT DE 1851 À 1856.

ANNÉES.	OFFICIELLEMENT certifié.	NON ENREGISTRÉ.	TOTAUX.	VALEUR À VICTORIA.
	kilogrammes.	kilogrammes.	kilogrammes.	francs.
1851 (1/4)......	4,512 2/10	"	4,512 2/10	12,702,120
1852............	98,227 6/10	33,837 5/10	132,065 1/10	371,667,475
1853..........	70,760 6/10	25,376 5/10	96,137 1/10	289,714,550
1854..........	56,941 8/10	11,232 2/10	68,174	219,269,000
1855..........	69,467 9/10	22,693 5/10	92,160 8/10	296,407,300
1856..........	78,673 1/10	31,189 1/10	109,862 2/10	353,359,700
TOTAUX..	378,582 6/10	124,328 8/10	502,911 4/10	1,543,114,045

Voilà donc une seule des colonies australiennes qui tire
de son territoire, en cinq ans et trois mois, la somme prodigieuse de *un milliard cinq cent quarante-trois millions d'or*.
Ce n'est point par degrés qu'elle arrive au maximum de la
production. Après les faibles essais des derniers mois de
1851, elle parvient, dès 1852, au plus grand résultat qu'elle
ait encore atteint. Elle décline ensuite pendant deux années,
quoique le nombre des chercheurs d'or aille toujours en
augmentant, mais, en 1852, on effleurait les gîtes les plus
abondants, et la récolte moyenne obtenue par travailleur
était énorme. On verra qu'elle est aujourd'hui beaucoup
moins productive pour le mineur employé.

*Première période : or natif obtenu par le lavage ou le remuement
des terrains aurifères.*

Dans la première période, on effleure les emplacements les plus favorables; on obtient les plus grands produits avec le moins de travail et d'un travail fort imparfait. Bientôt l'avantage relatif des exploitations diminue, et l'on cherche un nouveau moyen d'y suppléer.

Seconde période : exploitation récente des quartz aurifères.

Pour suppléer au déficit effrayant du produit obtenu par le lavage des sables ou des terrains aurifères on cherche l'or qui se cache dans le rocher sous forme de veines. On a recours au broiement des quartz qui renferment le métal, qu'on sépare au moyen de l'amalgame. Ce progrès des exploitations est expliqué par le gouverneur de Victoria dans son rapport au ministre des colonies, au commencement de 1857 (27 janvier).

Dès 1855 a commencé l'introduction des mécanismes propres à broyer le quartz aurifère. Quelque imparfaits que fussent d'abord de tels mécanismes, cette addition contribuait à relever la production de 219 à 296 millions, et l'accroissement annuel était de 35 p. o/o.

De 1855 à 1856, le mouvement ascendant continue, et la production s'accroît de 16 p. o/o. Ici laissons parler le gouverneur de Victoria :

« La supériorité de production qu'on remarque de 1855 à 1856 doit principalement être attribuée à l'usage plus étendu des machines à vapeur employées pour broyer les quartz aurifères. Cette application commença dès 1855; mais alors on ignorait les meilleurs procédés mécaniques, et le produit n'était pas considérable. Il n'en a plus été de même à partir de 1856; *une année d'expérience et de perfectionnements a suffi* pour que la quantité de l'or extrait par voie d'amalgame fût accrue d'un huitième. En même temps les mécanismes broyeurs se multipliaient toujours, et le progrès s'étendait à l'année suivante.

« Lorsqu'on aura presque épuisé l'or qu'on obtient par le lavage des terrains d'alluvion, le broiement des quartz sera la grande ressource. Aujourd'hui même il existe encore un très-grand nombre de machines fort imparfaites, mais qui ne sont pas hors de service; elles sont graduellement remplacées par d'autres plus puissantes et plus économiques. On espère, par ces moyens, augmenter encore le rendement de l'or, qui, dans l'année 1856, s'élevait à 353 millions de francs. »

Ressources qu'offrent les gîtes aurifères pour le présent et l'avenir.

La superficie du territoire où l'on trouve l'or à chaque pas, soit dans Victoria, soit dans la Nouvelle-Galles, surpasse *cinq millions d'hectares;* c'est la surface réunie de notre Bretagne et de notre Normandie.

On a calculé le volume et le poids des quartz qui renferment des veines d'or. Ce poids est approximativement de *vingt mille six cent cinquante milliards de kilogrammes.* Pour exploiter cette énorme masse avec les meilleurs procédés actuels et la force dont on dispose, il faudrait y consacrer cent mille ouvriers pendant trois siècles, dans la seule colonie de Victoria. La courte durée qu'on croit suffisante pour épuiser cette richesse diffère beaucoup de l'évaluation suivante :

Le total de la richesse aurifère exploitable est évalué, pour l'Australie entière, à 664 1/4 milliards de francs. En prenant comme base le rendement actuel, il faudrait presque *deux mille ans* pour épuiser cette immense richesse.

Du personnel employé pour la recherche de l'or.

On doit distinguer trois classes de chercheurs d'or: 1° les laveurs des sables et des terreaux aurifères recueillis à la surface du sol : ces laveurs peuvent obtenir des gages stables, leur travail comprend aussi les creusements peu profonds; 2° les mineurs qui creusent profondément; ils fouillent dans la terre pour y trouver les masses d'or isolées qu'on appelle *nuggets*, et les vendre aux joailliers, aux bijoutiers; ces mineurs préfèrent des recherches incertaines, comparables aux chances des jeux de hasard; ils courent le risque de travailler longtemps sans rien trouver, pour la chance de saisir la fortune par le succès d'un heureux, mais rare coup de main; 3° des capitalistes exploitant les quartz aurifères avec le travail simultané des machines et des hommes salariés.

Dans cette dernière catégorie, les ouvriers employés à produire l'or n'ont plus de chances personnelles; ils cessent d'être des joueurs. Fussent-ils au nombre des associés, une fois la richesse des quartz déterminée par l'expérience docimastique, tout acquiert la certitude des procédés que fournissent la mécanique et la chimie : le hasard et l'incertitude sont expulsés par la science.

Ainsi la partie aléatoire de l'exploitation du métal précieux tend à disparaître pour les chercheurs, et cette industrie devient par degrés plus morale.

Considérons maintenant par âges, par sexe et par nations, la population des six districts aurifères de Victoria.

HABITANTS DES DISTRICTS AURIFÈRES, EN DÉCEMBRE 1856.

DISTRICTS.	CHINOIS.				AUTRES QUE LES CHINOIS.				GRANDS totaux.
	HOMMES	FEMMES	ENFANTS	TOTAUX.	HOMMES.	FEMMES.	ENFANTS	TOTAUX.	
Ballarat [1]..	4,790	2	3	4,795	26,005	7,000	10,000	45,005	49,800
Castlemaine	4,500	"	"	4,500	16,600	3,950	5,150	25,700	30,200
Avoca.....	1,600	"	"	1,600	32,934	7,416	9,000	49,350	50,950
Sandhurst..	4,364	"	"	4,364	11,000	8,000	9,000	28,000	32,364
Beechworth	2,850	"	"	2,850	9,620	1,997	1,969	13,586	16,436
Caledonia..	"	"	"	"	1,080	60	110	1,250	1,250
TOTAUX.	18,104	2	3	18,109	97,239	28,423	37,229	162,891	181,000

Ce tableau ne contient pas seulement les personnes attachées à l'exploitation de l'or; il comprend celles qui continuent, sur les terrains aurifères, la culture du sol; puis celles qui pratiquent les industries secondaires, indispensables à l'existence d'un peuple de mineurs.

Il est probable, d'après cette considération, que, même en 1856, les adultes employés à l'exploitation de l'or étaient inférieurs à cent mille personnes; tous n'avaient pas le même sort. Commençons par les étrangers.

Des mineurs chinois.

La haine et la jalousie ont exagéré le nombre des Chinois venus pour prendre leur part aux profits des champs aurifères. On affirmait qu'ils étaient plus de 30,000, et nous voyons qu'en 1856, dans une année où l'on a re-

---

[1] C'est auprès du cours d'eau de Ballarat qu'on découvrit pour la première fois l'or en Australie, le 1er septembre 1851.

cueilli tant d'or, ils n'étaient que 18,114. La plupart sont employés à laver de nouveau les sables imparfaitement épuisés par les mineurs anglais; ils procurent à la colonie une richesse qui serait perdue sans eux. Ainsi leur industrie vit du rebut des Occidentaux, moins soigneux, moins attentifs qu'eux. La jalousie dont ils sont l'objet les a plus d'une fois exposés à des attaques violentes; les lois leur ont fait plus de mal.

Obstacles mis à l'immigration des mineurs chinois en Australie.

Afin de rendre plus difficile et moins nombreux l'arrivage des mineurs chinois, on a fini par ne permettre aux navires qui viennent du Céleste Empire de les transporter dans la colonie de Victoria qu'à raison d'une seule personne par *dix* tonneaux de chargement.

Toujours dans l'intention de ralentir l'immigration chinoise, la législature de Victoria n'a pas craint de frapper d'un impôt personnel immédiat, montant à 250 francs, tout Chinois qui débarque dans la colonie.

Voici l'un des moyens qu'emploient, pour se soustraire à cette odieuse *capitation*, les adroits habitants du Céleste Empire. Ils abordent sur une côte moins éloignée de la Chine que celle de Victoria. Ils se font conduire en Sud-Australie, dans le port Adélaïde, où, jusqu'à ce jour, un pareil impôt ne les a pas atteints. Ils prennent ensuite, en traversant des régions presque sans habitants, la direction qui les conduit jusqu'aux districts aurifères.

Justice rendue aux mineurs chinois.

Pour céder aux clameurs intéressées des mineurs britanniques, le Gouvernement défavorise les Chinois.

Cependant on n'a point à se plaindre d'eux dans les circonstances habituelles, surtout en présence d'une administration assez vigoureuse pour les contenir. On rend justice à leur conduite, et l'autorité les protége par un magistrat spécial dans chaque centre d'exploitation. Elle a permis qu'en Australie ils érigeassent une pagode pour y pratiquer leur religion : applaudissons à cette juste tolérance.

En 1856 les Chinois ont érigé dans Victoria, district d'Avoca, un temple bouddhique, dont les innombrables clochettes, libres et mécréantes, résonnent aux oreilles des missionnaires anglicans, presbytériens et méthodistes, qui n'en peuvent pas convertir un seul.

Un impôt anglais et PROTECTIONNISTE *!*
Taxation de l'activité chinoise.

Les deux Chambres législatives de Victoria sont allées au delà de toutes les bornes dans leurs mesures fiscales défavorables à cette race d'immigrants. Outre les 250 francs de première entrée, par un Acte très-récent, elles frappent l'ouvrier chinois d'une autre taxe périodique, fixée par mois, à 12 fr. 50 cent. ce qui par année produit un total de 150 francs, et dans les premiers douze mois, 400 francs!

Le législateur n'a pas voulu qu'on se trompât sur le motif de pareille taxation pour favoriser les mineurs anglo-saxons forcés d'accepter leurs pauvres concurrents. En conséquence, la taxe a reçu le nom de PROTECTION MONEY; argent *de protection*, argent *protectionniste!*

Rivalité singulière des travailleurs anglo-saxons et chinois.

Pour concevoir sous quelle pression le Gouvernement

victorien a pu voter un tel *bill*, que n'a pas rejeté la capitale, il faut se figurer quels durent être la surprise, le
désappointement, l'exaspération des fiers Anglo-Saxons,
qui regardent de si haut le reste du genre humain. Il faut
se représenter leur indignation de trouver dans le plus
lointain Orient, au fond de l'Océanie, une race d'immigrants asiatiques, accourant sur leur route, non pas en
mendiants faméliques et tremblant de lutter d'homme à
homme, mais en rivaux déterminés. Ce sont des émigrés
du Fo-Kien, le propre pays des pirates intrépides. Hors
des combats, loin de reculer devant la mort, supplice ou
non, ils savent au besoin la recevoir sans sourciller. Adroits,
audacieux, ils se présentent à la lutte de l'industrie et de
la société, sachant au physique ainsi qu'au moral tout
imiter, tout simuler et tout dissimuler [1]; habiles à former
des associations secrètes, qui dégénèrent en complots
quand la justice est endormie ou sans puissance; infati-
gables, endurcis par delà toute croyance, aux privations,
aux intempéries; non moins tenaces, non moins laborieux
et plus avisés que l'Anglais; plus sobres sans comparaison
et plus âpres au gain; poussant l'épargne par delà les
bornes connues de la parcimonie : et cela pour accomplir le dessein de retourner dans leur pays en ne laissant,
s'il se peut, rien derrière eux.

Tel est le portrait le moins flatté du travailleur chinois, portrait esquissé d'après des incriminations fort
exagérées à certains égards, et qui sont, sous d'autres rapports, involontairement élogieuses. Voilà l'adversaire en
face duquel les colons d'Angleterre, au centre de leurs

---

[1] Le portrait de ces Fo-Kiens semble avoir été tracé par un grand peintre
de l'antiquité : « Corpus patiens inediæ, vigiliæ, algoris, supra quam cuiquam
« credibile est. Animus audax, subdolus, varius, cujuslibet rei *simulator* ac
« *dissimulator....* ardens in cupiditatibus. » (Sallust. *Catilina*, S v.)

champs d'or, ne croient pouvoir soutenir la lutte que cuirassés et défendus, *horresco referens*, par des lois fiscales, entachées d'un nom si détesté dans les trois royaumes : le nom de lois *protectionnistes*.

Nous partirons de ce fait d'expérience quand nous aurons à juger les tentatives et le vaste espoir de l'Angleterre pour conquérir les marchés, terrasser les petits ateliers et vaincre l'industrie des familles dans ce grand pays de la Chine; et quand nous verrons les Anglais poursuivre un tel dessein, aussitôt après avoir forcé les portes de cet empire par la puissance de leurs armes et des nôtres.

Dès à présent jetons un regard sur les événements qui viennent de s'accomplir. N'est-ce pas un spectacle étrange et digne d'être médité? D'un côté, nous voyons la Grande-Bretagne bombarder, brûler Canton et le prendre d'assaut, afin d'obtenir que tout Anglais y pénètre, y trafique, y travaille, *sans aucuns frais;* après quoi l'on force l'empereur de la Chine à signer un traité pour que les Occidentaux aillent dans ses États faire une concurrence gratuite, immense, aux enfants de l'Empire du Milieu. D'un autre côté, dans le même temps, nous voyons les Anglais resserrer, par tous les moyens fiscaux, les portes de l'Australie aurifère, afin de mieux repousser des ouvriers chinois, jugés trop redoutables. Cela s'appelle-t-il, en termes de commerce, civiliser industriellement les Orientaux par une égale et libre concurrence?

Autre objet de surprise : n'est-il pas singulier de voir, dans une colonie d'Angleterre, avec pleine approbation de la mère patrie, pour moins s'éloigner du monopole dans la recherche de l'or, fouler aux pieds le libre travail et le libre échange, à l'égard de l'homme même et de la sueur de son front? Eh quoi! dès l'arrivée du concurrent étranger imaginer contre lui la capitation; la renouveler mois par mois sur toute une race, pour surajouter ce fardeau périodique à l'énorme droit primitif voté contre l'importation de travailleurs supposés trop habiles, et contre leur travail quotidien? Que dirait la Grande-Bretagne, si dans un lieu quelconque de la terre, on accumulait de pareils droits d'exception pour frapper nominalement tous les travailleurs natifs des trois royaumes? Ne crierait-elle pas à l'obscurantisme, à la barbarie, à l'iniquité, au protectionnisme? Cette fois elle aurait raison.

Indépendamment de toute taxation, faisons de nouveau remarquer au lecteur, comme un fait très-considérable, cette aptitude, manifestée par les Chinois, de soutenir au milieu de la race anglaise la concurrence du labeur industrieux, et de la soutenir quoique surchargés par une accumulation de taxes vraiment excessives.

On aurait tort si l'on croyait qu'au sein même de l'Angleterre des voix généreuses n'aient pas osé s'élever contre l'oppression des pauvres Chinois qui, pour gagner leur vie par le travail, se transportent en Australie. Afin d'honorer ces nobles voix, je traduis ici la lettre, composée par un Anglais au nom d'un enfant du Céleste Empire, et publiée dans un journal de la métropole. Plus d'un trait d'esprit et de sagacité profonde y rappellera le sel et la raison des *Lettres persanes.* Le Chinois écrit à son père :

Les doléances d'un Chinois en Australie.

Pour obéir à vos commandements, très-vénéré père, je me suis efforcé d'étudier les étrangers de ce pays australien. Je ne suis pas resté sourd aux paroles de leurs Lettrés : excellentes sont ces paroles. S'ils pratiquaient seulement un peu ce qu'ils enseignent aux autres en si beaux termes, je ne trouverais rien à reprendre chez eux. Un grand nombre de leurs préceptes et de leurs maximes sont dignes d'être recueillis comme un trésor, et nous pourrions les graver dans notre mémoire comme autant d'apophthegmes de notre vertueux et grand Confucius.

De tous leurs commandements, celui qui m'a touché le plus, celui qui m'a conduit le mieux à deviner le fond de leur doctrine est exprimé par ces mots : « Fais pour autrui ce que tu voudrais qu'on fît pour toi. » Leurs livres sacrés enseignent aussi que tous les hommes sont frères. Enfin la grande recommandation de leur suprême précepteur est exprimée par ces paroles : « Aimez-vous les uns les autres. »

Cela m'a réjoui! surtout quand on m'a dit que ces étrangers envoyaient leurs bonzes chez les autres nations, afin d'y propager de si beaux préceptes.

Croyant à leurs professions d'amour universel, dans ma folie j'avais espéré voir ces étrangers accueillir avec grande joie mes compatriotes et moi, qui venons paisibles au milieu d'eux; je supposais qu'ils nous feraient participer aux bienfaits annoncés par les doux préceptes de leurs rites.

Mais, hélas! à présent que ce peuple m'est mieux connu, je vois clairement qu'il brûle d'étaler son zèle à prêcher les autres, pour compenser sa négligence et sa froideur à pratiquer ses règles d'or.

Ses mandarins et ses faiseurs de lois prétendent que chez eux les mœurs sont en danger, parce que beaucoup trop d'émigrants du Céleste Empire viennent travailler en Australie; cependant à leurs yeux le travail sanctifie tout! Hé bien! ils affirment que nous allons tout corrompre; ils disent que nous dégradons leur race; et contre nous s'élève un cri formidable.

Un tel langage plaît beaucoup aux ignorants, aux brutes de leur populace, qui nous qualifient avec toutes sortes de noms injurieux. Le croirez-vous, très-vénéré père? ils nous maltraitent quand nous leur répondons par ces mots de leur propre livre sacré : « Fais à au-« trui ce que tu voudrais qu'on te fît. » Ils rient alors et redoublent d'outrages; et moi!.... si je me hasarde à mentionner un autre de leurs préceptes, « Tu seras mesuré suivant la mesure dont tu te sers « pour les autres, » ils me répondent par des coups.

Leurs mandarins et leurs sages, pour plaire à ces fils de la vio-lence, ont décrété que tous mes compatriotes, à leur arrivée, paye-raient un énorme tribut de 40 onces d'argent, sans compter 2 onces par mois..... C'est à ce prix qu'ils évaluent la sainteté menacée de leurs mœurs et la pureté de leur race. En supposant que nous soyons des corrupteurs, chacun de nous est libre de les corrompre et nous pouvons les dégrader à quelque point que ce soit; il suffit que nous leur donnions au début 40 onces d'argent, avec un supplément de 2 onces pour chaque nouveau mois de corruption.

Un de leurs mandarins, qui parlait dans le grand Yamon où l'on élabore leurs lois, s'opposait à notre admission, « parce que, disait-il, dans nos légères cannes de bambou *nous faisons entrer de l'opium en contrebande.* » J'aurais voulu que ce vertueux mandarin se fût rappelé son livre saint à l'endroit qui dit : « Ote d'abord une poutre de ton œil avant de reprocher une paille à l'œil de ton voisin. » Certainement il aurait rougi de penser que, depuis un trop grand nombre d'années, ses nationaux ont introduit en contrebande leurs énormes caisses d'opium dans notre pays, non point par petites cannes de bambou, mais par grands et pleins navires.

Un autre faiseur de lois a dit que, si l'on nous permettait d'affluer ici, l'Australie deviendrait bientôt une province du grand Empire du Milieu. Cela l'effraye; mais, chose étonnante ! il y paraît très-consentant, si nous payons pour cela ! Tout Chinois que je suis, je le déclare, si nous sommes aussi dangereux, aussi mauvais qu'on le prétend, il vaudrait mieux nous chasser sans condition que nous admettre en prenant notre argent.

Malgré tous leurs beaux préceptes et les livres de leurs saints rites, je croirais plutôt que leurs professions de foi sont une imposture; je croirais, en vérité, que l'objet capital de leur adoration est le bas, le vil, mais puissant démon qu'ils ont appelé *Mammon*, le Mammon d'iniquité !..... C'est le Diable de l'or, dont ils sont esclaves.

Pour montrer au grand jour l'arrogance de ces barbares, je désire aussi vous apprendre, très-vénéré père, qu'eux-mêmes sont étrangers sur cette terre, dont ils nous font payer l'entrée comme étrangers. Une foule d'entre eux n'y sont arrivés que depuis bien peu de mois, et les premiers, seulement depuis une ou deux générations. Vous remarquerez combien ils sont peu nombreux.

On n'en compte pas plus, dans un si grand pays, que ne renferme d'habitants une de nos cités de seconde importance, en notre populeuse et fertile terre des fleurs. Leurs mauvais exemples et leur mauvaise conduite, et leur *eau de feu* (le wisky, le brandy, le rhum, etc.), dont ils enseignent l'usage mortel, ont déjà détruit les habitants primitifs de la vaste contrée australienne.

Et voilà qu'à présent cette poignée d'étrangers, ces barbares, se font une fête de percevoir une taxe d'arrivée sur mes compatriotes, les fils du Ciel, qui comptent pour un grand tiers dans le nombre des habitants de la terre. Semblable mesure devient d'autant plus ridicule et moins raisonnable en Australie, que ce pays, encore enfant et presque désert, n'a pas de manufactures. A peine ces gens d'hier commencent les moindres métiers. Ils ne savent ni produire la soie, ni la filer; ils ne tisssent pas même la laine excellente que les moutons leur donnent en abondance. Ils ne savent récolter ni le sucre, ni le thé, ni le riz; ils n'arrosent aucun champ; ils ne pêchent pas même le poisson qui pullule dans leurs lacs, dans leurs ruisseaux et sur leurs côtes. Ils n'ont pas un seul canal et presque pas une route. Enfin tout ce qu'ils emploient ou portent sur eux leur est apporté des autres parties de la terre. Ils ne savent guère produire qu'une chose, et malfaisante, c'est l'*eau de feu*, dont je vous ai déjà parlé; beaucoup d'entre eux en boivent jusqu'à mettre un terme par l'abrutissement à leur vie turbulente; tant est vraie leur belle maxime, qu'ils savent si bien dédaigner : « Quiconque est condamné par le *Tien-ti*, par le Ciel, perd d'abord la raison. »

Les préceptes, qu'ils étalent pour réglementer leur commerce et colorer leurs pratiques réelles, ces préceptes sont tout à fait dans le même état de contradiction. L'enseignement d'un de leurs plus savants lettrés, d'un vieux mandarin qu'ils appellent Adam Smith, enseignement que les plus éclairés d'entre eux prétendent suivre, peut se renfermer dans ces mots : « La voie la plus efficace pour accroître la richesse et la puissance d'une nation, c'est que la loi permette à chaque homme d'employer son argent, son talent et son industrie aussi bien qu'il puisse le faire, sans le favoriser d'un côté par voie de protection et sans peser sur lui, d'un autre côté, par des restrictions. » Quand la justice universelle triomphera, disent-ils, ce principe réglera la politique commerciale des deux mondes.

Oh combien sont différentes leurs balances financières, et leurs lois d'exception, à l'égard de nous autres étrangers! Cependant ils proclament à tue-tête qu'ils sont guidés par des règles universelles et des préceptes immuables.

Leurs principes politiques ne sont pas moins contraires à leurs actions. Au nom de leur religion, ils déclarent croire à l'égalité des hommes; et leur pays est celui d'une inégalité native, inexprimable, et dont par bonheur les Chinois ne peuvent pas avoir l'idée.

Rien ne vérifie leurs paroles. Aujourd'hui ce peuple envoie ses *navires à feu* (les navires à vapeur), avec un grand nombre de ses braves, pour combattre notre pays et pour brûler nos cités; ils font cela *parce que nous ne désirons pas commercer dans les conditions qu'il leur plaît de nous imposer...* Quand on songe qu'ils se sont emparés, malgré la paix, de notre grande cité de Kouang-Toung (Canton), il semble que nous avons droit de leur dire : « L'attentat à la justice consommé pour taxer l'importation de nos personnes au milieu de vous est aussi pervers que déraisonnable; Confucius, dans sa tombe, en est blessé ! »

Permettez-moi, très-vénéré père, de ne pas perdre davantage votre temps précieux à vous parler des folies et des défauts de ces hommes. Le Ciel, sans aucun doute, et pour quelque dessein de sa prudence impénétrable, leur permet d'envahir une terre qu'ils ne savent pas cultiver, et dont ils ne veulent pas jouir en amis des autres nations. C'est un peuple à qui son arrogance et sa fatuité ne permettent pas qu'il reçoive l'instruction de ceux qui, comme nous Chinois, sont capables de l'instruire.

Certainement l'impôt exorbitant qui frappe mes compatriotes à leur arrivée sur cette terre de barbares, s'ils voulaient cesser d'être déshonnêtes, ils devraient l'employer à nous rendre meilleurs; ils devraient du moins le restituer à ceux d'entre nous qui s'en retournent sans avoir offensé leurs lois ni leurs mœurs. Une pareille restitution serait certainement raisonnable, et j'oserais presque en concevoir l'espérance : sachez, en effet, qu'un de leurs mandarins m'a dit, en termes d'une politesse presque chinoise, que notre monnaie nous serait restituée en y joignant un hameçon, un crochet, *a hook.* Ce que signifie ce dernier mot, je ne le sais pas au juste; c'est peut-être quelque petit ornement, ou bien quelque récompense pour notre bonne conduite pendant notre séjour en Australie....... Adieu, mon très-vénéré père. Que le Ciel et la Terre, qui savent tout, dit notre sage Meng-tseu, vous conservent pour vos enfants respectueux; et puissions-nous, par nos efforts, accroître l'honneur de nos ancêtres !

Ouvriers mineurs de race européenne.

Occupons-nous maintenant des travailleurs de race européenne employés aux mines de Victoria.

*Extrême inégalité des deux sexes de race européenne
dans les districts aurifères.*

Un lecteur attentif, à la vue du tableau que nous avons donné (p. 102), n'aura pu s'empêcher d'être profondément frappé de l'extrême inégalité que présentent les adultes des deux sexes. Elle surpasse de beaucoup l'inégalité du même ordre dans le reste de la population victorienne.

En effet, dans les districts aurifères, il y a seulement 458 femmes pour 1,000 hommes de tout âge; tandis que l'autre partie de la population victorienne présente 716 femmes pour 1,000 hommes. C'est donc au premier rang la population des districts aurifères pour lesquels il est urgent d'équilibrer les deux sexes.

Cependant il paraît exister, sous ce point de vue, une amélioration qu'il importe de signaler. Pour la faire apprécier, comparons deux états de situation dressés à douze mois d'intervalle.

Situation la plus récente des deux sexes.

Dernier jour de février.	Hommes.	Femmes.	Enfants.	Totaux.
1856.	89,300	15,046	18,639	122,985
1857.	91,654	27,064	38,091	156,809

Si l'on pouvait avoir une entière confiance dans les résultats de 1857, tandis que le nombre des hommes ne s'accroît pas de trois pour cent en douze mois, celui des femmes serait presque doublé, et celui des enfants serait augmenté dans un rapport plus favorable encore. Cela suffirait pour montrer que, dans la même année, beaucoup de familles nouvelles, ayant leurs enfants et leurs femmes, ont pris la place de célibataires décédés, ou partis, ou mariés. Si ce mouvement heureux continuait, dans un très-prochain avenir, les districts aurifères ne présenteraient pas moins de femmes que d'hommes; la proportion des enfants serait grande, et la population s'accroîtrait énergiquement, comme aux États-Unis, par sa fécondité naturelle.

Sans doute avec des familles où les enfants seront nombreux, les ouvriers employés aux mines d'or n'auront plus à dépenser un superflu fabuleux; mais, par cela même, ils seront moins tentés de perdre, dans la débauche ou le jeu, l'excès de leurs salaires. Ils substitueront à la dissipation avide l'amour du travail honnête, et le bien-être graduel aux alternatives des gains excessifs et du dénûment, qui sont toujours des alternatives ruineuses pour les ouvriers.

Il est à regretter que nous ne connaissions pas la proportion des hommes adonnés, dans les districts aurifères, à d'autres occupations que la recherche de l'or. Nous pourrions en conclure le produit moyen qui correspond à chaque journée d'ouvrier; ce produit, dès 1856, ne paraît pas excéder 12 francs.

Moyens d'assurer l'ordre public parmi la population des districts aurifères.

En 1851 et 1852, le produit moyen de la recherche de l'or était plus que triple du produit actuellement obtenu par travailleur. On explique par là l'excessif empressement des premiers immigrants, qui se précipitaient pour disputer leur part de ces bénéfices fabuleux.

Dans tous les districts aurifères, le gouvernement colonial a pris les soins les plus dignes d'éloge pour exercer une surveillance active au milieu de cet amas d'hommes venus des lieux les plus différents, avec des précédents trop souvent suspects. Ils sont tous enregistrés, et sujets à payer une patente, laquelle est d'ailleurs très-modérée.

Pour se soustraire aux charges les plus légères, les mineurs australiens n'ont pas craint de s'insurger. Il a fallu demander des renforts à l'Inde et même à la garnison de Hong-Kong, en Chine; on a livré des combats afin d'étouffer la rébellion. La lutte n'a pas coûté moins d'un million de francs; mais à la fin la victoire est restée à la loi, comme elle y reste toujours dans l'empire britannique.

Aujourd'hui tout est en paix. Au commencement de 1857, le gouverneur de Victoria transmet à Londres la liste nominative des magistrats, des gardiens et des agents de police qu'exige la colonie. Imbu des idées de son propre pays, au premier moment il s'effraye de leur nombre; mais bientôt la réflexion le rassure. C'est plutôt, dit-il, un sujet d'étonnement et de congratulation, lorsqu'on voit qu'environ 400 hommes de police et 200 soldats, dispersés sur plusieurs millions d'hectares aurifères, peuvent suffire pour maintenir le bon ordre au milieu d'une population trois cents fois plus nombreuse, et poussée par des passions ardentes, y compris avant tout la cupidité.

Marche de l'or après sa sortie des districts aurifères.

Après avoir expliqué les faits accomplis dans les districts aurifères, il est d'une haute importance de suivre le précieux métal jusqu'aux ports d'embarquement, ensuite au delà des mers.

Sur le lieu même des exploitations, une administration spéciale enregistre l'or que l'on doit transporter; mais tout n'est pas déclaré. Ainsi que le démontre le tableau de la page 98, le quart des quantités exploitées n'a pas subi cette constatation officielle. Ce quart représente la partie qu'on suppose soustraite par la contrebande.

Les producteurs les moins scrupuleux s'efforcent de se soustraire à l'impôt récent et très-modéré de 3 1/8 pour cent, que la colonie prélève sur l'or tiré des placers[1]. Cet impôt sert à concourir aux travaux publics, à pourvoir aux frais d'ordre et de surveillance active sur les lieux mêmes d'extraction; il sert à protéger en même temps les personnes et les trésors des extracteurs.

Une contrebande que nous venons de signaler, lucrative et facile avec un objet aussi précieux, aussi peu volumineux, échappe à des collecteurs qui sont en petit nombre et disséminés sur de vastes superficies[2].

Le gouvernement exige une indemnité modique pour l'or qu'il fait transporter jusqu'à la mer, sous l'escorte de la force armée[3].

C'est ainsi que ce métal arrive dans les ports de Melbourne et de Géelong. Une faible partie passe à Sydney pour être monnayée; le reste sort de l'Australie.

Achat et revente de l'or par les compagnies de banque.

Des mineurs isolés, sans relations mercantiles, seraient peu propres à faire avec avantage, avec économie, le commerce de l'or que procure leur travail. L'achat de ce métal, sur les lieux de production, est complétement

---

[1] 2 schellings 1/2 par once d'or, évaluée 80 schellings : on prélève ce droit à la frontière lors de l'exportation.

[2] On a la preuve qu'une quantité considérable d'or est exportée de la colonie sans avoir été consignée sur les registres officiels. On a saisi d'un seul coup 6 kilogrammes d'or, valant 200,000 francs, qu'on faisait passer, sans déclaration, de Victoria dans la capitale de la Tasmanie : on a trouvé cette valeur cachée dans des ballots de marchandises embarquées au compte d'une maison juive de Melbourne et de Hobart-Town.

[3] Ce droit s'élève à 6 pour 1,000 des valeurs transportées.

8.

opéré par des maisons de banque. Elles prennent à leur charge les soins et les dépenses du transport jusqu'à la mer; elles font ensuite la vente au dehors.

Le progrès de ces banques a suivi celui de la richesse coloniale. Nous allons en offrir le tableau pour 1851, année où commencent les exploitations, et pour 1856.

DÉVELOPPEMENT PROGRESSIF DES BANQUES DE VICTORIA.

NATURE DES VALEURS.		AU 31 DÉCEMBRE	
		1851.	1856.
		francs.	francs.
Actif	Billets de banque en circulation	4,501,450	62,622,575
	Effets en circulation................	262,425	1,376,725
	Dépôts et balances	20,592,725	158,118,725
	Totaux...........	25,356,600	222,118,025
Passif	Métal en dépôt..................	8,045,625	74,158,850
	Monnaie de billon	»	13,117,125
	Sommes dues aux banques..........	19,340,025	179,479,500
	Cautionnements	»	9,072,850
	Totaux...........	27,385,650	275,828,325

Introduction et multiplication singulière du papier monnaie,
dans un pays qui regorge d'or.

Il est curieux d'observer que, dans une colonie où l'or surabonde, je dirais presque avec excès, *le papier monnaie en prend la place, et qu'il se multiplie, sous forme de billets de banque, avec une si grande rapidité.* Ce papier convient aux colons dispersés dans l'intérieur, par la commodité du transport et la facilité qu'il présente pour être soustrait aux attentats des voleurs: Cette monnaie de convention n'appartient pas au gouvernement; elle reste en entier la propriété des compagnies financières.

Remarques sur le progrès des banques et de leurs dépôts.

Ainsi qu'on le voit par le tableau qui précède, depuis l'instant où l'on commence à transporter l'or jusqu'à la fin de 1856, en cinq années seulement, le passif des banques fait plus que *décupler*. La richesse réelle de ces établissements finit par surpasser deux cents millions.

Au 31 décembre 1851, le nombre des déposants d'or dans les banques était seulement de *six mille*, et la valeur moyenne des dépôts ne dépassait pas 1,336 francs. Au 31 décembre 1856, on comptait *trente-deux mille* déposants, et le dépôt moyen était de 2,727 francs; il se trouvait plus que doublé. De tels résultats sont d'autant plus remarquables, que les mineurs tendent à se grouper en associations qui, dans la seconde époque, ne figurent plus que comme unité; en même temps, plus on avance et plus on trouve des entrepreneurs qui prennent des travailleurs à leurs gages. Ces travailleurs cessent de figurer comme déposants d'or.

Le progrès des billets de banque, ce progrès que je signalais il n'y a qu'un moment, surpassait encore l'accroissement des dépôts que je viens de constater. Dans le même laps de temps, de 1751 à 1756, leur valeur totale était augmentée dans le rapport de *un à quatorze;* mais, comme les besoins du commerce et du travail correspondaient à cette énorme émission, *ils n'étaient pas dépréciés.*

Économie du transport de l'or au delà des mers.

Nous ferons remarquer deux faits qui montrent bien l'avancement de la navigation. En premier lieu, dans les temps ordinaires, le prix du transport des métaux précieux, d'Australie en Angleterre, ne surpasse pas 132 francs pour 1,016 kilogrammes; secondement le taux de l'assurance maritime s'élève seulement à 1 3/4 pour cent, même quand le transport est fait par le cap de Bonne-Espérance.

Donnons actuellement les quantités d'or exportées depuis la fin de 1851 jusqu'à la fin de 1856; la presque totalité de cette exportation est destinée pour la métropole.

QUANTITÉS ET VALEUR DE L'OR EXPORTÉ DE VICTORIA.

ANNÉES.	QUANTITÉS.	VALEUR.
	kilogrammes.	francs.
1851...	″	″
1852...	61,404	172,810,325
1853...	77,656 7/10	234,161,325
1854...	66,684 1/10	214,479,700
1855...	83,158 4/10	267,467,700
1856...	93,259 3/10	300,380,600
Totaux...................	382,162 5/10	1,189,299,650

Exportations réunies de la Nouvelle-Galles et de Victoria.

D'après les comptes produits par le gouverneur de la Nouvelle-Galles, depuis le 29 mai 1851 jusqu'au 31 dé-

cembre 1856, cette colonie et Victoria ont exporté
442,889 kilog. 6/10 d'or, qu'il évalue à 1,328,249,036 fr.

Ce milliard trois cent vingt-huit millions de francs n'a pas
seulement été transporté dans la métropole. Afin de me
former une idée de ce qu'ont pu recevoir directement
les autres contrées du globe, j'ai choisi comme terme
de comparaison l'année 1856, qui m'a paru très-régu-
lière et la plus récente que je pusse présenter avec un tel
détail.

Voici ce que j'ai trouvé pour l'or exporté dans cette
année [1] :

1° Répartition de l'or exporté entre l'Angleterre et les autres contrées,
en 1856.

	Kilogrammes.	Francs.
1° Dans le Royaume-Uni..........	83,973 $\frac{4}{10}$	269,142,000
2° Dans les colonies australiennes...	3,380	10,833,155
3° Dans le reste du monde........	7,357 $\frac{9}{10}$	.23,582,605
Totaux..........	94,711 $\frac{7}{10}$	303,557,760

Plus on se rapprocherait du commencement des exploitations, et moins l'étranger aurait eu le temps et les
moyens d'y prendre part.

Évidemment l'étranger n'a pu venir aussi vite que l'Anglais prendre part à l'exploitation, au commerce de l'or
en Australie. Néanmoins, si l'on supposait que, dès l'année
1851, se fût établie la même proportion qu'en 1856,
l'on trouverait que la quantité totale de l'or exporté par
les deux colonies aurait été répartie comme il suit :

---

[1] Dans les années précédentes les rapports officiels ne font pas connaître
les destinations suivies par l'or exporté.

*2° Répartition de l'or exporté entre l'Angleterre et les autres contrées,
de 1851 à 1856.*

	Kilogrammes.	Francs.
1° Dans le Royaume-Uni..........	412,758	1,177,659,000
2° Dans les colonies australiennes...	16,581	47,401,094
3° Dans le reste du monde........	36,093	103,188,943
Totaux..........	465,432	1,328,249,037

Faible part qui reste à l'étranger.

Ce qui paraîtra plus remarquable encore, c'est que la
partie de l'or, déjà si peu considérable, qui sort d'Australie pour aller ailleurs que dans le Royaume-Uni, cette
partie presque toute est envoyée dans les possessions extérieures de l'empire britannique.

En 1856, l'or qu'on fait parvenir à d'autres contrées
que le Royaume-Uni s'est réparti comme nous allons l'indiquer :

	Kilogrammes.	Francs.
Pour l'Inde anglaise et Hong-Kong .	35,932 $\frac{3}{10}$	102,729,569
Pour l'étranger................	160 $\frac{7}{10}$	459,374
Totaux..........	36,093	103,188,943

Par conséquent, sur 1,328,249,037 francs d'or exporté de l'Australie, il n'est pas même passé directement la somme d'*un demi-million* chez des peuples étrangers à l'empire britannique. S'ils ont tiré d'Australie
quelque peu de ce métal, ils l'ont obtenu sous forme de
monnaie, pour solder des différences entre les importations
et les exportations.

Remarquons néanmoins que l'or expédié sur Hong-

Kong sert à solder des comptes avec la Chine. On peut dire également que l'or expédié sur l'Angleterre contribue à payer l'étranger pour ses immenses marchandises livrées au Royaume-Uni.

EXAMEN DES INFLUENCES EXERCÉES PAR LA PRODUCTION DE L'OR SUR LA COLONIE DE VICTORIA.

Nous allons examiner successivement les influences, favorables ou contraires, exercées par la production de l'or sur les villes et sur les campagnes de la colonie.

Influence spéciale exercée par l'or sur les deux cités de Géelong et de Melbourne.

Il suffira de montrer les résultats d'une année. En 1856, l'or extrait des mines est transporté pour l'exportation dans les proportions suivantes :

	Kilogrammes.	Francs.
1° A Port-Fairy........	27 7	89,200
2° A Géelong..........	1,078 7	3,469,700
3° A Melbourne........	92,286	296,821,700
Totaux......	93,392 4	300,380,600

Proportion avec la population des cités de Géelong et de Melbourne.

	Or apporté par mille habitants.
A Géelong.....................	148,672 francs.
A Melbourne..................	3,334,215

Certainement, à Géelong, moins de 149 francs par habitant ne peuvent pas exercer une action très-sensible sur la population. Mais l'influence de 3,334 francs apportés dans une année, par habitant de Melbourne, est autrement considérable ; elle mérite d'être sérieusement examinée.

Influence exercée sur la population.

Par l'appât extrême que la découverte de l'or présentait à toutes les cupidités, la population des deux cités, Géelong et surtout Melbourne, où l'or est apporté, s'est accrue considérablement, mais cependant avec moins de rapidité que dans le reste de la colonie.

Parallèle entre le progrès des populations urbaines
et celui des populations extérieures.

Années.	Géelong.	Melbourne.	Pop. extérieure.
1851........	12,784	23,143	31,418
1857........	23,338	89,023	298,400 [1]

Afin de réduire ce parallèle à ses termes les plus faciles, nous dirons simplement : en six années,
La population urbaine de Géelong a *doublé ;*
La population urbaine de Melbourne a *quadruplé ;*
La population extérieure a *décuplé.*
L'accroissement de cette population extérieure est dû surtout à la partie qui s'est agglomérée dans les districts aurifères. Nous parlerons plus tard des autres populations, qui sont agricoles ou pastorales.

---

[1] Voici la décomposition des chiffres pour la population de 1857 :
Les deux cités........................ 112,361 habitants.
Districts agricoles et pastoraux.......... 131,850
Districts aurifères.................... 166,550

TOTAUX.............. 410,761

Influence exercée sur les constructions urbaines.

Là richesse coloniale, en s'accroissant, a favorisé non-seulement la grandeur, mais la beauté des constructions urbaines, surtout dans la capitale. Les premières maisons de Melbourne étaient bâties en bois; elles sont aujourd'hui construites avec la brique et la pierre. Il y a déjà de beaux édifices publics : le palais du Gouvernement, le palais de justice, la cathédrale catholique et la cathédrale anglicane, la banque appelée l'*Union australienne*, et l'Institution de mécanique. Il existe des temples pour tous les cultes protestants; il y a pour les juifs une synagogue.

Dès l'année 1856, on plantait un jardin botanique sur les bords de l'Yarra-Yarra, non loin de la ville.

Exécution magnifique de la conduite des eaux pour l'usage des habitants de Melbourne.

Comme emploi le plus louable de la richesse croissante, et parmi les entreprises dont la conception et l'achèvement font le plus d'honneur aux citoyens de Melbourne, il faut citer la conduite des eaux nécessaires à tous les besoins de la vie. Dès 1853, pour suffire aux consommations espérées d'une ville encore si près de son berceau, l'on a fait, avec une grandeur incomparable, les premiers travaux hydrauliques : ils portent le nom de *Yan-Yean.*

A neuf lieues de Melbourne on a commencé par construire un barrage imperméable et colossal, à travers l'extrémité supérieure d'une haute vallée; là seront recueillies les eaux potables, qu'on veut maintenir *à cent quatre-vingts mètres* au-dessus du niveau des plus hautes mers, dont le reflux se fait sentir jusqu'à Melbourne. Dans le réservoir ainsi ménagé, l'on a fait affluer les eaux de la rivière bien nommée *Plenty*, l'abondance. Par un souterrain creusé de main d'homme et qui traverse une montagne, elles viennent remplir dans le lac artificiel, si grandement préparé, 32 millions de mètres cubes. Ce volume énorme représente une consommation qui suffirait à sept fois la population, déjà considérable, de Melbourne et de ses faubourgs. Un développement de 122 kilomètres de tuyaux en fonte sert aux conduites du liquide; et l'eau, par les propriétés du siphon, remonte d'elle-même au sommet des maisons les plus hautes des quartiers les plus élevés.

Après six règnes importants, le génie des Tarquins, prévoyant l'avenir de Rome, y construisait un aqueduc souterrain, grand par excellence : c'était la *Cloaca maxima*, que cent générations n'ont pu détruire. *On bâtissait déjà pour la ville éternelle*, comme dit Montesquieu dans son noble style. Osons dire aujourd'hui : deux cents ans après la naissance de Rome, ses rois les plus puissants n'accomplissaient pas une plus grande œuvre que les colons de Melbourne, quinze ans après la naissance de leur cité.

Enfin, pour apprécier tout le mérite d'une pareille entreprise, n'oublions pas que l'œuvre gigantesque était exécutée malgré l'obstacle d'une main-d'œuvre tour à tour triple et quadruple du prix des mains-d'œuvre européennes les plus dispendieuses.

Prix excessifs de la main-d'œuvre.

Nous venons d'indiquer un obstacle surmonté péniblement dans les premières années. Dès 1852, quelques mois après la découverte des gîtes aurifères, on ne trouvait ni charpentiers, ni maçons qui voulussent travailler, même à 25 francs par jour, et tous les édifices publics en construction étaient arrêtés ou retardés. Aujourd'hui les prix doivent être moins élevés; mais, comparés à ceux qu'on paye en France, en Angleterre, aux artisans de même profession, ils paraîtraient encore exorbitants.

J'ai sous les yeux le tarif officiellement publié des prix de main-d'œuvre dans Sud-Australie; il ne peut pas être plus élevé que celui de Melbourne. Voici, pour l'année 1854, les salaires affectés par journée des professions essentielles aux constructions urbaines :

Forge et serrure.	Charpente.	Pose des briques.	Taille des pierres.
17 fr. 50 c.	18 fr. 75 c.	22 fr. 50 c.	26 fr. 25 c.

Cherté corrélative des loyers.

Avec de tels prix on ne s'étonnera pas qu'à Melbourne les plus modestes, les plus étroits logements, coûtassent 125 francs par semaine, ou 6,500 francs par année. On payait *dix mille* francs le loyer d'une maison médiocre, ayant seulement *quatre ou cinq modestes chambres.* Il fallait la certitude d'atteindre à de tels revenus pour oser faire face à la dépense qu'exigeait la bâtisse des habitations privées.

Comparaison des prix de main-d'œuvre pour les chercheurs d'or
et les professions urbaines.

Il est curieux de comparer la main-d'œuvre des professions les plus communes affectées aux constructions urbaines, avec la journée moyenne des chercheurs d'or.

On évaluait, vers la fin de 1853, qu'il ne fallait guère moins de cent mille habitants des districts aurifères pour produire au plus 400 millions de francs dans une année. Si toutefois la population du district partageait, directement ou indirectement, avec les chercheurs d'or, la part moyenne était moindre de 4,000 francs par habitant.

A trois cents jours dans une année, ce serait seulement 13 fr. 33 c. par jour, c'est-à-dire un peu plus de moitié du gain journalier obtenu par le poseur de briques, le tailleur de pierre et le charpentier [1]. Mais le travail de ces artisans est dépourvu de chances aléatoires, tandis que celui du chercheur d'or, sujet aux faveurs du hasard, a pour lui tout l'attrait du jeu qui spécule sur le plus tentant des métaux. En réalité, très-peu de temps après la découverte de l'or en Australie, *le métier du chercheur d'or n'est pas celui qui rapporte le plus d'or; c'est le métier du maçon et du charpentier.*

Ainsi lorsque l'Australie, à l'exemple de la Californie, faisait tourner la tête à mille cupidités, le plus sûr moyen, pour les classes honnêtes et laborieuses, de conquérir un large bien-être, c'était de venir, dans le moderne Eldorado, tailler la pierre, le fer et le bois.

État des mœurs au sein des cités.

Les passions les plus désordonnées, les vices, la débauche, le jeu, le vol et le crime, se donnaient dans Melbourne un tout autre rendez-vous, pour y commettre des excès dont Mexico, Lima et San-Francisco nous ont déjà présenté l'image hideuse.

Usage excessif du port d'armes cachées.

Un judicieux observateur des faits accomplis dans Melbourne depuis 1850 ajoute ingénument et sans autre réflexion : « Les pistolets et les révolveurs [2], devenus indis

---

[1] N'oublions pas que ceux-ci possèdent une femme et des enfants, ce qui réduirait beaucoup les gains évalués par habitant.

[2] Pourquoi les écrivains qui croient écrire en français font-ils un barba-

pensables, ne pouvaient être obtenus qu'en les payant des sommes extravagantes. On peut supposer que d'amples importations les auront rendus moins coûteux. »

Dans les états du commerce entre la Grande-Bretagne et Victoria, j'ai cherché le moyen d'apprécier de pareilles assertions. Voici ce que j'ai trouvé (*Reports on the past and present state of Her Majesty's colonial possessions. London, 1858*) :

*Valeur des armes importées annuellement en Victoria,
depuis la découverte de l'or.*

Années.	Valeur.	Prix de la caisse d'armes (*package*).
1851...............	5,525^f	290^f
1852...............	241,450	873
1853............	1,418,575	1,319
1854...............	567,250	1,733

Ainsi de 1851 à 1853, dans le court espace de deux ans, la valeur des armes apportées aux habitants de Victoria s'est accrue dans le rapport énorme de 1 à 257. C'est que tout le monde éprouvait le besoin d'avoir des armes, les uns pour se défendre et les autres pour attaquer. Ce terrible besoin, si largement satisfait, diminue la nécessité d'un nouvel armement en 1854, et pourtant il est encore *cent deux fois* plus considérable qu'en 1851.

Situation la plus récente de Melbourne.

Afin de compléter ce qui concerne la capitale de la colonie, qu'il me soit permis de m'appuyer sur la véné-

---

risme d'orthographe en écrivant *révolver*, tandis que les Anglais prononcent *eur* la dernière syllabe? Les Anglais écrivent aussi les substantifs *commander, boxer, carder*, et nous n'en écrivons pas moins *commandeur, boxeur, cardeur*; noms que les Anglais prononcent comme nous.

rable autorité de l'évêque de Melbourne; elle indique parfaitement la situation physique et morale de cette ville, à
l'époque très-récente de 1857. « Depuis douze mois les
progrès qui concernent les conforts de la vie vont au delà
de toute idée. On a bâti des maisons solides et spacieuses,
on a multiplié les beaux magasins. Les voitures de maître
et de location sont élégantes et nombreuses. Des dili-
gences, de construction américaine, à quatre et même à
six chevaux, conduisent de la capitale aux champs d'or,
tandis que les petites voitures et les omnibus, pour le
commun peuple, circulent entre Melbourne et ses longs
faubourgs. Les chemins de fer sont en voie de construction. »

Au voisinage de la ville, l'horticulture est aujourd'hui
très-perfectionnée, soit pour les fleurs, soit pour les fruits;
leur abondance est égale à la beauté des unes, à l'excellence des autres.

Les institutions charitables sont nombreuses. Citons
des hospices de bienfaisance, des asiles pour les orphelins, entretenus à la fois par des souscriptions privées et
par les secours du Gouvernement. Un asile spécial est
créé pour les filles repenties; il sera défrayé complètement par la charité privée.

La bibliothèque nationale est riche en bons livres; tous
les soirs elle est fréquentée par une foule de lecteurs, qui
sont occupés ailleurs dans la journée.

Par malheur, en face de ces progrès, le vice, la débauche et l'impudence continuent leurs plaisirs sans
frein.

Il y a des théâtres spacieux, très-fréquentés, ainsi que
d'autres lieux d'un tout autre scandale, consacrés aux
jeux, aux plaisirs publics. « Je crains, dit le sage évêque à
qui j'emprunte le tableau de tous ces progrès, je crains

que ces lieux n'accroissent beaucoup l'ivrognerie et la
prostitution. » La charité l'empêche d'ajouter : « J'en suis
certain. »

Influence de la découverte de l'or sur l'instruction publique.

A travers tous les éléments favorables au mal, tour-
nons avec bonheur nos regards vers un plus noble ho-
rizon.

L'abondance extrême de l'or a fourni des moyens non
moins puissants aux bons citoyens pour faire le bien,
qu'aux mauvais pour faire le mal; nous en verrons dans,
l'instant la preuve au sujet de l'instruction publique.

Diffusion du savoir le plus élémentaire.

Commençons par constater l'instruction des adultes,
considérée dans sa plus humble limite.

Le rapprochement qui suit, présenté par le gouverneur
de Victoria au commencement de 1857, est très-digne
d'attention. Sur mille personnes de chaque sexe, on trouve, .
ne sachant pas même écrire leur nom :

Sexes.	Masculin.	Féminin.	Totaux.
Dans la colonie de Victoria.....	135	305	440
Dans le Royaume-Uni.........	310	460	770

Ainsi les émigrants et les rejetons de l'Angleterre qui
peuplent aujourd'hui Victoria ont presque deux tiers
moins d'hommes d'une ignorance absolue que la population restée dans la grande métropole : population à si
juste titre orgueilleuse de ses lumières et des pas qu'elle
fait faire à l'esprit humain.

Ce résultat suffit pour nous montrer que la classe
moyenne des immigrants est supérieure à la moyenne

des classes restées dans les trois royaumes. Tel est le point de départ, et les citoyens de Victoria ne veulent pas en rester là.

Nobles sacrifices des colons.

Admirons les sacrifices des colons pour l'enseignement de la jeune génération.

Dans l'année 1856, en faveur d'une population très-peu supérieure à 300,000 âmes, les pouvoirs législatifs ont voté pour l'instruction générale.. 5,750,000 francs,

A quoi les contributions privées et volontaires ont ajouté............ 1,250,000

Total en faveur de l'instruction publique. .... 7,000,000 francs.

Dépense moyenne pour l'enseignement de chaque enfant ou adolescent, 266 francs.

Ce qu'il y a d'étonnant au premier abord, c'est qu'avec une dépense aussi grande, et dans une société qui paraît si bien sentir le besoin de l'instruction, le quart de la jeunesse ne fréquente pas les écoles; la moitié seulement les suit avec régularité.

Si l'on veut être équitable, il faut faire observer combien est défavorable à l'enseignement collectif la dispersion des familles adonnées à l'agriculture et surtout à la vie pastorale, dans une contrée si vaste et jusqu'à ce jour si peu peuplée. Cette dispersion prive de tout enseignement public un certain nombre d'enfants.

En définitive, sur 1,000 habitants de Victoria, 83 seulement fréquentent les écoles. C'est peu de chose, à coup sûr, si nous comparons une proportion si faible avec les résultats obtenus dans l'Europe civilisée. Mais au moyen d'une impulsion vigoureuse, telle qu'on peut l'attendre à Victoria du Gouvernement et des citoyens, l'on doit espérer de meilleurs résultats dans un prompt avenir. Jugeons-en par notre propre expérience.

Il y a seulement trente-deux années, lorsque j'ai publié ma *carte figurée de l'instruction publique*, la France tout éclairée, toute savante qu'elle fût dès cette époque, au lieu de 83, soit enfants, soit adolescents, n'en envoyait pas 60 dans toutes les écoles publiques ou privées; tandis qu'à présent elle en envoie plus de 120 par mille habitants. Gardons-nous donc de regarder Victoria comme arriérée pour longtemps, même au point de vue de l'enseignement populaire.

Du Gouvernement dans ses rapports fiscaux avec les produits aurifères.

Faisons d'abord observer que tout l'or tiré de la terre par les colons australiens reste leur propriété. La métropole, habilement et savamment désintéressée au point de vue pécuniaire, ne réserve pour elle aucune partie du revenu des mines. C'est par l'industrie, la navigation et le commerce qu'elle prend sa part légitime dans la richesse créée; et cette part est magnifique.

La colonie elle-même, ainsi que nous l'avons fait voir, ne prélève sur l'or que les droits les plus modérés, et dans le seul but de rembourser ses dépenses de protection.

Droits d'exploitation des sables aurifères.

Comme indice d'un progrès tout nouveau, j'ai porté beaucoup d'attention sur les droits coloniaux affectés à l'exploitation des quartz aurifères; exploitation dont ils démontrent le progrès. Ce genre d'industrie avait, comme nous l'avons vu, commencé dès 1855; la taxation date seulement de l'année suivante.

Droit perçu.. { Six premiers mois de 1856. 36,950 fr.
{ Six derniers mois........ 344,125

Revenus coloniaux de Victoria.

Victoria, comme les États naissants de la grande république américaine, s'est procuré de puissants revenus pour suffire à toutes les dépenses d'utilité générale; la progression en est remarquable.

ANNÉES.	RECETTES.	DÉPENSES.
	francs.	francs.
1851....................................	12,476,025	10,276,200
1852....................................	40,887,350	24,539,125
1853....................................	81,792,750	81,237,275
1854....................................	81,887,425	113,868,375
1855....................................	83,315,825	70,752,800
1856....................................	84,231,275	69,978,800

Utile emploi d'une partie des revenus en faveur des travaux publics.

C'est avec ces énormes revenus que les colons ont construit leurs routes macadamisées, leurs chemins de fer et leurs télégraphes électriques. Ce dernier moyen de communication, celui des idées, s'étend déjà depuis Melbourne et Géelong jusqu'aux districts aurifères. Les lignes télégraphiques en activité n'ont pas moins de 320 lieues.

C'est avec les mêmes revenus que les colons ont construit leurs quais et leurs môles, amélioré leurs ports en
les creusant, érigé de grands édifices pour le Gouvernement, la justice, les douanes, etc.

En 1851 il n'y avait pas un kilomètre de route maca-
damisée; cinq ans plus tard il y en avait 560 kilomètres,
c'est-à-dire 140 lieues; à ces routes s'ajoutaient 250 ponts.
La dépense accumulée des travaux publics surpassait
37,500,000 francs.

Après avoir examiné l'influence de l'or sur les cités,
sur la richesse urbaine, sur la richesse gouvernementale et sur les travaux publics, examinons l'effet qu'il a
produit sur l'industrie pastorale et sur l'agriculture.

Influence de la découverte de l'or sur l'industrie pastorale.

Nous avons un moyen facile et non sujet à l'erreur
d'évaluer le progrès des troupeaux : c'est par le produit de
leurs laines. Toutes sont exportées en Angleterre, et constatées régulièrement lors de leur entrée dans les ports de
la métropole.

*Rapide accroissement des laines exportées du territoire de Victoria
avant la découverte de l'or.*

En 1844.................. 1,957,710 kilogrammes.
En 1851.................. 7,810,700

Il résulte de ces valeurs que, dans les sept ans qui pré-
cédaient immédiatement l'exploitation de l'or, le poids
des laines exportées quadruplait dans la colonie de Victoria. Le produit s'accroissait de 22 p. o/o par année; *il
doublait en trois ans et demi.*

Ralentissement ultérieur, et ses causes.

Les derniers états officiels nous apprennent que la quantité des laines de Victoria envoyées en Angleterre pour 1856 s'élève seulement à 8,544,057 kilogrammes. Les envois de 1857 ne surpassent pas de *trois* pour cent ceux que nous venons d'indiquer.

Si la progression qui précédait immédiatement l'exploitation de l'or s'était conservée sans affaiblissement, la quantité des laines produites aurait dû s'accroître avec une rapidité qui fût incomparablement plus grande. On en jugera par le tableau suivant, dont la première colonne indique théoriquement le poids qu'auraient atteint les toisons, si la découverte de l'or n'en avait pas ralenti le progrès et produit la triste réalité démontrée par la seconde colonne.

	LA THÉORIE.	LA RÉALITÉ.
	kilogrammes.	kilogrammes.
En 1856, à............	25,818,690	8,544,057
En 1857, à...........	31,470,340	8,772,118

On se rend compte aisément de cette grande décadence qu'éprouve le progrès de la force productive, par les difficultés immenses auxquelles ont dû faire face les producteurs de troupeaux depuis la découverte de l'or.

Les simples bergers quittaient leurs moutons pour accourir sur les *placers*, où la renommée grossissait encore des gains énormes dans les premiers temps. Les chercheurs d'or, assurait-on, trouvaient communément une once d'or par jour, ce qui valait 540 francs par semaine et *vingt-sept mille francs* par année! Ainsi chantait la renommée.......

Opposons à cet appât exagéré le sort des bergers et des

pâtres. D'après les prix recueillis officiellement pour la Nouvelle-Galles du Sud :

En 1850, logés et nourris, on leur payait par année, comme aux laboureurs, de 400 à 475 francs;

En 1852, ils exigeaient de 650 à 750 francs;

En 1854, le maximum du louage annuel s'élevait à 1,000 francs dans la Nouvelle-Galles du Sud, et dans Sud-Australie il montait jusqu'à 1,250 francs.

Ce qui doit étonner, c'est qu'avec 300, avec 600 et même avec 1,250 francs d'augmentation sur les gages des bergers, on pût en retenir assez pour que les troupeaux ne restassent pas complétement privés de gardiens.

Les producteurs de laine étant obligés, dans les colonies australiennes, de faire des sacrifices de plus en plus considérables, haussaient nécessairement le prix de leurs laines. Mais ce renchérissement avait pour conséquence de ralentir la demande, et par conséquent aussi de ralentir les progrès de la production.

Telles sont les raisons pour lesquelles a diminué, suivant une si forte proportion, l'accroissement des laines produites par Victoria dans les années subséquentes à la découverte de l'or.

Ce qui sauvait les propriétaires de troupeaux, c'est que les populations coloniales, en s'accroissant avec rapidité, nécessitaient une consommation considérable de bêtes à laine, pour suffire à la boucherie. Cela faisait monter rapidement le prix de la viande.

Prix croissants du mouton, par kilogramme.

Années	1850.	1852.	1854.
Prix	1 fr. 54 c.	1 fr. 75 c.	2 fr. 76 c.

Avec de tels prix, la laine devenait d'un intérêt secondaire, et c'était le poids de l'animal qui devenait l'objet important.

Faveur croissante de l'élevage des chevaux et de la race bovine.

Tandis que la production des bêtes à laine ralentissait ses progrès, il est juste de remarquer un accroissement considérable dans le nombre des chevaux et dans celui des bêtes à corne nécessaires à l'alimentation des habitants, à l'activité des communications, aux besoins de l'agriculture.

Progrès de l'agriculture; extension soudaine des terres de labour.

Puisque le renchérissement de la main-d'œuvre était égal pour les pâtres et pour les laboureurs, l'agriculture éprouvait, à ce point de vue, les mêmes difficultés que l'élevage des troupeaux.

Heureusement pour le labourage, le prix des céréales, trop bas dans l'origine, s'accroissait plus rapidement encore que celui de la main-d'œuvre agricole. Ainsi l'hectolitre de blé valait :

Années.	1850.	1851.	1854.
Prix.	13 fr. 50 c.	28 francs.	40 francs.

Un semblable renchérissement, de beaucoup supérieur à celui des laines et de la viande, est devenu le plus puissant véhicule de l'agriculture.

Cela nous explique l'extension des terres conquises par le labour dans la colonie de Victoria.

Rapide extension des terres mises en culture.

Années........	1854.	1855.	1856.
Hectares......	22,218	46,592	72,834

Par conséquent, en deux années, on a plus que triplé la superficie des terres labourées.

Négligence des méthodes, et perfection des instruments aratoires.

Comme tous les cultivateurs qui labourent des terrains vierges, les colons ne s'occupent nullement d'en varier les cultures. Leur imagination n'admet pas que jamais ils puissent les épuiser, et souvent c'est à tort. Leur incurie ne daigne pas recueillir des engrais pour les répandre sur des terres qui ne leur ont presque rien coûté. En général ils négligent beaucoup ce qui demande un plus grand emploi de la main-d'œuvre; c'est ainsi qu'ils reculent devant le travail qu'exigerait le soin si fructueux du sarclage des céréales.

Mais en revanche, dès qu'un moyen peut épargner ou suppléer le labeur de l'homme et des animaux, il devient l'objet d'une extrême attention. Les colons emploient aujourd'hui les meilleures charrues et les autres instruments agricoles les plus perfectionnés que leur puissent offrir les Anglais et les Yankies. Ils les reçoivent, de ceux-ci par le cap Horn, de ceux-là par le cap de Bonne-Espérance.

Rendement des terres ; avenir de la colonie.

En Victoria l'hectare de bonne terre, dont l'achat ne coûte guère plus de 100 francs, produit, même avec une culture encore très-imparfaite, 21 hectolitres et demi de froment. Cette récolte, aux prix de 1851, ne vaudrait pas moins de 588 francs.

Le rendement que nous venons de citer est celui d'une année commune; mais en 1855, où les récoltes furent abondantes, on a vu l'hectare, au voisinage des principaux champs aurifères, produire jusqu'à 30 hectolitres.

Lorsque la colonie de Victoria comptera seulement un million d'hectares cultivés en froment, avec le rendement, médiocre pour elle, de 21 hectolitres, et le prix de 30 francs à l'hectare, médiocre aussi pour une colonie si riche, elle produira pour 630 millions de froment. Ce rendement sera presque deux fois le produit de ses mines d'or. *Le grand avenir de cette vaste colonie n'est donc pas dans l'or de ses sables et de ses quartz; il est dans son agriculture.*

Le gouverneur, sir Henry Barkly, en célébrant la rare fertilité des terrains volcaniques de Victoria, cite une récolte de pommes de terre dont le produit par hectare pesait 38 mille kilogrammes.

L'or devenu véhicule des progrès de l'agriculture.

Pour résumer en peu de mots les développements que nous avons présentés sur les forces productives de Victoria, nous dirons :

Cette colonie a reçu tout à coup un immense accroissement de richesse par la découverte de l'or.

Cependant ce métal était découvert en 1851, et, dès 1852, sa production s'approchait du maximum. Si Victoria n'avait pas d'autres ressources, son opulence serait déjà stationnaire. Mais l'or est devenu le véhicule des progrès de l'agriculture. Ne nous étonnons pas que les colons, imprévoyants et dédaigneux, aient négligé des en-

grais vulgaires; *pendant beaucoup d'années l'engrais par excellence, le vrai guano des champs victoriens, ce sera l'or.*

Signalons un autre grand bienfait de cette richesse minérale : il résulte de l'influence qu'elle exerce sur l'accroissement de la population.

*Influence exercée par la vente des terres, et conséquences
relatives à l'accroissement de la population.*

Le gouvernement de la métropole n'a pas craint de
dire à la colonie de Victoria : « Sur votre territoire je possède 25 millions d'hectares, qu'ils soient à vous; je vous
les donne. Disposez-en pour votre plus grande et plus
rapide prospérité; je m'en rapporte pleinement à votre
prudence. »

La colonie a justifié cette confiance par l'usage qu'elle
a fait de ce présent inestimable. Elle a su mesurer avec
sagesse et libéralité la vente des terres. Elle a commencé,
comme la Nouvelle-Galles, par les adjuger à très-bas prix,
quand les capitaux étaient rares et rares les acheteurs.
Par degrés, leur valeur s'est élevée, grâce au double bienfait de la richesse et de la concurrence.

Le tableau suivant fera bien comprendre l'influence de
l'or sur la vente des terres qui constituent le domaine
national dans toute l'Australie.

TABLEAU DU PRODUIT DE LA VENTE DES TERRES APPARTENANT
AU DOMAINE PUBLIC.

ANNÉES.	CINQ ANNÉES avant LA DÉCOUVERTE de l'or.	ANNÉE de LA DÉCOUVERTE de l'or : 1851.	CINQ ANNÉES après LA DÉCOUVERTE de l'or.	ANNÉES.
	francs.	francs.	francs.	
1846......	479,650	"	14,982,750	1852.
1847......	1,694,500	"	39,202,835	1853.
1848......	826,350	"	34,471,473	1854.
1849......	1,779,300	"	19,088,850	1855.
1850......	2,446,400	"	18,791,000	1856.
Totaux.	7,226,200	2,427,188 [1]	126,536,900	
Année moy.	1,445,240	4,854,375	24,307,380	

Tel est donc l'effet de la découverte de l'or :

Dans les cinq années qui suivent celle où l'or est découvert, le prix obtenu des terres vendues est égal à SEIZE FOIS *le prix obtenu dans les cinq années immédiatement antérieures.*

A l'égard de l'étendue des terres aliénées, voici ce que je trouve dans les états officiels publiés en 1856.

Superficie et valeur des terres vendues.

Années.	Hectares.	fr.	c.
1851.......................	12,981	186	98
1852.......................	104,463	143	42
1853.......................	122,133	321	25
1854.......................	164,165	209	98
1855.......................	....	...	..
1856.......................	176,841	105	76

[1] Ce chiffre est donné pour les six derniers mois de 1851, c'est-à-dire pour les six mois à partir desquels Victoria forme une colonie indépendante.

Il est possible que les prix, plus élevés de 1851 à 1854, soient dus en partie à des terrains renfermant de l'or, en partie à des terrains situés dans les villes ou dans leur banlieue.

Reproches adressés au sujet de la vente des terres, par lots trop peu divisés.

La presse métropolitaine a retenti de plaintes amères contre un prétendu monopole des terres, obtenu par quelques grands propriétaires : il faut citer ces doléances énumérées, en plein *Times*, avec une extrême amertume.

« Les terres sont entre les mains d'un très-petit nombre de propriétaires. A plusieurs reprises, on a, sous différents noms, assuré la permanence de la *tenure* des terres aux premiers occupants. Le vaste intérieur du pays est réellement fermé pour quiconque désire devenir colon. Il en résulte d'abord, chez la population, un mécontentement grave et trop bien fondé; l'excessive inégalité des possessions pousse à la propagation d'une extrême démocratie.

« Nous signalons ici, quant aux classes laborieuses, l'impossibilité de faire valoir avec sécurité leurs économies, dans un pays nouveau et sans manufactures, à moins d'acquérir de la terre. Un chercheur d'or qui rapportera dans la capitale de Victoria 25,000 francs, qu'en fera-t-il? La destination naturelle des épargnes de cet homme doit être l'achat et la culture d'une petite ferme. »

Véritable état des choses.

En consultant les rapports rédigés par les gouverneurs des colonies, j'ai trouvé la meilleure des réponses qu'il fût possible de faire à des accusations si graves.

Il n'est pas permis de prétendre aujourd'hui que la plus grande partie des terres vendues au public aille grossir la propriété des possesseurs de vastes pâturages : abus qui serait fondé sur un droit de préemption pour les terres qui touchent à ces pâturages.

On ne peut pas davantage affirmer qu'on veuille absorber les aliénations du domaine public, afin de procurer d'immenses domaines à d'opulents capitalistes.

Il suffit, pour s'en convaincre, d'examiner les faits accomplis pendant 1856; c'est la dernière année dont les comptes sont publiés. Dans cette année, 176,841 hectares de terres ont été publiquement aliénés. On a d'abord, en 6,837 ventes séparées, disposé de 55,085 hectares; ce qui, pour l'étendue moyenne de cette première classe, donne un peu moins de 26 hectares. Cette superficie, à 110 francs l'hectare, aura coûté seulement 2,836 francs.

En présence d'un pareil fait, peut-on dire qu'un chercheur d'or, après avoir économisé 25,000 francs, ne trouverait pas à les placer en terres, tant la propriété foncière serait monopolisée? Au contraire, avec cette somme il a la faculté d'obtenir, non pas seulement un lot, mais neuf lots moyens.

En nous élevant à la deuxième classe, nous trouvons 115,930 hectares, divisés en 1,294 ventes; ce qui pour lot moyen donne un peu moins de 90 hectares.

Au taux admis dans les ventes, le prix d'un semblable lot ne revient pas à 10,000 francs. Ici le chercheur d'or, avec ses 25,000 fr. d'épargne, pourrait obtenir deux lots de deuxième classe, et réserver 5,000 francs afin d'y joindre encore deux lots de première classe.

Enfin, pour ce qu'on peut appeler la grande propriété d'après les idées françaises, car ce n'en serait pas une d'après les idées anglaises, on a réservé seulement 13,571 hectares, c'est-à-dire *le treizième des superficies aliénées*, dans l'intention de composer des lots ayant plus de 200 hectares, et coûtant chacun plus de 20,000 francs.

L'administration coloniale me paraît avoir agi sagement dans l'intérêt des petites et des moyennes fortunes; elle n'a certainement pas trop favorisé les grands capitalistes, qu'il ne faut cependant ni dédaigner, ni même négliger.

Emploi du produit des ventes pour améliorer l'immigration.

D'ordinaire on a partagé presque également le produit des terres vendues entre la dotation des travaux publics indispensables aux progrès de la colonie, et l'encouragement nécessaire aux immigrants attirés des trois royaumes. Examinons les motifs et les effets de cette dernière partie des dépenses.

Un très-grand désavantage, éprouvé par la population de Victoria, prend sa source dans l'inégalité numérique des deux sexes. Les hommes, plus hardis, plus propres à supporter les fatigues d'une traversée de six mille lieues, mieux pourvus de moyens pécuniaires, émigrent naturellement en bien plus grand nombre que les femmes.

Je fais observer, par exemple, qu'à la fin de 1854 on trouvait, dans la colonie, 178,024 individus du sexe masculin contre 95,841 du sexe féminin; ce qui suppose à peu près 92,000 célibataires.

Aux commissaires chargés de répartir les secours entre les émigrants de la métropole, on a prescrit de favoriser autant qu'il se pourrait l'émigration des femmes. Nous allons apprécier l'efficacité de leurs efforts pour l'année même que nous venons de citer.

ÉMIGRATION D'ANGLETERRE EN VICTORIA PENDANT L'ANNÉE 1854 ;
PARALLÈLE DES ÉMIGRANTS SECOURUS ET NON SECOURUS.

AGES.	SEXES.	SECOURUS.	NON SECOURUS.
14 ans et plus.	Hommes............	3,876	20,296
	Femmes............	8,536	6,249
Moins de 14 ans.	Hommes............	1,331	2,475
	Femmes............	2,154	2,023
Moins de 12 mois.	Hommes............	249	543
	Femmes............	371	310

Nous rendrons beaucoup plus saillants les résultats qui
précèdent par le résumé suivant; celui-ci nous paraît mériter toute l'attention du lecteur.

RÉSUMÉ DU PARALLÈLE PRÉCÉDENT.

ÉMIGRANTS.		SECOURUS.	NON SECOURUS.
Totaux par sexe.....	Masculin.........	5,456	23,314
	Féminin.........	11,112	8,582

Ainsi l'émigration spontanée, et non secourue, ne fournit à la colonie qu'*une femme contre trois hommes;* tandis
que l'émigration sollicitée, et secourue, fournit *deux femmes
contre un homme.* La seule indication d'une telle inégalité
dispense de tout commentaire.

Nous compléterons l'important sujet qui nous occupe

en faisant connaître les sommes réellement dépensées,
le nombre des émigrants secourus, et le secours moyen
qu'ils ont obtenu pendant une période décennale.

TABLEAU DE LA DÉPENSE EFFECTIVE ET DES ÉMIGRANTS SECOURUS.

ANNÉES.	SOMMES DÉPENSÉES.	ÉMIGRANTS SECOURUS.	SECOURS MOYEN PAR ADULTE.
	francs.		fr. c.
1847..................	517,500	3,981	372 50
1848..................	2,930,000	17,752	362 60
1849..................	5,730,000	29,428	368 10
1850..................	3,735,000	6,830	317 05
1851..................	3,042,500	11,693	341 10
1852..................	8,333,250	34,095	421 00
1853..................	12,867,500	27,723	523 30
1854..................	16,662,500	41,065	546 65
1855..................	15,477,500	28,016	448 10
1856..................	8,252,500	20,653	399 50
TOTAUX......	77,547,750	221,236	409 99

On remarquera que depuis 1852, époque où les commissaires obtiennent des crédits beaucoup plus considérables, des secours plus élevés sont payés à chaque personne engagée. Il le fallait, car les bons choix deviennent
d'autant moins économiques et moins faciles qu'on doit
enrôler un plus grand nombre d'émigrants.

Commerce de Victoria.

Lorsque nous aurons parcouru séparément chacune des

colonies britanniques de l'Australie, nous nous proposons d'embrasser l'ensemble de leur commerce. Mais Victoria présente des faits si remarquables que nous croyons devoir les exposer dès à présent, pour compléter le tableau des résultats capitaux qui la caractérisent.

Efforts de la métropole pour aller au-devant des besoins de Victoria.

Ce que jé veux montrer ici, c'est l'extrême empressement et la puissance déployés par la métropole pour seconder les efforts de la colonisation.

Qu'on songe aux difficultés qu'il faut vaincre, aux dépenses qu'il faut risquer quand il s'agit d'approvisionner une colonie séparée de la métropole par une distance de six mille lieues.

Secours puissants offerts au commerce par le progrès de la navigation.

Heureusement, à l'époque où l'on devait surmonter tant d'obstacles, la navigation offrait les progrès les plus remarquables. On avait inventé ces navires *clippeurs*, aux formes allongées et fines, propres à porter beaucoup de voiles, comparativement à leurs dimensions transversales; ce qui leur donnait une vitesse jusqu'alors inespérée. En même temps une étude plus attentive des courants et des vents, soit de l'Atlantique, soit du Grand-Océan, avait permis d'abréger beaucoup la durée, la dépense et le péril des voyages.

Dans les premiers temps qui suivirent la découverte des grandes Indes, moins éloignées de l'Europe que ne l'est l'Australie, on ne croyait pas pouvoir élever à moins de *cent pour cent* le renchérissement des produits transportés d'occident en orient et d'orient en occident : souvent même les négociants étaient loin de se contenter d'un semblable doublement. De même aussi dans les premières années de la colonisation australienne, lorsque les capitaux étaient rares, les prétentions du commerce étaient exorbitantes et les prix excessifs. Montrons, à cet égard, quels heureux changements se sont opérés.

Économie remarquable des frais de transport entre l'Angleterre et l'Australie.

Commençons par évaluer l'abaissement des prix aux quels peuvent se réduire aujourd'hui le commerce et la navigation perfectionnés.

En calculant le poids des divers produits envoyés d'Angleterre à la colonie de Victoria, pour le comparer avec la valeur déclarée de ces mêmes produits, j'ai trouvé qu'on doit évaluer à 1,338 francs le prix moyen des mille kilogrammes.

Le prix des transports par mer s'est graduellement abaissé. Maintenant les navires anglais, entre l'Angleterre et l'Australie, transportent ces mille kilogrammes, c'est-à-dire *un tonneau*, pour 80 francs. Cela revient à 6 pour cent des marchandises transportées, valeur moyenne. De plus, les compagnies d'assurance maritime exigent 1 3/4 pour cent sur la valeur transportée.

A ce compte, le fret joint à l'assurance donne un total de 1,441 francs pour la valeur nécessaire du produit transporté. Il faut, en outre, tenir compte de cent dix jours exigés en somme pour le temps de la traversée, celui du chargement et celui du déchargement; laps de temps qu'on représente très-communément par un intérêt de 1 1/2 pour cent sur la cargaison.

En définitive, on trouve que les habitants de l'Australie doivent payer en sus des prix métropolitains :

Proportion des frais du transport des produits d'Angleterre en Australie.

1° Pour le transport................ 6   p. 100.
2° Pour l'assurance maritime......... 1,75
3° Pour l'intérêt pendant le voyage.... 1,50

Dépense totale..... 9,25 p. 100.

Bon marché comparatif des produits importés.

Loin de s'étonner que le renchérissement nécessaire dans une colonie éloignée de six mille lieues soit de 9 1/4 pour cent, il faut au contraire admirer les progrès qui rendent possible un aussi faible exhaussement des prix de revient sur des produits eux-mêmes si fort diminués de prix depuis plus d'un siècle.

Un très-bon couteau, un très-bon rasoir de Sheffield, qui coûteraient un franc rendus à Londres, ne reviennent en définitive au commerçant australien qu'à 9 centimes 1/4 de plus, dans un pays colonial où l'ouvrier gagne 200 à 300 pour cent par delà la journée de l'ouvrier d'Angleterre. Il faut seulement ajouter à ce prix nécessaire les bénéfices variables du négociant en gros et du débitant australien. Une concurrence excessive ne permet pas que ces profits soient jamais exorbitants.

En définitive, nous arrivons à cette conséquence : comparaison faite avec les revenus du peuple de Victoria, les objets d'industrie qui lui sont envoyés de la Grande-Bretagne sont à beaucoup plus bas prix pour lui qu'ils ne le sont, pour l'Anglais ou l'Écossais, sur le lieu même de la production. Il peut donc consommer pour ses besoins bien au delà du nécessaire; que s'il s'agit de ses plaisirs, il est libre d'aller aussi loin que peut

le rêver une imagination affolée par l'excès des prospérités.

*Lutte entre les progrès de Victoria et l'audace des importateurs
d'Angleterre.*

Ce qui passe toute croyance, c'est que le commerce
d'Angleterre ait trouvé le moyen d'aller au delà, non-
seulement des besoins, mais des souhaits que peut former
le *Peuple-Crésus* qui s'appelle Victorien.

Premiers efforts de 1851 à 1852.

En 1851, époque mémorable où ce peuple obtient
l'autonomie coloniale, l'or n'est découvert qu'au 1ᵉʳ septembre; à peine cette grande nouvelle arrive en Angleterre avant la fin de l'année. Les envois de marchandises
britanniques ne peuvent donc pas encore être effectués,
d'après l'excitation que produira le bruit d'une pareille
découverte. Voyons ce qui se passait immédiatement avant
que l'Angleterre en fût informée.

Envois de 1851 à la colonie de Victoria.

Prod. britann. envoyés par l'Angleterre... 15,110,075 francs.
Population moyenne...................... 91,834 habitants.
Envoi par mille habitants.............. 157,669 francs.

Voilà certes un approvisionnement considérable; tel il
doit être pour un peuple moitié pasteur et moitié citadin,
sans agriculture et sans manufactures; mais riche en troupeaux, en toisons précieuses, et qui peut payer largement
tous les produits dont il éprouve le besoin. On va voir

jusques à quel point la découverte de l'or a fait dépasser
un terme primitif déjà si grand.

Commerce de 1852. Première excitation de l'or.

Dès 1852, à la simple annonce qu'on a découvert dans
l'intérieur de Victoria le plus précieux des métaux, l'impatience britannique n'attend pas la moindre appréciation
du changement qui s'ensuivra dans la colonie. Aussitôt
le commerce anglais, au lieu d'envoyer pour 15 millions
de produits, en envoie pour........ 40,378,375 fr.

L'immigration, moins hâtive que le
négoce, réussit cependant à porter la
population moyenne des Victoriens,
en 1852, à................... 127,395 hab.

Envoi par mille habitants....... 317,697 fr.

Par conséquent l'offre d'objets de toute nature nécessaires à la subsistance, au vêtement, aux besoins ruraux,
aux constructions urbaines, aux plaisirs des Victoriens,
la voilà doublée dans le bref espace d'un an.

En réalité, que signifie ce doublement? Le commerce
anglais aventure, sur les marchés du nouvel Eldorado,
pour 25 millions en plus de marchandises. Mais dans
l'année 1852, le Peuple-Crésus a tiré du sol une quantité
de métal qui vaut 372 millions : c'est quatorze fois plus
qu'il ne faut pour solder cet accroissement.

Seconde excitation, de 1852 à 1853.

Vaincu dans sa témérité, qui par bonheur n'a pas trop
excédé les bornes, le commerce anglais redouble d'audace : il veut voir si l'on pourra l'empêcher de franchir

toutes les limites et montrer jusqu'où peut aller son esprit d'aventure. Quarante millions de produits n'avaient pas été trop considérables pour 1852 ; il veut à tout prix, pour 1853, ne pas rester au-dessous du progrès, quel qu'il soit, de la richesse et de la prodigalité des colons.

C'était trop peu d'avoir doublé dans une année ! Dès l'année suivante, *il quadruple ce doublement,* et fait partir de ses produits, en 1853, pour 175,559,675 francs.

D'un autre côté la population, continuant d'augmenter, s'élève, dès le milieu de 1853, à   182,975 habitants.

Envoi par mille habitants...   959,473 francs.

Ainsi, quoique la population ait doublé dans l'espace *de deux années,* l'offre d'approvisionnement *par personne* est plus que *sextuplée.*

Sans doute si l'or tiré de la terre en douze mois avait été réparti entre tous les habitants, ils auraient pu compléter à l'envi la consommation énorme qu'on offrait à leurs convoitises. Mais, tandis que certains chercheurs d'or, favorisés du hasard, gagnaient jusqu'à 50 à 60 francs par jour, les pasteurs, les laboureurs, les manouvriers, malgré le renchérissement de leur main-d'œuvre, ne pouvaient pas sextupler leurs dépenses. Aussi les magasins finissaient-ils par regorger de produits non vendus.

Crise commerciale, en Victoria, de 1853 à 1854.

On voit comment a pris naissance une crise commerciale qui, devenue sensible à la fin de 1853, exerce ses ravages sur le commerce intérieur de Victoria. Elle réagit, dès les premiers jours de 1854, sur les téméraires métropolitains. La peur saisit alors ces derniers, et cette peur est manifestée par leurs expéditions. En 1853 les envois avaient valu 176 millions; dans l'année suivante, ils tombent à...................... 148,532,875 francs.

La population s'accroît toujours, comme pour soulager, pour sauver les imprudences du commerce anglais. Au milieu de 1854, elle s'élève à...... 249,885 habitants.

Envoi de 1854, par mille habitants, 594,429 francs.

Les banqueroutes de 1854.

Si 1853 n'avait pas offert d'excédant, à la rigueur l'abaissement de l'offre à 594 francs par personne aurait pu n'être pas trop exagérée; mais il n'en était pas ainsi. Ce fut donc en 1854 que les banqueroutes éclatèrent à Victoria; elles firent éprouver leur contre-coup, trois ou quatre mois plus tard, dans la Grande-Bretagne.

Effet de la peur chez les négociants anglais, en 1855.

Les Anglais ainsi châtiés, avertis à leurs dépens de l'encombrement énorme sous lequel gémissait Victoria, tombent avec rapidité dans l'excès du découragement.

En conséquence pour 1855, au lieu des 149 millions de l'année précédente, ils n'envoient plus de leurs produits que pour une valeur de... 69,744,400 francs.

La population croît toujours; au milieu de 1855 elle est de.... 312,804 habitants.

Envoi par mille habitants.... 222,961 francs.

Voilà donc, en deux années seulement, l'envoi des marchandises britanniques réduit des trois quarts par habitant, malgré le progrès si rapide de la population.

Pour cette fois, les expéditions ne deviennent suffisantes que complétées par le superflu restant des années antérieures. On arrive au minimum d'approvisionnement nécessaire, et la ruine des pourvoyeurs, si largement accomplie, ne vient plus frapper de nouvelles victimes.

Recrudescence d'audace métropolitaine en 1856.

Enfin les faillites se sont arrêtées; restent debout les maisons les plus solides. Sur-le-champ, avec une audace ressuscitée, les Anglais pour 1856 doublent les envois de 1855; envois qu'ils avaient modérés avec tant de regrets!

Prod. britanniques envoyés en 1856..... 157,394,100 francs.
Population moyenne de 1856.......... 376,172 habitants.
Envoi par mille habitants............ 418,408 francs.

Équilibre final.

Telle paraît être la proportion régulière des produits anglais consommés par les habitants de Victoria dans leur situation prospère, après six années seulement d'or exploité. En reprenant un niveau modéré, les produits absorbés par chaque habitant sont presque *le triple* de ce qu'il consommait avant cette magnifique exploitation.

Au moment d'apposer le bon à tirer de cette feuille, je reçois les tableaux statistiques du commerce anglais pour 1857. Ils confirment ma prévision sur l'état voisin de l'équilibre auquel on est arrivé. Les importations venues d'Angleterre s'élèvent à 166,257,150 francs; et ce léger accroissement des envois est facilement absorbé par l'accroissement de la population.

Laissons de côté ces joueurs effrénés qui lançaient sans prudence les produits de l'Angleterre, afin d'encombrer infatigablement les marchés de Victoria. S'ils se ruinent, ils l'ont voulu; nul ne les pleure. L'exemple de ceux qui tombent ne rend pas plus circonspects leurs successeurs, et ceux-ci montent à l'assaut de la fortune en passant sur le corps des blessés et des tués du premier rang.

Ce qui doit nous intéresser pour les colons de Victoria, c'est qu'ils ont eu tout à gagner aux folies de leur métropole. Quand le commerce d'outre-mer, aux abois par sa faute, leur vendait à perte avec surabondance, il ajoutait sans le vouloir à leur bien-être.

Les besoins de la colonie, malgré leur développement extraordinaire, pour l'étendue et pour la rapidité, ces besoins ont par conséquent été toujours promptement, économiquement et *plus largement satisfaits qu'il n'était nécessaire.* A ce point de vue, la colonisation ne pouvait rien souhaiter de plus propice.

Dans les calculs qui précèdent j'ai pris le commerce en masse et j'ai calculé sur l'ensemble des valeurs. On aurait trouvé des inégalités plus étranges et des excès plus inexplicables encore, si l'on avait montré séparément chaque nature de produits. Mais ce long examen aurait fatigué le lecteur et dépassé les justes bornes.

Approvivionnement spécial et progressif des tissus de coton.

Je me contenterai d'examiner un seul article en particulier, à raison de sa grande importance, et parce qu'il est le triomphe de l'industrie britannique : je veux parler des tissus de coton.

MÈTRES DE COTON ENVOYÉS DE LA MÉTROPOLE POUR VICTORIA.

ANNÉES.	TOTAUX.	PAR MILLE HABITANTS.	POPULATION MOYENNE.
	mètres.	mètres.	habitants.
1851...................	1,612,881	15,829	94,834
1852...................	2,335,886	18,379	127,396
1853...................	11,493,026	61,388	182,975
1854...................	10,758,170	43,016	249,885
1855...................	2,918,640	9,329	312,804
1856...................	11,431,028	30,393	376,172
1857...................	14,276,580	32,788	435,383
Totaux.....	54,826,191	30,784 [1]	1,780,939

On le voit, l'instinct commercial, un peu tardif chez les vendeurs de tissus britanniques, les a fait atteindre trois ans trop tard, en 1856 et 1857, après de cruelles déceptions, la quantité moyenne qui paraît être la consommation régulière des habitants de Victoria. Cette consommation, qui s'étend aux femmes, aux petits enfants, ainsi qu'aux hommes, opulents ou pauvres, est vraiment énorme. Elle surpasse de beaucoup la vente du même genre de produits aux autres colonies britanniques; mais ces dernières colonies ne trouvent pas chaque année, en grattant un peu la terre, de cinquante à cent millions d'or par cent mille consommateurs.

---

[1] Pour obtenir ce chiffre on a divisé le total des mètres de tissus par la somme des populations moyennes.

Commerce des effets à usage et de la mercerie.

Je désire appeler l'attention des Français sur un genre de commerce qu'ils pourraient exploiter en Australie, et spécialement à Victoria, avec un grand avantage.

En considérant l'énorme quantité de tissus en pièce expédiés pour cette colonie par l'Angleterre, on pourrait croire qu'il n'est plus nécessaire d'envoyer aucun linge tout ouvré : c'est celui qui compose la majeure partie des articles désignés sous le nom *d'effets à usage.* On tomberait dans une grande erreur, et la preuve en est fournie par le tableau suivant.

Valeur des effets à usage et des merceries envoyés par l'Angleterre.

Années.	Francs.
1851	3,022,475
1852	9,162,325
1853	40,193,150
1854	27,524,275
1855	7,612,500
1856	19,827,125
1857	25,756,000
Total	133,097,850

Indications adressées à l'industrie française.

C'est ici qu'aurait pu triompher l'industrie parisienne, avec son art merveilleux qui réunit, dans la coupe et l'ornement de tous les objets de lingerie et de parure, des conditions si diverses, tantôt de simplicité et de bon marché, tantôt d'élégance et de somptuosité. Elle surtout aurait su trouver les mille moyens ingénieux et variés, si propres à satisfaire les gens qui découvrent l'or, et qui brûlent de le dépenser en toute sorte de luxe. J'aurais voulu que l'industrie française se plaçât au premier rang pour offrir à Victoria les diverses espèces de vêtements à usage; j'aurais voulu qu'elle disputât la palme de tous les arts vestiaires dès 1851, et qu'elle prît sa large part des 133 millions dépensés en sept ans pour ce seul objet. Je souhaite au moins qu'elle entreprenne, dès à présent, un commerce qui semble lui promettre les succès les plus lucratifs, non-seulement dans la colonie de Victoria, mais dans tout un monde nouveau.

Pour la seule année 1857, la valeur des effets à usage et de mercerie, expédiés d'Angleterre en Australie, s'élève à 50,636,975 francs. C'est à partager de si riches envois que je convie, non-seulement l'industrie de Paris, mais celle de toute la France.

Signalons une autre industrie à l'égard de laquelle l'Angleterre ne redoute aucune concurrence.

Commerce des instruments producteurs et des machines.

Il faut arrêter l'attention du lecteur sur un genre d'envois d'une importance capitale dans une colonie qui prospère par le travail des mines et de l'agriculture : c'est celui des instruments et des machines indispensables à ces deux industries. Pour ces machines et ces instruments, l'Angleterre peut avoir par exception quelques rivaux; mais elle n'en redoute aucun.

ANNÉES.	MACHINES À VAPEUR.	AUTRES MACHINES.	TOTAL par MILLE HABITANTS.
	francs.	francs.	francs.
1851......................	37,075	130,825	1,758
1852......................	80,575	220,350	2,368
1853......................	194,950	512,925	3,869
1854......................	636,475	1,480,150	8,470
1855......................	569,425	1,196,325	5,645
1856......................	701,800	919,700	4,311
1857......................	1,502,200	1,504,275	6,909
7 ans.	3,722,500	5,964,550	5,437

Remarquons avec un vrai plaisir le progrès moins irrégu-
lier et bien plus satisfaisant qu'offre la valeur des machines
à vapeur ainsi que celle des instruments agricoles et de
tous les autres mécanismes nécessaires à l'industrie coloniale. Dans le tableau qui précède, un œil exercé peut
suivre et mesurer la prospérité réelle d'un peuple qui
marche à grands pas dans la voie des arts perfectionnés.

Si l'érudition du lecteur cherchait à se rendre compte
de la lenteur avec laquelle se sont introduites les machines
à vapeur non-seulement en France, mais en Angleterre,
elle apprécierait à sa haute valeur le même ordre de progrès dans la colonie australienne de Victoria.

En admettant la continuation d'une marche intelligente et régulière, comme il est désirable et naturel de
l'espérer, dans dix années cette belle et florissante colo-

nie de Victoria possédera pour 3o millions de machines à vapeur. Ces machines représenteront le travail de cent 'mille chevaux ordinaires qui, sans se fatiguer, poürraient fonctionner 24 heures par jour, qui conserveraient toujours la force de leur meilleur âge, et qui ne seraient jamais ni malades ni fatigués. De telles machines équivaudront à la force physique d'un peuple de 2 millions d'âmes.

Dans la même hypothèse, la valeur de tous les autres mécanismes importés atteindrait le double de la valeur où l'on aura fait monter l'ensemble des machines à vapeur.

Force productive industrielle de Victoria dès 1855.

A présent nous pouvons nous former une idée du matériel dynamique appliqué dans les diverses industries de Victoria. Je prie toujours le lecteur de remarquer qu'il s'agit d'une colonie dans laquelle pas un atelier, pas un artisan n'existait avant l'année 1835. Voici ce qu'ont produit vingt ans d'efforts.

On a fait prendre un grand développement à l'exploitation des mines de fer; on a construit des routes pour les rattacher aux ports de Melbourne et de Géelong. Dès la fin de 1855, Victoria possédait 1507 paires de cylindres *à puddler*, pour produire le fer par étirement et compression; elle avait, en outre, trois usines pour le moulage de la fonte. Elle avait déjà, pour extraire un métal de plus haute valeur monétaire, mais non pas plus précieux, 159 machines à briser les quartz aurifères; des millions d'or correspondaient à leur travail. Elle avait 39 moulins à farine mus par la vapeur, 8 par l'eau ou le veht et 4 par des chevaux. Elle possédait 3o scieries mécaniques, 2 machines à planer les bois, etc. etc.

A ces grands moyens d'action, qu'on ajoute le matériel que supposent 32 brasseries; qu'on y joigne 24 fabriques de savon et de chandelle, qui peuvent travailler pour l'exportation avec les immenses ressources en graisse animale que présentent les troupeaux de la colonie.

En mettant à profit la houille indigène, une usine produit le gaz nécessaire à l'éclairage de Melbourne, ville de 100 mille âmes. On a tiré d'Angleterre les appareils et tous les tuyaux de conduite; mais l'entretien n'en peut être fait que par les artisans victoriens.

Dès 1855 on comptait quatre ateliers pour confectionner de grandes chaudières, et déjà la colonie construit des machines à vapeur applicables aux genres de travaux que nous venons d'indiquer.

Cette énumération, très-incomplète, donnera pourtant quelque idée de la force productive industrielle de Victoria, cinq ans seulement après qu'on a commencé l'exploitation de l'or. Une telle force est étrangère aux arts de luxe ainsi qu'aux fabrications d'une grande main-d'œuvre; mais pour les industries où la principale dépense est dans les matières étrangères à l'homme et tirées de la nature, Victoria peut en faire un aussi puissant usage que le nord des États-Unis.

Commencement d'exploitation des mines de cuivre.

Il faut ajouter aux industries minérales l'exploitation des mines de cuivre, trop négligées peut-être devant la recherche d'un métal incomparablement plus productif; la puissance des machines, merveilleusement appliquée par les Anglais, pourra donner un grand essor au travail des mines de cuivre.

CUIVRES DES MINES DE VICTORIA ENVOYÉS EN ANGLETERRE.

ANNÉES RÉUNIES.	QUANTITÉS.		VALEURS.
MINERAI DE CUIVRE.	tonn.	kilogr.	francs.
1854 et 1855..	346	436	193,575
1856 et 1857..	10,415	415	6,605,775
CUIVRE BRUT.			
1854 et 1855..	100	384	285,200
1856 et 1857..	1,279	114	3,293,975

Il résulte de ce tableau que la seule exploitation des cuivres, qui, pour 1854 et 1855 réunis, ne produisait que 478,775 francs, a produit, pour 1856 et 1857 pris ensemble, 9,899,750 francs; un accroissement aussi rapide annonce un avenir magnifique.

Cet avenir est digne du progrès général dont nous allons donner la mesure.

Progrès général du commerce extérieur de Victoria.

Le ministère du commerce britannique a donné des résultats précieux sur le commerce des colonies australiennes, pour les quatre ans écoulés de 1851 à 1854.

Commençons par présenter la mesure des importations, telles que l'administration les évalue dans les ports de Victoria.

TABLEAU DES IMPORTATIONS PROGRESSIVES DE 1851 À 1854.

ORIGINES.	1851.	1852.	1853.	1854.
	francs.	francs.	francs.	francs.
La métropole...........	18,724,600	43,805,400	207,205,650	273,559,375
Colonies britanniques...	5,983,260	53,199,900	126,608,600·	111,688,725
États-Unis............	3,050	1,509,075	41,715,150	25,689,950
Autres nations.........	1,699,675	3,234,175	20,524,025	30,538,225
Totaux........	26,410,585	101,748,550	396,053,425	342,476,275

Énorme supériorité des importations britanniques.

A la vue du tableau qui précède, les observations se présentent en foule. En premier lieu, ce qu'il faut remarquer, c'est l'écrasante supériorité des valeurs mercantiles importées de l'empire britannique, lorsqu'on met ces valeurs en parallèle avec les importations de l'univers. *Les six septièmes appartiennent à des origines anglaises, et le dernier septième reste pour l'ensemble des nations étrangères.*

Cette excessive inégalité ne devrait-elle pas empêcher l'Angleterre de se plaindre comme d'un bien volé, toutes les fois qu'en pays étranger elle ne fera que le quart, ou le tiers ou même la moitié du commerce que fait l'étranger dans son propre pays? Ce pauvre étranger, qui cherche à se défendre, fût-ce, au besoin, par des droits justement protecteurs, doit-on essayer de le faire rougir en appelant la science au secours, et lui répétant avec dédain qu'il ignore les plus grossiers rudiments de la vraie, de la grande économie commerciale?

Beau développement du commerce des Américains Yankies.

Ma seconde observation servira pour signaler le développement prodigieux du commerce des États-Unis avec
Victoria. Les Yankies n'importaient en 1851 que pour
3,050 francs de produits; trois ans plus tard, ils en im-
portent pour 25 ⅓ millions, quoique l'année précédente
ils eussent excédé les bornes de l'utile en poussant leurs
envois imprudents jusqu'à quarante et un millions. N'en
soyons pas étonnés; dès qu'il s'agit de témérités commerciales, les Yankies surpassent même les Anglais.

Les États-Unis sont destinés par la nature, par la forme
même du globe, à rester la puissance prépondérante
entre tous les étrangers qui viendront commercer sur le
marché de Victoria. Ils conserveront ce premier rang,
soit qu'on perce ou qu'on ne perce pas les détroits de
Panama et de Suez, soit qu'il faille ou ne faille pas faire
le grand détour du cap Horn ou du cap de Bonne-Espérance. Dans tous les cas, la Californie, New-York et
Boston n'en opéreront pas moins, avec Melbourne et Géelong et Sydney, un commerce du premier ordre.

Exportations de Victoria.

Hâtons-nous de passer aux exportations. Les comptes
qui les concernent, donnés par la colonie, ont cela de
précieux, qu'ils comprennent l'or exporté, tandis que les
états de commerce du Royaume-Uni n'en font aucune
mention: lacune à la fois inexplicable [1] et très-regrettable.

---

[1] Mon honorable ami M. Fonblanque, le directeur de la statistique
au ministère du commerce britannique, a bien voulu m'éclairer sur ce

TABLEAU DES EXPORTATIONS DE VICTORIA, DE 1851 À 1854,
Y COMPRIS L'OR NON MONNAYÉ.

DESTINATIONS.	1851.	1852.	1853.	1854.
	francs.	francs.	francs.	francs.
La métropole.........	29,972,350	154,960,825	241,890,600	256,905,325
Colonies britanniques....	5,560,950	30,852,775	23,568,550	34,302,675
États-Unis...........	39,425	"	491,150	1,273,325
Autres nations........	"	477,625	5,588,300	1,898,775
Totaux.......	35,572,725	186,291,225	271,537,600	294,380,100

Ici l'infériorité des étrangers, mise en regard des sujets de l'empire britannique, est incomparablement plus grande que pour les importations. Cela tient peut-être à ce que ces nations, la France par exemple, et d'autres États européens, achètent en Angleterre des quantités assez notables de laines arrivées d'Australie; en même temps, elles reçoivent au sein de la métropole l'or qui leur est dû dans la colonie pour solde de leurs comptes [1].

L'or moral en Australie.

Je crains que le lecteur ne soit fatigué par tant de détails et de faits qu'il a fallu présenter sur les influences,

point. Jusques à 1858, une mesure sans raison ne permettait pas de publier ce genre de documents; mais, depuis quelques mois, cette incroyable défense est levée. La science économique y trouvera de nouvelles lumières.

[1] Ainsi, dans l'année 1855, les états de commerce français portent pour importations *provenant d'Angleterre* 10,596,212 kilogrammes de laine, et seulement 408,300 kilogrammes apportés de l'Australie tout entière et des contrées d'Asie au nord de l'Inde.

trop souvent tristes et basses, de l'or qu'on arrache de la terre. Élevons nos regards vers l'or qui descend du ciel, pour réparer les maux de la richesse purement humaine. Une femme est venue le répandre sur l'Australie. Depuis la naissance du siècle, dans cette immense contrée, c'est le seul grand caractère qui mérite les souvenirs et la tendre vénération de tout un peuple.

UNE BIENFAITRICE DU PEUPLE.

En Angleterre, la fille d'un mince fermier du Northampton croissait pour des vertus, plus rares qu'on ne pense, dans la vie des champs; elle est épousée par un officier d'infanterie au service de la grande Compagnie des Indes. Le capitaine Chisholm, avec sa compagne, fait voile pour Madras, où se trouve son régiment. Comme tous les corps de troupes anglaises, ce régiment abonde en soldats mariés. Le relâchement des mœurs, trop commun dans les campements, s'accroît de la dépravation qu'on respire avec l'air de l'Inde, surtout dans la contrée torride. Les enfants de troupe sont élevés sans principes; les jeunes filles grandissent pour passer de la misère à la corruption. A l'égard des orphelines militaires, qui sont les moins surveillées, le péril est plus grand encore.

Mme Chisholm imagine d'accueillir dans sa maison ces jeunes filles; elle veut leur apprendre ce qu'il faut, sans plus, pour être des ménagères et rester honnêtes. Le ridicule, ce grimacement du mal et du vice, assaille d'abord cette tentative; mais le succès du bien, lorsqu'il est accompli, commande le respect. Un noble gouverneur, sir Frédéric Adams, souscrit le premier pour honorer et grandir l'œuvre à la fois admirable et simple de Mme Chisholm. Douée d'un bon sens admirable, cette femme n'a pas même conçu qu'on pût élever, suivant l'usage de l'Europe, les filles des militaires sans fortune, comme la Sempronie de Rome dégénérée, en leur enseignant des arts séducteurs, le jeu d'instruments frivoles, et des danses plus recherchées qu'il ne convient à la femme honnête[1]. Elle a préféré les accoutumer à l'économie, à la parcimonie des moindres foyers, aux soins obscurs de la maison modeste, au labeur caché, mais si beau, de l'épouse et de la mère. Les élèves ainsi formées ne croiront pas descendre même en acceptant l'union la moins luxueuse; car elles n'auront pas appris à rougir de leur mari, de leur condition et de leur honneur.

Quand on eut connu dans l'armée de l'Inde *cette éducation du sens commun*, ce fut à qui demanderait la main des vierges sages, non-seulement pour des soldats et des sous-officiers, mais quelquefois pour un rang plus relevé.

En présence d'un succès si simple, si naturel et pourtant sublime, la Présidence de Madras finit par élever *l'école des ménages militaires* au rang des institutions de son armée : elle y mit la condition flatteuse que Mme Chisholm en resterait la directrice.

Dans l'Hindoustan le climat va vite et détruit plus que le fer; il brise la santé des militaires. Le capitaine Chisholm est obligé d'aller, à neuf cents lieues par delà l'équateur, respirer l'air moins brûlant de l'Australie, sous le beau ciel de Sydney. Il emmène avec lui ses trois enfants et sa femme, qui doit avant tout à ses élèves l'exemple des devoirs remplis au sein de la famille.

On était en 1838, au moment où la Nouvelle-Galles repoussait avec énergie sa pépinière avilissante de forçats métropolitains, pour y substituer un recrutement moins

___

[1] « Psallere, saltare, elegantius quam necesse est probæ. » (Sallustius.)

immoral, et qui fût affranchi d'entraves. Mais combien l'autorité se pénétrait peu des devoirs qu'impose l'immigration de familles libres, et par là même abandonnées quand elles sont pauvres !

En arrivant à Sydney, la bienfaisante dame avait trouvé sur le pavé, c'est le mot, tout un clan d'Écossais. On les avait expédiés pour le nouveau monde, probablement parce que les grands propriétaires de la vieille Calédonie trouvaient que leurs hautes terres, leurs *highlands*, contenaient trop de guérets et pas assez de prés, c'est-à-dire trop de peuple et pas assez de bétail. Mme Chisholm leur donne un secours d'argent pour apaiser la faim. Dans Sydney, le bois était cher; elle entend que ses obligés deviennent bûcherons, et leur procure des haches. Ils sont sauvés et la bénissent.

Le capitaine Chisholm, sa convalescence finie, retourne à Madras, mais exige que sa femme et ses enfants restent sous le ciel auquel il doit son retour à la santé. La bienfaitrice des enfants de troupe a sous les yeux un spectacle plus déchirant et plus cruel que dans l'Inde. Ce ne sont pas seulement, comme les montagnards qu'elle vient d'accueillir, des hommes faits et robustes qui, pour commencer, en abordant le sol aux espérances fabuleuses, rencontrent d'abord le délaissement et la faim. Une foule de jeunes filles, attirées par l'espoir d'un avenir honnête, débarquées à Sydney, tombent tout à coup dans l'isolement, la détresse et la séduction, empressée de remplacer par l'infamie le travail en vain cherché. Mme Chisholm se dévoue pour les secourir.

Douée d'une âme énergique et d'un cœur infatigable, elle frappe à la porte de tous les lieux où devrait résider au moins la pitié. Elle s'adresse au pouvoir civil, dont l'oreille reste sourde; à l'église officielle, dotée par l'État avec tant de magnificence ; aux grandes dames de la veille, accablées des soins qu'impose leur luxe de parvenues ; au comité de placement, qui semble n'exister que pour opérer son propre placement dans la vanité du public : rien ne répond à ses démarches. De quoi vient se mêler cette passagère arrivée de l'Inde ? On rit des efforts tentés par la femme d'un mince officier, qui n'appartient pas même aux troupes de la reine.

Bien loin de se laisser abattre aux insolences de salon, Anglaise et fière, elle sait le pouvoir de la presse et s'en empare. Sa voix retentit avec la puissance du cœur, et son sein renferme la flamme sacrée qui passe dans les idées et fait l'éloquence. Veut-on savoir quels obstacles l'esprit sectaire opposait à ses prières, à ses demandes de secours en faveur des plus touchantes infortunes ? En la voyant toujours occupée d'être charitable, sans s'occuper avant tout de quelle foi sont les malheureux, on assure qu'elle est *papiste*. Non contente d'accueillir les infortunés, qu'ils soient natifs ou d'Angleterre ou d'Écosse, elle traite du même cœur les malheureux du troisième Royaume-Uni ! On l'accuse à l'instant d'affiliation avec l'Irlande catholique ; ce qui veut dire avec la race conspiratrice, esclave de Rome, de la Babylone maudite et corrompue : ainsi parle l'intolérance. A six mille lieues de Jérusalem, à dix-huit siècles de Bethléem et de sa crèche, on renouvelle la parabole du Pharisien égoïste et du bon Samaritain.

Cependant tout n'est pas obstacle infranchissable pour la courageuse bienfaitrice. Un petit nombre de femmes véritablement compatissantes forme en sa faveur un comité de patronnesses. Animée d'une magnanime espérance, elle déclare qu'elle n'entend recevoir de l'État aucun argent : cela lui rend le gouverneur favorable. Sa froide Excellence lui fait prêter un étroit et vieux magasin vide.

A l'instant elle en fait le refuge de soixante-quatre jeunes
filles; celles-ci mettent en sa main tout leur avoir, et
leur pauvreté réunie s'élève à 17 fr. 80 c. ! D'autres infortunées accourent; en peu de jours, les voilà cent! Ce
n'est pas tout. Il est autour du magasin une cour enclose
de murs; des femmes sans place, éloignées de leurs maris,
prient la bienfaitrice qu'on les y couche en plein air, abritées du moins contre le déshonneur : elles entrent toutes.

Ici commence un admirable mouvement. Les jeunes
personnes sans tutelle et sans avoir, elle veut les placer
loin des corruptions de la capitale où se pressent les passions. Elle s'adresse partout où l'on peut déterrer des
fermes honnêtes; afin d'atteindre ces toits propices, elle
ira, s'il le faut, jusqu'à cent cinquante lieues. De préférence, elle s'adresse aux familles les plus nombreuses et
les moins isolées, dans les lieux où plus de regards protégent mieux l'innocence. Elle voudrait qu'en chaque district
on agglomérât le peuple par villages, où les familles s'aide-
raient, se surveilleraient et s'amélioreraient en exerçant
une influence mutuelle. Au moyen d'une correspondance
infatigable, elle règle, pour chacune de ses protégées, les
conditions d'engagement; ce n'est point assez. Il ne faut
pas les abandonner à la merci d'un dernier voyage, à travers tant de lieux mal habités. Son zèle veut sauvegarder
et conduire aux lieux de placement ses néophytes; sa prévoyance escorte en personne le trésor de leur honneur,
comme aujourd'hui la force publique, pour un moins
noble motif, escorte l'or depuis la mine jusqu'au port.
Filles ou mères de famille, elle les amène à chaque district
par pelotons, par caravanes; on la voit qui franchit à cheval
les torrents, les marais, portant au besoin deux enfants
dans ses bras; sa vie, sa personne et jusqu'à son cheval,
qui l'annonce de loin, deviennent populaires. En peu de

mois l'Australie la connaît. A son approche on s'écrie : « La voilà ! C'est elle ! C'est la mère des émigrantes ! » Les cœurs s'ouvrent à son passage; sa bienfaisance est sympathique, et porte avec soi la contagion de la charité.

En moins d'une première année, elle a placé *sept cent trente-cinq* jeunes filles des trois royaumes, dont *quatre cents irlandaises et catholiques* : méritant ainsi les sarcasmes des exclusifs. Voilà ses commencements.

Franklin n'était pas plus désireux, plus empressé d'instruire ses concitoyens. Elle écrit des feuilles légères; légères par cela seul qu'elles sont courtes; mais simples, claires, naturelles, marquées au coin de la raison la plus solide, et, quand il le faut, animées d'une chaleur qui vient de l'âme. Cette femme, qui touche à tant de préjugés, à tant de vérités, à tant de cœurs bons et mauvais, elle décrit les plaies de la colonie et les remèdes qu'elle veut apporter; elle passe en revue les hommes, les femmes, les adolescents; elle descend jusqu'à l'enfance.

Elle a le courage et la patience de recueillir ou de composer six cents notices biographiques. On y voit comment parviennent à vivre, à prospérer, ou comment se perdent les nouveaux et les anciens colons de tout sexe et de toute classe, depuis le moindre travailleur jusqu'à l'opulent possesseur de terres et de troupeaux. Dans ses *Portraits d'émigrants en Australie*, et surtout dans son *A B C des colons*, elle rivalise de bon sens avec l'illustre auteur du *Bonhomme Richard* écrivant en faveur de Philadelphie et de la Nouvelle-Angleterre.

Après huit ans, elle quitte pour un temps l'Australie; elle va plaider la cause des émigrants et de leurs souffrances à la source du pouvoir.

Avant de quitter Sydney, elle remet entre les mains d'une association, dont elle est l'âme, l'*Asile des arrivantes*, non plus entassées dans une halle étroite et nue, mais convenablement abritées, nourries et dirigées.

A Londres, dans des réunions nombreuses et bienfaisantes, elle prend soin d'expliquer ses vues d'émigration par groupes de familles issues d'une même localité, rapprochées par l'identité des mœurs et des habitudes, propres de la sorte à s'aider les unes les autres. Ces familles doivent composer un noyau communal partout où la Providence leur assignera la terre promise, qu'il faut féconder à la fois par le travail et la vertu. En persuadant ces bienfaits à l'Angleterre, elle et son mari comptent pour rien les paroles que n'accompagnent point les œuvres; ils tendent leur main secourable aux Irlandaises indigentes qui veulent mettre la mer entre elles et la pauvreté. Elle ménage pour elles des moyens de voyage; tandis que son mari, libéré du service, est parti pour les recevoir en Australie. Elle arrache au malheur les femmes, les enfants des condamnés déjà déportés, en leur procurant les moyens de reformer une famille à qui l'aisance devra rendre la probité : l'honneur suivra.

Son incroyable activité lui dictait par semaine plus de deux cent cinquante lettres, qu'elle affranchissait sur son modeste avoir. C'étaient deux cent cinquante fils du réseau qui sauvait de l'abîme des personnes infortunées, pour les attirer vers un avenir d'aisance et de moralisation.

Le ministre des colonies veut la connaître. Le comte Grey la consulte; il apprécie son expérience et ses vues. Plus d'une idée, d'un sentiment, d'une suggestion de la femme bienfaisante et supérieure, passent dans les actes exécutifs. J'ai plaisir à le dire pour honorer le caractère de cet homme d'état, peut-être irascible; en querelle avec les colonies des deux hémisphères, il était adouci par cette grâce charitable.

A Londres elle fait créer des *Associations de prêt* en faveur de la colonisation par familles indigentes. Elle y met des conditions de probité qui, trop souvent, manquent aux institutions couvertes d'un manteau trompeur et vénéré.

Ces services rendus, elle repart pour l'Australie. Elle se jette au milieu du grand flot de ·l'immigration, en 1854, et ce flot la pousse à Victoria. Elle semblait conduire, avec son sceptre moral, tout un peuple tiré de l'infortune, et dirigé vers des destins meilleurs par son génie du bien. C'est dans la grande productrice de l'or matériel qu'elle accomplit ses derniers et plus nombreux services. Persévérante au dévouement jusqu'à son dernier soupir, c'est là qu'elle vient finir ses jours, en 1858, bénie par tant de jeunes filles dont elle avait sauvé l'honneur, pleurée par les milliers de familles dont elle avait préparé le bonheur, et révérée par tout un peuple.

Voilà le récit bien incomplet, bien imparfait, et qui voudrait un tout autre burin pour graver en traits ineffaçables cette existence d'une femme qui s'était fait tour à tour le consul, le tribun d'un peuple d'indigents, et le censeur des mœurs en danger. Pendant vingt ans d'infatigable labeur, elle a défendu, sauvé, gouverné la bienfaisance en Australie.

La Providence réservait ce miracle à la terre où le peuplement et les mœurs avaient commencé par les forçats de Botany-Bay, en finissant par les saturnales aurifères.

Si nous voulons apprécier les mérites de la femme forte et secourable dont nous venons de voir les bienfaits sans trêve et les jours sans repos, remarquons dans le monde quelle foule vulgaire, et qui se pose comme élite, se fait l'objet de l'éloge et de la considération lorsqu'elle pratique, de temps à autre, le moindre acte de bienfaisance. Aux uns il suffit de quêter la sinécure de quelque indolent patronage plus ou moins honorifique; à d'autres, de ne pas fermer toujours leur bourse aux pressants besoins du malheur; à d'autres, de faire souscrire, en prenant ce soin pour quote-part. Mais ici la souscription, c'est sa vie, sa vie tout entière, que la femme immortelle apporte à la charité. C'est sa main, sa voix, sa pensée qu'elle donne à la cause de l'infortune, et cela jusqu'au moment de sa mort. Elle poursuit, elle sert la même cause à la ville, au désert, à travers les mers et dans deux hémisphères. Partout le succès répond à ses efforts, et tout reconnaît l'autorité de sa vertu. A Madras, à Sydney, à Londres, à Melbourne, et dans les moindres villages de l'immense Australie, elle devient, par le suffrage universel des obligés, par l'entraînement et l'obéissance de tous, un pouvoir public, et je dirais presque un magistrat supérieur, inspirant et réglant la bienfaisance.

Deux monuments réclamés pour l'honneur de l'humanité.

Afin d'honorer la mémoire d'une vertu si complète et si rare, les corps législatifs de la Nouvelle-Galles et de Victoria devraient voter deux nobles monuments, qui seraient érigés sur la plus belle place de Melbourne et de Sydney. Il suffirait d'y graver ces mots :

A L'OR MORAL

RÉPANDU

DANS L'AUSTRALIE,

DE

MDCCCXXXVIII À MDCCCLVIII,

PAR

CAROLINE CHISHOLM, LA BIENFAITRICE DU PEUPLE.

J'ose espérer que le lecteur me pardonnera le tableau que je viens de présenter pour conserver la mémoire d'une vie qui fait honneur au cœur humain.

Action gouvernementale en Victoria.

Nous terminerons ce qui concerne l'importante colonie de Victoria en donnant une idée du gouvernement inauguré depuis si peu de temps, et qui marche à grands pas dans la voie du bien public.

La nouvelle constitution, qui crée deux Chambres législatives, est inaugurée au commencement de 1856. Le gouverneur de Victoria, dans son discours d'ouverture, développe un programme, adopté complétement par ces Chambres, et dont je vais offrir la rapide analyse. Ce programme nous fait connaître la marche progressive la plus récente des institutions et des travaux publics.

Le gouverneur félicite la colonie d'avoir, après une lutte opiniâtre soutenue plusieurs années, obtenu le droit de se gouverner elle-même (*self-government*). Il espère par là voir disparaître *l'apathie trop générale des colons pour les affaires publiques.*

Il proposera d'admettre de jeunes candidats pour les services civils, après un examen de capacité, suivant leur ordre de mérite. *Tous les citoyens seront admissibles.*

On divisera les services par classes; le passage à la classe supérieure dépendra seulement d'une capacité constatée pour toutes les espèces de services, et non pas pour un département particulier.

On facilitera, on accélérera la vente officielle des terres du domaine public, afin d'en approprier les produits aux grands intérêts de la colonisation.

On demande à la législature de voter un large crédit

pour l'immigration, et d'adopter des mesures qui permettent un meilleur recrutement de colons laborieux. Il conviendra de renoncer au service actuel des commissaires généraux de la métropole; on les remplacera par une agence distincte, qui choisira les émigrants du Royaume-Uni les plus convenables à la colonie.

On a commencé des opérations préparatoires afin d'étendre les lignes de télégraphie électrique jusqu'aux frontières du nord et de l'ouest; lignes qui mettront en communication les villes principales et les champs aurifères avec la cité de Melbourne.

Les législateurs des diverses colonies ont formé des projets pour joindre, par le télégraphe électrique, Sydney, Melbourne, Adélaïde, Hobart-Town. Avec la participation de la Nouvelle-Galles, on complétera les communications des quatre principales colonies australiennes. (En 1858, malgré la grandeur des distances, les trois premières capitales ont été mises en communication télégraphique.)

On a des projets de routes qui coûteront de grandes sommes, mais il ne faudra reculer devant aucun sacrifice.

On va soumettre à la législature un plan d'éclairage des côtes, en pourvoyant à l'érection ainsi qu'à l'entretien des phares.

On s'occupera d'un système général de subventions publiques pour développer l'instruction élémentaire. Elles s'appliqueront à tous les sujets de la reine, dont les préceptes religieux ne sont subversifs ni de la moralité ni de tout bon gouvernement.

On demandera le vote de fonds nécessaires pour l'éducation des enfants abandonnés et des jeunes criminels.

On simplifiera les procédures; on perfectionnera les lois sur les banqueroutes, etc. etc.

Les deux Chambres de Victoria ont accepté, dans son entier, ce remarquable programme.

§ 3. État de Sud-Australie.

Au commencement du siècle, lorsque naissait avec tant d'humilité la Nouvelle-Galles du Sud, et que des forçats composaient le gros de sa population, le territoire où fleurit aujourd'hui l'heureuse province de Sud-Australie n'était qu'un désert. On y trouvait seulement disséminées quelques tribus sauvages.

En 1835, le même acte législatif qui posa les limites du district de Port-Philippe, appelé depuis Victoria, limita le district de Sud-Australie, qui confine à l'occident la nouvelle colonie.

Une compagnie, formée sous le titre de *Sud-Australienne*, fut chargée de coloniser un vaste territoire, à l'occident de la Nouvelle-Galles.

Ville et port d'Adélaïde.

En 1837, la Compagnie de colonisation fonda, sur les bords de la Torrens, la ville d'*Adélaïde*. L'emplacement de cette ville est à dix kilomètres de l'embouchure de cette rivière, dans le golfe de Saint-Vincent.

Port-Adélaïde est voisin de l'embouchure de la Torrens. On l'a déclaré *port franc* dans l'espoir d'en faire le centre d'un grand commerce. Mais il est loin, jusqu'à ce jour, d'avoir obtenu la brillante fortune de Singapore.

On est obligé, par un draguage à vapeur, d'approfondir l'entrée de la Torrens : déjà des navires tirant quatre mètres d'eau peuvent la franchir.

Progrès de la population.

Dès l'année 1840, la colonie comptait 14,610 habitants; la profession pastorale et l'agriculture étaient leurs industries principales, auxquelles s'ajouta plus tard l'exploitation des mines de cuivre.

Les progrès de la colonisation furent si rapides que, dès 1850, la ville d'Adélaïde comptait autant d'habitants que la colonie tout entière en possédait il y avait seulement dix années. Cinq ans plus tard, la même ville atteignait le chiffre de 20,000 citoyens.

En 1850 Sud-Australie dénombrait 63,700 habitants; et quatre ans après, par un progrès admirable, la race européenne s'élevait à 92,545 âmes.

En 1851 le même Acte du parlement constituait en États indépendants les deux districts de Victoria et de Sud-Australie.

On calcule qu'aujourd'hui cette dernière colonie ne possède pas moins de 80 millions d'hectares. Mais, de cette immense étendue, la moindre partie est connue, et la très-petite partie est cadastrée. Quelques voyageurs ont essayé de parcourir le pays non colonisé; dans l'intérieur ils ont trouvé des déserts de sable et de rochers siliceux, sans la moindre parcelle de végétation.

On ne sait pas encore ce qu'il faudra déduire des 80 millions d'hectares comme à jamais infertiles; mais les parties susceptibles de culture, et qui sont déjà connues, formeront toujours un très-grand territoire.

. Richesses minérales.

Sud-Australie n'a pas eu la fortune, bonne ou mauvaise,

d'offrir à ses possesseurs les opulentes mines d'or de la Nouvelle-Galles, et surtout de Victoria; elle a trouvé d'autres trésors.

Mines de cuivre.

On a découvert de nombreuses mines de cuivre. Dès l'année 1856 on en comptait cinquante-huit, dont douze seulement étaient exploitées. Dans cette année elles livraient à l'exploitation pour 10,421,000 francs de minerai, de régule et de cuivre plus ou moins épuré. On espère un grand accroissement de produits, qui seront donnés par des gîtes fort riches, découverts auprès du mont *Serle*.

La plus·profitable de toutes ces exploitations est, sans contredit, celle de *Burra-Burra*, dont les actions primitives, bornées à 125 francs, ont fini par être vendues 6,250 francs; *cinquante fois le premier placement!*... Cette mine fournit la majeure partie des exportations.

Si la colonie n'avait pas possédé d'autres ressources que ses mines, elle n'aurait guère augmenté le nombre de ses habitants. En 1855, lorsque la population atteignait le chiffre de 85,189 âmes, on ne comptait que 840 mineurs.

La principale occupation du peuple, hors des cités, consiste dans l'élevage des troupeaux et l'agriculture.

Ralentissement du progrès de la population sud-australienne, par l'effet de l'or découvert en Victoria.

Sud-Australie avait le double désavantage de ne pas posséder des mines d'or, et d'être voisine de la colonie dont l'extrême richesse en ce genre attirait des chercheurs, des exploitants de ce métal. Ce mouvement tendait puissamment à diminuer la population des colonies limitrophes. Aussi voyons-nous un ralentissement considérable dans le progrès de la population, à partir de l'année où l'or fut découvert à Victoria et dans la Nouvelle-Galles.

Population anglo-saxonne de Sud-Australie.

Années.........	1840.	1850.	1856.
Habitants.....	14,610	63,700	104,708
Progrès annuel.	159 p. 1,000	51 p. 1,000	

Par conséquent, dans le passage de l'une à l'autre période, l'accroissement annuel est devenu tout à coup trois fois moins rapide par l'influence de l'or découvert aux frontières de la colonie.

Immigration provenant de la métropole : secours efficaces.

Le ralentissement que je viens de signaler avait lieu malgré les secours intelligents qui favorisaient l'immigration des hommes et surtout celle des femmes. Suivant l'exemple des deux colonies principales, Sud-Australie faisait servir à cet emploi la moitié du produit des terres domaniales vendues aux colons.

Ces encouragements salutaires ont presque fait disparaître en Sud-Australie, beaucoup mieux qu'en Victoria, l'inégalité des deux sexes; c'est un immense avantage pour la prospérité future et pour les mœurs.

Le tableau suivant fait ressortir, à ce point de vue, la supériorité de Sud-Australie sur les trois autres États les plus importants.

PROPORTION COMPARÉE DES SEXES, DANS QUATRE ÉTATS PRINCIPAUX,
À LA FIN DE 1856.

	ÉTATS COMPARÉS.			
	NOUVELLE-GALLES	VICTORIA.	TASMANIE.	SUD-AUSTRALIE.
Sexe masculin....	161,882	260,910	45,916	53,086
Sexe féminin	124,991	145,577	34,886	51,622
Femmes pour mille hommes........	613	558	760	973

Immigration chinoise opérée en traversant Sud-Australie.

Lorsque nous avons parlé des immigrants chinois qui veulent arriver aux champs aurifères de Victoria, nous avons dit qu'afin d'éviter un accablant impôt personnel ils débarquaient en Sud-Australie.

Nous pouvons citer le fait suivant, qui montre avec quelle étendue s'opèrent les immigrations que nous venons de rappeler ; nous l'empruntons aux rapports annuels des gouverneurs :

Du 17 janvier au 4 mai 1856, le port Robe a reçu 10,236 Chinois partis de Hong-Kong. A peine débarqués ils se sont dirigés, en traversant des pays presque inhabités, vers les champs aurifères de Victoria. En suivant cette route détournée, ils ont évité l'énorme droit d'entrée dont cette colonie les frappe lorsqu'ils débarquent dans ses ports. Afin de ralentir la contrebande que ces immigrants font ainsi de leur personne, l'état de Sud-Australie a dû voter plus tard la même capitation.

Beau témoignage officiel en faveur des Chinois.

Voici le témoignage favorable que le gouverneur de la colonie, dans un de ses plus récents rapports au ministère britannique, croit devoir porter au sujet des immigrants chinois. « Je suis *obligé* de dire, en faveur de cette race *hardie* et *jalousée*, qu'en ayant égard aux EXTORSIONS, aux PROVOCATIONS que les Chinois ont subies en arrivant, ils ont jusqu'ici manifesté par leur conduite une grande patience *et beaucoup de respect des lois ; ils se sont* généralement conduits *avec convenance et dignité.* »

Je suis heureux de citer ce témoignage, aussi noble que désintéressé, porté par un gouverneur de Sud-Australie ; il donne une force nouvelle aux doléances des Chinois, reproduites en décrivant la colonie de Victoria.

Industrie pastorale.

C'est l'industrie pastorale qui la première fut développée dans Sud-Australie. Le tableau suivant, le plus récent qu'on ait publié, donne le dénombrement des grands animaux domestiques, tel qu'il existait en 1856 dans les principales colonies australiennes.

NOMBRE COMPARÉ DES GRANDS ANIMAUX DOMESTIQUES DANS LES PRINCIPALES COLONIES AUSTRALIENNES.

COLONIES COMPARÉES.	ESPÈCES		
	CHEVALINE.	BOVINE.	OVINE.
Nouvelle-Galles.....................	168,929	2,023,418	7,736,323
Victoria.....................	47,832	666,613	4,641,548
Tasmanie.....................	18,019	88,608	1,674,987
Sud-Australie.....................	22,260	272,746	1,962,460
TOTAUX..........	257,040	3,051,385	16,015,318

Pour se former une idée précise de la proportion suivant laquelle chacune de ces colonies s'adonne à la vie pastorale, il faut prendre le rapport du nombre des animaux avec le nombre des personnes du sexe qui s'adonne aux travaux de l'agriculture et des arts.

NOMBRE DES GRANDS ANIMAUX DOMESTIQUES PAR MILLE PERSONNES DU SEXE MASCULIN.

COLONIES COMPARÉES.	ESPÈCES		
	CHEVALINE.	BOVINE.	OVINE.
Nouvelle-Galles.....................	1,044	12,499	47,790
Victoria...........................	183	2,555	17,789
Tasmanie..........................	392	1,930	36,480
Sud-Australie......................	420	5,142	36,995
Les quatre colonies ensemble..	493	5,848	30,952

Ainsi qu'on le voit dans le parallèle que nous venons de présenter, l'état de Sud-Australie occupe une place remarquable dans la création de la richesse pastorale. La seule colonie de la Nouvelle-Galles, la plus ancienne de toutes, présente une plus grande quantité d'animaux domestiques, proportion gardée avec le nombre des hommes.

Les cultures.

Dans la partie colonisée de cet État, l'agriculture a fait les plus rapides progrès. Toutes les céréales y réussissent à souhait, ainsi que le maïs et la pomme de terre. On commence à cultiver la vigne, pour laquelle on a fait venir des vignerons de France et des bords du Rhin. Si le prix de la main-d'œuvre s'abaisse, on pourra recueillir en quantité considérable des vins et des blés, qui lutteront avec les produits étrangers.

Les arbres fruitiers et les légumes les plus estimés en Europe ont été naturalisés. Les jardins et les vergers donnent des produits excellents.

La culture essentielle est surtout celle des céréales. Sous ce point de vue, le tableau qui suit fait un grand honneur à l'État de Sud-Australie; il montre quelle place éminente cet État occupe malgré le petit nombre de ses habitants, et l'époque si récente encore de sa naissance.

A. HECTARES DE TERRE CULTIVÉS PAR LES QUATRE COLONIES: 1856.

TERRES CULTIVÉES.	NOUVELLE-GALLES	VICTORIA.	TASMANIE.	SUD-AUSTRALIE.
	hectares.	hectares.	hectares.	hectares.
En froment......	42,945	32,437	26,599	65,560
Autres cultures...	31,925	40,397	48,490	16,758
Totaux....	74,870	72,834	75,089	82,318

Afin qu'on apprécie parfaitement le degré vers lequel les colonies, mises en parallèle, se sont avancées dans la culture des terres, nous déduirons le tableau qui suit du précédent.

B. HECTARES DE TERRE CULTIVÉS PAR MILLE HABITANTS.

TERRES CULTIVÉES.	NOUVELLE-GALLES	VICTORIA.	TASMANIE.	SUD-AUSTRALIE.
	hectares.	hectares.	hectares.	hectares.
En froment......	150	80	326	626
Autres cultures...	111	99	595	160
Totaux....	261	179	921	786

La première des colonies pour la culture du froment est Sud-Australie; elle et la Tasmanie sont les seules qui produisent au delà de leur consommation, et les seules, par conséquent, qui puissent aider à nourrir les autres États australiens.

On évalue modérément à 15 hectolitres $\frac{1}{4}$ par hectare la récolte en froment des terres australiennes.

Pour les quatre colonies mises en parallèle dans le tableau A, la superficie des terres consacrées à ce genre de céréales était de 167,541 hectares; la récolte moyenne devait donc s'élever à 2,555,000 hectolitres de froment.

En prélevant la semence, il ne resterait pas 2 hectolitres $\frac{1}{2}$ par habitant, quantité trop faible pour suffire à la consommation. L'insuffisance, il est vrai, n'existait que pour deux colonies; mais ce sont les plus peuplées.

PROPORTION DE FROMENT RÉCOLTÉE PAR MILLE HABITANTS,

D'APRÈS L'ENSEMENCEMENT DE 1856.

PRINCIPALES COLONIES.	HECTOLITRES.	CONSOMMATION MOYENNE.
Nouvelle-Galles.............................	2,287	3,000
Victoria....................................	1,220	3,000
Tasmanie...................................	4,956	3,000
Sud-Australie..............................	9,556	3,000

Ce tableau suffit pour montrer, 1° que la Nouvelle-Galles et Victoria ne peuvent vivre qu'avec une forte importation de céréales; 2° que la Tasmanie et surtout Sud-Australie, dès 1856, récoltaient beaucoup plus que leur propre consommation.

Le gouverneur de Sud-Australie s'efforce de prouver

que les cultivateurs de cet État pourront exporter leurs
blés ou du moins leurs farines en Angleterre; il ne saurait en être ainsi dans l'état actuel des choses. Aussi longtemps que la journée du laboureur sera de 5 à 6 francs
par jour, il nous paraît impossible, dans les circonstances
ordinaires, que l'Australie puisse vendre ses blés sur les
marchés de la Grande-Bretagne, où le laboureur ne gagne
guère que 2 francs par jour.

Mais, lorsque la récolte sera très-mauvaise en Angleterre et très-bonne en Australie, les exportations de ce
dernier pays pourront devenir profitables; c'est alors
qu'elles seront précieuses pour la mère patrie.

De la division des terres en Sud-Australie.

L'agriculture de Sud-Australie est remarquable par
l'exemple qu'elle présente d'une exploitation du sol au
moyen de petites fermes, occupant chacune deux, trois
ou quatre laboureurs, les maîtres compris.

Situation des fermes en 1855.

Hectares mis en culture.	Nombre des fermiers.
46,592	5,321

Il en résulte que la grandeur moyenne utilisée par le
labour, dans les fermes ou possessions de terre, est un peu
moindre de 9 hectares. Si l'on ajoute aux maîtres et fermiers les simples laboureurs à gages, on trouve en tout
10,426 cultivateurs, et la terre arable qui correspond à
chacun d'eux n'est pas tout à fait 4 ½ hectares.

Dès 1856, il y avait 82,320 hectares ainsi cultivés,
et l'on évalue la superficie actuelle à 93,000 hectares.

Mais on ne donne pas le nombre des fermiers et des laboureurs qui correspondent à ces nouvelles contenances.

Les blés produits par Sud-Australie, exposés en 1851 dans le Palais de cristal, ont été justement admirés pour leur beauté; ils ont obtenu la récompense la plus élevée qu'aient reçue les producteurs de céréales; les farines qu'on en tire sont éminemment propres à l'exportation. La colonie, qui ne comptait alors que 65,700 habitants, a reçu deux médailles d'honneur pour ses céréales.

La beauté donnée par l'agriculture à Sud-Australie,
devenue l'Australie heureuse.

Dans Sud-Australie, ce beau pays aux vastes horizons, aux plaines ondulées, que dominent de loin les hautes montagnes, l'homme a pu joindre la grâce de son œuvre à la grandeur de la nature. Il a transformé l'aspect de la terre plus que ne l'ont fait ses rivaux des autres colonies australiennes. Il était privé de champs aurifères, il s'en est créé d'inépuisables; chaque année ses moissons versent leur or sous la faux du chercheur agricole. Non-seulement son labeur suffit à sa nourriture; il crée déjà le superflu, qu'il envoie pour alimenter le peuple des mineurs. A côté des guérets, qui ne s'épuisent pas comme les placers du laveur de sable, sont déployés les tapis de cette verdure, qui, plus que toute autre parure, annonce les soins du cultivateur. anglais; de ce savant cultivateur dont la main métamorphose les prairies non moins que les animaux. Ces prés, ces champs sont assez limités pour que des clôtures nombreuses et vivaces les décorent comme un réseau gracieusement enlacé. Vers le milieu de ces cultures, égayées, embellies par l'aspect des habitations, les fermes sont ornées de vergers, où déjà mûrissent les meilleurs fruits qu'offrent l'Europe et l'Asie; plus près du manoir est le jardinet, où nos fleurs ont naturalisé leurs doux parfums et la grâce de leurs couleurs. La modeste étendue des biens rapproche et multiplie les *cottages*, ces jolies maisons, aux formes simples, que l'aisance et le goût du cultivateur embellissent, pour tout décor, d'une tenture de vigne, de lierre ou de rosier, fresque naturelle et charmante. L'Anglais se croit ramené vers les sites délicieux de ce comté de Kent, où la terre, plus divisée, est coquettement embellie par un plus grand nombre de mains. Voilà le spectacle enchanteur par lequel les plus laborieux des hommes, émigrés successivement depuis vingt ans, depuis dix ans et quelques-uns à peine depuis une année, en lutte avec le désert, remplacent par tant de beautés simples et charmantes la désolation des steppes, ces lugubres savanes peuplées naguère d'animaux sauvages, où poussaient des herbes, sauvages aussi, qui s'étouffaient les unes les autres, se flétrissaient à la fois et pourrissaient presque sans fruit pour la nature vivante. A l'aspect de Sud-Australie, le voyageur, frappé d'une métamorphose qu'il chercherait en vain si complète et si belle dans les colonies limitrophes, reconnaît une contrée où la culture de la terre est la première passion et la capitale industrie. Sur le territoire de Victoria et dans la Nouvelle-Galles, d'autres goûts prédominent, parce que d'autres trésors et d'autres cupidités détournent l'homme de se plaire avant tout à vêtir la terre, et d'aimer à l'embellir comme l'unique maîtresse de son cœur.

DES AUSTRALIENS ABORIGÈNES.

Dans le tableau des champs de Sud-Australie, que nous venons de tracer d'après les visiteurs anglais, nous aurions comme eux craint d'y répandre une sombre couleur par de tristes souvenirs. Nous avons, à leur exemple, fait abstraction d'une race humaine qui vivait en paix et maîtresse du pays avant l'arrivée des usurpateurs anglo-saxons. Dans une contrée aussi grande qu'une fois et demie la France, il n'en reste pas 3,5oo.

Désolante opinion d'un gouverneur de Sud-Australie.

Pour réparer notre oubli, nous rapporterons les observations du gouverneur de Sud-Australie, administrateur remarquable et doué du talent de bien observer.

« Les aborigènes, dit-il, non compris dans la population recensée en 1856, sont plus rares qu'ils ne l'étaient en 185o. J'ai parcouru les bords du long fleuve Murray et les districts rapprochés de la mer; partout j'ai trouvé que les naturels disparaissent avec rapidité. Il n'existe plus un seul individu de la tribu, précédemment si nombreuse, qui vivait sur le territoire où s'élève Adélaïde. » Adélaïde fut fondée seulement en 1837 !.....

« Il est évident à mes yeux, poursuit le gouverneur, que la race aborigène est destinée à s'éteindre complétement. Tous les essais conçus pour la civiliser semblent échouer. Réussit-on dans quelques individus ? Quand on les a civilisés, ils meurent. On ne saurait trouver une personne plus capable de réformer et d'instruire les natifs que l'archidiacre Hull, évêque aujourd'hui. Pendant plusieurs années il a dirigé, près du port de Lincoln, la mission de Poonindie, à laquelle il a prodigué ses soins, son zèle et ses lumières. J'ai visité cette mission; elle m'a charmé par la conduite paisible et rangée des natifs que renfermait son institut d'éducation. Quelques-uns pouvaient lire et quelques uns écrire; mais je n'ai conçu qu'une pauvre idée de leur intelligence, comparée même à celle des nègres : ceux-ci leur sont supérieurs au physique ainsi qu'au moral. Dans le court intervalle de quinze mois, sur soixante natifs élevés ainsi, vingt étaient morts en passant par l'école de la civilisation. Si je joins ce fait à ce qui se passe au milieu des natifs épars dans toute la contrée, j'en tire la preuve *parfaitement SATISFAISANTE pour mon esprit, QUITE SATISFACTORY TO MY MIND*, que cette race n'a pas pour destin de survivre à l'arrivée de la race blanche. Tandis que le nègre vit et multiplie à côté de l'Européen, le natif de l'Australie disparaît à mesure que la ligne de la civilisation s'avance. Cela s'accomplit absolument de la même manière que pour le gibier (*the game*) et les bêtes sauvages de la forêt; ils deviennent rares sans que personne puisse expliquer comment, et finissent par disparaître du voisinage des districts colonisés. C'est ce qu'on observe, soit en Amérique, soit en Australie, et par toute la terre. Quant à nous, qui remplaçons les natifs dans l'occupation de leur bel héritage, il nous reste *seulement* à veiller pour que dans leur déclin ils n'éprouvent ni le besoin, ni les mauvais traitements. Je crois qu'à cet égard les justes sujets de plainte sont rares *aujourd'hui*. Je puis attester la bienveillance générale que cette race trouve chez les colons, dont l'égoïsme d'ailleurs est parfaitement éveillé sur le dommage que leur occasionne le décroissement numérique des aborigènes. »

Où se trouvent la vérité et l'humanité.

Que d'observations douloureuses pareilles assertions ne suggèrent-elles pas à l'ami véritable du genre humain tout entier, et non pas seulement ami des races conquérantes et destructives ! Comment? On accepte passivement que la civilisation, l'art d'apprivoiser les hommes aux bienfaits, aux lumières de la cité, tue les individus de la race expropriée. Ils disparaissent, nous dit-on, comme les oiseaux à manger (*the game*) et les animaux sauvages; mais ceux-ci disparaissent sous le plomb meurtrier des armes modernes. Les lions aussi disparaissaient de la Grèce et de l'Italie antiques; mais terrassés, mais immolés par la massue des Hercule et des Thésée. Ou vous errez sans y réfléchir, ou vous n'êtes pas véridique en affirmant que les aborigènes, bêtes et gens, disparaissent sans qu'on sache comment, et cela de la même manière que de simples animaux. Lorsqu'on envahit les champs et les bois où des sauvages subsistaient, la faim ne leur laisse que deux issues: la mort par défaut d'aliments, ou la fuite vers des déserts qu'on ne leur a pas encore volés.

Je n'accepte pas davantage cette preuve, *parfaitement satisfaisante* pour l'esprit de l'observateur impassible, que le destin, la fatalité de certaines races exhérédées, soit de ne pas survivre au contact de la race blanche.

Supposons que les moutons de l'Australie viennent tout d'un coup à périr, comme les naturels du pays, malgré les soins bons ou mauvais des bergers, l'Angleterre n'accepterait pas la preuve, *complétement satisfaisante*, que le destin fatal des troupeaux qui lui donnent la laine est de ne pas survivre à l'arrivée des pasteurs. L'Angleterre mettrait sur pied ses plus savants vétérinaires, ses éleveurs consommés, ses physiologistes observateurs, ses grands professeurs d'anatomie comparée, qui peuvent conclure d'une race à l'autre, et jusqu'à ses médecins de l'espèce humaine. A tous ces hommes, si riches et si divers d'expérience et de talent, elle demanderait d'étudier la source et la marche d'une mortalité désastreuse pour le commerce britannique et pour ses fabriques de draps. L'esprit mercantile, aidé par la science, aviserait de mille manières à l'invention des remèdes et des soins préventifs; et nul ne voudrait quitter l'entreprise avant d'avoir fait cesser la mortalité, pécuniairement affligeante et ruineuse.

Qu'on fasse donc la même chose pour une partie de la race humaine, qui périt victime de l'usurpation des blancs. La trouvât-on moins intelligente encore, n'oublions pas qu'elle surpasse le chien, même celui du berger, en fidélité, en dévouement pour le pasteur, en habileté, en flair, en génie d'investigation, quand on la charge de découvrir les Européens voleurs de bétail, et d'en suivre la piste à travers l'immensité des plaines et des forêts.

Je ne m'étonne pas du fléau qui frappe une race habituée à vivre nue par tous les temps, avec un épiderme et des poumons faits à cette habitude depuis des générations, nourrie de certains aliments, accoutumée à de certains abris, et ne s'adonnant qu'aux occupations courtes et légères, inventées et modérées par le sauvage libre et maître de lui-même. Aussitôt que vous l'amenez à se couvrir de vêtements inaccoutumés; quand vous changez tout à coup ses moyens de subsistance et sa subsistance; quand à vos côtés la nécessité l'étreint; quand votre travail le lasse et l'épuise; quand à votre école de labeur intellectuel la vie sédentaire et les fatigues de tête pèsent sur une jeune et tendre existence, ne soyez pas étonnés que la conséquence de tant de changements trop brusques, trop imprudents et trop complets, soit la mort.

Beau problème à résoudre.

Ce qu'il faut étudier profondément en faveur de l'aborigène, c'est la transition graduelle et tutélaire de son alimentation, de son vêtement, de son abri, de ses occupations, *c'est l'hygiène de la transition qu'il faut chercher et découvrir.*

Voilà le noble problème dont l'humanité réclame la solution pour les peuplades sauvages encore, ou qui ne sont qu'à demi civilisées, c'est-à-dire, de votre aveu même, à moitié conduites vers la mort. Il faut qu'on leur rende la vitalité, la fécondité, le bien-être, que n'excluait pas autrefois leur faible nature. Voilà l'étude réparatrice qui peut absoudre en partie la rapacité, l'injustice et la cruauté des Européens dans les deux Amériques et dans les îles innombrables de la Polynésie, depuis le groupe des Sandwich jusqu'à la Nouvelle-Zélande, et sur l'immense continent de l'Australie.

Le gouvernement et les lois de Sud-Australie.

Revenons à la race conquérante, et signalons sa rapide organisation. Je ne puis m'empêcher d'aimer ces pasteurs, ces jardiniers et ces laboureurs qui, par leurs travaux, embellissent la nouvelle patrie, dont ils préparent la grandeur. Ils doivent tout à leur courage, à leurs vertus, ceux qui savent résister à la convoitise pour un or dont la recherche les appelle vers d'autres colonies, Victoria et la Nouvelle-Galles du Sud.

Ces agriculteurs élèvent leur âme, et semblent doubler de facultés à la pensée qu'ils deviennent, dès leurs premiers pas, leurs propres législateurs. Pour régler leurs destinées, ils montrent la prud'homie d'un peuple chez qui le sentiment de l'ordre et le vrai patriotisme s'allient si bien avec l'amour d'une honnête et sage liberté.

Chez toute société d'Anglo-Saxons, pas d'impôt non voté par le citoyen qui le payera. Les institutions prennent naissance avec les contributions ; l'amour du gouvernement personnel leur en donne l'instinct. Un peu d'usage, et cet instinct devient talent.

Quand Sud-Australie n'avait pas plus d'habitants qu'une de nos petites sous-préfectures, elle devenait un état à gouvernement représentatif, et le Parlement britannique la déclarait autonome. Elle commençait avec une Chambre législative; mais, quatre sessions plus tard, elle en avait acquis deux, et tous les pouvoirs étaient pondérés.

J'ai lu soigneusement les titres de tous les Actes délibérés dans la session commencée le 1er novembre 1855, et qui n'a fini que le 19 juin 1856. Pendant ce laps de temps, les travaux législatifs m'ont surpris à la fois par leur étendue et leur importance.

Je me suis senti pénétré d'admiration pour un ensemble de mesures qui feraient honneur à la nation la plus avancée; c'est pourtant l'œuvre qu'une poignée d'émigrés, relégués au bout du monde, improvisent afin d'organiser et de perfectionner leur société naissante. On trouverait au centre, au nord, au midi de l'Europe, bien des peuples orgueilleux de leur civilisation, plutôt vieillie qu'améliorée, devancés par ce petit peuple, dont la première ville fondée ne comptait que dix-huit ans d'âge, quand il s'élevait à cette hauteur.

Je laisserai dans l'esprit du lecteur une impression plus profonde en plaçant sous ses yeux la pure indication des intérêts abordés et servis, dans la belle session de 1855 à 1856, par les législateurs de Sud-Australie.

Énumération des lois votées par l'État naissant de Sud-Australie, dans la session de 1855 à 1856.

1° Un Acte pour établir la Constitution de Sud-Australie, et pour régler la liste civile de cette colonie.

2° Un Acte pour améliorer la tenue des registres de l'état civil : naissances, décès et mariages.

3° Un Acte pour régler les prêts à faire sur le bétail : objet de première importance pour une colonie pastorale.

4° Un Acte pour mieux organiser la corporation municipale de la cité d'Adélaïde : c'est la capitale de la colonie.

5° Un Acte pour régler la collection et la répartition des droits établis sur les importations provenant des deux colonies de la Nouvelle-Galles et de Victoria, importations conduites en naviguant sur par la rivière Murray.

6° Un Acte pour consolider et pour améliorer les lois sur la transmission des biens hypothéqués ou confiés à des tuteurs.

7° Un Acte pour améliorer la législation sur les étrangers : intérêt considérable, parce que beaucoup d'étrangers, de Chinois surtout, s'introduisaient, par la Sud-Australie, dans la grande colonie de Victoria.

8° Un Acte pour donner aux créanciers de nouveaux moyens d'action contre les personnes qui passent dans une autre colonie australienne.

9° Un Acte ayant pour objet de pourvoir à l'élection des membres du Parlement de Sud-Australie;

10° Un Acte pour faciliter l'action des commissaires de la cour des insolvables.

11° Un Acte pour améliorer la classification des principales routes de Sud-Australie.

Le seul titre de cet Acte n'est-il pas un éloge admirable des travaux d'une colonie qui n'était qu'un désert il y a vingt et un ans?...

12° Un Acte qui pourvoit à l'établissement d'une communication postale mensuelle entre Sud-Australie et la Grande-Bretagne. Voilà le problème que résolvent moins de cent mille habitants séparés de leur métropole par une distance de six mille lieues.

13° Un Acte pour améliorer l'ordonnance administrative sur la vente des liqueurs, et sur le droit de licence des vendeurs dans les lieux publics.

14° Un Acte ayant pour objet une protection plus efficace des chemins de fer et des télégraphes électriques. Les trois quarts des républiques espagnoles, colonisées depuis trois siècles, n'ont encore ni chemins de fer ni télégraphes électriques; et voici que Sud-Australie, au bout de vingt ans, perfectionne ses moyens de protéger ces deux grandes découvertes transplantées sur son territoire.

15° Un Acte pour établir et donner des droits de corporation à l'institution qui portera, pour titre scientifique, l'*Institut d'Australie*.

16° Un Acte pour régler la garde, l'emploi et la correction des prisonniers condamnés aux travaux forcés, et tout ce qui regarde le service pénal.

17° Un nouvel Acte pour amender les lois sur la corporation de la cité d'Adélaïde, et la police des abattoirs.

18° Un Acte pour la vérification définitive des revenus publics de 1854 et de 1855, et la vérification relative à 1856.

19° Un nouvel Acte pour approprier l'ordonnance qui règle les principales routes de Sud-Australie.

20° Un Acte contre les dangers des incendies en général, et surtout de l'incendie des buissons dans les pâturages.

21° Un Acte pour régler la légalisation définitive des concessions territoriales faites à des personnes antérieurement décédées.

22° Un Acte pour améliorer les lois qui concernent l'enregistrement des concessions territoriales, et pour régler le payement des frais (*fees*) d'enregistrement.

23° Un Acte pour améliorer les procédures devant la cour suprême de justice.

24° Un Acte pour améliorer l'enregistrement des compagnies collectives (*joint-stock*), et pour limiter la responsabilité de chacun des partenaires.

25° Un Acte pour amender celui qui règle la possession des terres.

26° Un Acte pour créer le *Commissariat des chemins de fer de Sud-Australie* et pour le charger de construire des chemins de cette nature : 1° de la ville au port d'Adélaïde; 2° d'Adélaïde à Gawler-town, avec pouvoir de lever la somme indispensable à l'achèvement du premier chemin de fer.

27° Un Acte pour amener les eaux et construire les égouts de la cité d'Adélaïde.

28° Un Acte pour garantir les troupeaux contre une épizootie, et pour faire détruire les animaux infectés de cette maladie.

29° Un Acte ayant pour objet de faciliter les poursuites contre les personnes absentes de la colonie, et contre les individus poursuivis comme contractants collectifs.

30° Un Acte pour consolider les diverses ordonnances qui concernent l'établissement d'une cour suprême dans Sud-Australie.

31° Un Acte pour compléter les mesures concernant l'élection des membres qui devront composer le parlement de Sud-Australie.

Ne voit-on pas ici passer en revue tous les grands intérêts d'une société qui s'organise avec une infatigable activité? L'industrie pastorale, et ses troupeaux et ses parcours, régularisés; les diverses voies de communication, classées, exécutées et protégées, depuis les plus humbles chemins macadamisés jusqu'aux chemins de fer, soit à chevaux, soit à vapeur, et jusqu'aux voies télégraphiques; la communication postale océanique, étudiée d'un hémisphère à l'autre, entre l'Angleterre et Sud-Australie; la tenue des actes de l'état civil, mieux assurée; les lois délicates des sociétés d'industrie et de finance, appropriées à l'état du pays; les finances de l'État, réglées pour trois exercices, comme comptes et comme budget; l'organisation municipale de la capitale, assise sur des bases définitives; les travaux nécessaires pour construire les égouts et les aqueducs des cités, ordonnés et dotés. Tous ces intérêts matériels ou sociaux, dont le vivant panorama nous réjouit comme le spectacle des travaux d'une grande cité naissante, lorsqu'aucun d'eux n'est encore interrompu par le malheur, nous les voyons préparés et réglés par autant d'Actes législatifs.

Des trente et un Actes transmis à Londres, afin d'être soumis à la sanction royale, trente ont été jugés dignes d'être approuvés. Un seul, le premier, a paru susceptible d'amendements, et c'est le seul ajourné.

Enfin, pour dernier miracle, cette œuvre si vaste d'une session accomplie dans l'autre hémisphère, la vapeur, à travers deux mers et l'isthme de Suez, a pu la transporter à Londres en quarante jours, et la rapporter aussi vite, revêtue de la sanction suprême. Ce double voyage s'accomplit en moins de temps que les navigateurs de Rome antique n'en mettaient pour aller en Albion et pour en revenir, sans quitter les mers d'Europe.

Puissiez-vous, dignes citoyens de l'Australie, éclairés par tant d'exemples funestes à la paix sociale, en Europe et dans l'Amérique, continuer une marche noblement fidèle aux grands et vrais intérêts de votre patrie naissante, cette marche, qui dès votre premier âge offre déjà tant de maturité! Puissiez-vous ne jamais vous laisser écarter du bien public par le triste esprit de faction et de discorde, qui n'enfante que l'anarchie et ne conduit qu'à la ruine!

Les Sud-Australiens ne se contentent pas de bien faire les lois; ils poursuivent avec autant d'activité que de constance les travaux qu'elles ordonnent.

Beau système de communications électro-télégraphiques.

En 1856 la législature de Sud-Australie vote 512,500 francs pour sa quote-part d'une ligne électro-télégraphique entre Adélaïde et Melbourne.

La longueur totale entre les deux capitales est de 11,263 kilomètres (281 lieues). Cette ligne pour les deux colonies n'a pas dû coûter moins de 1,100,000 francs. Dans le même temps on poursuivait une pareille ligne entre Melbourne et Sydney.

On préparait un câble sous-marin pour unir le cap Otway au cap Grim, et joindre ainsi Launcestown avec Hobart-Town, la capitale de Van-Diémen.

Grâce à ces moyens, les capitales des quatre grandes colonies australiennes doivent être aujourd'hui réunies par des voies électriques.

Une compagnie britannique a formé le projet d'étendre cette communication télégraphique entre l'Australie et l'Inde, qu'elle rattacherait à l'Europe et à l'Angleterre. La ligne de l'Inde finirait au détroit de Malacca, franchirait la mer à Singapore, gagnerait l'île de Java, passerait à Batavia, unirait les îles de Balo, Sombock, Sumbaura, Flores et Timor; par un long câble sous-marin elle aborderait en Australie, dans le voisinage de Port-Ellington; elle gagnerait la côte, et la suivrait jusqu'à Sydney pour compléter en ce point le réseau de l'Australie.

Sud-Australie aurait à payer 100,000 francs par an pour la part d'entretien annuel qui lui reviendrait dans cette grande communication.

Ce vaste projet est expliqué dans un excellent rapport de M. Charles Todd, inspecteur des télégraphes de l'État de Sud-Australie.

Voilà par quels travaux la naissante colonie se rattacherait par la plus rapide des communications avec les grandes nations commerçantes. Elle pourrait en deux jours, y compris les retards pour passer de ligne en ligne, recevoir des nouvelles envoyées de 4,000 lieues ou 16,000 kilomètres.

Les communications postales les plus accélérées demandent encore quatre-vingt-dix-huit jours en passant par le cap de Bonne-Espérance.

On réduira la durée du parcours à moins de moitié lorsqu'on passera par l'isthme de Suez. Ce sera, pour les colonies anglaises d'Australie, un immense avantage; et pourtant, ce sont, ou du moins naguère c'étaient les ministres anglais qui, par des préjugés injustifiables, s'opposaient à ce grand bienfait! Quittons, quoique à regret, Sud-Australie.

ÉTABLISSEMENTS DIVERS DANS L'OUEST DE L'AUSTRALIE.

Nous devons mentionner un premier essai, bien qu'il n'ait pas eu de succès.

Essai d'établissement dans la baie de Melville.

Tout à fait à l'ouest du grand continent australien, vers la partie la plus rapprochée de l'équateur et des possessions hollandaises, on trouve l'île de Melville, qui couvre le golfe de Van-Diémen.

Dans cette île on a fait, en 1854, l'inauguration d'un établissement colonial, à titre de *port de refuge;* on l'a nommé *Port-Ellington.*

En fondant le bourg de Dundas, dans l'île Melville, les Anglais avaient conçu de grandes espérances. On était sur le littoral auprès duquel arrivent chaque année un très-grand nombre de *pros* malais, pour la pêche du *tripang*, ver recherché des Chinois, et qu'on trouve surtout près des côtes de l'Australie. On croyait pouvoir établir en ce poste avancé un entrepôt général, *un port franc.* On voulait y former un centre d'où le commerce eût rayonné jusqu'à l'Inde, jusqu'à la Chine, à travers les eaux qui baignent les possessions hollandaises. On croyait voir une position qui pût attirer la navigation de tout l'archipel malais, et commencer à l'orient ce que devait quelques années plus tard, à l'occident, réaliser la création de Singapore : ce projet n'était qu'une illusion.

En définitive l'établissement de Melville a complétement échoué. Il a fallu soutenir des luttes mortelles contre les aborigènes, et les Anglais n'ont pas colonisé l'île.

Établissement de Port-Victoria.

En 1826, on s'est transporté de l'île Melville sur le continent australien, dans la baie de Raffles. On a placé le centre du nouvel établissement près d'un port appelé

Port-Victoria, port qui n'a rien de commun avec la grande et florissante colonie de Victoria. Chose étrange ! cet établissement, qui de tous est le plus éloigné de la Nouvelle-Galles, en est une dépendance au point de vue administratif. C'est ainsi qu'en Asie le grand pays des cinq fleuves, y compris l'Indus, est une annexe de la présidence dont le siége est à six cents lieues, dans Calcutta.

Il nous reste à porter nos regards sur une véritable colonie, douée d'un certain avenir, à l'ouest des trois créations prospères dont nous avons précédemment examiné les forces productives.

§ 4. Colonie de l'Ouest-Australie.

Isolé des trois États que nous avons décrits, Ouest-Australie, ainsi que l'indique son nom, occupe la position la plus avancée du côté de l'occident.

Elle est heureusement située, dans la plus belle partie de la zone tempérée, entre le 30e et le 35e degré de latitude.

La frontière maritime commence à cent lieues de la frontière occidentale de Sud-Australie. En partant de ce point, si l'on marche vers l'occident, la côte qu'on suit se rapproche du pôle austral, puis remonte vers l'équateur, en formant un grand axe convexe qui présente, au cap Lewin, sa pointe la plus avancée vers l'occident, en face de l'Asie. Elle remonte, au delà, vers l'équateur ; mais en inclinant un peu vers l'orient.

Lorsqu'on a parcouru cinq cents lieues de côtes, on arrive à l'embouchure de la rivière des Cygnes, *Swan river.* Sur la rive gauche de cette rivière, à trois lieues en remontant, on a fondé *Perth,* la capitale ; plus haut est la ville d'*York.*

Malheureusement jusqu'ici Perth et York ne sont guère que des bourgs. On a pompeusement divisé la colonie en vingt-six comtés; mais, d'après le dernier compte connu, la population européenne était au-dessous de 13,000 habitants. Chacun de ces comtés ne renfermait pas, nombre moyen, 400 habitants; il ne représentait pas même une de nos médiocres paroisses de campagne.

Voilà tout l'accroissement qu'a pris une colonie fondée en 1828, huit ans avant Sud-Australie; et cette dernière est maintenant neuf fois plus peuplée.

Les colons ont été moins attirés par un territoire qui n'est pas aussi fertile que les trois États australiens dont nous avons fait l'étude. Il faut aussi tenir compte de l'envoi des déportés, que ne reçoivent plus la Nouvelle-Galles, Victoria et Sud-Australie.

Il est pourtant juste de reconnaître un fait : depuis le milieu du siècle présent, les progrès ont été fort accélérés dans Ouest-Australie par la vente des terres et par les secours intelligents donnés à l'immigration.

Années......	1850.	1851.	1855.
Population..	5,886	7,097	12,838

A ces nombres il faut ajouter, dans les parties occupées par les Européens, 1,500 aborigènes. Loin que les colons leur soient hostiles, ils les emploient avec plaisir pour aider à la garde des troupeaux.

Situation matérielle de la colonie.

En 1848 on comptait 116,570 bêtes à laine; mais comme les pâturages ne sont pas très-plantureux, il fallait, pour nourrir les mêmes troupeaux, une étendue de pacages naturels plus considérable que dans les autres colonies. Ouest-Australie exporte du bétail vivant, bœufs et moutons, à Singapore, à Maurice.

Ce fut la première fois en 1857 que l'Ouest-Australie produisit assez de céréales pour alimenter ses habitants. On doit redoubler d'efforts pour la placer au rang des colonies qui portent des blés au dehors : Maurice et Bourbon seront ses marchés naturels.

Le climat permet de récolter les fruits de la vigne, du figuier et de l'olivier, dont l'origine appartient à l'Europe et que les colons cultivent avec succès.

Jusqu'ici le territoire n'a pas offert de métaux précieux. On n'a découvert que du cuivre et du plomb; mais on a trouvé de la houille en quantité considérable et de bonne qualité.

Cette ressource en combustible sera d'un avantage inestimable lorsque l'Ouest-Australie aura développé ses ressources naturelles. Alors elle pourra faire un commerce actif et considérable en profitant de sa position, infiniment plus rapprochée que les autres ports australiens, soit qu'on se dirige vers le cap de Bonne-Espérance ou la mer Rouge, soit qu'on fasse voile vers l'Hindoustan, les îles hollandaises ou les côtes de la Chine.

Commerce général de 1854, d'après les évaluations coloniales.

	Importations.	Exportations.
Valeurs coloniales.....	3,206,500ᶠ	906,125ᶠ
Par 1,000 habitants....	267,744	75,661

On explique la grande supériorité des importations par les valeurs, en produits de toute nature, qu'apportent chaque année les nouveaux colons qui viennent s'établir.

COMMERCE GÉNÉRAL DE L'OUEST-AUSTRALIE POUR L'ANNÉE 1855.

CONTRÉES.	IMPORTATIONS.	EXPORTATIONS.
	francs.	francs.
Royaume-Uni..........................	1,663,375	629,975
Colonies britanniques....................	889,525	531,760
États-Unis	80,100	16,050
Les autres nations.....................	"	"
TOTAUX.............	2,633,000	1,177,775

Trois articles principaux représentent les quatre cinquièmes du prix des produits exportés.

Laines.	Bois.	Plomb.	Total.
618,100ᶠ	301,925ᶠ	73,125ᶠ	992,200ᶠ

Les bois peuvent devenir l'objet d'un commerce important; mais il faudrait perfectionner les communications
entre les forêts et les ports. Singapore et la Chine demandent le bois précieux de sandal. Il est un arbre d'autre
espèce d'autant plus important, qu'on le trouve en abondance auprès de la mer. Comparable à l'acajou, il acquiert de même les plus grandes dimensions. Son tissu
ligneux n'est point attaqué par les vers; il n'est pas sujet
à se fendre, à se déjeter, et peut être travaillé plus aisément que tout autre bois d'Australie.

Les valeurs d'entrées et de sorties, que nous avons présentées plus haut, comprenaient le commerce avec la
métropole, les autres colonies et l'étranger : valeurs sup-
,putées dans les ports de l'Ouest-Australie.

Les états de commerce publiés par la Grande-Bretagne,

pour 1856, offrent des chiffres un peu supérieurs à ceux du commerce de 1857.

Commerce de la Grande-Bretagne avec l'État d'Ouest-Australie,
en 1856.

Produits britanniques envoyés.	Produits étrangers envoyés.	Produits reçus de l'Ouest-Australie.
1,506,050ᶠ	452,800ᶠ	1,149,300ᶠ

Dans les envois de la colonie, les laines surpassent en valeur les exportations des années précédentes : quantité, 211,027 kilogrammes; prix en Angleterre, 1,017,725 fr. A ce compte, le kilogramme de laine ouest-australienne revient, dans les ports de cette métropole, à 4 fr. 82 cent. le kilogramme.

Établissement catholique en Australie, et spécialement
en Ouest-Australie.

En Australie, ce fut seulement trente-deux années après le premier établissement d'une colonisation qui comptait tant d'Irlandais catholiques, ce fut seulement en 1820 que la métropole envoya pour la première fois deux prêtres de ce culte, salariés un peu par l'État. Douze ans s'écoulèrent encore avant que Sydney vît s'élever une église de Saint-Patrice, le patron des Irlandais dans les deux mondes.

A cette dernière époque, et sans s'arrêter aux retards de l'apathie gouvernementale, le saint-père confiait à l'ordre de Saint-Benoît les missions de l'Australie, c'est-à-dire de tout un monde. Jamais choix ne fut mieux inspiré, ni dans un moment plus opportun. On comptait déjà près de 50,000 Irlandais, réduits encore à deux pasteurs reconnus officiellement; on bâtissait leur *troisième* église, et dix écoles seulement instruisaient leurs enfants.

En 1835 un premier évêque australien était sacré; c'était monseigneur Polding, de l'ordre des Bénédictins.

Cinq ans à peine étaient écoulés, et déjà, non loin de Sydney, dans Paramatta, l'on confiait aux religieuses de la Merci, qui sont des sœurs de charité, un dépôt de 1,200 femmes; elles acceptaient cette charge d'âmes, pour les ramener aux bonnes mœurs ainsi qu'à la foi, dans une colonie naissante, où les femmes rangées dans la voie du bien sont la première des richesses.

En 1841, le saint-père érigeait Sydney en archevêché. La province, dont le centre était ainsi fixé, comprenait quatre évêques suffragants, pour quatre diocèses ayant leurs siéges à Hobart-Town, Adélaïde, Perth et Port-Victoria.

Si l'on veut assister au plus beau triomphe de ces créations nouvelles, il faut se transporter dans la moins ancienne et la moins peuplée des colonies, dans celle de l'Ouest-Australie.

M. l'abbé Falcimagne a traduit en français une relation italienne, publiée par monseigneur Rudesindo, Espagnol de l'ordre des Bénédictins, et premier évêque de Port-Victoria; elle nous servira de guide.

Il décrit l'arrivée à Perth de l'évêque et de son clergé, après cent treize jours de longue traversée : c'était le 8 janvier 1846. Monseigneur Brady conduisait avec lui sept prêtres bénédictins, huit catéchistes et six sœurs de la Merci, empruntés à Rome, à l'Espagne, à l'Irlande, à la France. Il ne trouvait qu'une église nue, sans battants aux portes, sans vitraux aux fenêtres; et c'était dans la capitale! Le reste du diocèse présentait un désert, au fond duquel vivaient dispersés les aborigènes, encore à l'état sauvage.

On se divise en trois missions pour tenter la conquête des âmes dans une région bien plus étendue que les trois royaumes britanniques. Les missions extérieures du sud et du nord, envoyées des deux côtés du littoral, échouent à force de fatigue et de misère.

COUVENT AGRICOLE DE SAINT-BENOÎT : NOUVELLE-NURSIE.

Reste la mission du centre, pour l'intérieur du pays. Elle se propose d'entrer en contact avec les tribus les plus isolées de l'Australie, avec des hommes que les préjugés des colons représentaient comme dépourvus de toutes facultés intellectuelles. C'étaient, disait-on, des êtres bien inférieurs aux nègres d'Afrique, et n'ayant pas la moindre idée de la propriété. En approchant des aborigènes avec confiance, en les traitant avec bienveillance, avec charité, l'on entra par degrés avec eux en échange d'idées, de sentiments et de sympathies. On apprécia bientôt leurs germes d'intelligence, leurs notions sociales et leur bon sens naturel ; on reconnut les idées qu'ils concevaient de la justice entre individus et même du droit des gens.

Au centre de la mission, les apôtres fondèrent un monastère agricole, qu'ils appelèrent la *Nouvelle-Nursie*. C'était en souvenir de *Nursia*, la ville à jamais illustrée où naquit saint Benoît, au milieu des Apennins, quand l'Italie, dépeuplée depuis Constantin, devenait la proie des barbares. Ils commencèrent à défricher une terre fertile dans les parties boisées, au milieu desquelles ils venaient de planter leur croix amie.

Les bienfaits qu'ils répandirent attiraient les indigènes et les fixaient autour d'eux. Ils enseignaient aux adultes à tirer de la terre des récoltes que ces prévoyants cénobites faisaient naître pour en gratifier, au jour du besoin, les familles aborigènes. Les enfants étaient accueillis au sein d'une école primaire, ouverte dans le monastère ; les adolescents et les jeunes adultes étaient admis dans un enseignement supérieur. Par degrés, chaque famille eut sa part fructueuse assignée dans les champs défrichés, dont les néophytes comprenaient tour à tour la possession comme fait, la propriété comme droit. On apprenait aux hommes à construire la demeure de la famille ; aux femmes, à filer, à tisser les vêtements. Les fidèles de la communauté chrétienne furent encore employés à confectionner la route qui conduit de la Nouvelle-Nursie à Perth, la capitale et le marché principal ; c'est là qu'ils apportent le superflu de leur industrie naissante, et qu'ils en obtiennent le prix.

Dans la Nouvelle-Nursie, les bénédictins établissent *une caisse d'épargne.* Cette caisse est toujours ouverte aux besoins des néophytes ; par son usage ils n'ont plus à redouter les larcins et les meurtres, qui trop souvent, au milieu de la vie sauvage, suivent la possession personnelle du moindre objet ayant quelque valeur.

De temps à autre on envoyait en Europe les indigènes qui montraient les dispositions les plus heureuses, pour continuer l'œuvre catholique et civilisatrice ; ils partaient catéchumènes, ils revenaient pasteurs des âmes.

Au bout de trois ans, vingt-huit nouveaux bénédictins quittaient l'Espagne. Ils faisaient voile pour l'Australie, avec des novices et des ouvriers. Ils débarquaient comme en triomphe auprès de Perth, et rejoignaient leur couvent du désert. Au-devant d'eux accouraient, des rameaux verts à la main, les familles aborigènes agglomérées par la foi catholique autour de la Nouvelle-Nursie.

Au même instant, dit l'écrivain auquel j'emprunte ces faits, la statistique officielle constatait que les tribus voisines de Sydney se trouvaient réduites, par une effrayante dépopulation, à ne compter qu'un homme et trois femmes ; sur bien d'autres points, tout était mort.

La France ne pouvait pas rester étrangère au généreux mouvement que nous venons de signaler. L'association qu'elle a fondée à Paris, à Lyon, pour propager la foi, toujours libérale envers le monde océanique, a fait passer dans la Nouvelle-Nursie plus de 60,000 francs. Elle a secouru tous les diocèses d'Australie.

En 1855, lorsque la cupidité précipitait les émigrants européens vers les champs aurifères de Victoria, l'évêque de Perth ramenait des sœurs charitables empruntées à Marseille, et douze nouveaux missionnaires pour féconder les champs d'or de la foi chez les tribus indigènes.

Il est admirable de voir, à douze siècles de distance, les confraternités chrétiennes renouveler aux extrémités de l'Orient les merveilles qui succédèrent à l'invasion des barbares en Occident.

Quand aujourd'hui les Ouest-Australiens deviennent des pasteurs et des agriculteurs groupés en village, à la manière européenne, autour d'un couvent de la Nouvelle-Nursie, alors les bienfaisants bénédictins ne s'aperçoivent nullement que les familles des natifs, civilisés à la fois de l'âme et du corps, disparaissent par l'effet d'une mort fatale. Ils ne disparaissent pas plus que les Huns, les Goths, les Vandales, au moyen âge, ne disparaissaient quand les travailleurs de saint Benoît, les accueillaient à l'ombre de leurs monastères, les civilisaient en les convertissant, et leur apprenaient les cultures à l'aide desquelles la foi catholique a repeuplé l'Occident dévasté.

En repoussant la preuve si singulièrement satisfaisante alléguée par un gouverneur de l'Ouest-Australie, qui jugeait impossible d'empêcher les aborigènes de disparaître de la terre, je m'efforçais de chercher les voies humaines

par lesquelles on pourrait empêcher l'accomplissement de
cette sentence fatale. Oh ! combien je suis heureux de voir
ainsi devancés les moyens purement humains que j'en-
trevoyais, et de proclamer le triomphe éclatant, immortel,
de ces humbles missionnaires qui ne vont pas quêter de
pompeux secours aux portes de la science ! Leur exemple
sans art enseigne à cultiver là terre; il montre comment
on la féconde avec la sueur des fronts humiliés devant la
bonté du Dieu qui nourrit les hommes.

La Révolution française a privé les Bénédictins de leurs
glorieux monastères; elle leur a ravi des bibliothèques
savantes, dans lesquelles ils avaient recueilli tant de trésors pour l'histoire, trésors mis en lumière avec une
patience devenue proverbiale. Ils n'ont pas même aujourd'hui le revenu modeste qu'il faudrait posséder pour
reprendre et continuer cette grande œuvre.

Un artiste bénédictin de Solesme en Australie.

Quelques-uns d'entre eux ont parfois des talents d'un
autre ordre. Ainsi l'on a vu le Père Jean, de Solesme,
employer à décorer les monuments religieux de l'Australie une habileté d'artiste qu'avait fait naître chez lui la
contemplation des sculptures si touchantes conservées à
Solesme, sur les rivages de la Sarthe.

§ 5. ILE OU TERRE DE VAN-DIÉMEN : TASMANIE.

En 1642, un excellent navigateur hollandais, Tasman,
trouva le premier, à l'extrémité de la Nouvelle-Hollande,
la contrée qu'il nomma la *Terre de Van-Diémen :* il ne
savait pas qu'elle fût une île. Satisfait de l'avoir signalée
à son pays, il poursuivit dans l'Océanie ses autres décou-

vertes, sans s'occuper de la configuration ni de l'étendue de cette contrée, que les Anglais ont fini par appeler *Tasmanie :* ce fut un juste hommage envers le navigateur qui l'a découverte.

Bass et Flinders explorent le contour de l'île.

Depuis dix ans qu'existait la colonie de la Nouvelle-Galles, l'exploration de la côte ne s'était pas avancée plus loin que le port Stephen, en remontant vers l'équateur, et que Botany-Bay, en descendant vers le pôle austral; cela comprenait un espace d'environ deux degrés en latitude. Tout le reste de la côte occidentale, dans une étendue de 1,200 lieues, n'avait pas été visité.

Deux jeunes gens au service de la marine royale, instruits, actifs, intrépides, se trouvaient alors à Sydney. Le chirurgien Bass et le midshipman Flinders étaient animés d'un ardent désir d'illustrer leur nom par des découvertes qui seraient précieuses pour la colonie. Tout ce qu'on voulut accorder à leurs sollicitations fut une embarcation qui n'avait pas trois mètres de longueur, avec un simple mousse pour les accompagner! Ils se rendirent d'abord dans la Baie-Botanique, qu'ils explorèrent, en fixant la position favorable pour un petit établissement, auquel on donna le nom de *Banks-Town,* la ville de Banks. Avec leur frêle et petit canot, tel était leur premier essai.

Bientôt après Flinders se rendait en mission dans l'île de Norfolk. Alors Bass essayait, mais sans succès, la difficile entreprise de franchir à pied les montagnes Bleues. Ensuite il revint à la mer, et, sur un bateau *non ponté,* il explora vingt degrés du littoral. Du côté du pôle austral, il remarqua qu'au delà du cap Howe la côte ne suivait plus la direction méridienne, et qu'elle inclinait brusquement

vers l'orient. Cette conformation du littoral lui fit penser
que là se trouvait l'entrée d'un immense golfe. Son imagination en faisait une mer ouverte, laquelle aurait séparé la terre de la Nouvelle-Hollande et celle de Van-
Diémen.

Pour entreprendre d'explorer cette mer, il fallait des
moyens moins impuissants. De retour à Sydney, Bass est
rejoint par Flinders, qui partage ses espérances; ils renouvellent leurs sollicitations. Alors on leur confie une chaloupe baleinière de vingt-cinq tonneaux seulement, avec
huit bons matelots. Ils s'en servent pour pénétrer dans
la mer intérieure, qui commence au cap Howe; ils
arrivent au cap Wilson, le point le plus avancé vers le
pôle austral, et voient la côte, non-seulement continuer
vers l'orient, mais se relever du côté de l'équateur. Ils
reviennent alors du côté du pôle austral, et pour honorer le gouverneur Hunter, qui les avait commissionnés,
ils appellent de son nom la petite île qui prolonge le pro-
montoire le plus avancé vers l'est sur la Terre de Van-
Diémen. Conformément à leurs instructions, ils font le
tour de cette terre, qu'on appelle aujourd'hui l'île de
Tasman, ou la *Tasmanie*.

Sur la noble demande de Flinders, le gouverneur donna
le nom de *Bass* au double détroit qui sépare les deux
grandes îles australiennes. On a conservé dans le port de
Sydney la chaloupe baleinière sur laquelle les deux investigateurs avaient fait leur découverte. A cet humble esquif,
on a donné le nom de *Petit-Poucet, Tom-Thumb :* nom
glorieux pour les deux amis intrépides, mais avilissant
pour l'autorité qui n'avait pas plus généreusement secondé
leur dévouement et leur courage.

Superficie et figure de l'île.

Si l'on joint ensemble la superficie de la Corse, de la Sardaigne et de la Sicile, les trois grandes îles de la Méditerranée, on n'a pas encore un total qui soit comparable à l'étendue territoriale de la Tasmanie, étendue qui n'est pas moindre de 6,5oo,ooo hectares.

Cette contrée, qui prendrait au milieu de nos mers d'Europe une si grande position, n'a guère en superficie que la centième partie de la Nouvelle-Hollande, dont elle est comme un appendice. Elle a la forme de l'écu triangulaire porté par les anciens chevaliers; écu dont le côté supérieur était concave, et les deux autres, convexes. Le côté concave est celui qui fait face au vaste continent australien.

Voici qu'elle est la position des trois promontoires de cette Trinacrie océanique :

Les trois sommets de l'île de Tasman.

	Occident. Cap Grim.	Orient. Cap Barren.	Nord-Australie. Cap Sud.
Latitude . .	4o°,33′	4o°,3o′	43°,3o′
Longitude .	142°,3o′	145°,4o′	13g°,5o′

Le cercle méridien qui passe par le sommet occidental de l'île traverse par le milieu la colonie de Victoria. Il passe aussi par l'entrée de Port-Philippe, à soixante lieues de la Tasmanie.

Mer intérieure de Bass, qui sépare la Tasmanie de l'Australie.

Une mer intérieure, qui deviendra célèbre avant peu

d'années, est circonscrite : 1° par deux côtés du golfe spacieux au fond duquel est Port-Philippe; 2° par le côté rentrant de la Tasmanie; 3° et 4° par les petites îles jetées en avant des promontoires d'occident et d'orient de la Tasmanie.

Un jour cette mer intérieure sera sillonnée par d'innombrables navires; les uns communiqueront entre la grande terre, l'île principale et les deux îles secondaires, King et Fourneaux. D'autres navires s'adonneront à la pêche la plus active, afin de suffire aux consommations de deux colonies, chaque année plus populeuses et plus riches. D'autres enfin voudront éviter un détour de cent lieues; ils ne doubleront plus le cap Sud, à l'extrémité de la Tasmanie, extrémité plus avancée de 11 degrés vers la région des tempêtes que le cap de Bonne-Espérance. Ils passeront tranquillement par les deux détroits de Bass.

La Terre de Van-Diémen, reconnue pour être une île, sembla prendre par cela seul une importance nouvelle aux yeux des Anglais. Ils renvoyèrent le docteur Bass avec son compagnon, son admirable ami Flinders, afin d'en explorer les trois côtes : chacune leur offrit un port principal.

En face de l'Australie, ce fut le port de *Launcestown*, précieux pour communiquer par la ligne la plus courte avec la grande colonie de Victoria.

Du côté de l'occident, ce fut le grand havre de *Macquarie*, qui fait face à l'Asie.

Canal d'Entrecasteaux.

Du côté de l'orient, riche en abris naturels, il en est un qui parut à juste titre l'emporter sur tous les autres: ce fut la partie inférieure du fleuve Derwent.

A cette partie aboutit le magnifique chenal encore

honoré par le nom d'un de nos plus illustres navigateurs. Le canal d'*Entrecasteaux*, sur une largeur qui varie de 3 à 12 kilomètres, dans une longueur de 50 kilomètres, sépare la Terre de Van-Diémen et la longue île de Bruni, comme un prolongement occidental du fleuve Derwent.

Les bords, fortement accidentés, de ce canal offrent une foule de havres, de refuges, de *coves*, précieux pour la navigation côtière; une végétation magnifique embellit les deux rives de ce bosphore.

Description des abords de Hobart-Town.

Un navire qui, de l'orient, fait voile vers la Tasmanie par la latitude de 43° 15', entre dans *Storm-Bay*, la *baie des Tempétes*. Il vire au nord, et laisse à bâbord l'île de *Bruni;* à tribord, il longe une presqu'île triangulaire, qui forme la rive gauche du fleuve Derwent. On remonte ce fleuve, qui coule du midi vers le pôle austral. Après avoir longé pendant six lieues la presqu'île, on passe devant l'ouverture de la *double baie*, magnifique havre intérieur, pour lequel la longue presqu'île est comme un môle gigantesque. On remonte encore environ six lieues, et l'on se trouve à la hauteur de Hobart-Town, sur la rive droite du fleuve. En amont s'offre le port de cette ville; c'est le *cove de Sullivan*. Dans ce nid, vaste et parfait, des navires d'un fort tonnage peuvent mouiller près de terre.

Il y a peu de temps on a construit, au fond du port de Sullivan, deux cales à plans inclinés patentés; sur ces cales on remonte de grands navires, jaugeant jusqu'à 1,500 tonneaux, lorsqu'ils ont besoin d'être radoubés.

De tous côtés, les eaux intérieures que nous venons de parcourir sont embellies dans leur grandeur par de riches cultures et des ombrages imposants. Sur les rivages s'élèvent des villas charmantes, presque comparables à celles qu'on voit aux abords de Gênes; elles appartiennent aux riches marchands de la capitale.

Il y a quinze ans la cité d'Hobart-Town et le district dont elle est le chef-lieu comptaient 3,700 habitants; aujourd'hui ce nombre est plus que tiercé.

Les intérêts de la navigation sont placés au premier rang dans une île que colonisent les Anglo-Saxons.

Les points essentiels de la côte sont éclairés par *six phares;* et pour ce service, à la fois d'utilité et d'humanité, la colonie ne recule pas devant une dépense annuelle de 150,000 francs.

Colonisation de la Tasmanie.

En 1803, un petit détachement de soldats, conduisant un essaim de condamnés, fut envoyé sur les bords du fleuve Derwent, au lieu qui devint Hobart-Town. On commençait la colonisation en imitant la Nouvelle-Galles du Sud par un second Botany-Bay. Il fallut un certain nombre d'années avant que des colons libres essayassent de s'établir à côté des déportés.

Triste destinée des aborigènes.

En attendant qu'une population non flétrie par les lois se développât, les échappés du bagne, disséminés dans les bois, poursuivaient une guerre d'extermination contre les naturels du pays. Pour prévenir un complet anéantissement, on recueillit ce qui restait de cette race infortunée; on les transporta successivement dans les îles de Flinders et de Marie. Au commencement de 1849, il n'y avait plus que 12 hommes et 23 femmes, avec 1 *enfant mâle.*

On fit plus : on les recueillit dans un édifice spécial, confortablement établi près de Hobart-Town. Sept ans plus tard, ils étaient réduits à 15, et l'on supposait qu'avant vingt ans tous seraient morts... Rappelons ici les observations que nous avons présentées au sujet des aborigènes de Sud-Australie, et passons à la race européenne.

PROGRÈS DE LA POPULATION DE RACE EUROPÉENNE DEPUIS L'ORIGINE.

ANNÉES SUCCESSIVES.	HOMMES		FEMMES	
	LIBRES et libérés.	CONDAMNÉS non libérés.	LIBRES et libérées.	CONDAMNÉES et non libérées.
1804............	68	380	10	40
1822............	2,209	4,548	1,407	348
1830............	8,351	8,877	4,623	1,318
1840............	14,647	15,524	11,517	2,239
1848............	25,376	16,948	18,354	3,501
1855............	30,782	7,669	29,440	2,983

Par un mouvement heureux, la majeure partie des condamnés est entrée déjà dans les classes intermédiaires qui les assimilent presque aux parties honnêtes de la population. A la fin de 1855, il n'existait plus comme déportés, ou condamnés soumis encore à la plénitude de leur sentence, que 864 hommes et 250 femmes.

En 1848, parmi 74,761 habitants, 28,459 condamnés formaient un mélange malheureusement trop considérable; mais depuis 1850 la transportation a cessé d'avoir lieu dans la colonie.

Au point de vue matériel, on a tiré le parti le plus avantageux du grand nombre de condamnés soumis aux travaux publics. Ils ont construit la belle et grande route qui conduit de la capitale à Launcestown et qui traverse l'île du nord au sud, dans une longueur de soixante lieues. Ils ont exécuté beaucoup d'autres travaux publics d'une haute utilité.

Depuis 1850 la Tasmanie était dirigée par un gouverneur, avec un conseil législatif, dont le tiers était nommé par la couronne et le reste par voie de l'élection. En même temps que Victoria et Sud-Australie, l'État de Tasmanie possède aujourd'hui deux chambres législatives, constituées d'après un même système.

Eaux intérieures de navigation et d'irrigation.

Avant d'expliquer les travaux de la colonisation, jetons un coup d'œil sur le territoire. L'île a de très-hautes montagnes et de vastes forêts. Par une conséquence nécessaire, elle a des cours d'eau magnifiques et nombreux. Le plus considérable est la Derwent, que les bateaux à vapeur remontent bien au-dessus de Hobart-Town.

Sur la côte qui fait face à l'Australie, deux rivières, appelées *Esk*, en se réunissant forment le fleuve Tamar, au bord duquel s'élève Launcestown : le Tamar débouche dans le port Dalrymple, véritable mouillage extérieur de Launcestown.

Je pourrais citer beaucoup d'autres cours d'eau, et les lacs dont ils sont dérivés. Un pays si bien arrosé présente des pâturages naturels, éminemment propres à l'élevage des troupeaux; il offre des ressources inépuisables aux irrigations agricoles.

Les cultures de la Tasmanie.

Lorsque nous avons expliqué les prospérités de Sud-Australie, nous avons donné, sur les cultures et les pâturages, les tableaux comparatifs dans lesquels se trouve aussi la Tasmanie. Nous n'avons pas besoin de revenir sur ces données statistiques.

Le climat est très-salubre, et la terre tasmanienne est plus féconde que celle de l'Australie. Dans les très-bons vallons on regarde comme un produit commun 40 hectolitres par hectare !...

Aussi la Tasmanie est-elle la colonie australienne où l'agriculture, proportion gardée avec la population, a pris le plus grand développement. Les blés sont d'une qualité supérieure ; ceux qu'on a présentés dans le Palais de cristal, en 1851, ont remporté la récompense la plus élevée qu'aient reçue les produits d'agriculture.

Favorisés comme ils le sont par la nature, on doit peu s'étonner que les colons de la Tasmanie se soient placés au premier rang pour l'étendue de leurs labours, proportion gardée avec la population : c'est ce que déjà nous avons fait observer p. 184. Nous ne reproduirons pas ici le même ordre d'explications sur la vente des terres du domaine public, et sur le parti qu'on en retire pour faciliter l'émigration par des secours judicieusement accordés dans la métropole.

Industries maritimes de la Tasmanie.

Les intérêts maritimes occupent d'ordinaire un rang distingué dans une île colonisée par les Anglo-Saxons. Présentons quelques faits sur cette partie.

Pêche de la baleine.

L'île est avantageusement située, dans l'océan Pacifique, pour la pêche de la baleine. Il y a dix ans, cette pêche

ccupait 51 navires appartenant à la colonie et jaugeant
nsemble plus de 8,000 tonneaux.

Les habitants ne me semblent pas tirer de la fécondité
es mers qui les entourent tout le parti désirable pour
es autres genres de pêche, surtout dans la mer intérieure
ui forme le détroit de Bass.

Construction des navires.

On construit des navires pour la pêche et pour le cabotage. Dans les trois années comprises de 1852 à 1854,
n a construit 34 bâtiments qui jaugeaient ensemble 1847
onneaux. A peine suffit-on, par ce moyen, aux besoins de
a colonie. Aussi voyons-nous que le nombre des navires
ortés sur les registres officiels s'élève, pour les trois
mêmes années, à 26,109 tonneaux.

Navires à vapeur appartenant aux ports de la Tasmanie.

Navires.	En bois.	En fer.	Tonnage.	Force en chevaux.
En 1854..	2	9	1,786'	744
En 1855..	1	13	2,043	851

Nous donnerons une idée de l'activité de la navigation
sur les côtes de la Tasmanie en rapportant un seul fait.
L'île entretient six phares, dont quatre sont à feux tour-
nants; la seule perception des droits d'éclairage sur les
navires qui fréquentent les ports de l'île a produit, en
1854, la somme de 126,250 francs; les mêmes droits
ont produit, en 1855, la somme de 151,000 francs.

Sir John Franklin, gouverneur de Tasmanie, et Lady Franklin.

L'Angleterre a témoigné tout l'intérêt qu'elle prenait

aux progrès maritimes de la Tasmanie lorsqu'elle a choisi, pour la gouverner, un de ses navigateurs les plus célèbres et les plus dignes de leur renommée.

Dans l'été de 1836 j'eus l'honneur d'assister à la réunion annuelle de la Société royale de Londres, où l'on fêtait un membre illustre, sir John Franklin. Il s'apprêtait à partir pour la Tasmanie, dont il venait d'être nommé gouverneur. Nous chérissions la bienveillance et la simplicité franche de ce hardi navigateur; hélas! nous étions loin de penser que, douze ans plus tard, il dût ajouter, par l'infortune de son sort, à l'éclat de ses découvertes.

Il a fait servir son intelligence et son activité, malgré les difficultés qu'opposaient les habitants de toutes les catégories, à développer la colonisation d'une île doublement intéressante pour un savant et pour un marin.

A l'égard des œuvres de bienfaisance et des soins dictés par l'humanité dans les hôpitaux, dans les écoles populaires et surtout dans les écoles consacrées aux filles des condamnés, lady Franklin secondait admirablement le gouverneur. Elle montrait, sous les couleurs les plus gracieuses, l'âme fidèle, forte et dévouée dont elle a fait dans le malheur une si noble preuve. Depuis dix ans, au prix de tous les sacrifices, elle fait chercher, à ses frais, dans les mers glacées du Nord, l'intrépide navigateur, victime peut-être, comme La Peyrouse et Cook, de son dévouement aux progrès de la navigation et des sciences.

Du traitement des condamnés à la déportation.

Nous croyons devoir placer ici l'exposition du système qu'a suivi le Gouvernement britannique afin d'opérer la moralisation graduelle des condamnés. Nous terminerons en décrivant deux établissements pénitentiaires de Tasmanie : le premier, remarquable pour ses défauts, et le second, qui partout peut être offert comme un modèle.

En Australie le Gouvernement a compris qu'il fallait éviter aux déportés toute flétrissure inutile et par cela même nuisible. On ne les désigne jamais par l'épithète infamante et légale qui les caractérise en Angleterre. Au lieu de les appeler des *convicts*, des *condamnés*, ce qu'ils regarderaient comme *une injure*, on les appelle les hommes du Gouvernement, les serviteurs de la couronne, ou simplement les prisonniers.

Dans la colonie, le Gouvernement garde un secret inviolable sur les crimes qu'au sein de la mère patrie a pu commettre chaque déporté. Le stigmate particulier de son infamie ne doit pas, loin de l'Angleterre, s'attacher à son nom, ni flétrir son individu comme la marque d'un fer rouge. L'autorité dit à tous les coupables : « C'est assez de la sombre égalité que la loi qui vous déporte fait peser sur votre passé, pour ouvrir sans partialité les voies à l'expiation. Qui que vous soyez, quoi que vous ayez fait pour mériter la déportation, je veux donner même facilité, même chance à votre repentir; pour chacun de vous, une même bonne conduite sera d'un même bénéfice. Désormais vous ne serez distingués en mal que par de nouvelles offenses contre la société, en bien que par votre bonne conduite. » Il y a là générosité, prudence et connaissance approfondie du cœur humain.

Lorsqu'un colon veut obtenir, pour l'employer à ses travaux, un ou plusieurs condamnés, il doit s'adresser au gouverneur, en indiquant le nombre d'hommes qu'il demande. Si le colon ne s'est pas acquis la mauvaise réputation de maltraiter les gens à gages qu'il emploie, et *s'il n'est pas lui-même un ancien condamné*, le gouverneur accueille sa demande. Alors le colon visite dans leur caserne les prisonniers dont l'État n'a pas encore disposé; il s'adresse à ceux qu'on juge par leur conduite dignes d'un sort amélioré. Il examine, il interroge les sujets dont l'aspect lui convient sur leur profession, leurs goûts et leurs aptitudes; ensuite il fait son choix.

Tant que le condamné reste, véritable forçat, sous la garde du Gouvernement, il est réservé pour les travaux publics et maintenu par la verge d'une discipline inflexible autant que vigilante. Dans cette situation, il porte le bonnet jaune, la veste jaune et le pantalon jaune. A son seul aspect, chacun sait qu'il a commis d'assez grands crimes pour avoir mérité la déportation.

Mais lorsque le Gouvernement juge qu'un prisonnier, par sa bonne conduite, est digne de passer du service de l'État au service d'un colon, le forçat remplace aussitôt son costume infamant par un habillement de couleur commune et qui doit être à la fois décent et confortable; le condamné cesse aussi de porter un anneau de fer en guise de chaîne. La liberté revient vers lui.

Par ce seul changement, le prisonnier rentre d'un premier degré dans le sein de la société. Il n'est pas encore complétement libéré; car il ne pourrait pas changer à son gré de maître, ni le quitter pour s'abstenir de travail. Il reste sous le coup de cette menace qu'il reprendrait les fers, et l'habit jaune, et l'infamie rendue visible, si sa mauvaise conduite et ses méfaits le méritaient. La simple sentence d'un juge de paix suffirait pour ce changement.

La même autorité qui châtierait le coupable relaps protége le déporté déjà rendu meilleur, *l'homme du Gouvernement* qu'elle met au service d'un citoyen; elle stipule avec intérêt pour sa nourriture et son vêtement.

En faveur du prisonnier qu'elle transfère au service obligatoire d'un colon, elle établit qu'il recevra par semaine :

1° si c'est un homme, 5 kilogrammes de farine, 5 kilogrammes de viande, 250 grammes de sucre et 60 grammes de sel; 2° si c'est une femme, 4 kilogrammes de farine, 4 kilogrammes de viande, 60 grammes de thé, 250 grammes de sucre et 45 grammes de sel.

Le colon doit donner : 1° à chaque domestique mâle, *deux* habillements de laine complets, un bonnet ou un chapeau, quatre chemises et trois paires de bottes; il doit le pourvoir d'un matelas en laine, de deux couvertures *et d'un tapis de pied;* 2° à la femme admise au service particulier, une robe de coton, deux jupons de flanelle, deux de grosse étoffe, trois bonnets de calicot, trois paires de bas, trois tabliers, un mouchoir de cou, un chapeau et trois paires de souliers. Les conditions de literie sont les mêmes pour les deux sexes.

Il faut empêcher, sous quelque prétexte que ce soit, que le vêtement des condamnés ne dégénère en somptuosité; car cela ferait disparaître jusqu'à la dernière idée d'un temps d'épreuve pénale. Défense est faite, en recommandant la bonne et solide qualité des vêtements, que le total de leur valeur annuelle surpasse 175 francs.

Je regrette qu'on n'ait pas cru devoir ajouter une légère somme, n'eût-elle été que d'un franc par mois, pour être versée par le colon dans une caisse d'épargne, jusqu'au moment où le condamné deviendra tout à fait maître de lui-même.

Aux personnes qui trouveraient que le traitement légal des condamnés leur assure un trop grand bien-être, il est juste de faire observer que ce bien-être est une première récompense aux hommes qui subissent deux peines : l'exil prononcé par la justice, puis les travaux forcés subis déjà pendant un temps d'épreuve, et d'épreuve satisfaisante.

Le condamné, rendu matériellement heureux, n'est

qu'imparfaitement réhabilité; il est le serviteur forcé d'un maître. Il faut que son travail et la régularité prolongée de sa conduite offrent à la société de nouvelles garanties, pour qu'il obtienne du Gouvernement un certificat *de libre départ* (*the ticket of leave*), dont nous avons déjà parlé. Il peut alors quitter le maître qui l'avait choisi, pour choisir à son tour, s'il le veut, un maître plus à son gré.

Lorsque, dans cette position nouvelle, il aura complétement satisfait l'œil vigilant de l'autorité publique, le gouverneur prononcera sa libération définitive. Rien dès cet instant ne le distinguera plus des citoyens qui n'ont jamais subi les sévérités de la justice.

Le système de colonisation par des transportés soumis à ces épreuves graduelles a produit des résultats considérables. On lui doit l'essor rapide des travaux publics, les moyens puissants donnés aux colons d'exécuter les entreprises de défrichement les plus pénibles, et la garde courageuse des troupeaux en présence de tribus indigènes trop souvent agressives et cruelles.

La Tasmanie devenue pour les condamnés une succursale de la Nouvelle-Galles du Sud.

Dans le principe la Nouvelle-Galles n'offrait pour habitants que des condamnés. Plus tard on fit de la Tasmanie une succursale de cette déportation; et la Tasmanie, comme la Nouvelle-Galles, n'eut d'abord que des condamnés.

Quand les prisonniers eurent ouvert les premières voies de communication, bâti les édifices communaux, amélioré les ports de commerce, d'honnêtes colons arrivèrent. Ils regardèrent comme un grand bienfait qu'on leur concédât des travailleurs fournis par la déportation, qui contribuèrent à les enrichir; le bruit de cette richesse allécha de plus en plus les colons libres.

Aussitôt que ceux-ci furent en grand nombre et que les premiers condamnés, par la bonne conduite, eurent gagné la liberté, ils attaquèrent de concert le Gouvernement. Ils l'accusèrent d'injustice et presque d'immoralité, sous prétexte qu'il ajoutait des malfaiteurs à la partie innocente ou du moins innocentée des colonies australiennes. C'étaient, au contraire, les nouveaux venus qui, de leur plein gré, venaient se mêler sciemment à la population pénitentiaire fixée sur le sol colonial par des lois antérieures à l'arrivée des réclamants.

Si la métropole a cédé devant les plaintes amères et passionnées des colons australiens, ce n'est pas qu'elle ait aperçu la non réussite d'une grande expérience qui portait tant de fruits précieux; ce n'est pas non plus qu'elle ait reconnu son tort et la raison des nouveaux colons qui la condamnaient; mais elle a compris que l'autorité lui manquerait pour résister contre des volontés à ce point opiniâtres, exprimées par des citoyens qui sentaient leur puissance à six mille lieues de la mère patrie. Avertie par la séparation funeste des treize colonies fondatrices des États-Unis, elle a sagement cédé, comme nous l'avons expliqué déjà.

Un bagne de Tasmanie pour châtier les condamnés parmi les déportés coupables de nouveaux méfaits.

Le bagne établi pour recevoir, parmi les déportés, les incorrigibles et les déportés coupables de nouveaux crimes, fut érigé dans la grande baie de Macquarie. Cet établissement, très-imparfait, n'a pas rempli le but de son institution. Les moyens d'évasion trouvaient trop peu

de difficulté ; les forçats échappés remplirent les bois, et
de là portèrent la terreur et la désolation dans le reste
de l'île, par des pillages, des incendies et des assassinats.

Voici le jugement qu'un observateur très-sagace,
M. Ch. Howcroft, a prononcé sur cet établissement : « C'est
un horrible séjour, un véritable enfer sur terre; mieux
vaut mourir que d'y vivre. On cite plusieurs exemples
des prisonniers de Macquarie ayant commis un meurtre
pour sortir de cette affreuse prison afin d'être pendus.
Les prisonniers n'y vivent pas longtemps; il serait plus
humain de les mettre à mort que de les envoyer dans un
semblable séjour. »

De telles assertions peuvent être extrêmement exagérées, quoique l'établissement fût à la fois insuffisant, in-
supportable et dangereux. Il était urgent d'y porter remède.

Le pénitencier de Port-Arthur organisé par le capitaine O^cHara Booth.

Le prédécesseur immédiat de Sir John Franklin, le
gouverneur George Arthur, avait le double mérite de savoir apprécier les hommes et, chose plus rare encore,
de préférer les talents supérieurs qu'il avait su discerner.
Il jeta les yeux sur un simple capitaine d'infanterie en
garnison dans Hobart-Town. Il lui proposa d'être le surintendant d'un grand pénitencier nouveau, en confiant,
sans réserve, à son intelligence l'organisation, la discipline et le traitement des détenus. Le capitaine O^cHara
Booth, séduit par cette confiance et par des offres magnifiques, entreprit la plus dangereuse et la plus pénible
réformation.

Aucun choix ne pouvait être préférable à celui d'un
militaire actif, expérimenté, perspicace, et qui possédait
au plus haut degré le ton du commandement. La nature

l'avait doué d'un caractère à la fois très-énergique et très-bienveillant. Il possédait cette raison calme et réfléchie qui s'allie si bien à la prudence au milieu des hommes, à l'ordre au milieu des choses, c'est-à-dire, en d'autres termes, à tout l'art d'administrer. Nous allons décrire l'œuvre qu'il a créée, telle qu'elle existait en 1837, lors de son complet développement.

De concert avec le gouverneur il fit choix d'un nouvel emplacement, qui réunissait tous les avantages. A quelque distance de Hobart-Town, par delà la baie des Tempêtes, il existait, assez loin des quartiers déjà colonisés, une presqu'île de grande étendue, couverte de bois séculaires, qui couronnaient de nombreuses collines, avec des vallons fertiles qui n'attendaient que la main du laboureur pour procurer d'amples récoltes.

Un très-bon port, qui reçut à juste titre le nom du gouverneur, *Port-Arthur*, devint le centre et la clef de l'établissement. La presqu'île n'était réunie au continent de Tasmanie que par une langue de sable, étroite et basse, facile à fermer hermétiquement. Dans le territoire ainsi limité, pas d'habitants étrangers à l'institution; défense faite à tout navire, à tout canot d'aborder ailleurs qu'au débarcadère de Port-Arthur, sans cesse gardé; aux divers points abordables, des postes de gardiens toujours en surveillance; sur le sommet des collines prédominantes, des guetteurs avec des signaux pour communiquer au télégraphe central tout mouvement opéré, soit à terre soit en mer, qui pourrait paraître suspect. Tant de précautions rendaient les évasions impossibles; aussi les tentatives, si bien découragées, devinrent presque sans exemple.

Voici quelle fut la discipline établie par le surintendant O'Hara. Les sept cents condamnés couchaient dans des stalles séparées mais ouvertes, au nombre de douze par chambrée, et d'une inspection facile.

Pendant le jour, les condamnés n'étaient enchaînés ni séparément ni par paires, comme on accouplait autrefois les forçats dans nos arsenaux. Leur vêtement uniforme (jaune) annonçait leur état et rappelait leur dépendance; ce vêtement, d'ailleurs, était décent, confortable, et parfaitement entretenu.

En tout temps, en tous lieux, la surveillance était si complète qu'aucune faute ne pouvait être inaperçue. La justice distributive ne laissait passer aucun délit sans une répression, toujours prononcée d'après une même mesure. On recourait aux peines corporelles; mais aucun condamné n'était frappé que sur la sentence de l'administrateur suprême, en des cas très-graves, et toujours à regret. La peine, ainsi sanctionnée, acquérait toute garantie de justice, et la plus grande autorité. Elle était fort rare, et par là fort efficace. Jamais d'emportement, jamais de cris, jamais d'injures qui, de la part des surveillants et des chefs, pussent outrager ou seulement froisser les condamnés. Ceux-ci, d'ailleurs, étaient toujours admis à réclamer, à porter plainte, s'ils croyaient en avoir sujet; toujours ils étaient satisfaits quand le droit était de leur côté.

L'emprisonnement était prononcé, par le gouverneur, pour certains délits spécifiés et des plus graves. Cet emprisonnement était *cellulaire*, et l'isolement absolu. Comme il était temporaire, le condamné qui l'avait subi rentrait nécessairement au milieu de ses pairs, mais avec la peur salutaire d'encourir de nouveau ce redoutable châtiment. Peut-être l'individu châtié n'était pas rendu pour longtemps meilleur, mais il se conduisait mieux et n'avait pas été perverti par un grave châtiment. C'était beaucoup.

A ces moyens répressifs, on était plus heureux de

joindre l'amélioration graduée du sort des criminels, lorsque leur conduite et leur travail acquéraient plus de régularité, d'activité, d'intelligence. La religion ajoutait, aux moyens humains d'amélioration, les consolations et les espérances qui rendent plus doux ses austères conseils.

' Avec des hommes si bien dirigés, le surintendant avait obtenu des résultats étonnants par des travaux diversifiés de défrichement et de culture, d'exploitation des bois, de terrassement et de bâtisse. Le premier ordre de travaux suffisait à produire les grains et le jardinage nécessaires à l'alimentation. Les besoins du pénitencier satisfaits, l'excédant des produits de tous les ateliers concourait à solder les dépenses de l'établissement. Hobart-Town, par préférence, achetait ces produits, que recommandait leur excellente qualité.

C'est uniquement avec les condamnés qu'on a fait toutes les constructions de Port-Arthur : les quais, les bassins, l'esplanade, les nombreux logements pour coucher les condamnés, pour la petite garnison, pour l'état-major, et les magasins qui contiennent tous les approvisionnements, et les divers genres d'ateliers. C'est avec eux qu'on a préparé la chaux, la tuile et les briques, la charpente, la menuiserie et la serrurerie. C'est avec eux qu'on a fait sauter à la mine les rochers de la colline qui descendait sur Port-Arthur.

Ils ont préparé les larges terrasses, sur lesquelles les édifices s'élèvent en amphithéâtre jusqu'à la tour centrale des signaux, au point culminant.

Ils ont bâti l'hôpital dans toutes les conditions de commodité, d'aérage et de confort.

Ils ont construit une église assez spacieuse pour les contenir au nombre de sept cents, avec l'état-major et la garnison. Dans cette église, trois groupes de gradins sont préparés pour trois catégories de prisonniers, que partout on maintient distinctes : au dernier rang, les malfaiteurs incorrigibles; au second, les détenus dont la conduite, sans mériter d'éloge exprès, n'a rien de répréhensible; au premier, les meilleurs, en voie d'épreuve finale, de *probation*. Cette classe comprend les sujets de choix, qui deviennent les surveillants de tous les autres. On en fait une véritable espèce de *moniteurs* dans ce perpétuel enseignement mutuel, où chacun, s'il se conduit mieux et s'il apprend aux autres à se mieux conduire, est certain de rendre moins dure sa condition et de hâter sa délivrance.

C'est ainsi qu'on a porté remède à l'impossibilité de trouver, dans la colonie, des agents inférieurs qui fussent assez respectables pour vivre sans danger au milieu de tant de coupables, et qui voulussent y vivre.

Les jours ordinaires, dans les lieux consacrés au travail, le silence est la loi, comme au sein d'un ordre de chartreux. On espérait par là prévenir ces communications du vice et de la corruption, qui sont le fléau des prisons et des bagnes; on y gagna du moins la facilité de l'ordre et la perfection du travail. Ajoutons qu'un tel silence ne doit pas sembler extraordinaire chez la race britannique. Nous l'avons vu merveilleusement observé dans quelques grands ateliers libres, en Angleterre; et nous en avons cité des exemples remarquables. ·

Le jour du dimanche est consacré, comme pour un corps militaire, à tous les soins de propreté pour la personne, les effets, le couchage et les logements. A dix heures, le surintendant passe la revue des condamnés, de leurs vêtements, des dortoirs, des cuisines et de l'hôpital.

La revue terminée, le repas du matin fini, les condamnés sont conduits au temple dans le plus grand ordre, et rangés par trois divisions; suivant la règle que j'ai dé-

crite. Un silence que j'oserais presque appeler redoublé,
la décence des attitudes et des physionomies se maintien-
nent sans altération pendant un prêche considérablement
prolongé, suivant l'usage anglican. Un sentiment d'expansion rayonne sur les visages aussitôt que commence le
chant des cantiques. L'unisson de ces chants harmonieux
et graves, cet unisson des voix d'un si grand nombre
d'hommes, exerce sur eux un effet puissant; il anime, il
épure leurs regards, et sans doute il adoucit une douleur
inséparable de leurs âmes.

Dans l'établissement que nous venons de décrire, les
rixes, les batteries, les vols sont inconnus; l'état-major
est servi par des condamnés pour qui rien n'est sous clef,
et rien n'est dérobé. Des esprits chagrins supposent
qu'après des années où le vice et le crime se sont éloignés par l'heureux effet d'une admirable discipline, le
penchant au mal reviendra dès la sortie du coupable, en
apparence corrigé. Chez le plus grand nombre, espérons-le
du moins, ce funeste penchant ne reparaîtra qu'affaibli;
et chez les meilleurs, il ne reparaîtra jamais.

En finissant cette description de Port-Arthur, je me
plais à citer les propres paroles d'un éminent officier de
la marine française, passant la revue du dimanche avec
le surintendant O'Hara, et résumant le jugement moral à
porter sur ce merveilleux établissement : « Je m'attendais
à voir des êtres affreux au physique comme au moral,
sales, ou n'offrant que cette propreté officielle qui laisse
deviner le désordre caché, répandant l'odeur infecte et
nauséabonde que les hôtes de nos galères portent toujours
avec eux; je m'attendais, dis-je, à voir des scélérats à l'air
bassement craintif, ou bien à la physionomie cynique,
effrontée; je ne vis rien de tout cela; je trouvai, au contraire, des prisonniers convenablement vêtus de hardes

de laine en bon état, de chemises blanches, de souliers soigneusement noircis, ayant l'air décent, soumis, baissant les yeux dès que nous les approchions, répondant d'une manière convenable aux questions de leur chef, lequel, en parlant de préférence aux criminels les plus redoutables par leur audace ou leur férocité, attirait ainsi d'une manière particulière mon attention sur eux. Sans doute que leurs regards avaient quelque chose de sombre, de sinistre; que leur prestance, leur tournure, étaient empreintes d'une sorte de détermination; mais jamais, sous ces figures britanniques blanches et roses, ornées, pour la plupart, de cheveux blonds, je n'aurais deviné d'abominables scélérats; en sorte que ce fut sans presque aucun sentiment d'inquiétude, qu'en regardant autour de moi je m'aperçus de notre complet isolement, que partageaient deux employés supérieurs seulement. Partout où je tournais les yeux, je ne voyais que *convicts*, même parmi les gardiens, etc. » (*Voyage de* l'Artémise.)

Lorsque nous décrirons les grands États de l'Indoustan gouvernés par l'Angleterre, nous aurons plus d'une fois à signaler le rare mérite des officiers empruntés à l'armée pour les missions et les emplois les plus délicats. Nous n'en trouverons pas qui, par la vigueur du caractère et l'élévation des qualités morales, surpassent le capitaine O^cHara Booth.

§ 6. Nouvelle-Zélande.

———

Première tentative de colonisation par la France.

Avant 1830, le bienfaisant Larochefoucault-Liancourt et le comte de Barbé-Marbois avaient conçu le dessein d'imiter, dans l'hémisphère austral, ces colonies pénitentiaires des Anglais, déjà couronnées par de si grands succès, et qui devaient obtenir des succès encore plus miraculeux. Ces deux amis de leur pays et de l'humanité voulaient, en purgeant la France de ses malfaiteurs, créer un établissement lointain qui s'ajoutât à la richesse, à la force de la mère patrie. La mort du premier de ces deux hommes excellents interrompit leur projet.

En 1835, un des officiers les plus éclairés de la marine française, le capitaine de vaisseau Cécile, aujourd'hui vice-amiral, avait eu pour mission de protéger nos navires baleiniers dans l'océan Pacifique. En parcourant les mers de la Polynésie, il avait été frappé du beau climat et de la fertilité de l'archipel connu sous le nom de la Nouvelle-Zélande, archipel où les Européens ne faisaient flotter encore aucun pavillon souverain. Il revint en France avec les documents les plus précieux. Suivant l'usage, on ne profita ni de ses observations ni de ses lumières, qui pouvaient être si fécondes. On s'en occupa davantage au retour de la seconde croisière, en 1839. Il proposait alors qu'on prît possession de la Nouvelle-Zélande, où déjà notre capitaine Langlois, qu'il avait protégé sur les lieux, commençait un modeste établissement : c'était dans la péninsule Banks, sur l'île aujourd'hui nommée Nouveau-Munster. Une compagnie nanto-bordelaise fut constituée afin de développer le premier établissement.

Occupation par les Anglais.

L'Angleterre est toujours aux aguets quand la France a quelque projet auquel le Gouvernement prépare en secret son appui. A peine a-t-elle vent de cette disposition, que deux de ses navires de guerre prennent les devants, plantent, sur l'île où nous commencions à coloniser, le pavillon britannique, y débarquent un gouverneur, en attendant des gouvernés; parcourent dans chaque île les côtes de toutes les baies où l'on peut s'établir, et plantent des poteaux sur lesquels ils inscrivent leur prise générale de possession.

En vain la compagnie nanto-bordelaise essaya de faire valoir l'antériorité d'occupation par le capitaine Langlois. Cependant on reconnut le fondement de sa déclaration, car on lui concéda 12,000 hectares de terre dans la presqu'île où les Français s'étaient établis les premiers; là se borna la justice rendue.

Voilà comment l'irrésolution, les lenteurs et le secret singulièrement surpris au ministère français, empêchèrent que la France arrivât à temps pour ranger sous ses lois le magnifique archipel de la Nouvelle-Zélande.

Limites géographiques.

Longitude........ 164° à 176°, hémisphère oriental.
Latitude.... .... 46° à 52°, hémisphère austral.

La Nouvelle-Zélande offre deux îles principales et d'un territoire presque égal, avec une troisième île incomparablement moins étendue. Les Anglais leur ont donné des noms irlandais.

Si nous avançons dans la direction de l'équateur vers le pôle austral, nous trouvons successivement : 1° l'île que les aborigènes appellent *Ika-na-mawi;* c'est aujourd'hui la Nouvelle-Ulster; 2° l'île appelée par les aborigènes *Tawaï Pounamou;* c'est la Nouvelle-Munster; 3° l'île Stewart, plus communément appelée la *Nouvelle-Leinster.*

Le détroit de Cook, qui sépare les deux premières îles, n'a que onze lieues et demie de largeur; le détroit de

Foveaux, qui sépare la seconde et la troisième île, n'a que six lieues et demie.

> Superficie de la Nouvelle-Ulster.... 12,950,000 hectares.
> Superficie de la Nouvelle-Munster.. 12,485,900
> Superficie de la Nouvelle-Leinster..   363,000
>   Superficie totale..... 25,740,900

Ce territoire, qui surpasse en étendue la Grande-Bretagne, ne contient pas 150,000 habitants, y compris les aborigènes; sa colonisation en est encore aux premiers développements.

Un très-grand nombre d'îlots entourent les trois îles principales. On doit rattacher à la Nouvelle-Zélande les trois groupes de petites îles plus éloignées qui portent les noms de *Chatham*, d'*Aukland* et de *Macquarie*.

Du climat et du territoire.

Le climat de la Nouvelle-Zélande appartient tout entier à la zone tempérée; il est remarquable pour la faible différence qu'il présente entre ses froids d'hiver et ses chaleurs d'été; il est en cela comparable au climat de la Grande-Bretagne.

La quantité moyenne des eaux de pluie qui tombent dans une année atteint la hauteur considérable de 55 centimètres.

Des cultures.

La Nouvelle-Zélande a des forêts dont l'exploitation deviendra de plus en plus précieuse; l'élevage des troupeaux y prospère dès à présent; enfin son territoire offre des ressources infinies à l'agriculture.

Une plante textile, aujourd'hui célèbre en Europe, est le *phormium tenax*. Elle croît partout; dans les marécages humides, sur les monts les plus secs et sur le bord de la mer : ses tiges s'élèvent jusqu'à six mètres. Un lin, dont la beauté ne laisse rien à désirer, est obtenu par la culture d'une variété de ce précieux végétal.

On remarque avec étonnement des plaines couvertes de fougères : ces plantes s'élèvent, en certains lieux favorables, jusqu'à la hauteur étonnante de neuf mètres. La racine de la fougère nutritive (*filix esculenta*) sert, comme son nom l'indique, à l'alimentation des indigènes. Les porcs introduits dans la Nouvelle-Zélande se sont montrés avides de cette nourriture; ils l'ont devinée comme leur instinct découvre la pomme de terre et les truffes cachées sous le sol. Grâce à cet aliment, ils se sont extrêmement multipliés et vivent à l'état sauvage.

Jetons maintenant un coup d'œil sur les trois îles principales.

ÎLE NOUVELLE-ULSTER.

Il faut remarquer dans cette île le mont Edgecombe, qui s'élève au moins à 3,000 mètres de hauteur, et qui domine la baie de l'Abondance, *of Plenty;* puis la montagne d'Egmont, dont la hauteur est de 3,542 mètres. Beaucoup d'autres montagnes, dont les plus élevées ont leurs sommets couverts de glaces éternelles, multiplient les torrents et les rivières, si favorables à la fécondité de la terre, pourvu que l'industrie de l'homme en distribue les eaux. Les flancs de ces montagnes sont couverts de magnifiques forêts, qui contribuent à l'accumulation, à la conservation souterraine des eaux pluviales.

La capitale de la Nouvelle-Ulster est la ville d'*Aukland*. Elle s'élève sur la côte occidentale, à la hauteur de l'isthme qui sépare la grande partie de l'île et la longue péninsule qui s'avance du côté de l'équateur. Aukland est au fond d'une vaste baie qui fait face à l'Australie; elle se trouve de la sorte dans la situation la plus favorable pour communiquer avec les ports australiens de Melbourne et de Sydney.

La ville d'Aukland est remarquable par ses nombreux et petits magasins, et par ses cabarets, plus nombreux encore. Un capitaine de la marine britannique déclarait, en 1847, que jamais dans une cité d'égale étendue il n'avait vu réunis un si grand nombre d'hommes ivres. Son port est vaste et profond. Sa population s'accroît rapidement comme sa richesse. En 1847 elle avait déjà 5,217 habitants.

La ville de Wellington s'élève au voisinage du détroit de Cook, sur la rive occidentale de *Port-Nicholson*. Cette ville, si bien placée, possède déjà la plupart des institutions qui caractérisent nos cités avancées; elle a des églises spéciales pour le culte des catholiques, des anglicans, des presbytériens et des méthodistes; elle a sa banque d'épargne et son institution des ouvriers (*Mechanics institute*). C'est, après Hobart-Town, le poste le plus avancé de la civilisation britannique, en s'approchant du pôle austral, au sein de l'Océanie.

ÎLE NOUVELLE-MUNSTER.

Cette île est traversée dans sa longueur par une chaîne de montagnes d'une élévation moyenne de 2,400 mètres; vers son extrémité occidentale, la montagne de Cook s'élève à 3,658 mètres au-dessus de la mer.

Nous ne répéterons pas nos observations précédentes sur l'effet que produisent les montagnes de cette chaîne et les forêts qui les ombragent, pour procurer l'abondance des eaux utiles à la végétation. Nous ferons seulement remarquer l'étendue et la puissance productive des belles et vastes plaines que l'île présente : à l'ouest, du côté de l'équateur; à l'est, du côté du pôle austral.

Les villes de la Nouvelle-Munster portent les noms de *Nelson*, de *Cantorbery* et d'*Utayo*; elles n'ont rien d'important.

Essais d'exploitation de l'or.

Dans la Nouvelle-Munster on a découvert des gîtes aurifères. A Nelson, une compagnie s'est formée pour les exploiter. Voici dans quels termes elle rend compte de ses opérations. « En 15 jours le produit du champ d'or, *gold field*, appelé l'*Aorere*, est évalué à 150 onces; et déjà le tiers est conduit au port de Nelson. Il y avait environ 150 mineurs; ce qui fait une once d'or par travailleur en un demi-mois; les produits sont recueillis en quantités régulières. D'autres quartiers que celui d'Aorere contiennent de l'or; on cite ceux de Takaka et de Motuera. On signale des symptômes aurifères des deux côtés de la chaîne de montagnes qui divise l'île, etc. On signale encore une exploitation où 300 ouvriers ont recueilli 300 onces d'or en une semaine. »

Malgré ces récits fastueux, il ne paraît pas qu'une grande et sérieuse exploitation en ait été la conséquence.

ÎLE STEWART OU NOUVELLE-LEINSTER.

Cette île, dont la grandeur est inférieure à nos petits départements, n'offre encore aucun commencement de colonisation qui mérite d'être cité. Nous n'entrerons à son égard dans aucun détail.

Populations de la Nouvelle-Zélande.

Nous devons appeler toute l'attention du lecteur, en premier lieu sur les aborigènes, puis sur la population composée de colons européens.

On les évaluait assez récemment :

Les natifs, à............... 120,000 ⎞
Les Européens, à........... 30,000 ⎰ 150,000

Peuple primitif de la Nouvelle-Zélande : Mélanésie.

On distingue deux races humaines dans le vaste archipel de la Polynésie : l'une est appelée *papouenne* ou race australo-nègre, l'autre *polynésienne*. Cette dernière offre l'affinité la plus évidente avec les races de l'Asie, depuis les côtes de Malacca jusqu'à l'Inde britannique. La première a des rapports non moins frappants avec les nègres africains; et l'une des plus grandes îles habitées par cette race a reçu le nom de *Nouvelle-Guinée*.

Si de la plus avancée des îles Sandwich, du côté de notre pôle, on tire une ligne directe jusqu'à l'île la plus occidentale de la Nouvelle-Zélande, la race papouenne se trouve à l'ouest, et la race polynésienne à l'est de cette ligne.

Les habitants des innombrables îles polynésiennes parlent des dialectes, assez peu différents, d'une même langue, dans une région qui n'a pas moins de 70 degrés en latitude, sur 50 degrés en longitude; c'est-à-dire près de 1950 lieues du nord au midi, sur 980 mesurées d'orient en occident.

Dans les îles de la Nouvelle-Zélande, la race, générale-ment polynésienne, offre cependant les traces physiologiques assez marquées de son voisinage avec la race papouenne; mais la langue est celle de la Polynésie.

Diminution progressive de la population aborigène.

Au sein des îles de la Nouvelle-Zélande nous remarquons la même disparition graduelle de la population que dans les autres groupes de la Polynésie.

Cependant les habitants sont adonnés à l'agriculture. Ils ne pourraient pas subsister avec les seuls produits de la grande chasse; parce que leurs îles, en cela comparables à l'Australie, sont presque dépourvues de grands animaux mammifères. Enfin la pêche est pour eux une occupation secondaire; elle ne pouvait pas créer de rivalité sérieuse entre eux et les Européens.

Dans la Nouvelle-Zélande le gouvernement anglais s'est efforcé de faire sentir son influence en faveur des indigènes. Il a donné ses instructions dans le même esprit bienveillant à ses navigateurs, à ses agents, à ses consuls dans les autres îles de la Polynésie.

Les colons, graduellement et irrégulièrement introduits dans les îles néo-zélandaises, ont montré de la patience et même de la sympathie pour la race indigène.

Il faut examiner par quelles causes naturelles s'est manifestée et continue d'avoir lieu la diminution de cette race, même en des lieux où la persécution des Européens n'a jamais pesé sur elle. Nous serons guidé dans cet examen par un observateur attentif et bienveillant, qui n'a parlé qu'après avoir longtemps résidé dans la Nouvelle-Zélande, et tiré beaucoup de lumières des missionnaires envoyés dans les autres îles de la Polynésie.

On a signalé sept causes de dépopulation : 1° la guerre que se font entre eux les natifs; 2° l'oisiveté qui les pousse

aux querelles ; 3° la superstition, qui défend qu'on donne
des aliments aux malades alités, et les fait périr de famine ;
4° la sorcellerie et ses préceptes insensés ; 5° l'état abject
des femmes et la polygamie ; 6° le suicide ; 7° les maladies
mal ou point traitées.

La race polynésienne appelée *maori* est celle de la
Nouvelle-Zélande.

L'administration britannique essaye d'améliorer le sort
de cette race en l'attirant par degrés vers nos usages, nos
arts et nos institutions ; on s'efforce de l'arracher à des
coutumes barbares.

Malgré des soins si dignes d'éloge, tout démontre la diminution rapide des maoris dans la Nouvelle-Zélande.
Voici les évaluations approximatives de leur population.

Vers 1838............................ 120,000
En 1840............................. 114,800
Vers 1850............................ 100,000

A cette dernière époque l'évêque de la Nouvelle-
Zélande faisait faire un recensement très-soigné des indigènes. Je n'en connais pas le chiffre précis ; mais il
doit peu différer du nombre approximatif que je viens de
rapporter.

Entre 1838 et 1850 la diminution serait d'à peu près
un et demi pour cent par année.

On acquiert autrement la preuve de cette diminution
en parcourant les lieux d'habitation abandonnés, et qui
le sont sans addition équivalente de nouveaux groupes
de chaumières.

Parmi les causes de décadence, il faut compter l'infériorité déplorable du nombre des femmes et des enfants
relativement au nombre des hommes.

Entre les ports Nicholson et New-Plymouth, les missionnaires ont compté, pour l'année 1843, dans cinq districts :

Hommes........ 3,138 | Femmes........ 2,448
Jeunes garçons... 861 | Jeunes filles..... 689

On sera certainement frappé de la proportionnalité presque absolue qui s'offre ici, lorsque l'on compare les adultes et les enfants de chaque sexe. La population aborigène présente :

Pour cent hommes............ 27 garçons.
Pour cent femmes............ 26 filles.

Dès l'époque où le capitaine Cook fit ses découvertes dans les îles de la Polynésie, il signala l'extrême inégalité dans le nombre des garçons et dans celui des filles comme un des faits les plus constants et les plus déplorables. Faut-il l'expliquer par l'infanticide, multipliant de préférence ses victimes chez le sexe le plus faible ?

Le dénombrement que nous venons de citer confirme cette affligeante observation. Elle présente un autre résultat désastreux.

Femmes........ 2,448 | Garçons et filles... 1,550

L'infériorité si considérable du nombre des garçons et des filles, comparativement à celui des femmes, montre la cause nécessaire de la dépopulation.

Dans une société qui contient beaucoup plus d'hommes que de femmes, il existe un grand nombre de célibataires; par une triste conséquence, un certain nombre de filles nubiles sont détournées du mariage. Cette perversité diminue doublement le nombre des unions, qui ne peuvent plus suffire, je ne dis pas à l'accroissement, mais même à l'état stationnaire de la population.

Malthus a traité des obstacles au peuplement dans les îles de la mer du Sud. Il croyait que ces obstacles maintenaient simplement cet état stationnaire; le mal était infiniment plus grave.

Dans la Nouvelle-Zélande, moins de la moitié des indigènes sont devenus chrétiens. Cette fraction est ramenée à des mœurs moins impures, qui permettront peut-être un jour de rendre croissante la population de cette partie des familles; l'autre partie, par son immoralité même, continuera de décroître.

La polygamie n'est pas encore extirpée de la Nouvelle-Zélande. Il faut la compter parmi les causes pour lesquelles les principaux chefs, jaloux de conserver toutes leurs femmes, n'ont pas voulu se convertir au christianisme. Ils ne sont pas seulement bigames; on en voit qui comptent 4, 5, 6 et jusqu'à 8 esclaves, à titre d'épouses.

Il est un usage extraordinaire. Un chef, outre ses femmes effectives, peut faire déclarer TABOUES, *consacrées*, un certain nombre de filles; elles deviendront, quand il le décidera, ses femmes ou celles de son fils, si ce dernier est encore trop jeune pour le mariage. Lorsque la vestale provisoire éprouve quelque faiblesse, elle est mise à mort, comme étant coupable de sacrilége.

Le très-sagace observateur auquel j'emprunte les faits les plus importants que je viens d'énumérer rapproche ainsi le nombre des hommes des femmes et des enfants aux États-Unis, en Irlande et dans la Nouvelle-Zélande :

PROPORTION DES POPULATIONS MASCULINE ET FÉMININE.

CLASSES.	ÉTATS-UNIS.	IRLANDE.	ZÉLANDAIS ABORIGÈNES.	
			Campagnes.	Villes.
Adultes hommes............	100	100	100	100
Adultes femmes pour 100 hommes.....................	98	108	77	70
Enfants pour 100 hommes	161	141	48	50
A quoi j'ajoute : Enfants pour 100 femmes...............	164	130	62	71

A la seule inspection de ce tableau, le lecteur comprend la tendance au rapide accroissement de l'espèce humaine dans les États-Unis ainsi qu'en Irlande, et la tendance contraire chez la race aborigène de la Nouvelle-Zélande.

Après avoir constaté ce fait déplorable, montrons-en de nouveau les causes principales.

Évidemment les sociétés australiennes, telles que les Européens les ont trouvées dans l'autre hémisphère, étaient des sociétés non pas dans l'enfance, ni dans la virilité, mais vieillies et déjà descendant vers la décrépitude.

Avant l'époque où leur population diminuait par des causes intestines, elle avait été stationnaire; or cet état rétrograde avait été précédé par l'accroissement, le progrès et tous les autres bienfaits d'une civilisation naturelle et libre.

Continuons d'examiner la décadence telle que les Européens l'ont trouvée, et l'ont tour à tour favorisée ou combattue.

Sous un climat correspondant, pour la latitude, à Lisbonne, à Naples, à Smyrne, mais beaucoup plus rude en hiver, les hommes se réservent les occupations légères et nonchalantes. Ils laissent à leurs femmes les plus pénibles labeurs; le portage des fardeaux, qui s'ajoute à celui des enfants; les fatigues du ménage, et presque en entier la culture de la terre. Elles sont soumises à des châtiments toujours brutaux, souvent cruels.

La vie sauvage commence à porter ses tristes fruits dès l'allaitement. Les femmes nourrissent longtemps avec un lait que leur nourriture, si souvent irrégulière et non suffisante, rend pauvre et de peu d'abondance. A ce lait sans puissance, on supplée par des aliments qui ne sont guère appropriés aux organes délicats de la première enfance. Par l'absence de soins vraiment médicaux, et trop souvent par la réalité de pratiques insensées, on rend mortels des accidents et des maladies dont l'art européen sait triompher pour conserver nos femmes et nos enfants.

Même en Europe il suffit de quelques imprudences pour que des fausses couches rendent les mères incapables de donner le jour à des enfants viables, et finissent trop souvent par une triste stérilité. Combien ce cas doit être plus fréquent chez les femmes polynésiennes!

Au milieu d'une vie pleine de misères et maintes fois assaillie par le désespoir de suffire à la simple subsistance, trop souvent l'infanticide frappe de son fléau les unions entre les insulaires. Ce crime d'infanticide, le libertinage polynésien le commet dans une proportion plus grande encore que la débauche ne le fait dans les raffinements de nos sociétés européennes [1].

---

[1] Nous pouvons citer comme exemple les trop célèbres Aéroïs. Leur société fut trouvée à Tahiti par nos premiers navigateurs. Elle se composait d'une classe supérieure, élégante et raffinée dans son incroyable corruption. Les Aéroïs pouvaient se procurer autant de femmes, et des plus belles, qu'ils pouvaient en conserver pour leurs odieux plaisirs. Grâce à la

Aussitôt que l'aborigène s'est dégoûté de sa femme, je devrais dire aussitôt que le mâle est fatigué de sa femelle, il la chasse. Dès ce moment, toute union sociale est finie, sans autre formalité. N'est-ce pas alors que se multiplient les infanticides commis par des mères sans protecteur, et menacées de mourir de faim?

Dans la Polynésie païenne, où rien de sacré ne sanctifie l'union des deux sexes, aucun déshonneur ne s'applique au rapprochement illicite d'une fille indigène avec l'Européen, dont tout atteste la puissance et la supériorité. Cette alliance, même passagère, est un motif d'orgueil pour la fille et pour les parents. La concubine de l'immigrant occidental est plus doucement traitée que ne l'est la femme de l'aborigène; elle apprend à connaître les conforts de la vie; elle est plus ou moins initiée à la parure européenne, qui charme l'instinct de son sexe. Aussitôt qu'elle devient mère, bien loin d'en rougir, elle s'enorgueillit du fruit de ses entrailles; de ce fruit qui va naître et qui croîtra plus beau, plus fort et plus plein d'espérance que les fruits de l'espèce complétement aborigène, espèce inférieure et commune.

Dans la Nouvelle-Zélande, on cite des cas où des femmes indigènes font valider par *la suprême cour de justice* les testaments de leurs consorts américains; elles font alors administrer par des curateurs officiels les biens du décédé pour leur compte et celui de leurs enfants. Ces femmes entrent ainsi sous l'empire des lois occidentales avec leur postérité.

Quelque objection qu'on puisse faire au nom des mœurs contre l'usage illicite de prendre une concubine indi-

vie la plus licencieuse, ces femmes, heureusement pour leur existence dégradée, devaient produire peu d'enfants; et les enfants, s'ils échappaient à l'avortement intentionnel, étaient tous mis à mort.

gène, cet usage des colons et des pêcheurs européens a pourtant exercé sur le caractère et l'existence des natifs une influence favorable. La propreté, l'ordre intérieur, un traitement plus doux des femmes, un rapprochement, une harmonie, commencés entre la race supérieure et la race inférieure, voilà des bienfaits qu'il est impossible de méconnaître.

Les Européens ont fait cesser les guerres intestines dans les îles où s'est établie leur puissance. Ces guerres étaient incroyablement destructives, plus encore qu'elles ne l'étaient dans les sociétés antiques et semi-barbares de la Grèce et de l'Italie. Ces sociétés exterminaient des tribus entières et tout le peuple d'une ville, si l'on ne préférait pas l'esclavage personnel subi par les vaincus.

Dans la Nouvelle-Zélande on voit encore les traces de lieux autrefois habités, mais qui sont devenus déserts par les désastres de guerres impitoyables; là les ossements des vaincus tiennent lieu de monuments. On montre même aujourd'hui de grandes fosses creusées dans la terre, où la chair des vaincus était cuite entre des pierres brûlantes, pour célébrer, en d'infâmes banquets, les joies de la victoire.

Il ne faut pas se figurer que ces spectacles pleins d'horreur remontent à des temps fabuleux. Écoutons un missionnaire parlant de l'île Harvey : « Je voulais placer un maître d'école, indigène, au milieu d'une population que je croyais nombreuse encore; mais, par leurs exterminations réitérées, ils ne restaient plus qu'une soixantaine. Sept ans après je revins; dans un si court laps de temps, ils s'étaient si souvent battus en désespérés les uns contre les autres, que les survivants étaient seulement cinq hommes, trois femmes et quelques enfants. Dans ce misérable débris d'une tribu, l'on disputait à qui serait roi! »

Au sein du même groupe que l'île Harvey, dans l'île

Mankey, une invasion d'indigènes voisins, trois ans avant l'arrivée des missionnaires, avait été suivie d'un massacre qui, dans toute l'île, ne laissait plus que trois cents habitants.

Par l'effet de la famine, ajoutée à l'invasion, une troisième île, Mitario, presque dépeuplée, fut réduite à cent personnes.

Influence du christianisme.

Suivant les récits britanniques, dans les îles où les missionnaires ont complétement réussi, les guerres intestines ont disparu. Quand ils ont seulement à moitié réussi, ils ont du moins diminué les chances de guerre; ils ont adouci ce caractère exterminateur qu'avaient les combats. A la Nouvelle-Zélande, la guerre entre les natifs est devenue bien moins fréquente; elle a déjà beaucoup emprunté au caractère plus humain des actes qui suivent ou qui précèdent nos batailles.

Du cannibalisme dans la Nouvelle-Zélande.

Le cannibalisme, jusqu'à des temps voisins de nous, était la plaie la plus funeste de la Nouvelle-Zélande. Le dernier cas dont on cite un exemple ne remonte pas plus haut que l'année 1844.

Ravatu, l'un des principaux chefs de Rakivaki, montre à M. Lyth, missionnaire, une rangée de pierres, par lesquelles son père avait tenu compte des prisonniers que ce père avait mangés; il y en avait *sept cent soixante et dix*...

Dans un pays qui n'avait ni chevaux, ni bêtes à cornes, ni bêtes à laine, par une abominable perversité, l'homme était devenu pour l'homme *un animal de boucherie*. De même qu'au temps des empereurs romains les confiscations étaient occasionnées par l'intérêt du confiscateur; de même, chez les Polynésiens, la condamnation à mort était rendue plus fréquente par la perspective de confisquer et de manger le condamné. D'habiles médecins, en réfléchissant sur cette horrible habitude, se sont crus autorisés à conclure qu'elle est contraire à la santé, comme elle l'est à la multiplication de l'espèce humaine.

Dans nos sociétés civilisées, on sait déjà quelle source de dégénération funeste offrent les alliances de parents trop rapprochés; la dégradation physique doit devenir bien plus rapide quand le rapprochement des sexes et les unions tolérées descendent jusqu'à l'inceste.

Influence qu'ont exercée les Européens.

On a remarqué que l'abus des boissons alcooliques ne s'est pas sensiblement propagé chez les indigènes de la Nouvelle-Zélande. Les natifs qui contractent ce vice deviennent l'objet du reproche et du mépris dans leurs tribus. Les maladies vénériennes, importées, dit-on, par les Européens, semblent avoir considérablement perdu de leur caractère dangereux; enfin l'usage des armes à feu, par cela même qu'il facilite les combats à distance, a diminué les massacres et l'atrocité des batailles, où l'on employait des armes qui nécessitaient la lutte corps à corps. Telles sont les atténuations présentées par les personnes qui cherchent à repousser la pensée qu'une grande partie de la dépopulation des îles polynésiennes doit être attribuée à la fréquentation des Occidentaux.

Ce que les Européens n'ont pas appris aux indigènes, c'est le cannibalisme, et les sacrifices humains, et l'infanticide, soit avant, soit après la naissance. Ce qu'ils ne leur ont pas donné, c'est l'infamie *dépopulatrice* des sociétés aérois.

Ce que maintenant ils apprennent de notre civilisation, c'est l'usage d'une alimentation plus régulière, et la faculté d'y pourvoir par l'agriculture et les arts; c'est l'habitude plus saine de vêtements plus chauds en des îles où l'hiver fait sentir ses rigueurs, comme à la Nouvelle-Zélande; c'est enfin l'influence pour la santé, sous tous les climats, de la propreté sur la personne et du confort dans les habitations.

Il est essentiel de constater la grande différence qui se trouve entre les pays que les Européens peuplent au hasard et suivant leurs caprices, et les pays où la terre est progressivement, légalement concédée suivant un ordre méthodique; c'est dans les premières contrées qu'une lutte d'extermination s'établit entre l'aborigène sans protection et ces vagabonds sans loi, trop souvent hors la loi, ces *squatters*, ces marins déserteurs, ces déportés fugitifs, ces prisonniers échappés qui ne reculent devant aucun attentat.

Mais à la Nouvelle-Hollande, où le gouvernement et l'administration, constitués dès le principe, ont dirigé l'occupation successive de la terre, et fait sentir la protection de la justice, les maux du contact des races ont été considérablement atténués.

Le plus grand bienfait qu'on puisse répandre sur la race polynésienne, c'est d'adoucir le sort infortuné des femmes. Il faut les délivrer des travaux qui sont au-dessus de leurs forces; protéger leur frêle existence contre la violence et la barbarie; écarter d'elles les crimes qui souvent mettent fin à leur existence, l'avortement par exemple; sauver leur vie, dans beaucoup de cas que rend mortels l'ignorance, et que notre art sait guérir. Il faut appliquer des soins non moins empressés pour conserver les jours de la tendre enfance, pour la protéger contre les intempéries d'un climat inconstant, contre la mauvaise nourriture, contre les pratiques pernicieuses, perpétuées par la routine. On doit se dire sans cesse que l'art de guérir, précédé d'une hygiène éclairée, peut sauver encore plus d'enfants qne d'adultes.

On devrait favoriser par tous les moyens honnêtes l'accroissement légitime de cette belle race mixte, par les mariages entre les populations européenne et polynésienne sous la protection et la faveur de la loi chrétienne.

En des contrées où la terre s'offre si vaste aux familles les plus nombreuses, la puissance procréatrice de la race anglo-saxonne se transmettrait sans affaiblissement chez la race mixte, plus robuste que l'indigène et plus résistante au climat que l'européenne.

Population européenne.

La colonisation de la Nouvelle-Zélande est extrêmement récente. Ses commencements ont été faibles. Le groupe entier des îles zélandaises était considéré comme un appendice de la Nouvelle-Galles du Sud, d'où sont partis les premiers et rares envois de colons.

C'est seulement en 1840 qu'un Acte du Parlement britannique a constitué ce groupe en colonie indépendante.

'Voici, depuis cette époque, quatre recensements qui donneront une idée du progrès de la population.

Renseignements de la population européenne.

Années.........	1846.	1850.	1851.	1854.
Hommes......	7,937	12,470	14,996	15,741
Femmes......	5,737	9,938	11,660	12,942
Totaux...	13,674	22,408	26,656	28,683

Faisons remarquer un progrès favorable, quoique lent, vers l'égalité numérique des deux sexes; progrès aussi nécessaire pour l'établissement des bonnes mœurs que pour l'accroissement de la population.

Accroissements du sexe féminin pour 100 personnes du sexe masculin.

Années.........	1846.	1850.	1851.	1854.
Sexe féminin...	72	79	79	82

Le mouvement de l'état civil, pour les deux années 1850 et 1851, présente une idée de la prospérité de la race européenne.

Naissances réunies.........................	1,996
Décès....................................	482
Mariages.................................	407

Il y a, comme on le voit, près de cinq naissances par mariage contracté, et ces naissances surpassent extraordinairement les décès. La colonie, si jeune encore, a donc beaucoup d'avenir.

Pour suppléer à l'infériorité du nombre des femmes européennes, un certain nombre de colons contractent des unions, la plupart temporaires, avec les femmes indigènes, ainsi que déjà nous l'avons fait remarquer; c'est ce que font aussi les Occidentaux pêcheurs de baleines. Si déjà ces femmes sont chrétiennes, le mariage régulier est contracté; c'est autant d'acquis du côté des bonnes mœurs, et pour l'accroissement de la population. Les autres épouses, quoique à l'état de concubinage, restent généralement fidèles et dévouées à l'Européen qui les attache transitoirement à son sort; mais les voyages, les changements de situation de richesse et de destinée, mille causes tendent à rompre ces liens sans garantie civile ni religieuse.

Un fait extraordinaire est signalé par de graves observateurs. Lorsque les femmes polynésiennes ont des enfants nés de leur union avec des Européens, elles deviennent incapables d'être mères en s'unissant plus tard à des hommes de leur propre race.

On assure qu'un fait semblable se réalise à l'égard des femmes nègres unies, tour à tour, à des hommes de race blanche et de race noire.

Dans le nord de la Nouvelle-Zélande, l'union avec les Anglo-Saxons et avec les pêcheurs de baleine fait naître une race nouvelle de haute stature, robuste, et d'une beauté remarquable. Cette race intermédiaire, il faut désirer de la voir s'accroître pour le bonheur des femmes aborigènes; elle prend par degrés la place de la population polynésienne et contribue à la faire plus rapidement disparaître.

Nous terminerons l'exposé des progrès qui caractérisent les six États australiens par l'exposé des faits généraux qu'offrent leur commerce et leur avenir.

COMMERCE GÉNÉRAL DE L'AUSTRALIE.

Afin de rester fidèle à la marche que nous avons suivie, nous donnerons les valeurs du commerce fait par l'Australie avec les trois principales puissances commerçantes pour l'année 1855. Nous ferons seulement remarquer que cette année ne présente que des sommes fort inférieures à l'importance régulière des affaires, précisément parce que l'année précédente avait été signalée par un encombrement incroyable d'importations.

TABLEAU DU COMMERCE FAIT PAR L'AUSTRALIE AVEC LES TROIS PRINCIPALES PUISSANCES EN 1855.

NATIONS.	PRODUITS IMPORTÉS.		PRODUITS exportés D'AUSTRALIE.
	NATIONAUX.	ÉTRANGERS.	
	francs.	francs.	francs.
Royaume-Uni....................	156,974,150	23,563,975	112,505,000
États-Unis.	14,434,350	1,754,899	1,191,933
France......................	812,531	43,259	1,804,480
Totaux...........	172,221,031	25,362,133	115,501,413

                                                                   francs.

Somme des importations et des exportations. . 313,084,577

Or, par approximation................... 250,000,000

Total pour les trois puissances commerçantes. 563,084,577

Dans le commerce général de l'Australie, il est facile de voir, par le tableau qui précède, que la part réservée au Royaume-Uni l'emporte énormément sur celle que prennent les nations étrangères, même les plus commerçantes.

Il faut espérer qu'un jour les principales nations auront une part moins insignifiante dans le riche trafic auquel se livrent les colonies australiennes.

Part que la France devrait prendre au commerce de l'Australie.

La France, en particulier, devrait faire directement avec ces grandes contrées, si pleines d'avenir, un commerce aussi varié qu'important.

Pourquoi ses fabricants sont-ils réduits à chercher dans les ports d'Angleterre les laines de l'Australie? En abaissant les droits d'entrée pour cette provenance lointaine, on favoriserait une navigation précieuse entre toutes, parce qu'elle exige un très-long voyage et qu'elle est la meilleure école pour le parcours des mers. Bordeaux, qui possède le génie des expéditions maritimes, devrait profiter des facilités qu'offrirait cette intelligente réduction des droits douaniers du sud oriental.

Les États-Unis ne pourront pas continuer longtemps de fournir à l'Australie des céréales, parce que le progrès naturel et prochain de cette contrée sera de produire non-seulement ce qu'exige son alimentation, mais des grains assez abondants pour être offerts aux nations étrangères.

La France, au contraire, pour tous ses produits d'industrie et pour ses vins, *qu'on n'imite guère* et *qu'on n'égale pas*, la France peut opérer des envois toujours croissants, afin de satisfaire aux besoins si variés et .considérables d'une population très-opulente.

———

Vœu d'une confédération australienne.

Nous avons vu, dans le principe, la population anglo-saxonne former une seule colonie sur le continent australien.

Nous avons vu par degrés se peupler de nouveaux districts, en Tasmanie, en Victoria, en Sud et Ouest-Australie. Aussitôt que ces districts ont acquis la moindre importance, ils ont demandé, avec une extrême ardeur, à former des colonies séparées qui s'administreraient elles-mêmes, en ayant chacune son pouvoir indépendant.

Ces vœux ont été satisfaits. Mais à peine les États rendus distincts ont-ils joui de l'avantage et des honneurs de l'autonomie, les inconvénients d'un isolement absolu se sont fait sentir. Alors a surgi la pensée d'une confédération, dans laquelle un corps représentatif prononcerait sur les questions générales, importantes et variées, qui concernent les intérêts communs à toutes les colonies ou seulement à plusieurs d'entre elles.

A ce sujet, je dois citer un fait considérable, dont l'attention publique ne s'est guère préoccupée, mais qui me paraît mériter de profondes réflexions.

En Angleterre, une association riche et nombreuse s'est organisée en faveur des colonies australiennes (*General Association for the australian colonies*). Le 31 mars 1857 elle a tenu, dans la ville de Londres, une grande assemblée pour présenter au Gouvernement un vœu de ces colonies : le vœu d'obtenir *une représentation fédérale*.

Tel est l'objet du mémoire que les pétitionnaires ont soumis au ministre des colonies. Ils rappellent que, dès l'époque où ce ministère était dirigé par le comte Grey, Sa Seigneurie avait introduit la condition future d'une assemblée fédérale; mais les articles relatifs à cette innovation, combattus tour à tour dans le Cabinet et dans la Chambre des communes, furent alors abandonnés.

Plusieurs années après, lorsque la constitution actuelle de la Nouvelle-Galles fut discutée par le corps législatif de cette colonie, le comité qui fit le rapport sur le projet de cette constitution signala les intérêts qui peuvent réclamer *une représentation fédérale* pour l'ensemble des colonies australiennes. Ce comité ne s'arrêta point à des indications générales et vagues; il spécifia, par voie d'exemple, sept classes différentes d'intérêts communs qui nécessitaient le concours d'une législature collective :

Premièrement : Les tarifs qui concernent le commerce entre les colonies et les opérations du cabotage ;

Secondement : Les chemins de fer, les routes ordinaires et les canaux qui traversent plusieurs colonies ;

Troisièmement : Les phares, les balises et les signaux, formant système autour des côtes ;

Quatrièmement : Les établissements pénitentiaires qui peuvent recevoir les condamnés de plusieurs colonies ;

Cinquièmement : Les règlements publics, uniformes, nécessités pour l'exploitation et le commerce de l'or ;

Sixièmement : Les mesures relatives au service postal entre les diverses colonies ;

Septièmement : L'institution et les pouvoirs d'une cour générale d'appel, pour les jugements rendus dans ces diverses colonies ;

Huitièmement, et pour ne rien omettre : La faculté de régler tout autre intérêt collectif qui serait déféré à la Chambre fédérale par les différents Conseils législatifs ; en même temps la faculté de régler la part contributive des sommes à percevoir sur les revenus respectifs de toutes les colonies.

La réserve suivante, introduite par le comité parlementaire qui faisait un tel rapport, me paraît très-digne d'éloge :

« Comme on pourrait voir avec jalousie qu'une institution générale ayant cette importance fût incorporée dans un Acte particulier du parlement métropolitain, Acte nécessaire pour régler la Constitution de la Nouvelle-Galles, votre comité se borne à démontrer que l'introduction d'un tel pouvoir fédéral est devenue indispensable. Il pose en principe qu'on ne devrait pas plus longtemps en différer l'établissement. Il se contente d'exprimer l'espérance que le ministre des colonies appréciera l'utilité présente (*the expediency*) de présenter au Parlement, dans le moindre délai possible, un bill consacré spécialement à cette mesure. »

Chose remarquable, c'était le même citoyen qui présidait en 1853, dans le conseil législatif de la Nouvelle-Galles, le comité d'où sortait ce vœu capital, et qui, trois ans plus tard, présidait dans Londres l'assemblée de représentants métropolitains, d'où sortaient la même pensée, la même demande, pour en obtenir la réalisation.

Le désir manifesté par la Nouvelle-Galles, d'autres colonies, et spécialement celle de Sud-Australie, l'ont successivement reproduit.

Appuyés sur ces volontés, les pétitionnaires réclament un Acte du parlement où seront posées les bases d'une Assemblée fédérale pour l'ensemble des colonies australiennes. Ils vont plus loin : à leur mémoire ils joignent un projet de bill où sont réunies les dispositions qui leur ont paru les plus avantageuses.

A cette pétition, le très-honorable secrétaire d'État des colonies, M. Labouchère, fait répondre par son secrétaire :

« M. Labouchère a considéré les arguments et les faits allégués dans le mémoire susmentionné avec toute l'attention que commandaient la grande importance du sujet et le caractère des pétitionnaires.

« Il apprécie pleinement les inconvénients signalés et qui s'accroîtront de plus en plus, si l'on n'y porte pas quelque remède. »

Cependant, après avoir mûrement pesé les raisons pour et contre le projet qu'on lui présente, l'habile et prudent ministre arrive à cette conclusion : « En réalité le Gouvernement de Sa Majesté n'atteindrait pas le but

désiré par les pétitionnaires, *en introduisant* la mesure dont
le plan est tracé dans leur mémoire.

« Le ministre ne croit pas que les colonies consen-
tissent à se dépouiller d'un droit de taxation, ou du droit
équivalent de répartir une contribution commune, afin
d'en investir un corps fédéral. Même dans le cas d'un
assentiment *peu probable*, il croit que la mise en pratique
d'un pareil système produirait, *probablement aussi*, bien
des dissensions et des mécontentements.

« Le ministre enverra copie de cette correspondance *aux
gouverneurs des diverses colonies, afin qu'on cherche quels
moyens peuvent porter remède aux inconvénients signalés.* »

Cette réponse dilatoire ne rappelle-t-elle pas un peu
la peinture incroyablement exagérée que l'ingénieux et
pessimiste Dickens a cru devoir buriner, au sujet de ce
qu'il appelle LE MINISTÈRE DES CIRCONLOCUTIONS? L'austère
humoriste sera désespéré de n'avoir pas imaginé que l'art
des délais pût s'élever jusqu'à requérir qu'ils fassent le
tour du monde, grâce au renvoi des bureaux de l'hémisphère boréal à ceux de l'hémisphère austral; et l'autorité
prescrit des actes circonlocutoires dans toutes les colonies, pour éclaircir l'évidence.

Ces singuliers sujets d'inquiétude sur les dissensions possibles et sur les mécontentements probables des diverses
populations, quand leur confédération ferait leurs propres
affaires, voulait-on les dissiper? Il suffisait de jeter un regard sur le succès avec lequel le Congrès des États-Unis
règle dans chaque session les intérêts généraux et les mesures communes, non pas seulement à cinq ou six, mais à
trente-deux États!

La prudence conseille de résoudre en temps opportun
les questions constitutives soulevées par de vrais besoins;
cela vaut . mieux que d'attendre de mauvais jours, où

l'orgueil des passions et la vindicte des désirs longtemps repoussés s'emparent des questions et les enveniment.

Jusqu'à ce jour les meilleurs sentiments en faveur de la métropole n'ont pas cessé d'animer les colons de l'Australie. On a vu ces colons en donner la preuve par des sacrifices volontaires lors de la guerre de Russie, et plus récemment lors de la révolte des Indes. A ces témoignages d'affection pour le Royaume-Uni, ils ont joint leur hommage pour la souveraine bien-aimée dont la main a signé leurs constitutions éclairées et libres. Ils ont offert leurs présents à sa fille aînée, pour célébrer le mariage de cette princesse avec le fils du Prince royal, qui répond aujourd'hui si noblement aux espérances de la Prusse.

Passons à d'autres intérêts généraux, que chaque année satisfait davantage.

De la navigation entre le Royaume-Uni et l'Australie.

Cette navigation par sa grandeur est devenue, pour la métropole et l'Australie, un intérêt du premier ordre; on a beaucoup fait dans le dessein de la rendre moins longue et moins funeste aux passagers.

Les émigrants ne sont pas des marins. La mer les fatigue beaucoup; et les longues traversées, en des mers très-dures, altèrent les tempéraments les moins robustes. Les passagers offrent un mélange de célibataires, de gens mariés et d'enfants de tout âge; il est difficile de les astreindre, pendant plusieurs mois passés en mer, à tous les soins de propreté que dicte une discipline intelligente. Or cette discipline, pour être efficace, doit opérer sans intermittence; il faut qu'elle soit vigilante, inexorable, si l'on veut qu'elle conserve la santé générale à bord du navire.

Sur les bâtiments consacrés au transport des émigrants,

l'équipage est de droit soumis au capitaine; les passagers,
pour ce qui concerne l'hygiène et la propreté, sont placés
sous l'autorité éclairée du chirurgien. Dans ces traversées on exige, avec la plus grande sévérité, le maintien
des bonnes mœurs; on interdit la fréquentation des personnes de différent sexe, autres que la femme et le mari,
le père et ses filles; on ne permet pas que l'état-major et
l'équipage communiquent avec la société des passagères.

A mesure que les arts nautiques se perfectionnent on emploie de plus grands navires, ayant une marche supérieure,
offrant aux passagers plus d'espace et plus d'air respirable.
Ils ont des installations plus commodes et plus saines;
les vivres sont meilleurs, abondants en conserves, et le
pain frais est distribué plus souvent. Enfin la longueur des
traversées, de moins en moins grande, diminue par degrés
les chances d'une mortalité qu'on a vu parfois excéder
quatre à cinq personnes sur cent passagers.

Plaintes des Australiens au sujet des communications
par l'isthme de Suez.

Malgré des améliorations incontestables, l'Australie a
fait entendre ses doléances sur la durée et le prix actuel
des transports, même en évitant le long circuit par le cap
de Bonne-Espérance. Nous allons citer les observations
très-judicieuses publiées à ce sujet par le *Sydney-Morning-
Herald.*

« Le transbordement actuel dans les ports d'Alexandrie
et de Suez, le transport par terre à travers l'Égypte, la
nécessité d'employer deux lignes de navires à vapeur ainsi
séparées, le prix élevé du charbon de terre dans toutes les
stations au delà de la Méditerranée, ces obligations, ces
nécessités réunies forceront toujours les compagnies de

malle-poste d'exiger un tarif qui ne rendra la route de Suez accessible qu'aux passagers riches. Le même tarif ne permettra le transport que des marchandises qui, par leur valeur, peuvent supporter des dépenses exorbitantes : dépenses vraiment ruineuses pour tous les autres objets de commerce, comme pour tous les passagers qui ne sont pas dans l'opulence. L'achèvement du chemin de fer à travers l'Égypte peut contribuer à la diminution de l'ensemble des frais[1]. Mais il ne changera jamais le caractère dispendieux de cette route ; caractère qui résulte de la force des circonstances, et qu'il est impossible de lui ôter par des réductions pécuniaires. Ce caractère est celui d'une route exclusive dont les avantages sont réservés au très-petit nombre de voyageurs ayant des capitaux. Aussi ce genre de communications ne peut-il être entretenu que par des subsides de quatre millions de francs au moins. »

Le grand but qu'il faut atteindre n'est pas seulement d'abréger la distance pour le transport des marchandises en général. Tant qu'on est obligé de transborder une cargaison, la route directe n'est accessible qu'à des articles ayant beaucoup de valeur, comparativement à leur poids ainsi qu'à leur volume.

Vœu des colons australiens pour qu'un canal maritime leur ouvre l'isthme de Suez.

Après avoir fait sentir les inconvénients que nous venons d'énoncer, l'interprète des intérêts et des besoins de l'Aus-

---

[1] C'est une erreur : aujourd'hui le chemin de fer de la Méditerranée à la mer Rouge par Alexandrie, le Caire et Suez, est en circulation ; il perçoit 6o francs par tonneau transporté. Or 6o francs représenteraient le prix du transport d'Angleterre en Australie par l'isthme de Suez canalisé. Ce système permettrait qu'un même navire allât, sans rompre charge, de Londres ou Liverpool à Melbourne ou Sydney.

tralie ajoute : « Ce qui manque à l'Australie, c'est qu'on ouvre l'isthme de Suez pour l'ensemble de l'émigration et du commerce. La masse des passagers et des marchandises a besoin de s'approprier la route, à la fois courte et commode, que suit le petit nombre des marchands riches et des colons opulents. L'Australie a besoin d'envoyer sa laine, et nous espérons qu'elle aura besoin d'envoyer aussi son coton par la route qui ne sert aujourd'hui qu'à transporter son or. Le percement de l'isthme de Suez par un grand canal maritime ouvrira la route entre l'Angleterre et l'Australie. Cette route mettra de grands bâtiments à vapeur, tels que *le Simla* et *l'Onéida*, en état de naviguer de Southampton à Sydney, en s'arrêtant quelques heures seulement aux stations où l'on renouvellera l'eau et le charbon. »

En définitive l'Australie, avec ses produits encombrants et ses trésors à transporter, avec les immigrants et les riches marchandises qu'elle demande à l'Angleterre, forme une partie essentielle et considérable des intérêts spécialement anglais. Répétons-le, ces intérêts réclament impérieusement l'ouverture d'un canal à travers l'isthme de Suez.

Examen spécial du commerce de l'Australie avec le Royaume-Uni :
son importance relative.

Veut-on apprécier l'extrême importance de l'Australie, pour le commerce et les manufactures du Royaume-Uni? Il suffira de constater la prodigieuse consommation que ce pays colonial a faite des produits de l'industrie britannique à partir de l'année 1851, où commence la découverte de l'or.

La colonie de Victoria l'emportant de beaucoup sur

les États qui l'entourent par la quantité d'or qu'elle tire de son sol, j'ai dû la mettre expressément en relief dans le tableau suivant :

VALEUR DES PRODUITS BRITANNIQUES VENDUS À L'AUSTRALIE EN GÉNÉRAL, ET SPÉCIALEMENT À LA COLONIE DE VICTORIA, DEPUIS LA DÉCOUVERTE DE L'OR.

ANNÉES.	TOUTE L'AUSTRALIE.	AUSTRALIE sans Victoria.	VICTORIA.
	francs.	francs.	francs.
1851 : l'or découvert.............	70,183,850	55,073,775	15,110,075
1852, action de l'or exploité........	105,555,125	65,176,750	40,378,375
1853............................	387,842,500	211,282,825	176,559,675
1854........................,......	298,283,800	154,750,925	143,532,875
1855............................	156,974,150	87,229,750	69,744,400
1856............................	247,764,375	110,370,275	137,394,100
1852 à 1856........	1,196,419,950	628,810,525	567,609,425

Afin de rendre plus sensible la grandeur des résultats commerciaux obtenus par les colons australiens, nous allons présenter le tableau des produits qu'envoient les trois royaumes britanniques, dans les principaux groupes de leurs possessions extérieures.

Nous nous contenterons de prendre la valeur totale comprise entre 1852 et 1856; c'est-à-dire pendant les cinq années où la découverte de l'or en Australie a commencé d'influer largement sur les exportations du Royaume-Uni.

PLACE OCCUPÉE PAR L'AUSTRALIE, POUR LA CONSOMMATION DES PRODUITS BRITAN-
NIQUES, PARMI LES PRINCIPAUX GROUPES DE POSSESSIONS DU ROYAUME-UNI,
DE 1852 À 1856 INCLUSIVEMENT.

POSSESSIONS BRITANNIQUES.	POPULATION MOYENNE.	VALEUR des PRODUITS BRITANNIQUES envoyés.
Australie...........................	679,846	1,196,419,950ᶠ
Indes orientales.....................	177,000,000	1,085,766,850
Canadas, Nouvelle-Bretagne.	2,558,000	436,645,000
Indes occidentales....................	840,000	179,548,150
Cap de Bonne-Espérance...............	290,000	153,363,025
Ile Maurice.........................	200,000	43,053,375

Au premier coup d'œil jeté sur ce tableau l'on sera certainement, pour les cinq années mises en parallèle, frappé
de voir l'Australie, quoiqu'elle eût encore une si faible
population, l'emporter cependant sur tous les autres
groupes de possessions britanniques.

Nous offrirons la mesure du degré d'importance qu'ont
les habitants de ces possessions aux yeux des manufacturiers anglais, en présentant le nombre d'individus qui,
dans chaque possession, consomment autant de produits
anglais que *cent colons de Victoria*. Tel est l'objet du tableau suivant :

Tableau comparé du nombre d'habitants qui, de 1852 à 1856, consomment la même valeur de produits britanniques dans les grandes possessions de l'Angleterre.

		Habitants.
1°	De Victoria	100
2°	De l'Australie entière	129
3°	De l'Australie sans Victoria	155
4°	Du cap de Bonne-Espérance	525
5°	De l'île Maurice	922
6°	Des Indes occidentales britanniques	928
7°	Du Canada et de la Nouvelle-Bretagne	1,162
8°	De l'Inde orientale britannique	23,868

Ainsi tels sont les termes extrêmes qu'offre l'échelle des possessions extérieures du vaste empire britannique : *dans les cinq dernières années dont les comptes commerciaux nous sont donnés officiellement* [1], *100 colons de Victoria et 23,868 habitants des Indes orientales consomment pour une même valeur de produits fabriqués par la métropole.*

L'Angleterre se félicite à juste titre de l'énorme consommation que font de ses produits les habitants des États-Unis, ces peuples de race anglo-saxonne. Voici le résultat des années que j'ai prises pour terme de comparaison.

Rapprochement entre Victoria et les États-Unis.

		Victoria.		États-Unis.
Équivalents en nombre d'habitants.		100		2,430

Veut-on savoir, au point de vue purement mercantile et manufacturier, à quoi sert que des colonies restent

---

[1] Ces calculs étaient établis avant que j'eusse reçu les états de commerce pour 1857; ils ne changeraient qu'insensiblement tous les rapports si frappants que nous venons de présenter.

annexées à la mère patrie? ou bien à quoi ne sert pas qu'elles en soient séparées comme les États-Unis? Voici la réponse : cela sert à faire comprendre, même aux esprits les plus étroits, que les produits de l'industrie britannique trouvent un égal placement chez :

1° *Un* Colon seulement de Victoria, resté soumis à la mère patrie ;

2° *Vingt-quatre* ci-devant colons anglais des États-Unis, à jamais séparés de la métropole primitive.

Ajoutez que la navigation de l'Australie appartient presque toute à l'Angleterre, tandis que celle des États-Unis devient une rivale de plus en plus menaçante. Dès à présent cette dernière suffit pour que la marine anglaise ne soit plus souveraine absolue des mers.

Suivant quelle inégalité se partage la NAVIGATION dans les colonies australiennes et dans les ci-devant colonies britanniques.

Le tableau qui suit va jeter beaucoup de lumières sur ce grave sujet.

TABLEAU COMPARÉ DU TONNAGE, SOIT NATIONAL, SOIT ÉTRANGER, QU'OFFRE LA NAVIGATION DES TROIS ROYAUMES : 1° AVEC L'AUSTRALIE, 2° AVEC LES ÉTATS-UNIS : 1857.

MOUVEMENTS COMPARÉS.	AUSTRALIE.		ÉTATS-UNIS.	
	BRITANNIQUES.	ÉTRANGERS.	BRITANNIQUES.	ÉTRANGERS.
	Tonneaux.	Tonneaux.	Tonneaux.	Tonneaux.
Importations.....	106,434	1,440	359,115	907,963
Exportations.....	356,893	16,138	301,583	1,008,527
Tonnage total.	463,327	17,578	660,698	1,916,490

De ce tableau nous concluons, au point de vue de la navigation, la différence prodigieuse des proportions obtenues dans la dernière année dont les comptes nous soient connus :

PARTS PROPORTIONNELLES DE TONNAGES.

TONNAGES.	PART de LA GRANDE-BRETAGNE.	PART de TOUS LES ÉTRANGERS.
	tonneaux.	tonneaux.
Intercourse avec l'Australie.............	100,000	3,794
Intercourse avec les États-Unis.........	100,000	290,378

Quand il s'agit de l'Australie, qui reste britannique, la navigation de cette contrée avec le Royaume-Uni *équivaut presque au monopole.*

Quand il s'agit des États-Unis, disjoints à jamais de leur métropole, *l'Angleterre est vaincue par la concurrence; elle ne conserve que le* QUART *de la navigation entre ces États et ses propres ports.*

L'Australie comparée avec l'Inde britannique et les États-Unis.

Sans nous arrêter à ces résultats numériques, bien qu'ils aient une extrême importance, élevons-nous à des considérations d'un ordre plus général, toujours en procédant par la voie du parallèle, si féconde et si lumineuse.

Nous croyons utile de rapprocher en peu de mots la situation générale de l'Australie, d'abord avec celle de l'Inde britannique, ensuite avec celle des États-Unis. Le lecteur trouvera dans ce rapprochement un juste sujet de méditations.

L'Australie et l'Inde.

La Grande-Bretagne possède sur le continent de l'Inde un empire qui compte 180 millions de sujets. Longtemps avant les révoltes immenses, qui semblent approcher de leur fin, elle était pleine d'appréhensions sur l'attaque possible de cette possession, sur les secrets desseins des grands États, non-seulement voisins, mais fort éloignés. De tous côtés elle portait des regards soupçonneux, et manifestait des préventions inexprimables sur des chemins projetés, qui pourraient rapprocher un peu l'Europe ou du Gange ou de l'Indus.

La même puissance ne possède en Australie guère plus d'un million de sujets. Cette contrée, presque aussi grande que l'Europe, ne compte pas même, pour force publique organisée, 2,000 soldats métropolitains. De toutes parts le pays est ouvert, et les trois quarts des côtes, loin d'être défendues, sont désertes. A l'intérieur, quelques milliers de chercheurs, protégés par deux ou trois compagnies d'infanterie, mettent à jour les trésors qui peuvent le plus tenter l'avidité des nations étrangères.

Malgré cette faiblesse apparente, et malgré six mille lieues d'éloignement, la Grande-Bretagne, se reposant sur le respect obtenu par son pavillon dans toutes les mers, la Grande-Bretagne n'a jamais éprouvé la moindre terreur pour cette partie de ses possessions. Contre un groupe de colonies encore si près de leur berceau, elle ne redoute aucun étranger voisin ou lointain : ni l'Océan, qui l'en sépare, ni les détroits à percer qui rapprocheraient des rivaux, rien ne l'effraye quand il s'agit de cette possession. Quel contraste avec l'Inde !...

La différence infinie entre la crainte d'une part, et

l'assurance de l'autre, est rendue plus frappante encore par la disproportion dans le commerce et l'inégalité dans l'avenir des deux contrées.

Nous ne sommes pas au nombre des envieux qui prédisaient la perte des Grandes-Indes, défendues, au premier jour de la rébellion, par une poignée d'Anglais, avec une intrépidité qui méritait d'être admirée, surtout chez leurs femmes héroïques! Nous ne sommes pas non plus au nombre des optimistes, qui ne sauraient imaginer aucun péril, aucun orage et pas même un nuage dans l'avenir d'une possession si lointaine; sur une terre où le vainqueur, vaillant à coup sûr, mais dévoré par le climat, est si peu nombreux en comparaison des cent peuples fanatiques et vivaces qu'on a l'espoir de maintenir sous un joug éternel.

L'Australie nous offre, au contraire, un avenir paisible, certain et magnifique. La population coloniale, presque toute anglo-saxonne, continue et continuera de s'accroître avec une rapidité qui n'a d'exemple qu'aux États-Unis, chez un peuple sorti de la même origine. Son indépendance future, encore éloignée peut-être, diminuerait probablement, mais n'empêcherait pas d'être très-considérable le commerce entre les colons émancipés et l'empire britannique; commerce commandé par l'identité des coutumes et des besoins entre l'antique métropole et ses rejetons d'Australie.

L'agriculture, jusqu'ici dans l'enfance, recevra bientôt de vastes développements sur une terre qui peut nourrir plusieurs fois cent millions d'habitants; sur une terre que dès à présent l'industrie pastorale, avec sa propagation prodigieuse, engraisse et prépare pour des moissons chaque année plus amples.

Un peuple d'hier, qui ne compte pas onze cent mille

âmes, voit déjà resplendir deux cités, chacune de *cent mille habitants*, et qui doublent en six années. Ces deux villes possèdent deux vastes havres admirablement fermés, et deux grands ports qui prennent rang immédiatement après les plus riches du monde et les plus remplis de navires. Des chemins de fer s'ouvrent avec rapidité, pour conduire de ces capitales maritimes vers d'autres ports de plus en plus actifs, vers les mines d'or et vers les mines de houille, qui sont aussi des mines d'or pour l'industrie des modernes.

Le télégraphe électrique met en présence, et pour ainsi dire en contact, les capitales d'Australie les plus distantes; et voilà qu'il s'apprête, par des câbles sous-marins, à les unir avec l'Asie, l'Afrique et l'Europe.

Destins comparés de l'Australie et des États-Unis.

Quand il s'est agi de fonder les États-Unis, je vois d'abord pour patriarches des puritains ardents et sincères, aux vertus rudes, mais fécondes; vertus implantées dans la famille, et fructifiant au dehors pour la grandeur et la force de la cité. Je vois ensuite des catholiques et des quakres, ennemis de la violence; des hommes d'un cœur aimant et d'une âme tolérante, qui ne prêchent pas avec faste l'humanité, mais qui la pratiquent avec la simplicité, l'affabilité d'un frère au milieu de ses frères.

Moins d'un siècle et demi suffit pour que ces nobles semences donnent le jour à la génération la plus magnanime, à la plus vertueuse que jamais la sagesse et l'héroïsme aient armée pour conquérir l'indépendance nationale.

Un temps plus long s'est écoulé depuis le berceau de ce peuple jusqu'à l'apogée de sa virilité, que depuis ce moment de gloire suprême jusqu'à l'époque où nous vivons.

Cependant voici qu'à pas rapides il a quitté les régions supérieures et sereines de la vertu, de la modération; il répudie la raison surhumaine qu'il avait déployée au milieu de la lutte la plus sanglante, afin de conquérir sa liberté si méritée. Ce peuple envié pour son bonheur, en pleine paix avec l'univers, satisfait au dedans par une terre sans bornes, par deux océans qui l'entourent et par quatre mers intérieures, qui le comblent de biens, ne réussit pas même à réprimer ses convoitises au dehors. Un nombre prodigieux de ses aventuriers, oublieux des vertus de Washington et de Franklin, s'enflamment à la pensée de spolier, de subjuguer, d'acheter à vil prix et d'annexer par toutes les voies les contrées voisines. Dans la grande confédération, que tourmentent aujourd'hui des passions intestines, on voit des États, plus amoureux encore de déchirements que de liberté, sacrifier la concorde à des questions d'esclavage. On les entend menacer de dissoudre la majestueuse Union, aussitôt qu'il s'agit de servitude, suivant les uns, à restreindre, à flétrir, et suivant les autres, à propager, à magnifier, je dirais presque à glorifier.

Enfin, nous entendons la voix humiliée et prophétique d'un Président à cheveux blancs, réduite à conjurer les passions du Nord et du Midi, en les suppliant de ne pas briser sitôt la confédération, qui devait être immortelle.

Voici maintenant un autre tableau qu'offrent, dans l'hémisphère austral, les rejetons plus récents de la même race anglo-saxonne. Il y a soixante et dix ans, sur le littoral d'une immense contrée qu'habitaient quelques sauvages, on isole un réceptacle de malfaiteurs, envoyés la chaîne au pied, marqués du fer chaud par le bourreau, et déportés en expiation de leurs crimes. Les condamnés des deux sexes s'allient les uns avec les autres; leurs enfants, s'ils de-

mandaient des exemples à la famille, n'y trouveraient que
les souvenirs du vol, du meurtre et de la débauche. Mais,
dans ces repaires de perversité, le mal est obligé de composer avec le mal, et pour la sûreté commune il faut im-
proviser l'honnêteté : l'honnêteté des forçats entre eux!
C'est un premier germe de régénération.

A côté du noyau flétri, le besoin d'émigrer, inné chez
la race anglo-saxonne, fait aborder des colons dont il
ne faudrait pas scruter de trop près les affaires privées,
et les dettes non satisfaites, et les bilans plus ou moins
peu sincères, et les désastres de famille, mérités ou non
mérités. Ils viennent demander à la terre lointaine, avec
la propriété rurale, ce qu'elle permet, ou plutôt ce qu'elle
exige de vertus; leurs laboureurs sont des forçats, leurs
pâtres sont des sauvages.

Et voilà qu'au pays des libérés une société qu'on re-
trempe à des sources un peu moins impures, s'essaye aux
mœurs patriarcales des peuples pasteurs; la voilà qui cultive
des champs où s'accroît, par degrés rapides, la portion du
peuple qui, pour subsister par le travail et l'échange, a
besoin de probité comme de froment. La partie même
issue des prisons ou des égouts d'une métropole, retirée de
l'abîme et régénérée dans ses enfants, s'enivre de sa liberté;
la voilà qui s'enorgueillit à l'idée que l'infamie enfin s'é-
loigne d'elle. Elle a soif d'émigrés honnêtes; elle s'indigne
de voir que l'on continue de verser infatigablement des
criminels, flétris par les tribunaux, au sein d'une colonie
qui se fait probe : probe autant qu'elle peut déjà l'être,
si près de son origine. Bientôt la voix du peuple nouveau
devient puissante, à ce point que la métropole est obligée
d'éloigner du pays qui fut nommé *Botany-Bay* les nouveaux malfaiteurs qu'elle a besoin de déporter.

Pendant que s'accomplissent de telles péripéties, la

colonisation pastorale poursuit ses prospérités avec une grandeur, une rapidité merveilleuses. Qu'on réunisse, en Europe, l'Espagne et le Portugal, avec leurs nombreux troupeaux favorisés par la nature et par les lois; qu'on y joigne, en Asie, les immenses plaines de la Tartarie et de l'Inde; tous ces pays pris ensemble fournissent aux immenses besoins de l'industrie britannique moins de toisons que n'en fournit la seule Australie avec ses vastes pâturages conquis sur le désert depuis seulement un demi-siècle.

Est-il dans les desseins d'une bonté tutélaire et suprême, que le mouvement d'un peuple naissant vers les industries honnêtes continue ces progrès merveilleux?...

D'un autre côté, presque au même instant où la mère patrie renonce à faire de l'Australie orientale la sentine de ses malfaiteurs, voici qu'une autre source de corruption surgit du sol. Dans une étendue de champs et de monts contigus aussi spacieuse que notre Bretagne et notre Normandie prises ensemble, à chaque pas on découvre l'or; les plus légers travaux suffisent pour le recueillir avec une abondance qui devrait assouvir la cupidité, et qui redouble la soif insatiable de tout savourer au moyen du métal qui solde tout. Au bruit de cette découverte, l'immigration des cœurs avides pousse ses flots en Australie; les Chinois accourent du nord, les Arabes du sud, les Américains de l'est, et, dans le vieux monde, on s'élance de tous les points du continent européen; d'insatiables étrangers viennent lutter d'avarice avec les émigrés des trois royaumes. Le larcin, le vol, le meurtre même se multiplient sur les *placers*, sur les places où l'on n'a qu'à se pencher pour ramasser un or honnête. L'on s'est battu, assassiné par jalousie, par avidité dépravée, et l'on a commis de pareils forfaits pour dissiper sans retard, par la débauche et par le jeu, la richesse mal acquise!

Et pourtant, au milieu de cet affreux mélange d'impuretés, de passions, de violences, une société chaque année plus nombreuse et moins déshonnête continue de faire sa place, et de l'honorer par de nobles travaux. Elle érige des temples pour les cultes qui s'aventurent sur le sol à la fois du crime et du repentir; elle institue des écoles pour l'enseignement de la jeunesse; elle érige des tribunaux et construit des prisons pour ramener par la justice et ses terreurs à la vertu.

Les troupeaux et le labourage ne sont plus désertés afin d'accourir à des mines qui, depuis quatre ans, regorgent de chercheurs. Les richesses agricoles trouvent un prix rémunérateur dans la richesse minérale; il faut des terres en culture qui soient de plus en plus considérables, afin de suffire à la subsistance d'un peuple qu'on vient de voir sextupler en six années.

Cette Australie, qui naguère demandait des céréales à l'Europe, à l'Asie, à l'Amérique, envoie déjà l'échantillon de ses blés et de ses farines pour aider à la nourriture d'une métropole qui cherche, dans l'univers, le quart du pain qu'elle consomme. Elle rivalisait déjà pour la beauté de ses froments, dans le grand concours du Palais de Cristal, avec les froments de la Limagne, de la Sicile et de l'Afrique: ces trois contrées qui rappellent trois âges de civilisation et de progrès.

Ainsi roulent, avec les années, les flots alternatifs du mal et du bien, suivant les décrets d'une éternelle Providence. Ainsi se balancent les grandes ondulations du travail et de ses richesses, du vice et de la vertu, chez des nations que nous voyons en quelque sorte naître et gran-

dir devant nous pour remplacer celles qui dépérissent;
ondulations qui préparent des révolutions profondes,
par l'abaissement de certains peuples et l'élévation des
autres.

Verra-t-on, sur les bords opposés de l'océan Pacifique,
les deux grandes nations issues de la race anglo-saxonne
suivre sans retour une marche contraire à la nature de leur
formation primitive? L'une, sortie du berceau des vertus
domestiques, illustrée, délivrée par l'héroïsme civique, la
verra-t-on de plus en plus descendre, par une pente irrésistible, vers la violence intestine et le dédain du droit
des gens? L'autre, née sous l'empreinte de la marque infamante, avec le pilori pour point de départ, la verra-t-on
s'épurer de génération en génération, et s'avancer du
même pas vers l'honneur et vers la grandeur? Jamais le
genre humain n'aurait offert de plus étonnant contraste.

Et si, quelque jour, les colonies australiennes forment
à leur tour un faisceau de populations libres et confédé-
rées, ne sont-elles pas destinées à s'élever en puissance
pour descendre en moralité, comme la république collective qu'ils auront prise pour modèle?

Nos neveux verront, sur ces graves questions, s'accomplir les décrets d'une Providence qui rarement s'explique
d'avance à l'ambition des mortels.

DEUXIÈME SECTION.

OCÉANIE ASIATIQUE.

En décrivant l'Australie, nous avons retrouvé les souvenirs glorieux du peuple dont les découvertes ont pris les noms de *Nouvelle-Hollande*, de *Nouvelle-Zélande* et celui de *Van-Diémen*, l'homme d'État qui gouvernait les possessions hollandaises lorsque Tasman découvrit cette dernière contrée. Aujourd'hui, dans les vastes régions australiennes, la race batave ne possède plus que ces noms, qui tendent à disparaître. Il faudra pousser plus loin vers l'Asie, et nous rapprocher de l'équateur pour arriver aux établissements durables qu'elle a fondés en Orient.

Topographie générale de l'archipel oriental des Grandes-Indes.

Entre l'équateur et l'Australie se trouve une île sauvage habitée par la race nègre, et qui s'appelle pour cette raison la *Nouvelle-Guinée* : elle est située entre le 1er et le 5e degré de latitude australe; elle s'avance vers l'occident jusqu'au 129e de longitude orientale.

A partir de la Nouvelle-Guinée jusqu'au continent de l'Asie, le grand archipel qu'on a nommé l'*Océanie* est terminé du côté qui regarde le pôle austral par une immense chaîne de montagnes marines, dont les sommités forment des îles séparées par d'étroits passages : tel est le croissant gigantesque développé par les îles de la Sonde. Cette chaîne s'étend depuis la Nouvelle-Guinée jusqu'à l'entrée du golfe du Bengale, et sa longueur surpasse 1,000 lieues ou 4,000 kilomètres.

Dans l'intérieur du croissant dont nous venons de mesurer l'étendue, on trouve, sur la ligne de l'équateur, les nombreuses Moluques, ces îles dont la plus considérable et la plus avancée vers l'occident porte le nom de *Célèbes*. Plus à l'occident, et toujours sur la ligne de l'équateur, est située Bornéo, la plus grande île de l'archipel oriental.

Les îles de la Sonde, les Moluques et la partie orientale de Bornéo composent l'empire hollandais dans la mer océanique.

Immédiatement au nord des îles hollandaises on trouve les îles espagnoles, puis Formose, une île chinoise; plus au nord encore, les îles du Japon qui font face à la Tartarie Mantchoue.

Par delà ces régions, en approchant du cercle polaire boréal, on trouve le continent asiatique du Kamchatka, puis la Sibérie : les Russes partagent les régions glaciales avec l'Angleterre en Amérique, avec les Suédois en Europe, et les occupent tout entières en Asie.

CHAPITRE PREMIER.

INDE NÉERLANDAISE.

Revenons aux possessions du royaume des Pays-Bas, ou de *Néerlande*, qu'on appelle communément les *Possessions hollandaises*, de même qu'on appelle *Possessions anglaises* celles du triple royaume dont l'Angleterre est seulement la partie principale.

Population des possessions néerlandaises.

, Lorsque les Arabes, conduits par Mahomet, propagèrent à la fois leur empire et leur croyance, ils s'avancèrent sur le continent de l'Asie jusqu'aux confins du pays

habité par la race chinoise; et sur les mers de l'Inde ils
envahirent l'archipel oriental océanique. Par la menace
de la mort, et quelquefois par des moyens moins violents,
ils convertirent à l'islamisme presque toutes les populations des îles qui, longtemps après, ont été soumises au
pouvoir de la Néerlande.

Les conquérants de race batave ont respecté sérieusement, complétement, la religion des indigènes; religion
qui continue d'être la loi du pays. Ce respect fait partie
des moyens de gouvernement pratiqués avec une habileté
que nous essayerons de faire connaître.

Les Espagnols et les Portugais, moins tolérants et plus
zélés, ont converti, par les voies qui leur étaient familières, quelques populations peu nombreuses de Timor,
île orientale de la Sonde, et dans le pays d'Amboine. Les
Hollandais portent le même respect au catholicisme de ces
insulaires qu'à l'islamisme professé dans le reste de leur
archipel [1].

Tels sont les principes d'après lesquels ils régissent
seize millions d'âmes, qu'ils s'efforcent de soustraire à la
barbarie sur terre, à la piraterie sur mer.

Nous allons présenter le tableau de la population de
l'archipel néerlandais. Ce tableau, le plus récent que
nous ayons pu nous procurer, comprend les seuls habitants qui reconnaissent, sous quelque forme que ce soit,
l'autorité de la Néerlande.

Dans Sumatra, le royaume d'Achem, dans Bornéo,
de vastes parties du nord et de l'occident sont encore indépendantes.

---

[1] Seulement, avec des bibles traduites suivant leur esprit, ils attirent le
peuple vers le calvinisme, sans que des hommes simples en aient le soup-
çon.

Dénombrement général de 1855.

Iles.	Habitants.
Java et Madura.........................	10,916,158
Sumatra (côte ouest)...................	995,775
Bencoulen.	110,776
Lampongs.............................	82,975
Palembang............................	21,221
Riouw................................	45,465
Banca................................	11,943
Billiton.............................	245,651
Bornéo... { Côte ouest.............. } { Côtes est et sud............}	454,735
Célèbes..............................	271,361
Menado...............................	120,679
Ternate..............................	89,532
Amboine..............................	185,632
Banda................................	102,524
Timor................................	1,845,885
Total...............	15,500,312

On est frappé de l'énorme supériorité de population que présente l'île de Java. Dans l'ordre des territoires, elle est pourtant moins étendue que Célèbes, moins que Sumatra, qui seule est plus grande que les trois royaumes britanniques, et surtout moins que Bornéo, cette île aussi vaste que l'empire d'Autriche.

C'est Java qui constitue la force et la richesse de l'empire indien des Néerlandais; aussi cette île sera celle dont nous présenterons spécialement l'étude approfondie.

Coup d'œil historique sur l'établissement des Néerlandais dans les Indes orientales.

Les Portugais, dominateurs des Indes orientales, furent les premiers possesseurs du riche commerce ouvert avec ces contrées en passant par le cap de Bonne-Espérance. De ce négoce ils ne tirèrent qu'un bénéfice peu considérable et précaire. On les vit, avant tout, conquérants et dévastateurs; ils voulurent trafiquer dans les mers d'Asie par les voies les plus violentes, la torche et le fer à la main : véritable moyen de tout gagner pour tout perdre.

Les Néerlandais, dans les premiers temps, se contentaient d'envoyer leurs navires à Lisbonne, afin d'y charger les produits précieux rapportés d'Asie en faisant le tour de l'Afrique; leur bénéfice consistait dans l'avantage du transport et dans les profits de la revente au nord de l'Europe. Ces profits modestes ne suffisaient pas à leur ambition.

En 1593, deux Hollandais, les frères Houtmann, vont chercher à Lisbonne toutes les informations qu'ils peuvent recueillir sur le commerce et la navigation des Indes. De retour dans leur pays, ils forment une association sous le nom de *Compagnie des pays lointains*. Elle expédie quatre navires commandés par Corneille Houtmann, qui double le cap de Bonne-Espérance, mais sans résultat commercial. En 1598, une flottille plus nombreuse obtient plus de succès. Au bout de quinze mois, il fallait ce temps pour l'aller et le retour, elle rapporte des épices, offertes au stathouder des Provinces-Unies par le sultan de Bantam, ville située dans la partie occidentale de Java.

En 1600, une troisième flotte aborde à Ternate, centre du pays des épices. Pour rendre un service amical au souverain de cette île, elle bat les Portugais; ensuite elle visite la Cochinchine.

En 1601, c'est contre la marine espagnole qu'une escadre néerlandaise combat et triomphe dans la mer des Moluques. Pour se venger, les Espagnols font souffrir aux

insulaires d'Amboine la dévastation de leurs cultures d'é-
pices, encouragées et payées par les Néerlandais.

Ainsi les Espagnols se posaient en destructeurs, et leurs
rivaux en amis des insulaires de l'archipel indien, dont
ils acquéraient à prix d'argent les précieuses récoltes.

Rien n'est plus remarquable que le traité conclu, dès
1601, entre les Néerlandais et les habitants de *Banda;* ces
derniers, pour marquer leur préférence, s'obligèrent à ne
vendre qu'aux premiers leurs épices, et les deux parties
s'engagèrent à respecter chacune la religion de l'autre.

La Néerlande, on le voit, transportait à la fois dans
l'Orient *son intolérance commerciale et sa tolérance religieuse.*
Ce double système sera suivi sans déviation pendant deux
siècles.

Des traités semblables sont conclus par elle avec les
souverains indigènes de Patane, de Ternate et de Ceylan.

Dès la même époque surgissent les difficultés les plus
graves avec le sultan d'Achem. Ce tyran met à mort Corneille Houtmann et d'autres marins sous ses ordres; plus
tard il traite avec le peuple auquel il avait fait cet outrage,
et l'instant d'après il viole la foi jurée.

Première compagnie commerçante et souveraine dans les mers d'Asie.

Plusieurs associations particulières s'étaient formées
dans les Provinces-Unies pour entreprendre le commerce
du grand archipel indien; elles se nuisaient par leur concurrence; elles renchérissaient les achats sur les marchés
de l'Orient quand les acheteurs se présentaient en même
temps. Celles qui venaient après les autres ne trouvaient
plus d'épices invendues, et leur voyage était en pure perte.

Pour parer à tous les inconvénients, les États Généraux
des Provinces-Unies constituèrent une *Compagnie générale,*

formée par la réunion des sociétés particulières ; elle obtint pour vingt et un ans le droit exclusif de négocier avec l'Orient par le cap de Bonne-Espérance. Cette concession législative est datée de 1602, c'est-à-dire de quatre années après la première expédition dont le retour ait présenté quelque succès. Voici quels furent les droits de la nouvelle Compagnie : armer en guerre, combattre dans l'Inde les marines ennemies, et traiter en souveraine avec les chefs du pays; former des établissements territoriaux pour son commerce, et les protéger par ses vaisseaux, par ses troupes et par ses fortifications.

Une flotte de la Compagnie fit bientôt connaître à la Chine le pavillon des Provinces-Unies, et commença le commerce avec le Céleste Empire.

L'ancienne Batavia, fondée par la Compagnie.

A Java, la Compagnie, douze ans après son institution, fonde Batavia, qui, pendant un siècle et demi, reste la plus grande, la plus riche et la plus peuplée des villes créées aux Grandes-Indes par le génie européen. A Batavia, dont le nom rappelle une race antique et glorieuse, réside encore aujourd'hui le gouverneur général de l'empire que cette race a conquis dans l'Océanie asiatique.

La ville et la forteresse ont été bâties sur les ruines de l'ancienne *Jacatra;* leurs murailles ont dominé l'embouchure de la rivière jadis appelée de ce nom, rivière qui se jette dans une rade aussi vaste que sûre.

C'est de là que le peuple issu des Bataves a fait rayonner sa puissance vers tant de points de l'Océanie, et surtout dans la grande île de Java, si favorisée de la nature.

Du côté de la mer, la rade est protégée par une pléiade d'îlots fertiles, que couvrent de beaux ombrages.

Du côté de la terre, à quelque distance du littoral, de hautes montagnes protégent une plaine intermédiaire et la vaste baie contre les vents australiens.

Outre la rivière, quinze canaux traversaient la cité, véritablement hollandaise; ils étaient trop souvent obstrués par des alluvions et des immondices. Vingt-six ponts communiquaient entre les différents quartiers; de larges quais, plantés de beaux arbres, régnaient le long des voies hydrauliques. C'était l'aspect des cités d'Amsterdam et de Rotterdam, avec un soleil splendide pour remplacer le climat des sombres brouillards.

Les maisons des riches marchands et les magasins spacieux qu'exigeait un grand commerce étaient bâtis en pierres de taille, avec une solidité qui bravait un climat destructeur. L'hôtel de ville, par sa grandeur et sa magnificence, était digne d'un peuple libre, éminemment municipal.

On remarquait dans Batavia la maison des orphelins pauvres, élevés aux frais de l'État, suivant l'usage général de la mère patrie. Un autre établissement caractéristique était la grande maison publique dans laquelle on logeait les ouvriers de toute profession qu'employait la Compagnie générale. L'architecte de la ville présidait à cet établissement.

La même Compagnie des Grandes-Indes avait érigé de spacieux et solides magasins pour ses munitions navales; des casernes spéciales recevaient ses matelots et ses charpentiers de marine.

Au xviii° siècle, on se plaignait que Batavia ne présentât aucun des plaisirs d'une société élégante et raffinée. Les habitations étaient spacieuses, admirables de propreté, mais monotones et tristes comme les citoyens, que la mort moissonnait avec une effrayante rapidité. La population offrait d'ailleurs un incroyable mélange d'Européens, Hollandais, Allemands, Anglais et Français, de nègres et d'Indiens appartenant à toutes les îles; enfin de Chinois, dont les demeures portaient un cachet étrange.

Pendant le jour on trouvait les Chinois dans un vaste bazar; ils y tenaient cinq rangs de boutiques, lesquelles formaient le marché des étoffes et des vêtements tout prêts pour l'usage. Par une coutume empruntée à leur pays, chaque soir ils remportaient leurs marchandises dans le lieu de leur demeure, pour les rapporter le lendemain dans le bazar commun, qu'on appelait improprement *la Bourse.*

On avait bâti sur pilotis, et près de la rivière, deux grandes boucheries et la poissonnerie. Les émigrés chinois étaient les pourvoyeurs de celle-ci.

Les Javanais faisaient la petite pêche; les Chinois la grande. Ces derniers avaient accaparé le commun trafic de la ville et l'approvisionnement des comestibles. Aussi possédaient-ils presque toutes les boutiques, les cabarets, les tavernes et les auberges, en attendant les hôtels. Ils se faisaient fermiers de la Compagnie pour la perception de ses taxes et de ses péages; nul ne savait mieux pressurer, torturer le contribuable. Tels on les voyait, ignorant la conscience, désireux et fiers de tromper les étrangers, et joyeux du mal comme du bien sorti de leurs mains; audacieux, d'ailleurs, entreprenants, actifs, rusés et pleins d'intelligence.

Au sein de la forteresse, le gouverneur habitait un palais vaste et somptueux, avec sa garde, son état-major et ses officiers civils, qui lui formaient une véritable cour.

Au moment où la Compagnie exerçait encore son autorité souveraine, elle entretenait 12,000 soldats réguliers, en partie européens, avec à peu près autant de Javanais irréguliers, armés de fusils; elle possédait 180 navires,

portant chacun de 3o à 6o bouches à feu; elle avait institué huit gouverneurs des diverses îles, tous placés sous
les ordres du gouverneur général.

Du commerce extérieur dirigé par la Compagnie.

Dès la fin du xviiie siècle, le café qu'on récoltait à Java
devenait l'objet d'un notable commerce; on le cultivait
surtout dans la province dite des *Préangers.*

Non contente de ce produit dont elle disposait comme
d'un bien propre, la compagnie achetait en Arabie le café
si célèbre de Moka, pour le revendre à l'Europe.

Étendant plus loin ses relations, elle avait fait avec la
Perse un traité de commerce. Elle s'engageait à prendre
chaque année une même quantité de certains tissus de soie
dans Bassora, le seul grand port des Persans. Par privilége
elle ne payait aucun droit d'entrée ni de sortie; elle trouvait sur ce marché d'admirables étoffes d'or et d'argent,
qu'elle acquérait d'après un tarif invariable.

La compagnie achetait chaque année une grande quantité de soie du Bengale; elle tirait du Pégu des métaux
précieux, des rubis et des saphirs. Les porcelaines de la
Chine et du Japon étaient pour elle un grand objet d'acquisition; c'est par son entremise que l'Europe obtenait
ces précieux produits céramiques, et le commerce en était
bien plus important avant les magnifiques imitations de
France, de Saxe, de Prusse et d'Angleterre.

Les Hollandais allaient chercher les diamants à Gol-
conde, au Bengale et dans l'État de Visapoure; ils emprun-
taient au royaume d'Ava une grande variété de pierres
précieuses : des topazes, des rubis, des saphirs bleus ou
blancs, des améthystes et des hyacinthes. Ils demandaient
à Cambaie les agates orientales.

La Compagnie, suivant son système, repoussait partout les chances du hasard ; elle aspirait à tout régulariser ; elle posait elle-même des bornes à ses achats, afin de ne pas avilir des prix largement rémunérateurs.

Enfin la compagnie possédait Ceylan, l'une de ses grandes conquêtes ; elle recueillait les belles perles pêchées dans le détroit qui sépare cette île de l'Indoustan.

Opinions erronées du Grand pensionnaire de Witt *contre la Compagnie des Indes.*

Nous ne pouvons concevoir qu'un esprit éminent, tel que celui du Grand pensionnaire de Witt, fût contraire à la puissante Compagnie des Indes orientales, l'un des éléments principaux de la splendeur de son pays. Il était persuadé qu'elle priverait, à la fin, de tout leur argent, les Provinces-Unies, par l'énormité des envois qu'elle en faisait aux Indes orientales. Il n'apercevait pas que les reventes opérées en Europe par la même Compagnie, soldées à son pays avec des métaux étrangers, dépassaient de beaucoup les sommes dépensées pour les achats primitifs en Orient.

De Witt avait une autre frayeur ; il redoutait que la passion de s'enrichir, entraînant vers l'Asie une foule de familles, ne dépeuplât à la fin la métropole. Si l'illustre pensionnaire avait ordonné le recensement des émigrations successives, il aurait été surpris et charmé de reconnaître qu'elles ne dépassaient pas, année moyenne, quelques centaines de familles.

Faisons remarquer ici que les hommes d'État, fussent-ils les plus éminents et les plus sages, risquent de commettre d'énormes erreurs sur de grands objets d'utilité publique et de puissance nationale, quand ils n'ont pas recours au dénombrement pur et simple des hommes et des choses qui leur font illusion.

Le commerce libre, celui des trafiquants isolés, les négociants des Pays-Bas avaient commencé par l'essayer. C'était précisément pour obvier à leurs mécomptes, à leurs rivalités, à leurs conflits, à leur ruine, qu'ils avaient institué la Compagnie générale, laquelle représentait par ses actionnaires, ses agents, ses officiers et ses marins, les efforts combinés d'un si grand concours de capitaux, de bras et d'intelligences. On aurait pu la définir *un monopole ouvert à tous les citoyens*, ce qui n'est plus un monopole.

Des particuliers isolés, avec de faibles capitaux, livrés à l'égoïsme, aux vues bornées, à l'inexpérience de leurs poursuites privées, n'auraient rien conquis, rien fondé, rien fortifié; ils n'auraient pas pu soutenir la rivalité des compagnies d'Angleterre et de France; ils n'auraient jamais créé pour leur petite métropole un grand empire d'outre-mer.

La Compagnie, en 1795, remet ses possessions et ses pouvoirs à l'État.

Afin de rester dans les bornes de la vérité, il faut reconnaître que la Compagnie hollandaise, semblable à beaucoup d'autres souverains, isolés ou collectifs, après avoir conquis la puissance et la richesse par une activité infatigable, par une économie modeste, et l'ordre le plus ponctuel, a fini par s'endormir au sein de la prospérité. La même vigilance et la même économie n'ont plus dirigé les opérations administratives et commerciales : des guerres trop fréquentes ont dévoré les épargnes de la paix; les dépenses, après avoir égalé les recettes et absorbé les profits, sont devenues prépondérantes. Les dettes ont fini par obérer la puissante association, qui s'est vue forcée, cinq ans avant la fin du XVIIIe siècle, de résigner ses pouvoirs. Il a fallu qu'elle remît ses territoires au stathoudérat des Provinces-Unies.

Maintenant soyons justes, même à l'égard de ces magnifiques associations, orgueilleuses sans doute; semblables à la plupart des grandeurs de la terre, elles finissent en oubliant par degrés les principes et les secrets de leur fortune. La Compagnie néerlandaise orientale, qui se démettait de sa puissance et donnait à l'État ses biens et ses dettes, lui donnait un empire incomparablement plus étendu que la mère patrie; des territoires admirables de fécondité; des peuples façonnés à des cultures précieuses, et surtout façonnés à l'obéissance. Elle remettait à la mère patrie des ports excellents, une grande capitale construite avec l'opulence et la forte solidité des œuvres européennes, des fortifications, des arsenaux, une flotte, une armée. Tel était le noble bilan d'une association illustrée par deux siècles de travaux et de·conquêtes.

Nous aurons un autre témoignage plus glorieux encore à rendre en faveur d'une autre Compagnie des grandes Indes, qu'une révolte de cipayes a renversée par contre-coup; l'Angleterre l'a brisée sans témoigner le moindre regret pour une des institutions qui, tout balancé, font le plus d'honneur au génie d'un peuple marchand.

Organisation du gouvernement général, sous l'autorité
de la Néerlande.

En Asie, les Néerlandais impriment à leurs créations un caractère éminent d'efficacité, d'originalité dans les moyens et de sage vigueur dans l'exécution; ils manifestent une constance laborieuse, une résolution intrépide qui marquent leur rang parmi les grandes nations.

L'autorité même qu'elle étend sur les races océaniques pour les commander, les administrer et les rendre productives, présente un gouvernement marqué par les solides qualités d'un peuple méthodique et sage, qui n'accorde rien au brillant des apparences; d'un peuple qui n'arrive à la gloire qu'à force de succès, commandés, ou du moins avoués par la plus froide raison.

Dans les Indes hollandaises, le pouvoir d'un seul homme suffit au gouvernement complet de seize millions d'âmes, partagées en principautés innombrables et différentes d'organisation, de mœurs et d'usages.

Le gouverneur général est nommé par le roi des Pays-Bas, pour un laps de temps qui d'ordinaire est de trois ans; mais qui parfois s'est prolongé pendant beaucoup plus d'années. Il exerce ses fonctions un peu moins longtemps que les présidents de la plupart des républiques sud-américaines, et que le président des États-Unis. Cependant, au lieu d'exciter des agitations, des intrigues et d'infinies corruptions, son remplacement a lieu sans causer la moindre perturbation; il s'effectue par la simple volonté d'un roi.

Pour ajouter la prudence collective à la vigueur du gouvernement d'un seul, il existe dans l'archipel hollandais un Conseil des Indes, composé de cinq conseillers choisis par la Couronne, et qui sont d'une expérience éprouvée. C'est une autorité purement consultative, mais qui n'en est pas moins grave et moins salutaire.

Le gouverneur général, qui préside ce Conseil, prend sous sa propre responsabilité tous les actes exécutifs. Seul il nomme, et, quand il le faut, destitue les fonctionnaires. Il dispose à son gré des forces de terre et de mer; il délivre au besoin des lettres de marque; il exerce les droits de paix et de guerre; il conclut et signe les traités.

Batavia, la capitale des Indes néerlandaises, renferme un gouvernement complet sous tous les rapports : une direction des finances, une chambre des comptes, les hautes cours de justice et de la guerre, une direction centrale de l'instruction publique. Ces autorités supérieures, composées d'un petit nombre d'administrateurs capables et laborieux, conduisent les affaires avec cet esprit méthodique et probe qui fait tant d'honneur à la Hollande.

Un empire colonial, dont le territoire a trois fois l'étendue de la France, mais dont une grande partie est encore presque inhabitée, se trouve partagé en trente-quatre provinces appelées *Résidences;* elles tirent ce nom du principal magistrat européen qui gouverne chacune d'elles.

La population moyenne des Résidences est de 500,000 habitants; elle surpasse d'un cinquième celle de nos départements.

La division même du territoire en Résidences correspond aux ressources très-diverses des îles si nombreuses et si disparates dont se compose l'empire des Néerlandais en Asie.

Une seule île, Java, qui représente un vingtième des superficies et plus des deux tiers de la population totale, contient vingt-deux Résidences; les dix-neuf vingtièmes du sol et le dernier tiers de la population sont divisés en douze autres Résidences.

Occupons-nous plus spécialement des Résidences de Java, l'île importante au-dessus de toutes les autres; elles sont le type dont partout ailleurs on s'est efforcé de se rapprocher, autant que l'a permis la nature des choses.

Chaque Résidence est composée de plusieurs *Régences* ou gouvernements indiens, dont le chef indigène a le titre de Régent; il obéit en tout au Résident.

La Régence est subdivisée par disfricts, comparables pour la population à nos cantons de justices de paix. Enfin le district est composé de bourgs ou communes. La commune est régie par un chef indien, lequel est l'élu des habitants et doit seulement être confirmé par le Régent du district; il est assisté par un conseil d'anciens : c'est le conseil municipal. Chaque Régent s'efforce de faire choisir pour chefs les nombreux enfants que lui procure la polygamie; il met son étude à s'allier, par le mariage de ses enfants, avec ceux des divers chefs qui ne sont pas ses parents. Le Résident prête les mains à ces combinaisons, qui fortifient, qui grandissent de plus en plus les familles importantes et les rendent dépositaires de tous les pouvoirs locaux, administratifs et sociaux.

Le Néerlandais est peu jaloux de s'immiscer dans les détails d'une autorité subalterne, qui descend aux individus, et qui ferait surtout détester le joug si c'était la main de l'étranger qui pesât immédiatement sur les sujets. Cette autorité, l'Européen la délègue entièrement à l'aristocratie indigène, laquelle est rattachée à la population par le choix des anciens et du chef local; ce choix, on l'abandonne sans réserve à l'universalité du peuple.

Le conquérant se contente, il est vrai, d'un seul fonctionnaire européen, le Résident, pour le représenter au chef-lieu de chaque province; mais il lui donne en réalité la force et la direction du pays; car il oblige les Régents indigènes à suivre complétement la direction que leur suggère ce représentant unique.

Auprès du sultan de Souroukarta, auprès de l'empereur de Djokjokarta[1] les Néerlandais ont un semblable Résident, comme les Anglais en avaient un près du roi

---

[1] Ces deux souverains réunissent à peu près un million de sujets.

d'Oude. Il a sous ses ordres une force militaire de toutes armes; il ne laisse au monarque indigène qu'un millier de soldats, gardes du corps inoffensifs, qui servent seulement à parader dans les cérémonies. Ces ombres de souverains sont réellement en surveillance au sein de leur capitale; ils ne pourraient point la quitter sans la permission du Résident. On dirait des doges de Venise, en supposant que les Dix et le Sénat fussent concentrés dans un seul homme : le Résident.

Si telle est la sujétion des deux princes les plus importants, on peut juger de la dépendance des autres.

Par une disposition qui caractérise à merveille le génie d'un peuple marchand, la puissance européenne et suzeraine ne croit pas déroger en se faisant le percepteur et le fermier de ses vassaux asiatiques. Les chefs indigènes afferment au gouvernement néerlandais leurs revenus indirects, les droits à retirer des marchés publics, le monopole de l'opium et celui des nids d'oiseaux. Ces fonctions, subalternes en apparence, deviennent des moyens réunis de lucre et de gouvernement.

En retour de la dépendance où sont mis les princes indigènes, le gouvernement suprême assure, avec une complète bonne foi, la conservation des familles régnantes sur les trônes dont elles sont en possession. En cas de rébellion, si quelque prince régnant est déposé, c'est pour être remplacé par un membre de sa famille, et non pas, à l'exemple des Anglais dans l'Inde, pour confisquer ses États. Cette règle est suivie, avec une fidélité religieuse, dans tous les rangs de l'aristocratie native; et le conquérant s'efforce de la rendre de plus en plus durable, riche, influente et respectée.

Expliquons comment la justice est organisée. Au chef-lieu de chaque province, le Résident préside un conseil de justice; il est assisté par un vice-président et par un secrétaire européen qui suit la procédure et le détail des affaires. Il y a de plus quatre ou cinq assesseurs indigènes, choisis parmi les chefs du pays les plus recommandables; ensuite un fiscal javanais, et le prêtre musulman, le *pangoulou*, pour interpréter le Coran lorsqu'il s'agit des plaideurs musulmans. Ce tribunal connaît en premier ressort des crimes ou délits les moins graves et des procès civils dont l'objet ne dépasse pas 5oo florins, soit entre les indigènes, soit entre ceux-ci et la race européenne.

Au-dessous de cette juridiction provinciale il y a, dans chaque Régence, un tribunal présidé par le Régent. Ici tout le conseil est composé de natifs; il connaît des petits intérêts entre indigènes. Sa justice est rendue d'après les règles du Coran.

Les vingt-deux résidences de Java sont divisées en trois arrondissements d'appel et de circuit, dont les centres sont Batavia, Samarang et Sourabaya; de ces centres partent les *tribunaux ambulatoires*, pour aller tenir leurs assises. Dans chacun des trois chefs-lieux sont établies trois cours supérieures ou conseils, dont les membres sont tous européens.

Le conseil de justice est le tribunal de seconde instance des Indiens, jugés d'abord par les conseils du pays; c'est le tribunal immédiat des Européens, tant au civil qu'au criminel. Sa composition, tout européenne, comprend un président et quatre membres.

Les crimes graves des Indiens et leurs procès considérables sont portés devant le tribunal ambulatoire, que préside, avec le titre de juge ambulatoire, un magistrat européen membre du conseil de justice.

Enfin la cour suprême ou haute cour est établie à Bata-

via. Elle est composée d'un président, d'un vice-président, ·
de cinq conseillers et d'un procureur-général. Elle sert
d'appel aux conseils de justice, pour les causes les plus
graves, civiles et criminelles, qui concernent les Européens; elle surveille l'administration de la justice dans
toute l'Inde néerlandaise.

Depuis 1839, on a proclamé pour la population européenne le code civil et le code commercial empruntés à
la métropole, qui les avait elle-même empruntés à la
France quand un Français était roi de Hollande.

N'est-il pas admirable de voir notre droit moderne
étendre son empire civilisateur dans les parties les plus
éloignées de la terre, grâce à l'esprit libéral du gouvernement des Pays-Bas?

Dans la capitale des possessions néerlandaises, une
haute cour militaire est instituée pour juger les principaux délits et les crimes de la flotte et de l'armée.

Une cour générale des comptes revise et juge la ges-
tion financière de tous les fonctionnaires publics.

Rapports du gouvernement et des religions.

L'islamisme est la religion presque universelle de l'archipel indien. J'ai déjà dit que le gouvernement européen la respecte; il commande aux ministres protestants,
ainsi qu'aux prêtres catholiques, une extrême circonspec-
tion, afin de ne jamais inquiéter les mahométans et leurs
mollahs. La paix subsiste de ce côté, parce que les pouvoirs européens exigent sérieusement qu'elle ne soit pas
troublée par les écarts d'un propagandisme imprudent.

Les Néerlandais se tiennent pour satisfaits de l'état économique, social et religieux de Java; ils ne croient pas que
le christianisme y puisse avoir quelque chance de succès

en présence de l'islamisme, qu'il faudrait avant tout dé-
raciner. Ils sont persuadés que l'opiniâtreté musulmane
repousse invinciblement la propagande chrétienne.

A Java, l'Islam n'a pas, comme en Turquie, le funeste
effet d'amoindrir la population; car le nombre des habitants s'accroît avec une rapidité merveilleuse.

On a comparé le sort nonchalant et plus doux qu'é-
prouvent les indigènes chrétiens des Philippines avec la
destinée qu'on peut trouver trop laborieuse des indigènes
musulmans à Java; un habile administrateur des Pays-
Bas, M. Baud, répondant à ce reproche, disait qu'en
définitive le travail est pour l'homme du peuple plus
moral à Java que l'oisiveté ne l'est chez l'habitant des
Philippines.

S'il faut en croire les Hollandais, dans les Moluques,
où l'on trouve des indigènes catholiques, autrefois convertis par les Portugais, le domestique musulman est
préférable au chrétien; celui-ci se croit l'égal de son maître,
obéit plus mal et déploie des penchants plus vicieux. Afin
d'être juste, ajoutons que ce sont des protestants qui
portent un tel jugement, et qu'il s'agit des catholiques.

L'état actuel des croyances religieuses à Java présente
pourtant des dangers, sinon sérieux, au moins beaucoup
trop fréquents. Voici ce qu'à cet égard avouait M. Baud
lui-même, devenu ministre des colonies à la Haye, après
avoir été gouverneur général dans l'Inde.

« L'ignorance générale et la superstition du peuple de
Java rendent malheureusement facile de le porter à des
soulèvements partiels. On y parvient d'ordinaire par le
moyen d'un prêtre et *d'un rêve;* or comme il y a beaucoup de prêtres et que l'on peut toujours rêver, c'est
pour nous un danger permanent. Lorsque je gouvernais
la colonie, j'ai vu deux de ces mouvements assez bizarres.

Un jour on vint me dire que tous les habitants d'un district s'étaient mis à construire une route, et la dirigeaient vers le sommet d'une montagne; j'envoyai voir : un prêtre avait rêvé qu'un de leurs saints devait descendre sur cette montagne. Une autre fois on aperçut une population entière qui s'agitait d'un mouvement extraordinaire. Les hommes se passaient les uns aux autres, sans discontinuer ni jour ni nuit, un amas d'ossements, au milieu desquels figurait une tête de bœuf : un prêtre avait rêvé que, si cette tête touchait la terre, une grande calamité fondrait sur l'île. Il n'en faut pas davantage, à Java, pour mettre sur pied toute la population d'un district. »

De tels faits ne montrent-ils pas qu'il est utile d'éclairer le peuple et d'épurer ses croyances, même à Java?

L'islamisme en présence de la vaccine.

Parmi les soins qui font le plus d'honneur au génie des Hollandais, signalons leurs efforts pour introduire dans leurs colonies orientales l'heureuse pratique de la vaccine. Malgré les ravages nombreux que faisait éprouver la petite vérole, les préjugés des prêtres musulmans présentaient un obstacle insurmontable. A leurs yeux, c'était insulter le fatalisme que de prétendre agir sur le sort des croyants qu'Allah destinait à succomber sous ce fléau. L'esprit éminemment pratique des Hollandais découvrit un moyen plus simple et plus efficace que la discussion, si rarement heureuse à combattre des préjugés et des superstitions. L'autorité publique chargea les mollahs de protéger la pratique de la vaccine, en leur assurant une rémunération par individu vacciné; la fatalité céda devant l'intérêt bien mis en œuvre, et l'humanité fut servie.

Premiers gouverneurs généraux des possessions hollandaises
au xixe siècle.

Nous sortirions des justes bornes en faisant connaître tous les genres de services rendus par les divers gouverneurs généraux des îles néerlandaises depuis l'origine du siècle; nous nous bornerons aux faits essentiels qui concernent les plus éminents administrateurs.

Le général Daendels.

Lorsque la Compagnie des Indes remit ses pouvoirs et ses intérêts entre les mains du stathoudérat, les Provinces-Unies touchaient à des révolutions funestes qui ne permirent d'adopter aucun système amélioré sur l'administration des finances, ni sur la culture et le commerce des possessions asiatiques.

Dix ans après, la république Batave était devenue le royaume de Hollande, avec le roi Louis-Napoléon Bonaparte pour souverain. Le général Daendels fut envoyé par ce prince pour gouverner les îles orientales. Il examina d'un coup d'œil exercé la défense générale de Java; mais il ne fit guère qu'indiquer des travaux qu'il eût été bon d'entreprendre.

Il arrêta particulièrement ses regards sur la situation stratégique et sanitaire de Batavia.

Il voyait la rade bornée par une zone d'alluvions marécageuses et pestilentielles, qu'un sauvage de la Polynésie a si bien surnommée *la terre qui tue*. Au delà commence à s'élever, par une pente insensible, la plaine aux belles cultures, qui se déploie jusqu'aux montagnes.

La Compagnie hollandaise avait établi, sur les petites

îles de la rade, des ateliers de carénage et de radoub, des magasins propres à recevoir des munitions navales et des cargaisons. La mer basse découvre sur les abords du littoral et des îlots une vase mêlée de détritus animaux, qu'un soleil brûlant décompose et réduit à l'état de putréfaction. La partie intérieure de la rade reste ainsi plus malsaine que ne l'était la ville aux xviie et xviiie siècles.

Depuis l'époque où la Compagnie a jeté les fondements de Batavia, cette zone d'alluvions a séparé la cité de la mer dans une étendue d'environ deux kilomètres. Il faut aujourd'hui que deux longues jetées encaissent la rivière Tjiliwong, qui traverse la ville; elles s'avancent de plus d'un kilomètre dans la rade.

Dès 1808 le général Daendels conçut le projet de soustraire à l'insalubrité la plus mortelle les habitants de cette capitale. Il rasa les remparts de la ville et ceux de la citadelle qui les commandaient du côté du nord. Il détourna la rivière qui traversait la cité, afin qu'elle ne charriât plus dans les canaux urbains, ainsi qu'à l'entrée du port, ses alluvions pestilentielles.

L'invasion des Anglais et leur séjour, de 1811 à 1815, ne permirent pas de continuer ces grandes améliorations ni d'exécuter les autres plans du général Daendels : ce fut seulement après le retour de la paix générale qu'il devint possible d'y songer.

Administration du comte Van der Capellen.

Après la restitution des possessions hollandaises, le premier gouverneur qui vint au nom du nouveau roi des Pays-Bas gouverner les îles océaniques fut M. Van der Capellen, qui les administra de 1816 à 1826.

En reprenant la pensée du militaire éminent qui l'avait

précédé, ses premiers soins furent de transporter le palais du gouverneur et les hôtels des principaux officiers, et les casernes qu'exigeait une garnison considérable, à cinq kilomètres de distance. Il les plaça sur un tertre assez élevé pour que le sol n'y présente qu'une terre franche, sans alluvions pestilentielles, et par là même affranchie d'exhalaisons délétères.

La ville antique est aujourd'hui bien diminuée. Il ne reste d'intact que l'ancien quartier chinois appelé *Campong*. Deux années avant le terme de l'administration Van der Capellen, on a fait de Batavia le recensement qui suit :

Population de Batavia en 1824.

3,025 race européenne.
23,018 Javanais ou Malais.
14,708 Chinois.
601 Arabes.
12,419 esclaves.
____

53,771 non compris la garnison.
____

Le nombre des esclaves est beaucoup diminué depuis 1824. A cette époque même il était déjà fort réduit. Bientôt, nous l'espérons, il disparaîtra tout à fait.

Nombre des esclaves à Batavia.

Années.....	1780	1824	1841
Esclaves...	17,000	12,419	5,040

Ces esclaves proviennent des Célèbes ou de Bali; les Européens seuls les possèdent, parce que les indigènes javanais ont pour l'esclavage une aversion innée. Leur obéissance aux Européens n'en a que plus de mérite.

Nouvelle-Batavia.

Le nouveau palais du gouverneur général est érigé sur un tertre proéminent; il réunit la grandeur des proportions à la simplicité des ornements.

Dans cet édifice on voit une vaste galerie qui contient les portraits, rangés suivant l'ordre chronologique, de quarante-huit gouverneurs de l'archipel néerlandais. Cette galerie fait voir combien, en deux siècles et demi, et surtout depuis l'origine du XIX\u2009e siècle, le petit pays batave a pu fournir d'hommes éminents par leur énergie, leurs talents et leur profonde connaissance du cœur humain.

A proximité du palais s'élève l'hôtel ou plutôt la villa du Résident, au milieu d'un jardin qu'envierait l'Europe.

Autour de la ville gouvernementale se sont groupés les citoyens les plus opulents de Batavia. Comme les riches négociants de Londres, ils se rendent dès le matin à leurs comptoirs de la vieille cité; avant le déclin du jour ils se hâtent de partir et passent avec délices le soir, la nuit et la fraîche matinée, dans les élégantes villas où résident leurs familles, au milieu de leurs frais jardins.

La nouvelle ville gouvernementale, appelée *Weltevreden*, est plutôt un ensemble de palais, de casernes, d'édifices officiels et de maisons de campagne, entourés de parcs et de jardins. Dans cette cité, disséminée afin qu'elle soit plus salubre et plus délicieusement habitable, les places publiques sont couvertes de fraîches pelouses, par lesquelles sont évités les reflets brûlants du sable ou du pavé; les communications sont établies par des voies macadamisées, entre des rangées de beaux arbres, et par des canaux où coule une eau vive, pareillement couverte d'ombrages.

Toute la coquetterie que la modeste Hollande met à soigner avec tant d'art ses petits jardinets, entourés de planches peintes, auprès de ses villes de brique dont l'architecture est si simple, cette innocente coquetterie nous la trouvons transportée, mais agrandie, dans le séjour de l'opulence orientale; elle emploie ses talents pour modérer plutôt que pour exciter la végétation luxuriante de la terre la plus féconde, sous un soleil de l'équateur.

Ajoutons que la mort qui ravageait, avec sa faux tropicale, la marécageuse Batavia, la mort respecte la cité nouvelle, où la vie humaine a conquis les proportions des cités européennes; conquête admirable, obtenue par le génie de la civilisation moderne.

Ce résultat suffit pour honorer la mémoire du général Daendels et du gouverneur Van der Capellen.

A Batavia, la langue française est parlée dans les salons; elle est déclamée, elle est chantée sur le théâtre. Ce théâtre, dans les jours de fête, a tout l'éclat d'un spectacle européen : on se croirait aux grandes représentations de l'Opéra dans Londres ou dans Paris.

Il faut citer un contraste remarquable signalé sur les lieux par le jugement de brillants officiers français, ces Rhadamanthes rajeunis, qu'en aucun hémisphère ne récuserait le sexe le plus ambitieux d'être jugé; je veux dire d'être jugé comme Scipion se jugeait lui-même au Capitole, lorsqu'il rendait grâce aux dieux de ses succès et de sa gloire.

En comparant tour à tour les beautés européennes des Philippines et de Java sorties des Pays-Bas et de l'Espagne, puis celles de la Tartarie et de la Chine, voici les différences remarquées par un grave jury français près de finir son tour du monde.

Ces physionomies si puissantes des femmes qu'on admire aux rivages de l'Andalousie, ces nobles figures aux grands yeux noirs si pénétrants qu'on les dirait empruntés à l'Afrique, ces carnations veloutées, moins brunies que fortifiées par le soleil de Séville ou d'Algésiras, les belles figures espagnoles perdent bientôt sous le ciel énervant des tropiques leur éclat plein d'énergie. Par degrés rapides, la vivacité de leur regard s'affaiblit et s'éteint, le vermillon du jeune âge disparaît de leurs joues; de leurs lèvres même, et le miroir de leur front est sillonné de rides prématurées.

Un effet bien différent est produit sur la peau lactée des gracieuses et calmes Bataves, aux regards moins belliqueux et moins incendiaires. La primeur d'un embonpoint qu'une température ardente a seulement le pouvoir d'arrêter en de justes bornes, comme une fleur persistante qui n'accroît pas au milieu du jour son épanouissement matinal; des charmes reposés, on dirait presque fixés au sein du printemps, résistent aux destructions d'un climat qui dévore des attraits plus combustibles; malgré l'impatience des feux du tropique, le pur vermillon de leurs lèvres, la rose même de leur teint, gardent leur frais coloris : comme si l'océan de l'Inde avait fait place à l'océan du Zuyderzée, pour conserver dans la primeur de sa beauté l'Anadyomène du Nord.

Il faut en convenir avec nos jeunes marins, en présence de ces attraits reposés comme une fleur aux douces nuances de nos climats tempérés, la face cuivrée des Javanaises et le jaune mat et les yeux rentrants des Chinoises entre des pommettes tartares, ces attraits de l'extrême Orient ne répandent qu'un éclat qui pâlit devant des beautés immortalisées par le pinceau des Van Dyck, des Van der Werf et des Rubens.

Progrès du gouvernement hors de la capitale.

Suivons maintenant, hors de la capitale, le sage et fructueux gouvernement du comte Van der Capellen.

Il fit servir sa prudence et son énergie à rétablir l'autorité hollandaise dans les îles nombreuses qui, depuis 1811, avaient subi le joug précaire de la Grande-Bretagne. Il eut à triompher de révoltes nombreuses à Bornéo, à Célèbes et dans les Moluques; il eut à lutter surtout dans l'île de Sumatra.

Un observateur sagace, le commandant de *la Bayonnaise*, qui visitait l'Archipel indien il y a dix années, disait avec raison, Sumatra est l'Algérie des Indes néerlandaises. Il y faut lutter contre les éléments épars d'un gouvernement fédéral, et contre un peuple étranger à toute hiérarchie. La sédition, ameutée par le fanatisme et par de longues habitudes d'indépendance, y couve toujours quelque part. Aussi l'occupation de cette île a-t-elle eu pour conséquence une guerre incessante, dont les périls et les succès ont fondé les belles réputations militaires qui sont aujourd'hui l'honneur de l'armée des Indes.

Ce qui rendait à Sumatra la lutte pénible, c'était la présence des Anglais, qui, du comptoir de Bencoulen, attisaient la discorde, et qui continuèrent leurs mauvais offices jusqu'à la conclusion du mémorable traité de 1824.

Ce traité, vraiment louable dans son objet principal, divisa l'Inde en deux parties essentiellement distinctes. A l'Angleterre, il réserva le continent asiatique; aux Pays-Bas, l'archipel océanique. En conséquence, les Hollandais évacuèrent la péninsule de Malacca et leur comptoir de Ceylan dans l'Hindoustan; les Anglais, en revanche, abandonnèrent l'île de Sumatra et remirent Bencoulen à leurs rivaux.

C'est dans Java que les Hollandais devaient obtenir les plus merveilleux résultats de leur nouvelle administration. C'est là qu'ils eurent d'abord à triompher de la rébellion la plus formidable. Diépo-Nigoro, le tuteur d'un sultan de cinq ans qui régnait à Djokjokarta, secoua le joug européen. Habile dans l'art de faire appel à tous les préjugés indigènes, ainsi qu'au fanatisme de l'Islam, il soutint une guerre de cinq années, qui coûta 12 millions et 15,000 soldats à la Hollande.

Premières idées d'un système de culture perfectionné.

Cette lutte acharnée fit sentir le besoin de gagner la confiance des princes natifs, ainsi que des prêtres musulmans. On identifia leurs intérêts avec ceux des Européens, en faisant d'eux, si je puis employer ce langage, *des partenaires* dans les produits du travail agricole et dans les ventes commerciales.

Quand, au xviiie siècle, la Compagnie des Indes hollandaises avait imaginé d'obliger les Javanais à cultiver le café pour son compte, dans la grande et fertile province des Préangers, elle avait fixé le nombre des caféiers que chaque famille devait planter et soigner. Sous cette direction étroite et méthodique, l'île produisait en café 12 millions de kilogrammes au plus, et la compagnie n'en retirait que 1,200,000 francs de bénéfice. Cette redevance tenait lieu d'impôt au cultivateur, qui disposait librement de tout le reste de sa terre. Un tel système, quoique amélioré plus tard, laissait beaucoup à désirer au gouvernement, qui remplaçait la Compagnie, et le paysan le trouvait oppressif.

Travaux progressifs des derniers gouverneurs.

On voulut à la fois alléger le fardeau, varier, agrandir les cultures coloniales, et donner, au cultivateur même, un nouvel intérêt aux progrès futurs.

M. le comte du Bus de Gisignies, qui gouverna de 1826 à 1830, tenta quelques essais d'un nouveau système dirigé par de telles vues; mais ce dessein ne fut accompli dans toute sa grandeur et conduit à la perfection que par le comte Van den Bosch, qui gouverna de 1830 à 1833. Nous expliquerons avec soin cette œuvre admirable.

Les perfectionnements administratifs, l'extension de la puissance politique et les progrès de toute nature ont été poursuivis avec constance par les gouverneurs subséquents. Entre ceux-ci, nous citerons le comte de Hogendorp, M. Baud et surtout M. de Rochussen. Ces deux derniers, doués d'un talent supérieur, sont devenus ministres du royaume des Pays-Bas; et le dernier l'est encore. Avant d'aller plus loin, expliquons les rapports de la Néerlande et de l'Angleterre, et la force défensive que la tension de ces rapports conduisit à développer.

Nouveaux rapports des Hollandais et des Anglais dans l'Inde.

Par le traité de 1814, qui suivit la paix générale, l'Angleterre gardait pour elle : 1° trois colonies de la Guyane, Berbice, Esquibo et Demerari; 2° le vaste établissement du cap de Bonne-Espérance; 3° la grande île de Ceylan; elle rendait aux Néerlandais le reste de leurs possessions capturées; enfin elle échangeait contre leur comptoir de Cochin l'île de Banca. Ainsi disparaissaient des rivages de l'Hindoustan les Hollandais, qui jadis avaient devancé leurs rivaux sur le continent de l'Asie.

De 1818 à 1821 les Hollandais avaient mis une grande vigueur à s'assurer la souveraineté de Palembang et du territoire circonvoisin dans l'est de Sumatra. De 1821 à 1824, trois autres années furent employées à discuter les conditions du traité déjà cité, conclu, le 27 mars 1824, par les soins de G. Canning, ministre des affaires étrangères, et de W. Huskisson, ministre du commerce. Ce traité repose sur deux principes, la séparation des territoires et l'extension du commerce.

Au bout de quelques années, le plus fort a profité de certains passages qu'on pouvait interpréter diversement pour expliquer à son gré ces principes. Hâtons-nous de le dire, aussi longtemps qu'ont vécu les deux illustres auteurs du traité, l'application qu'ils en firent ne cessa pas d'être bienveillante et modérée.

Par cet acte les Hollandais cédaient à l'Angleterre l'établissement de Malacca, le seul qu'ils possédassent encore sur le continent de l'Inde; l'Angleterre leur cédait en retour Bencoulen, le seul établissement qu'elle eût conservé dans l'archipel oriental hollandais.

A l'avenir, selon le traité, les Anglais ne formeront plus d'établissement dans Sumatra ni dans aucune des îles au midi du détroit de Malacca; ils ne contracteront aucun traité de commerce avec les chefs indigènes.

Au sujet des autres îles qui ne sont pas au midi du détroit, le traité stipule seulement qu'aucun *établissement nouveau* ne peut être formé par les agents de l'une ou de l'autre nation, sans avoir obtenu l'autorisation des gouvernements qui résident en Europe.

De plus il est interdit aux Hollandais de transmettre à d'autres puissances aucun des postes qu'ils occupent déjà.

S'ils les abandonnent, le droit d'en devenir possesseurs passe à l'Angleterre : reversion sans réciprocité !

La pensée de cette puissance était d'empêcher ses rivaux de se constituer une suprématie politique illimitée dans l'archipel indien; en même temps elle voulait se préparer des éventualités pour y devenir quelque jour la puissance prédominante.

Les deux puissances contractantes, est-il dit expressément, se sont communiqué les traités qu'elles ont conclus précédemment avec les États indigènes, afin qu'ils soient, dès le principe, reconnus et respectés : article capital, qui trouvera son utile application.

Enfin dans toutes les îles, excepté les Moluques, où subsiste pour la Néerlande le monopole des épices, les Anglais jouiront d'un libre commerce, en se conformant aux lois.

Aucune des stipulations n'est devenue matière à différend pour ce qu'elles exprimaient; c'est au contraire sur ce qu'elles n'expriment pas que le plus puissant a fait naître des difficultés subséquentes.

Longues difficultés commerciales entre les deux puissances.

Dès 1816 les Néerlandais rentrent en possession de leur archipel indien, en accordant à tous les peuples la liberté de commercer pour toute espèce de marchandises, moyennant les droits de leurs tarifs; ces droits, à l'égard des tissus de coton, montaient à 16 pour cent *ad valorem.* Les produits d'origine métropolitaine étaient, suivant l'usage universel, exempts de tous droits d'entrée.

En 1824 le gouverneur général, ignorant la conclusion du traité, avait élevé la taxe d'entrée sur les tissus étrangers à 25 pour cent. C'était le taux établi, *et pour longtemps,*

aux États-Unis. M. Canning se plaignit; la Néerlande jus-
tifia cette opération, et l'Angleterre cessa d'insister.

Neuf ans après, en 1833, lord Palmerston, ministre
des affaires étrangères, procède par d'autres voies que
ses illustres devanciers. Il fait sommer la Néerlande *à titre
de traité violé*, pour qu'elle abaisse ses taxes d'entrée dans
les ports orientaux. Il forçait pour cela l'interprétation du
traité, en prétendant qu'un texte qui parlait seulement de
sujets et de *navires*, par le mot *sujets* voulait dire *marchandises*. La Néerlande invoqua l'assentiment tacite de
M. Canning à la seule explication plausible; citons la réponse du cabinet de la Haye : « Les auteurs du traité de
1824, MM. Canning et Huskisson, n'ont voulu qu'appliquer leur grand principe de l'abolition des droits différen-
tiels entre les pavillons. C'est ainsi que le traité a été entendu par eux tant qu'ils ont vécu; et, jusqu'à ce moment,
l'Angleterre n'avait pas encore manifesté l'intention de
nous forcer à renoncer à une liberté qu'elle se conserve
si précieusement, même en Europe : *celle de régler ses
propres tarifs.* »

Cette explication resta pendant huit mois sans objection de la part de l'Angleterre; mais le même homme
d'État ayant quitté, puis repris les affaires, donne un signal nouveau de sa présence. Il fait signifier aux Néerlandais qu'ils aient à transmettre sans délai des ordres à
Java pour obéir à ses injonctions précitées; il veut qu'on
restitue des droits, lesquels, à ce qu'il affirme, sont in-
justement perçus *depuis dix ans* sur le commerce britannique. C'était une demande toute nouvelle, et dont
l'application, improvisée, devait atteindre le chiffre énorme
d'au moins *cinquante* millions de francs.

Pour la première fois un ministre, stipulant sur les
temps mêmes où ses prédécesseurs n'avaient rien réclamé

comme dette, fait en quelque sorte rétrograder la durée de son ministère jusqu'à la signature du traité dont il innove ainsi l'interprétation.

Afin de prévenir désormais toute difficulté, les Hollandais feront pour l'avenir ce qu'on leur demande impérieusement; ils ne taxeront pas les produits anglais à plus du double des produits néerlandais. En conséquence, ils imposent 1 2 1/2 pour cent de droits sur les tissus de coton importés de la métropole dans les îles asiatiques : c'était la moitié des 25 pour cent, taxation qu'ils ne voulaient pas réduire à l'égard des cotons étrangers.

En annonçant cette concession, le cabinet de la Haye ajoutait : «Le gouvernement hollandais a pris, avec autant d'étonnement que de regret, connaissance de la note de M. J*** (c'était la note remplie de menaces). Lorsqu'il s'élève une discussion sur le sens d'une convention, la puissance qui, à l'occasion des plaintes portées contre elle, vient de développer les motifs de son opinion, semble pouvoir s'attendre à cette alternative : ou que l'autre partie y acquiesce, ou bien qu'elle cherche à la réfuter. Mais la reproduction pure et simple des griefs, tandis que l'argumentation employée à les combattre rencontre *l'accueil du silence,* paraît se concilier difficilement avec les égards que les gouvernements ont coutume de se témoigner.

«Du reste, bien que l'article 1 1 mentionne uniquement les *sujets* et les bâtiments, et non les *marchandises,* le gouvernement des Pays-Bas, dans le désir de mettre un terme à une discussion pénible, consent à appliquer à l'avenir, *et aussi longtemps que l'industrie de ses sujets n'exigera pas une protection plus efficace,* aux marchandises, les droits proportionnels exprimés dans le traité par rapport aux sujets et bâtiments. »

Le plus puissant ne semble pas touché d'une concession évidemment arrachée de vive force au plus faible. Pendant un an, par des notes plus pressantes et plus menaçantes les unes que les autres, il réclame, il exige pour le passé les *cinquante millions* que la Néerlande, en citant le texte du traité, déclare sans cesse ne pas être dus!

Au milieu de cette effrayante obsession, les avocats de la couronne d'Angleterre sont consultés par le Cabinet; la main sur leur conscience de magistrats, plus difficile à forcer que le sens d'un traité violemment torturé, *ils déclarent aussi que l'indemnité n'est pas due...*

Nous sommes heureux de témoigner ici la vénération profonde que méritent les jurisconsultes d'un grand empire, solennellement invoqués. Nous voudrions pouvoir montrer, et nous le ferions avec le même empressement, la vénération méritée par un ministre qui n'avait pas commencé par consulter, sur le droit contesté, les avocats de la couronne. Il serait trop pénible de penser que cette abstention, si prolongée, n'ait eu lieu que pour épouvanter en conscience un État faible, à qui les oracles de la justice devaient enfin donner raison.

Expliquons maintenant une autre difficulté. A force d'intelligence et d'activité les Néerlandais développent admirablement leurs importations nationales dans le grand archipel de l'Inde : tel est le grief. Or voici comment, au sein de la Chambre des communes, l'esprit mercantile se lamente à ce sujet. «En 1830, dit un représentant de cet esprit, nous devions raisonnablement espérer que nous hériterions de la fourniture des colonies néerlandaises, attendu que la Néerlande n'avait pas d'industrie chez elle. Mais, chose impossible à prévoir, elle s'est créé une industrie tout exprès pour approvisionner ses possessions de l'Inde. »

Sur ce point, dès le 6 avril 1841, réclamation diplomatique de la part de l'Angleterre. La Néerlande se justifie
au sujet du singulier reproche qu'on lui fait : que le commerce anglais dans les Indes néerlandaises est opprimé ;
et que ce commerce est, depuis 1824, victime d'un esprit
d'hostilité systématique ayant pour terme la ruine. En
particulier, prétendait-on, les tissus de coton britanniques
étaient écrasés par l'inégalité des droits. Nous devons
donner la réponse que l'accusée s'empresse de faire à ces
incriminations ; elle présente purement et simplement
les comptes comparés des cotons fournis par les deux
puissances depuis 1837 jusqu'à 1839.

L'état qui suit montrera combien l'ambition des
triomphes commerciaux peut s'offenser contre le droit
naturel qu'a chaque peuple de favoriser avec modération
la prospérité de sa propre industrie.

PARALLÈLE JUSTIFICATIF DES COTONS OUVRÉS, D'ORIGINE ANGLAISE
OU NÉERLANDAISE, ENVOYÉS À JAVA DE 1837 À 1839.

FABRICATIONS.	DE HOLLANDE.	D'ANGLETERRE.
	francs.	francs.
1° Valeur des tissus anglais envoyés directement......	'	18,139,500
2° Envois de Hollande, tissus qui comprennent en fils anglais..	'	15,637,500
3° Valeur des tissus hollandais, en déduisant les fils anglais pour....................................	22,061,385	'
VALEUR réelle des cotons provenant de chaque nation.	22,061,385	33,777,000

Ainsi les organes de l'État le plus opulent se lamentent
et s'indignent ; ils parlent de l'oppression que subit l'industrie de ses cotons, industrie qui vend à Java pour

33,777,000 francs de ses fils et de ses tissus, lorsque les Néerlandais ne vendent des leurs que pour 22,061,385 francs; c'est-à-dire, en d'autres termes : le plus fort se plaint que le plus faible ne se laisse surpasser que de moitié dans ses propres îles!

En se justifiant, la Néerlande revient sur la différence des 25 pour cent que payent les produits anglais, opposés aux 12 1/2 qui frappent les produits nationaux. Elle fait observer que les fils de sa fabrique lui reviennent de 12 à 13 pour cent plus cher qu'aux tisserands britanniques. Par là, dans la réalité, disparaît l'avantage que semblent avoir dans les ports de Java les tissus de la Néerlande.

On fait valoir encore un autre grief. Le Gouvernement du roi Guillaume est accusé d'exclure le commerce anglais de *tous les ports* où les Pays-Bas étendent leur domination. Pour prouver le contraire, on fait passer à Londres copie d'un traité conclu récemment avec le prince de Zambi, puis on ajoute :

« Il est impossible au gouvernement des Pays-Bas de partager l'opinion qu'un article, le septième du traité de 1824, aurait ouvert au commerce britannique tous les ports de l'archipel indien, à l'exception de ceux des Moluques. Il n'a ouvert et ne pouvait ouvrir que les ports où se trouvent des bureaux de douane, laissant les autres réservés au cabotage. C'est un usage que veut la nature même des choses; usage qui n'a jamais cessé d'exister à Java; usage qui depuis longtemps est à la parfaite connaissance du gouvernement britannique et *que ce dernier faisait observer lui-même, en cette île, lors de sa conquête;* usage auquel les bâtiments hollandais sont soumis aussi bien que les navires étrangers. Enfin le nombre des ports ouverts au commerce européen, loin d'avoir été restreint, est considérablement augmenté. »

Tant de plaintes portées, sans intermittence, contre tous les actes du gouvernement néerlandais dans les Indes orientales, faisaient redouter que le ministre qui les multipliait ainsi n'eût en perspective quelque projet sérieux contre l'avenir d'un admirable archipel. Chose encore plus inquiétante, ce ministre ayant quitté le pouvoir, lorsque le Cabinet dont il faisait partie se retira, les interpellations, les exigences, les récriminations continuèrent quelque temps, « inspirées, dit le document où je puise ces faits, par un esprit de violence et d'indignation contre la prospérité de ce nouvel empire, qui s'élevait en face des Indes anglaises, alors abaissées et souffrantes. »

Au lieu d'admettre que cette continuité fût entrée dans l'esprit de la nouvelle administration, nous croyons plutôt que c'était simplement le mouvement continué par l'agent accrédité près de la cour de la Haye, qui n'avait pas pu tout à coup se ralentir et se modérer.

Offre magnanime que fait Guillaume II à la Grande-Bretagne.

Au plus fort de ces discussions, que les amis des deux nations ne pouvaient trop déplorer, dans les premiers mois de 1842, le roi Guillaume II fait une offre où l'on reconnaît un caractère généreux, une politique à la fois intègre et libérale. Dès qu'il apprend la destruction de l'armée anglaise dans l'Afghanistan, il met à la disposition de l'Angleterre toutes ses forces de l'Inde. La fierté britannique refuse, mais sans pouvoir méconnaître la noblesse et la sincérité des intentions d'un tel allié. Guillaume, on peut le supposer, espérait du moins qu'il opposait un obstacle moral, celui de la reconnaissance, au désir possible des Anglais : le désir de profiter un jour du rétablissement de leurs affaires en Asie afin d'opprimer celles des Néerlandais au sein des mers orientales.

Dans tous les cas, l'offre de Guillaume II était d'autant plus magnanime qu'en 1842, comme on va le voir, ses colonies orientales étaient déjà mises dans l'état le plus formidable de défense.

La vraie gloire de l'Angleterre en Orient.

Au lieu de mettre sa gloire à propager la peur chez les peuples faibles, afin d'en obtenir des concessions que n'honorent pas toujours l'équité, la modération, la générosité, un rôle plus beau peut être celui d'une des nations, si rares, que leur génie appelle à peser sur les intérêts des deux mondes; de la nation dont la prépondérance incontestée s'étend à toutes les mers, intimide tous les rivages et s'ouvre, par les arts, tous les continents : que ce soit aussi par la justice et la grandeur d'âme.

A l'égard de la Néerlande, un devoir plus strict est imposé par la reconnaissance. Lorsque la paix sociale et la liberté de conscience, garants sacrés des autres libertés, fuyaient la Grande-Bretagne, elles ont été ramenées par un Stathouder, un conducteur d'États, le plus impassible des hommes, clairvoyant et clément, intrépide et mesuré, défendant de pair les droits du trône et des sujets, ramenant la victoire sous les drapeaux et sous les pavillons de l'Angleterre en lutte avec le plus puissant des rois, et commençant par la victoire l'ère immortelle d'un gouvernement pondéré qui, depuis cent soixante et dix ans, fait la fortune et la grandeur de l'Angleterre. Ces bienfaits sont greffés sur les vertus d'un Néerlandais.

Appréhensions persistantes des Néerlandais.

Nous n'avons voulu présenter qu'un faible aperçu, très-incomplet, mais très-impartial, pour expliquer l'effroi qu'avait causé chez les Néerlandais cet enchaînement de plaintes, de prétentions et d'exigences qui se succédaient sans relâche, au milieu du mouvement d'expansion qu'un célèbre et brillant ministre imprimait à l'interférence britannique sur tous les points de la terre. L'éminent narrateur que j'ai pris pour guide achève en ajoutant la profondeur à la naïveté : « Par suite des embarras que le système de ce ministre avait.fait naître de toutes parts pour l'Angleterre, le gouvernement néerlandais était moins inquiet dès 1842; néanmoins il n'était pas complétement rassuré. » Peut-être maintenant l'est-il un peu davantage.

Les inquiétudes occasionnées par la vaste ambition et les conquêtes continues des Anglais en Orient avaient suscité des terreurs accrues sans cesse depuis le traité de 1824, qui semblait devoir y mettre un terme; elles furent portées au plus haut point en 1840.

Par un contraste remarquable, lorsque la Néerlande sentait augmenter ses craintes à l'égard d'un grand État chrétien, sa sécurité s'accroissait dans ses rapports avec les musulmans soumis à ses armes, avec des populations auxquelles le nouveau système de culture et de commerce procurait un bien-être de plus en plus grand.

Ainsi que le disait à si juste titre le ministre Van den Bosch, le gouvernement des Pays-Bas était, pour les Javanais, le seul gouvernement dont les combinaisons eussent .fait concourir à l'enrichissement de la métropole la

prospérité, la satisfaction et la fortune croissante des populations indigènes.

Malgré l'appui que les Hollandais étaient en droit d'espérer des Javanais, dont ils satisfaisaient à la fois toutes
les classes, aristocratie, clergé, cultivateurs, ils n'en étaient
pas moins frappés de cette conviction, peut-être exagérée,
peut-être injuste : aussitôt que l'Angleterre croira que son
intérêt absolu lui conseille d'envahir Java, elle aura bientôt son prétexte accoutumé, reproduit déjà par les journaux de l'Inde britannique, et répandu par ses hommes
d'État avec une affectation singulière; on flétrira la réputation morale du gouvernement hollandais, accusé par
les grands dominateurs de l'Hindoustan de *mal administrer*
les populations.

Cette conviction a suffi pour que la Néerlande repoussât
un plan séduisant présenté par le ministre Van den Bosch,
plan qui consistait à transférer sur Java la dette de la métropole. Les rentiers appréhendèrent qu'un jour leur capital ne se trouvât à la merci d'une invasion britannique.

Moderne système de défense des possessions hollandaises.

La Néerlande, au point de vue de ses possessions mises
à l'abri du danger, doit au célèbre lord Palmerston une vive
reconnaissance. L'appréhension des desseins qu'on lui
supposait a fait étudier, agrandir et conduire à terme un
vaste système de défense, dont la pensée naquit dès la restitution de l'archipel océanique au royaume des Pays-Bas.

L'ancienne Compagnie des Indes, tout absorbée dans
ses desseins commerciaux, si l'on excepte Batavia fortifié,
n'avait rien fait pour une protection sérieuse de Java. Les
fortifications, peu considérables, entretenues en différents
points, suffisaient seulement pour résister aux indigènes.

A peine subsistait-il encore quelques fortins délabrés qui remontaient au temps des Portugais, et quelques faibles batteries érigées sur les côtes.

Lorsque pendant un règne trop court, Louis, frère de l'empereur Napoléon, envoya le général Daendels à Java comme gouverneur général, celui-ci put seulement jeter la vue sur les travaux défensifs qu'il convenait d'exécuter. A peine son successeur allait s'en occuper, les Anglais débarquaient en force. L'armée hollandaise ne comptait pas plus de 2,400 soldats européens, avec quelques marins échappés de la flotte incendiée en 1806 par les forces britanniques. Les Anglais, maîtres de la mer, étaient arrivés, en 1811, avec trente-trois bâtiments de guerre ayant à bord 12,000 hommes de débarquement; cependant ils ne réussirent pas à prendre Java sans éprouver de grandes pertes, dont le souvenir, soigneusement conservé, motivait l'espoir des Néerlandais dans leurs conceptions nouvelles.

Organisation et force du personnel défensif.

En 1840, voici quelles étaient les forces des Néerlandais dans l'Inde, forces régulières complétement aux ordres du gouverneur général :

Européens.	Noirs de Guinée.	Indigènes.	Total.
4,000	1,500	7,500	13,000

A ces effectifs s'ajoutait un régiment de cavalerie, l'artillerie, le génie, l'intendance et le service médical; en tout près de 15,000 hommes. Disons quelques mots sur ces forces actives.

Les Néerlandais, prudents avant tout, n'entretiennent pas, comme les Anglais aux bords du Gange, des corps de troupes régulières qui ne soient composés que de soldats indigènes. Dans chaque bataillon, les compagnies d'élite sont européennes, les compagnies du centre sont indigènes. Si la Grande-Bretagne avait adopté la combinaison que, nous venons d'indiquer, les malheurs effroyables occasionnés par la révolte des Cipayes du Bengale n'auraient pas été possibles.

La Néerlande obtient, des petits rois nègres de Guinée, 3oo recrues par année; elle les engage pour six ans, au prix de 3oo francs par tête payés à ces roitelets. Comme elle les traite bien, ils s'affectionnent à son service, et forment une troupe excellente. Dès 1840, elle voulait porter cette force à 3,000 hommes, et sa pensée était profondément judicieuse; il faut la réaliser.

Les meilleurs soldats indiens qui sont incorporés dans les régiments mixtes appartiennent au peuple des Moluques : race amphibie, qu'enhardissent dès l'enfance les périls de la mer. Jusqu'à ces derniers temps, on les trouvait aussi braves sans doute, mais d'une moins obséquieuse discipline que les Cipayes britanniques; on ne leur trouverait plus aujourd'hui ce dernier genre d'infériorité.

N'oublions pas de mentionner l'île d'Amboine, qui fournit environ 3oo soldats chrétiens. Ils ont la même paye que les soldats européens, et reçoivent des souliers : distinction que l'on n'accorde pas aux mahométans.

Les Néerlandais n'ont pas seulement, comme les Anglais, des Indiens promus aux grades de lieutenant et de capitaine; ils élèvent des indigènes au rang de major et de lieutenant-colonel. En même temps ils ont l'habileté de disposer les services de telle sorte que nulle part, sans offenser la hiérarchie, les officiers européens ne soient placés sous le commandement des officiers indiens.

En cas d'invasion, l'on pourrait tirer parti de corps irréguliers purement javanais. Ces corps, levés au besoin par les princes du pays, ont pour armes les criks ou poignards ondulés; ils y joignent la lance, longue de 3 à 5 mètres, sans compter quelques fusils. Au lieu de faire face à l'ennemi, ces corps ouvrent leur masse, le laissent arriver, et le prennent en flanc; ils massacrent sans pitié tout ennemi qui s'écarte. Pour éviter d'être écrasés par une force supérieure, ces natifs savent prendre la fuite, n'emportant que leur fer de lance : le premier buisson de bambou leur procurera pour cette arme une hampe nouvelle, aussitôt qu'il faudra recommencer la résistance.

Les Javanais, timides quand ils sont seuls en rase campagne, tiennent avec opiniâtreté derrière un rempart, même insuffisant. Ils fournissent, quand il le faut, de petits corps d'une cavalerie légère trop habile à piller, mais très-incommode pour l'ennemi.

En résumé, l'on peut ajouter à l'armée de l'archipel les gardes sédentaires des villes néerlandaises, les milices indigènes que les Résidents entretiennent dans chaque régence, et les corps auxiliaires formés par les princes natifs.

Si l'on réunit toutes les forces que nous venons d'indiquer, on obtient un total qui s'élève aisément à 40,000 hommes.

Défense navale.

A la force de terre il faut ajouter la marine militaire : elle forme une escadre, que commande un contre-amiral. On y multiplie graduellement le nombre des navires à vapeur, précieux à la fois pour le gouvernement et les populations. Avec leur aide, on porte partout, quels que soient les vents alizés, le secours de la force navale.

La répression de la piraterie est au nombre des services

habituels, et des plus importants, rendus par la marine militaire. Les Hollandais, par amour pour le commerce et la propriété, pendent les pirates qu'ils capturent. Les Anglais se contentent le plus souvent de réduire leurs captifs à la condition de forçats : ils les font travailler aux ouvrages publics, comme autrefois les Algériens faisaient travailler les chrétiens qu'ils réduisaient en esclavage.

Naturellement les pirates préfèrent, et de beaucoup, ce traitement des Anglais à celui des Hollandais [1].

Il y a près de quarante ans, outre les beaux ports de Java sur la côte qui regarde l'équateur, on a découvert sur la côte opposée deux superbes ports. Centres de protection, où peuvent mouiller en sûreté les plus grands vaisseaux, ces ports ajoutent à la défense de l'île.

Défense naturelle du territoire.

A l'appui des forces vivantes que nous venons d'énumérer, les Néerlandais, pour se défendre, comptent beaucoup sur les difficultés et les périls opposés par la nature. Les côtes de Java, dans leurs parties accessibles, basses et vaseuses, sont envahies par le mauvais air et les fièvres pernicieuses. Voilà les premiers obstacles à l'invasion.

Une large chaîne de montagnes traverse l'île dans toute sa longueur, comme une épine dorsale. Elle s'élève, en certains points, jusqu'à 2,000 mètres au-dessus du niveau de la mer. Cette chaîne, avec ses escarpements, avec ses défilés et ses précipices, avec les forêts presque impénétrables qui la couronnent, doit devenir le théâtre de la dernière défense. De ses flancs élevés se précipitent

---

[1] Voyez à ce sujet les charmants récits du chevaleresque capitaine Osborn, quand il était jeune et qu'il poursuivait des pirates malais avec une canonnière que montaient aussi des Malais braves et fidèles.

une foule de rivières, qui, dans la saison des pluies, prolongent beaucoup leur partie torrentueuse, et, plus bas, inondent les plaines. Lorsque les pluies ont cessé, restent comme obstacles les canaux d'irrigation et les digues des rivières. Au milieu des cultures sont disséminés des villages nombreux, cachés et protégés par d'énormes haies de bambous; on dirait le Bocage d'une Vendée! Voilà les difficultés sans nombre qui peuvent seconder une défense à la fois intelligente et persévérante.

Défenses empruntées à l'art.

Sans s'opposer en vain au débarquement d'une grande force d'invasion, disons quel est le dessein des Néerlandais. La puissance irrésistible de l'Angleterre est dans sa flotte; *cette flotte, il faut la séparer de l'armée qu'elle transporte.* Pour y parvenir, on abandonnera la côte; on ne risquera de défense désespérée ni dans les ports, ni dans les cités du littoral. Il semble suffisant de perfectionner, de compléter trois forteresses qui commanderont trois grandes villes maritimes, d'où partent trois routes dirigées vers les trois passages que la nature a pratiqués dans la chaîne des montagnes. Ces trois cités sont : Batavia, vers l'ouest; Samarang, au centre; et Sourabaya, vers l'est de la côte qui fait face à l'équateur.

On se propose d'abaisser le sol à l'entour de ces forteresses, afin qu'elles soient entourées d'eau lorsque l'ennemi les menacera. Les eaux seront tenues à un niveau tel qu'on ne puisse pas les faire écouler à la mer.

On veut que la route qui mène de chaque forteresse maritime à la passe des montagnes, lorsqu'elle arrive au pied des fortes pentes, soit interceptée par une forteresse intermédiaire. Il en faudra faire le siége, avec beaucoup de troupes, contre une garnison comparativement bien moins nombreuse, et composée d'une juste proportion d'Européens et d'indigènes. Une artillerie savamment dirigée rendra la défense autrement sérieuse que des fortifications défendues par des Chinois ou des cipayes révoltés; elle forcera l'invasion à traîner en longueur. Pendant ce temps, la mortalité, résultat certain du climat, deviendra pour l'envahisseur le plus formidable antagoniste.

Les Hollandais auront, comme troisième lieu de refuge et de combat, le point culminant du passage central : l'ennemi n'aura rien fait tant qu'il n'aura pas conquis ce dernier centre de défense.

Nous supposons que la forteresse intermédiaire, après un certain temps, soit obligée de se rendre; nous admettons que, malgré les chicanes d'une guerre de montagnes, l'ennemi force enfin tous les défilés de la route jusqu'aux abords de ce point culminant; il y trouve un troisième système de fortifications. Ce système, indiquons-le seulement pour la position principale.

On est au point où la route se bifurque pour conduire aux capitales des deux grandes régences intérieures, Sourabaya et Djokjokarta. Là domine une vaste enceinte fortifiée. Elle forme un camp puissamment retranché, comme les Français en ont construit un près de Chaumont, au point culminant des bassins de la Seine et de la Saône.

C'est la position stratégique choisie avec un rare discernement par le général Van den Bosch. On est au milieu d'un ancien lac, aujourd'hui desséché. Pour ériger les remparts, il a fallu battre d'innombrables pilotis jusqu'à sept mètres de profondeur, au milieu d'un sol fangeux. Les établissements, les casernes, sont casematés, afin de résister aux bombardements. Si l'ennemi veut ériger des batteries de brèche, il faudra qu'à son tour il fonde ses épaulements sur pilotis, pour ne pas s'enfoncer dans un sol sans consistance. Tels sont les travaux du camp d'Amba-rawa ; ils étaient terminés dès 1841, et je crois même plu-sieurs années avant cette époque.

On a conçu le projet, du moins en temps de guerre, d'établir la capitale de l'île à six lieues de ce camp, à Tem-pel. D'après cette pensée, Batavia serait simplement le principal port de cette colonie, et le centre de commerce le plus productif.

Malgré la grande et belle conception militaire dont nous venons d'offrir le tableau, il me paraît impossible, dans les époques de paix, que le siége du Gouvernement général ne reste pas auprès de Batavia, de cette opulente cité, qui communique si facilement avec tous les points de la côte le mieux cultivés, la plus peuplée et la plus riche ; de la ville marchande, qui concentre sur sa rade la majeure partie des navires de commerce et le noyau de la flotte militaire. Autant vaudrait pour le Brésil, par exem-ple, qu'au lieu de Rio-Janeiro, favorisé par une admirable baie, l'on transportât la capitale dans une gorge reculée, au milieu des hautes montagnes.

Quoi qu'il en soit, dès l'annonce d'une invasion, le Gou-vernement transporterait son trésor, ses archives et son administration centrale dans le camp d'Ambarawa.

On ne négligerait pas d'ailleurs, aux points les plus convenables, de tenir en bon état de petits forts bien préparés ; car ils donnent confiance aux populations dont on peut attendre des hommes et des vivres.

Tel est le plan de défense imaginé, et, je puis l'affirmer, en très-grande partie réalisé au prix d'énormes dépenses. Nous nous plaisons à penser que les Hollandais se sont fait un épouvantail exagéré de la convoitise qu'ils sup-posaient à l'Angleterre dans toutes les mers de l'Inde, et

qu'ils n'auront pas besoin de mettre à l'épreuve leurs formidables moyens de résistance afin de conserver Java.

Les Anglais se rappelleront combien, dans l'Inde, ils
ont eu sujet de se repentir, en premier lieu, d'avoir tenté
d'envahir l'Afghanistan; en second lieu, d'avoir entrepris
une guerre d'agression contre les Persans, sous prétexte
de sauvegarder l'Inde elle-même!... La satisfaction qu'ils
ont éprouvée de disposer à leur gré d'Hérat leur a valu
deux ans d'insurrection sur les bords du Gange, des torrents de sang et des pertes sans mesure.

Système corrélatif des défenses de Sumatra.

A Sumatra comme à Java, les Hollandais ont placé
dans l'intérieur leur principal centre défensif, au moyen
d'un camp retranché : c'est le camp de Tibing-Tingri, qui
doit être le siége du Gouvernement pour les deux résidences de Bencoulen et de Palembang.

La nature ne présentait que deux passages pour traverser la grande chaîne longitudinale de montagnes; les
Néerlandais s'en sont fait céder la propriété par les chefs
indigènes. Ils en ont fortifié les points culminants pour
rester maîtres des communications d'une côte à l'autre.

Padang, établissement principal, est défendu par des
forts bien construits et bien armés.

Les Néerlandais, en cas de guerre contre l'empire britannique, ne disperseraient pas leurs moyens de défense.
Ils feraient peu de chose pour soutenir les Moluques :
bien persuadés que, Sumatra et surtout Java sauvés, leur
domination dans l'archipel Indien serait toujours assurée.

Ils s'enorgueillissent de compter, parmi leurs moyens
de défense, l'aversion des Javanais pour le joug britannique. Voici comment à cet égard, et dès 1840, s'expri-

mait le plus habile homme d'état qui jusqu'alors eût gouverné l'Inde hollandaise. « La proximité de l'Hindoustan, disait-il à l'un des ambassadeurs près de sa cour, inspire aux natifs une vive répugnance contre la domination de l'Angleterre. Aussi, lorsqu'en 1811 cette puissance est venue nous attaquer, *plus de cinquante mille Javanais nous ont demandé des officiers et des armes;* malheureusement nous n'en avions pas qui fussent disponibles. Nous en aurions aujourd'hui.

« Les Javanais le savent très-bien : tandis que nous ne prenons qu'un cinquième, de leurs récoltes, les Anglais prennent les deux cinquièmes au Bengale[1]. Il faut en vérité que le système établi par la Compagnie des Indes britanniques soit bien oppresseur ou bien défectueux, pour présenter aussi souvent le contraste d'une incomparable fertilité de la terre et de ces grandes famines qui viennent encore de nos jours, à des intervalles si rapprochés, moissonner la population de l'Hindoustan. »

En terminant ce qui concerne la défense de l'Inde néerlandaise, je crois devoir citer deux observations remarquables du profond diplomate à qui le comte Van den Bosch communiquait de telles pensées; c'était en 1841 :

« Dans les conversations que j'avais avec les militaires qui ont résidé le plus longtemps à Java, j'étais ramené sans cesse à deux observations : en premier lieu, s'ils redoutent beaucoup une guerre contre l'Angleterre, c'est plutôt comme interruption du commerce et des communications que par la crainte d'une attaque sur Java; en second lieu, les officiers hollandais ont rapporté de ces

---

[1] Le gouverneur hollandais me semble beaucoup exagérer le prélèvement britannique. C'est par des mains indigènes, autorisées ou non, que sont opérés les plus grands prélèvements; mais le peuple indien n'en est pas plus soulagé.

pays une moindre opinion qu'on ne s'en forme au sein de l'Europe, sur la stabilité de la domination anglaise dans les Indes... » A ce sujet, un diplomate qui se permettait de tout penser et que je puis citer puisqu'il est mort, l'audacieux Van den Bosch, disait au sage ambassadeur : « L'Angleterre aux Indes ne pourra tenir contre les Russes, le jour où leur action deviendra libre, soit par quelque alliance avec la France, *soit par le triomphe du principe démocratique* chez cette même Angleterre! La Russie, en 1839, a manqué de hardiesse. Il suffisait qu'elle envoyât 6,000 hommes à l'armée qui faisait le siége de Hérat; l'armée aurait pris cette place. L'Angleterre n'eût pas déclaré la guerre aux Russes, parce qu'ils auraient aidé le Shah pour soumettre un vassal infidèle; et la domination britannique eût été ébranlée dans toute l'Asie. » Ainsi parlait un antagoniste invétéré.

Nous sommes bien loin d'accepter en entier les assertions et les prévisions, plus ou moins hasardées, de l'homme d'état néerlandais; mais quelquefois cet homme hardi lançait des éclairs d'une étonnante profondeur.

Comment les Hollandais ont étendu leur puissance dans Sumatra.

En recouvrant leurs possessions orientales, après avoir assuré le salut de Java, le premier soin des Hollandais devait être de consolider leur empire en Sumatra; car c'était la plus voisine des possessions britanniques, et la plus exposée aux convoitises d'un voisin conquérant et tout-puissant.

En 1821 le sultan de Palembang, favorisé par les Anglais, osa combattre les Néerlandais; il fut vaincu et remplacé par son frère, qui, trop peu soumis, fut chassé lui-même. En définitive, il a fallu que Palembang, afin de rester paisible, restât soumis à la puissance du roi des Pays-Bas.

Nous devons signaler aussi des guerres locales ayant la religion pour motif; la plus remarquable fut suscitée par un mollah. Ce protestant de l'Islam, à son retour de la Mecque, voulait transformer le mahométisme de Sumatra et soumettre les natifs à la croyance des Wahabites. Les Néerlandais, invoqués par les anciens croyants, ont vaincu les novateurs, dont la secte a disparu.

Dès 1815, en restituant l'archipel oriental, la politique des Anglais avait soigneusement garanti l'existence de l'*État d'Achem*, dans l'ouest de Sumatra : partie qui fait face à l'Inde britannique. Cet État, qui jadis dominait au loin sur les mers de l'Asie, ne commande aujourd'hui rien au dehors; à l'intérieur, il reste la proie de l'anarchie.

En 1839 les Néerlandais, s'avançant de l'est à l'ouest dans Sumatra, n'étaient encore parvenus en maîtres qu'à la baie magnifique de Tapanoely, à quarante lieues de l'État indépendant d'Achem. Cet État avait pour limite la rive droite de la rivière, sur la gauche de laquelle s'élevait la ville de Buros, dont nous allons parler.

A la même époque, Buros, ancien comptoir fondé par les Néerlandais, puis occupé par les Anglais, qui l'abandonnèrent en vertu du traité de 1824, Buros se vit menacé du côté d'Achem. Les habitants de cette ville invoquèrent le secours des Néerlandais contre les pirates limitrophes : leur prière fut exaucée. Bientôt après, le sultan même d'Achem marcha sur Buros. Alors l'héroïque gouverneur de Sumatra, le colonel Michiels, qui deviendra bientôt général, met garnison dans Buros; les indigènes de Singkell et de Tapoes marchent aussi sur Buros; ils sont repoussés, puis Singkell est prise.

Singkell est située sur la rive gauche d'une rivière qui limite l'État d'Achem, et par laquelle arrivent à la mer les précieux produits de l'intérieur.

Par un arrêté de novembre 1841, le gouverneur général a déclaré que les deux ports de Buros et de Singkell, sagement reconquis, sont ouverts au commerce extérieur ainsi qu'au transit.

Ce progrès a fait pénétrer les Néerlandais dans la partie de Sumatra qui cultive plus particulièrement le poivre. Buros jouit d'un autre avantage; c'est par cette place que s'opère la plus grande sortie du camphre. Tandis qu'au Japon cette précieuse résine a besoin d'une clarification qui la rende acceptable au commerce, elle est presque épurée quand elle sort de l'arbre sur le territoire voisin de Buros.

Ainsi les Néerlandais ressaisissaient avec avantage, en acceptant la libre culture, une branche de commerce dont ils avaient eu longtemps, ailleurs, le monopole.

Ce qui consolide leur puissance à Sumatra, c'est que les chefs indigènes, à mesure qu'ils s'allient avec eux, deviennent leurs pensionnaires. Il y a plus; les indigènes qui passent dans cette nouvelle situation s'efforcent d'attirer au même système les chefs encore indépendants.

Fidèles à leur coutume excellente, les Néerlandais, en mettant garnison dans les places maritimes de Singkell, de Buros et de Tapanoely, ont maintenu les rajahs des districts dont elles sont les chefs-lieux. Par le moyen des princes ainsi conservés, l'influence conquérante s'est propagée dans les îles voisines de la côte occidentale, Niey, Mintaor, Etel. Dans ces îles elles-mêmes, les chefs ont été conservés; exposés si souvent aux incursions des pirates, aux violences d'Achem, ils sentent le besoin d'être appuyés par une marine active et puissante, comme est celle des Pays-Bas.

En 1840 lord Palmerston s'opposait aux desseins qu'avait le gouvernement néerlandais, pour empêcher qu'il étendît sa suprématie sur l'État central de Siak. Sa Grâce alléguait un traité de protection, qu'il faisait remonter à plus de vingt ans. On lui répondit en invoquant le traité fondamental de 1824, dans lequel il est dit que les puissances ont dû se communiquer leurs traités particuliers avec les indigènes; or nul traité de ce genre à l'égard des Siaks n'avait alors été communiqué. Il fallait que les inculpés eussent bien raison, puisque la prétention contraire fut abandonnée; c'était dans l'année même où tant d'intérêts d'Europe et d'Asie étaient livrés au hasard par le célèbre traité du 15 juillet 1840.

Très-récemment les Néerlandais, poussés à bout par l'audace d'un aventurier, ont eu la bonne fortune d'accomplir leurs desseins sur l'état important de Siak.

Le conflit que nous venons de signaler est un de ceux qui, dans Sumatra, renaissaient si souvent à l'instigation du même voisin. Ce puissant voisin ne pouvait voir sans ombrage la domination des Pays-Bas se rapprocher un peu de l'Hindoustan, quand lui-même, par Singapore, touchait presque à Sumatra. Comme si la nation qui domine sur le continent des Grandes-Indes, et qui règne sur la mer, pouvait avoir le moindre péril à redouter de ces modestes Néerlandais qui, malgré tout leur courage, ne sont en Europe qu'un homme contre neuf habitants des trois royaumes, et ne dominent en Asie qu'un Asiatique contre douze assujettis à l'empire britannique.

Les Néerlandais accusent avec amertume cet antagonisme, qu'ils déclarent à la fois sans nécessité, sans justice et, suivant eux, sans excuse. Ils se récrient contre les entraves de tout genre imaginées pour empêcher les progrès d'une suzeraineté régulière et productive, exercée sur des nations voisines de la vie sauvage, et qui mêlent partout la misère à la barbarie.

Les Hollandais représentent le royaume d'Achem, si complaisamment protégé, comme en proie au désordre, aux vices, aux crimes, et faisant le malheur de ses propres habitants. Ils font remarquer que les Anglais ne se plaignent jamais qu'Achem, l'anarchie par excellence, soit un état *mal administré :* nous verrons dans l'Inde quel usage est fait de ces mots, équivalents de l'anathème avant-coureur des mesures les plus graves.

Dans l'intérieur de Sumatra trois forts ont été construits, auxquels on a donné le nom des gouverneurs généraux Van den Bosch, Koch et Van Capellen; ils commandent les passages des montagnes intérieures. Ces travaux remontent à quelques années avant 1840.

Les chefs indigènes, irrités déjà par l'érection de ces forts, l'ont été beaucoup plus par la fondation d'une capitale au centre de la partie méridionale de l'île; elle s'élève à Tibing-Tingri, aux sources de la belle rivière de Moesie, loin de l'abordage et des insultes d'une flotte.

Ce progrès suscita deux insurrections consécutives, l'une à la fin de 1840, l'autre en février 1841; on les attribue aux prêtres mahométans. Ces mollahs sont, dans l'archipel hollandais comme dans l'Hindoustan, les plus dangereux ennemis de la domination chrétienne.

Dans l'intérieur de l'île, les petits États indiens sont souvent désignés d'après le nombre de leurs forteresses, simples retranchements garnis de canons du faible calibre de 3. De 1837 à 1839 les Hollandais ont soumis les trois États dits des neuf, des cinq et des treize forteresses; tous trois situés dans la partie orientale.

En accomplissant le travail laborieux qu'ils ont entrepris pour pacifier et civiliser l'intérieur de Sumatra, les

Néerlandais répètent que leurs voisins de Singapore et
de l'Inde protégent une anarchie qui fait rougir l'humanité, sans autres motifs que des jalousies de commerce.

Ne craignons pas de redire à notre tour : ce puissant
empire qui commande dans les deux mondes à deux cents
millions d'âmes, cet empire dont le seul commerce métropolitain surpasse chaque année sept milliards de francs, ne
peut pas raisonnablement être jaloux des trois millions de
Néerlandais qui, du sein de leurs marais européens, régissent avec tant de prudence et de sagesse un archipel
de seize millions d'habitants? Les deux hémisphères sont
assez vastes et l'Angleterre est assez largement partagée
par la possession des plus belles régions de l'univers, pour
qu'elle puisse tolérer une prospérité qui n'atteint pas au
dixième de son opulence et de sa puissance!... Dans son
propre intérêt, affirmons que sa plus grande sagesse doit
être aujourd'hui, même l'Inde apaisée, de consolider ses
immenses conquêtes et non d'en outrer l'étendue.

Bien moins poussés par l'ambition que par la nécessité
de la défense, les Néerlandais sont obligés de propager leur
suprématie protectrice sur les rivages de l'archipel indien,
et d'agir ainsi pour mettre un terme ou du moins un arrêt
aux progrès de la piraterie des indigènes. En poursuivant
ces entreprises, ils sont les amis et les défenseurs de toutes
les nations qui commercent en Orient.

De 1830 à 1840 les Américains et les Français sont contraints de faire trois expéditions afin de punir le massacre
de leurs nationaux au milieu des mers de l'Asie; celles-ci
ne peuvent être ouvertes et sûres pour le commerce du
monde, si quelque puissance civilisée n'exerce pas la police
permanente partout où la piraterie trouve son refuge et
fait des armements qu'elle renouvelle sans cesse.

Après avoir expliqué tout ce qu'ont entrepris les Néerlandais pour consolider leur empire oriental, expliquons ce qu'ils ont accompli pour le rendre admirablement productif.

NOUVEAU SYSTÈME PRODUCTEUR À JAVA.

Œuvre du comte Van den Bosch.

Depuis longtemps l'administration de Java n'avait pas cessé d'être onéreuse à ses dominateurs : à la Néerlande, au XVIIIe siècle et dans les premières années du XIXe; à l'Angleterre, depuis l'envahissement par cette puissance en 1811, jusqu'à la restitution en 1815; à la Néerlande, une nouvelle fois, depuis 1816 jusqu'en 1830.

A cette dernière époque, le roi Guillaume eut le bonheur de choisir pour gouverner ses colonies de l'Inde un de ces hommes, en tous lieux si rares, que la nature a doués du génie de l'organisation; un de ces hommes qui n'attendent qu'un clin-d'œil de la fortune pour réaliser tout ce que peut accomplir l'esprit le plus énergique et le plus pratique : c'est du général comte Van den Bosch que je dois parler; je l'ai déjà cité plus d'une fois.

Je suis heureux de pouvoir rapporter les propres termes qu'employait cet administrateur illustre, quand il expliquait à l'un de nos hommes d'état les plus dignes d'une telle communication le plan qu'il eut le talent de concevoir et le bonheur d'exécuter.

Qu'il me soit permis de témoigner ici ma vive reconnaissance à mon honorable ami M. le comte de Bois-le-Comte, pour avoir mis entre mes mains les précieux documents qu'il a réunis et si bien appréciés pendant son ambassade en Hollande. La France aurait trop de bonheur si, dans chaque cour étrangère, ses représentants diplomatiques étaient capables de recueillir, avec une aussi profonde perspicacité, de semblables trésors d'observation.

« Pour conduire un pays, dit modestement l'ancien gouverneur général, il ne faut ni beaucoup d'idées, ni beaucoup d'esprit; il suffit d'une pensée bien définie, développée avec ensemble et suivie avec persévérance. La mienne a été de compléter notre système politique, déjà fortement conçu pour le pays de l'Inde; puis de le renforcer en substituant à l'impôt en argent une livraison de produits proportionnée à la récolte de chaque année, ainsi qu'à l'extension d'un travail dont j'assurais l'efficacité.

« En arrivant à Java, je trouvai que la guerre, heureusement terminée contre Diépo Négoro, nous livrait le sort des deux princes indigènes qui se partageaient les débris de l'ancien empire javanais de Malaram. Nous décidâmes qu'il fallait les laisser régner, l'un sur l'état de Sourakarta, l'autre sur celui de Djokjokarta; qu'il fallait seulement diminuer un peu leur puissance, en occupant les seuls points de la côte par lesquels ils auraient pu former des communications avec l'étranger; qu'il fallait enfin pourvoir nous-mêmes à ce que leur existence restât environnée d'autant de splendeur qu'ils en pouvaient déployer avant d'avoir été vaincus.

« Lorsque nous prîmes pour nous leurs meilleures provinces, nous contractâmes l'engagement de leur payer, à titre de pension, *une somme égale au revenu qu'elles leur procuraient.*

« Nous fîmes alors ce que nous avions déjà fait dans nos conquêtes antérieures : nous déclarâmes aux gouverneurs indigènes des provinces conquises qu'ils en devenaient seigneurs héréditaires. Ils se sont empressés de donner à leurs parents toutes les places laissées à leur discrétion; ils ont constitué par ce moyen une aristocratie qui, comme eux-mêmes, *ne peut exister que par nous.*

« Une fois protecteurs de ces petits princes dans leurs rapports avec les deux sultans, nous sommes devenus, en chacun de leurs États, protecteurs de la population dans ses rapports avec les chefs secondaires appelés à la régir. »

Ici le nouveau gouverneur général commence à montrer son action administrative et personnelle. « Il existe à Java des propriétés possédées par des particuliers; je les ai laissées sujettes à payer l'impôt en argent : presque toutes sont entre les mains des Européens.

« Les conditions de possession territoriale sont tout autres pour l'ensemble des indigènes. La propriété individuelle est presque inconnue en Asie; là le principe est que la terre appartient, comme parle Mahomet, à Dieu et au souverain, qui le représente. Pourvu que le souverain laisse aux cultivateurs ce qu'il leur faut pour subsister, il peut disposer du reste suivant son libre arbitre.

« Je trouvai le sol cultivé *par villages* et non par individus. Le chef de chaque village répartissait entre les habitants la culture à faire dans l'année; puis il prélevait, sur la vente des produits récoltés en commun, l'impôt que sa commune était tenue de nous payer.

« Je supprimai cet impôt en argent, et je dis aux villages : « Vous pouvez cultiver, produire et consommer « sans me rien payer; seulement sur l'étendue, quelle « qu'elle soit, des terres qu'il vous conviendra de cultiver « chaque année, *le cinquième* sera cultivé pour mon compte; « et vous ne vendrez qu'à moi le café, le sucre que vous « produirez sur les quatre autres cinquièmes. Pour le riz « et les plantes qui vous nourrissent, vous en disposerez « comme vous l'entendrez.

« Le climat, celui de la zone torride, le caractère indolent des indigènes et leur insouciance de l'avenir ne permettaient pas d'attendre d'eux un travail volontaire : n'étant plus contraints de produire une quantité déterminée, leur paresse naturelle devait laisser dépérir la culture. Mais à Java tout peut se faire par les chefs : je les intéressai à soutenir le travail. J'abandonnai à l'ancien, au chef du village, *la quinzième partie* de toutes les récoltes recueillies par lui, et je le fis partager avec le souverain indien.

« Si le peuple a peu de besoins, en revanche les habitudes invétérées de luxe et d'ostentation en conservent beaucoup, et de très-dispendieux, chez les classes supérieures. Aussi, maintenant que les chefs ont part aux récoltes, leur avidité à faire produire est impitoyable. Ils accablent les paysans de mauvais traitements. Les paysans se tournent vers nos employés; ceux-ci prêtent avec intérêt l'oreille à leurs plaintes et disent aux chefs de village : «En vérité, ne pourriez-vous pas faire moins tra-« vailler ces pauvres gens ? »

Je voudrais, je l'avouerai, des représentations un peu moins doucereuses et beaucoup plus efficaces.

Je dois cependant faire connaître une disposition vraiment digne d'éloges; elle place les cultivateurs javanais au noble rang d'hommes exempts de la servitude.

Que la propriété du sol soit dévolue à des particuliers, ou quelle appartienne à l'État, le paysan n'est pas assujetti servilement à la glèbe; aussitôt qu'il le veut, il a le droit de quitter son village. *Par cela seul, il est homme libre.* Si l'oppression lui paraît trop grande quelque part, il est maître d'aller partout ailleurs, et de partir sans rien payer : droit que n'a pas le serf russe.

Grâce à cette disposition, un chef de village a le plus

grand intérêt à n'être pas trop oppresseur ; ses administrés le fuiraient.

Lorsque nous expliquerons les transformations de l'Égypte au xix⁰ siècle, nous verrons Méhémet-Aly, vice-roi de ce beau pays, suivre un système singulièrement analogue à celui que nous venons d'expliquer et dont il a tiré si grand parti. Mais, à Java, les Néerlandais n'ayant aucun besoin d'écraser le peuple par un recrutement militaire exagéré, sachant d'ailleurs plus habilement s'ériger en protecteurs des paysans, ils ont obtenu plus de succès et se sont presque fait aimer.

Voici comment l'illustre gouverneur justifiait son système coercitif, qui fait peser directement non pas les Européens, mais l'aristocratie native sur les travailleurs indigènes :

« Si nous donnions aux Javanais la liberté de vendre à qui leur plairait, les Chinois établis dans le pays se rendraient maîtres de leurs récoltes avant qu'elles fussent recueillies. Il suffirait que les Chinois leur présentassent quelque misérable somme d'argent, qu'ils ne pourraient pas plus s'empêcher d'accepter que de manger aussitôt qu'ils l'auraient reçue. La plupart n'achèveraient pas une culture qui ne devrait plus rien leur rapporter. Comme ils ne livreraient pas les quantités vendues et payées, ils seraient alors tourmentés par les Chinois. Quant aux Javanais qui auraient achevé leurs cultures, ils se trouveraient plus pauvres et plus malheureux que les fainéants qui n'auraient rien produit. En présence d'un tel contraste, il ne serait plus possible de les faire travailler l'année suivante. »

On aurait pu dire, ce me semble, à l'ingénieux Van den Bosch : les exacteurs chinois, si versés dans les procédés tortionnaires, se seraient bien gardés de trop payer à l'avance; ils auraient su tenir sans cesse les travailleurs en haleine.

Nous n'en regardons pas moins comme plus avantageux aux paysans javanais de vendre, suivant des prix fixes, leurs produits au Gouvernement néerlandais, intéressé, mais honnête, plutôt qu'à ces émigrés chinois, qui ne sont jamais plus heureux qu'en trompant des hommes d'une race étrangère à leur Céleste Empire.

Cherchons ailleurs la glorification du système dont nous expliquons la marche.

Accroissement remarquable de la population javanaise, en présence de sa révolution économique.

C'est entre 1830 et 1833 que le comté Van den Bosch étudie sur les lieux l'établissement et la généralisation de ses projets. Vers 1833 on évaluait la population de Java à 7,155,000 âmes; par les dernières publications elle s'élève à 10,916,158. Tel est l'accroissement en vingt-trois années.

De là nous concluons un accroissement décennal de 201 pour 1,000, tandis que dans la Grande-Bretagne, à la même époque, l'accroissement décennal ne s'élève qu'à 137. Du même fait nous déduisons une autre conséquence, qui mérite une attention profonde : lorsque la Grande-Bretagne, ce pays si favorisé par sa liberté, ses arts, ses conquêtes et sa civilisation, ne double sa population qu'en cinquante et un ans, Java! Java la conquise, avance de manière à doubler la sienne en trente-huit ans moins trois mois. Elle s'accroît ainsi pendant le plein exercice du travail obligatoire, je ne dis pas imposé, mais consenti librement par les natifs, depuis 1831.

Pour expliquer moins favorablement cette supériorité

de l'île malaise et du Gouvernement néerlandais, il ne faut pas s'imaginer que la Grande-Bretagne se peuplait avec plus de lenteur parce qu'elle devançait de beaucoup Java dans la densité, dans l'excès numérique de sa population; il suffira, pour s'en convaincre, que le lecteur jette les yeux sur le rapprochement qui suit :

Nombre comparé d'habitants de la Grande-Bretagne et de Java, par mille hectares.

Dans la Grande-Bretagne.   A Java.

En 1841.   En 1855.

780 habitants.   780 habitants.

Toutes les fois qu'un peuple s'accroît avec une rapidité continue, lorsqu'en même temps ses vivres deviennent meilleurs et plus abondants, et lorsqu'il a plus d'argent pour ses vêtements et ses plaisirs, si pour obtenir cette amélioration de son sort, il travaille assidûment et beaucoup, gardons-nous d'en conclure qu'il devient plus malheureux. Affirmons au contraire qu'en satisfaisant à la grande loi du travail, imposée par la Providence, sa prospérité, bien qu'achetée à la sueur de son front, n'en est pas moins incontestable.

Actuellement il faut évaluer l'accroissement de richesse, publique et privée, que les Néerlandais ont retiré du système de Van den Bosch.

Mesure des succès obtenus à Java.

En 1815, les Anglais ont restitué Java, qui leur était à charge, sans soupçonner la valeur incomparable que cette île allait acquérir, en peu d'années, par les innova tions que nous venons de signaler.

De 1830 à 1840 s'accomplit et parvient au faîte de la prospérité cette transformation économique. Son illustre auteur, après l'avoir opérée, revient à la Haye. Là, comme ministre des colonies, il conduit son œuvre à la perfection avant de quitter le pouvoir. Le roi Guillaume, qui l'avait choisi et qui finit par le compromettre, se démet aussi du pouvoir en 1840. Arrêtons-nous à cette époque, qui me paraît celle du plus rapide progrès.

Dans cette dernière année, Java livre au commerce européen trois fois autant de sucre que l'immense pays des Indes exploité par l'Angleterre. A la même époque elle produit jusqu'à 800,000 kilogrammes d'indigo : c'est déjà le *cinquième* de la récolte de tout le Bengale.

Dès cette époque elle possédait plusieurs millions d'arbustes à thé, la plupart en plein rapport; la même culture pouvait s'accroître sans limites.

Java, lorsque l'Angleterre l'avait envahie, produisait par année 6 millions de kilogrammes de café; en 1840, elle en a produit 56 millions.

En s'appropriant Ceylan, les Anglais croyaient acquérir le monopole du commerce de la cannelle. Dès 1840 les Hollandais ont obtenu dans Java 130,000 kilogrammes de cannelle : produit précieux, naturalisé dans cette île depuis qu'elle a fait retour aux Pays-Bas.

Ayons soin de remarquer que ces produits sont tous obtenus par la main *d'ouvriers libres;* ils sont payés à ces ouvriers moyennant un prix, modéré sans doute, mais pourtant rémunérateur. Nous l'expliquerons en traitant du commerce de Java.

Système exceptionnel de cultures privées à Java.

Le Gouvernement a concédé ou vendu le douzième

seulement du territoire à des métropolitains, à quelques indigènes, et même prétend-on à quelques Chinois. Il leur a transmis sur la propriété du sol tous les droits qu'exerçait directement le souverain sur les fruits de la terre.

Les particuliers perçoivent le cinquième des récoltes du riz, récoltes que partagent entre eux les cultivateurs. Lorsqu'ils veulent obtenir d'autres espèces de produits, ils sont tenus de les payer au cultivateur suivant le taux établi par le Gouvernement pour ses propres achats.

Les particuliers ont le droit de vendre les denrées qui sont les fruits de leurs domaines : 1° à la Société de commerce dont nous parlerons bientôt; 2° à des traitants particuliers; 3° à des étrangers débarqués à Batavia.

A titre d'impôt annuel, leur terre paye un centième de sa valeur; or on calcule que le produit qu'ils en retirent représente 12, 13 et 14 p. o/o du capital. Cette contribution rend beaucoup moins au trésor que les terres du domaine général, cultivées par les paysans des communes.

L'avantage national des propriétés particulières consiste dans les revenus, qui passent presque tous en Europe, et qui contribuent à la richesse de la métropole. Dans Java même, l'impôt établi sur les domaines privés rembourse à peine les frais de l'administration coloniale.

On a classé topographiquement les cultures : sur les hauteurs sont étagés le caféier, le mûrier, l'arbuste à thé. Les lieux que l'irrigation peut féconder sont consacrés à la canne à sucre, à la plante d'où l'on extrait l'indigo : ces dernières parties ne représentent jusqu'ici qu'une petite partie des terrains propres au riz. Depuis l'origine du siècle, cette culture a fait des progrès incessants, pour offrir aux indigènes une nourriture qui suffise à la subsistance, au bien-être d'une population rapidement croissante, et qui maintenant, nous l'avons déjà dit, est mieux nourrie que jamais.

Nombre de Javanais appliqués aux cultures commerciales en 1835.

Nature des produits.	Cultivateurs.
Café	2,482,000
Sucre de cannes	890,000
Indigo	596,000
Thé	25,000
Feuilles de mûrier pour les vers à soie	14,250
	4,107,250

De la collection des produits javanais.

Dans la combinaison singulière et vraiment propre à la Hollande, qui fait de l'État un commanditaire agricole, en même temps qu'un marchand de produits coloniaux, il fallait confier à l'industrie particulière tout ce qui peut être fait et mieux fait par des citoyens que par l'État.

Dans chaque district, subdivision d'une résidence, l'État concède à long terme, de 15 à 25 ans, le bail de la collection des produits qu'il veut prendre à sa charge. Le fermier est tenu de livrer en bonne condition, pour exporter, les produits obtenus sur le cinquième des terres, cinquième qu'on a réservé aux cultures industrielles faites par le travail obligatoire. Le Gouvernement garantit à ses fermiers collecteurs que la culture des terres sera faite par les paysans javanais; et nous avons expliqué les moyens imaginés pour rendre efficace une telle garantie.

Ce n'est pas seulement la contrainte morale et physique exercée par les chefs indigènes qui sert ici de véhicule.

Les cultivateurs, dirigés avec intelligence par des entrepreneurs prévoyants, expérimentés, habiles, sont assurés d'un payement ponctuel, à prix modique il est vrai, mais certain. Par degrés ils prennent goût à de pareils travaux, qui leur procurent plus d'aisance, en même temps qu'ils ajoutent à la régularité de leur existence, au progrès de leurs mœurs.

Lorsque nous expliquerons l'établissement agricole de l'Inde britannique, nous aurons à montrer un système intermédiaire : c'est celui des zémindars, analogue au système des fermiers néerlandais à Java; mais ces derniers opèrent avec toute la supériorité de l'esprit européen, esprit excité par le génie des affaires chez le peuple le plus savamment économe, le plus méthodique et le plus rangé qui soit en Europe.

Pour les produits propres à l'exportation que les Javanais peuvent récolter sur les quatre cinquièmes de la terre laissés à leur disposition, le fermier public les reçoit du paysan javanais aux prix uniformes établis par l'administration. Il conduit ces produits jusques aux ports de mer; ensuite il les vend, soit à la Société de commerce, moyennant des prix légaux, soit au commerce particulier des Hollandais et des étrangers.

Habituellement l'État fait aux fermiers des avances qu'ils remboursent avec le produit de leurs ventes.

Au moyen des avances gouvernementales ils construisent les usines nécessaires à la confection du sucre et de l'indigo; ils bâtissent les magasins nécessaires pour abriter la récolte des divers produits, etc.

Par l'avantage qui résulte d'améliorations progressives, et la rémunération qui suit les sacrifices du premier établissement, les baux à long terme sont vivement recherchés. Il n'est pas rare qu'au bout de trois ou quatre années les mêmes baux soient cédés à de nouveaux contractants avec un bénéfice qui s'élève parfois jusqu'à la somme d'un million de francs.

Sentiments d'aversion contre les collecteurs chinois.

Les indigènes éprouvent une grande irritation contre les Chinois qui s'établissent, à l'ombre de l'autorité néerlandaise, en qualité de fermiers, d'usuriers, de cabaretiers, de *vendeurs d'opium* et de comestibles : ils sont là comme les Juifs en Pologne, en Alsace, etc. Quand les populations, encore turbulentes, arrivent jusqu'à l'émeute, elles saisissent l'occasion pour massacrer les Chinois, et se trouvent très-satisfaites. C'est le bonheur que les Russes auraient voulu se procurer, sous Pierre le Grand, à l'égard des étrangers.

Bien-être progressif, gage de tranquillité, dans l'Inde.

M. Van den Bosch ne l'ignorait pas, il n'est aucun peuple qui ne conserve au fond de l'âme *un profond déplaisir* d'être dominé par une race étrangère. Cependant il considérait son système de culture et de commerce comme atténuant, par des bienfaits évidents, ce déplaisir inévitable. « Il est impossible aux Javanais, disait-il, de ne pas reconnaître ce qu'ils ont gagné par l'établissement de notre domination. Un fait suffit pour en juger : sous le régime indigène, l'impéritie était si grande, que le kilogramme de café, qui se vendait, dans nos ports, 95 centimes, n'en rapportait que 17 au cultivateur ! Ce même poids de café lui vaut aujourd'hui 51 centimes; son bénéfice est *triplé* sous ce point de vue. Sur une production limitée jadis à 25 millions de kilogrammes, le produit

annuel était, pour le peuple indigène, de 4,250,000 fr.
aujourd'hui, la production des villages s'est élevée à 56
millions de kilogrammes de café, et leurs habitants re-
cueillent en argent 28,560,000 francs. Les autres cultures introduites par nous à Java, le sucre, l'indigo, la
cochenille, le thé, la muscade et la cannelle, donnent aux
cultivateurs un nouveau bénéfice annuel de 12 millions
de francs. Voilà par conséquent la rémunération des indigènes décuplée, en passant de 4,250,000 francs, à
40,560,000 francs, somme énorme qui vient chaque année, au milieu d'eux, encourager le travail, alimenter la
production, accroître les ressources, augmenter le bien-
être, et multiplier les jouissances de la vie.» Telles sont
les garanties pour le maintien d'une subordination rési-
gnée, et d'une tranquillité populaire, assurées dans l'île
de Java.

ILE DE SUMATRA.

Système de Van den Bosch.

Ayant pleinement réussi pour Java, le gouverneur
Van den Bosch tourna ses vues vers Sumatra : les circonstances sociales et politiques différaient dans les deux
contrées. Depuis longtemps Java présentait des peuples
faits à l'obéissance monarchique; au contraire, Sumatra
renfermait une foule de petites républiques, avec l'agita-
tion et l'inconstance du suffrage universel. Dans les régions
d'Achem et de Palembang, si le chef suprême étendait son
pouvoir sur ces agglomérations anarchiques, il n'y trouvait qu'une obéissance restreinte tantôt par l'intérêt,
tantôt par le caprice. Qu'en résultait-il? des guerres sans
fin, des dévastations, des flots de sang répandus, la fé-

rocité des mœurs, la médiocrité, la pauvreté des cultures, et la misère, inséparable d'un travail insuffisant. Chose étrange! ces hommes, moins occupés qu'à Java, parce que rien ne les stimulait, avaient plus d'énergie et répugnaient moins au labeur. Tandis qu'à Java l'on avait dû rendre le travail obligatoire, il suffisait qu'on rendît à Sumatra le travail en premier lieu possible, en second lieu profitable.

Demandons-nous comment l'habile organisateur a triomphé de l'inconstance populaire? Écoutons le perspicace Van den Bosch; nous l'allons voir dérouler à nos yeux une scène saisissante, où l'acteur principal fait jouer admirablement les ressorts du cœur humain.

« Ayant pénétré dans l'intérieur du pays, je réunis le plus d'habitants que je pus et je leur dis : « Vos mœurs « sont bonnes; je ne veux que les confirmer. Vous pouvez « continuer à nommer vos chefs, à les destituer, à leur « donner, à leur ôter tout pouvoir qu'il vous plaira qu'ils « aient ou n'aient plus. Tant qu'ils seront vos chefs, je les « payerai; quand vous les aurez destitués, je payerai leurs « remplaçants. Je ne vous demande pour cela ni travail, ni « denrée, ni contributions; mais seulement votre propre « tranquillité. Vous renoncerez à faire entre vous la guerre. « Quand vous aurez des querelles, vous me le direz; je « désignerai deux chefs voisins, avec un délégué à moi : ils « décideront quelle partie a raison. Si cela ne vous suffit « pas et si vous voulez vous battre, je serai toujours pour « le faible. »

« Mes propositions leur plurent. Cependant j'avais les yeux fixés sur l'un des chefs, dont l'opinion exerçait une grande autorité; je lui avais attribué par mois 250 florins, 5,350 francs par an. Je lui dis : « Pourquoi, Atahala, « c'était son nom, pourquoi n'as-tu pas l'air tout à fait con- « tent? » Il répondit : « Pour être tout à fait content, j'aurais

« besoin de savoir quel marché je fais avec toi ; qu'attends-
« tu de moi pour l'argent que tu me donnes ? » Je répondis,
« Rien ; » il secoua la tête. « Afin de maintenir ton district en
« paix, lui dis-je, il me faudrait un demi-bataillon ; tu l'y
« maintiendras à meilleur marché. » Aussitôt il répliqua : « Je
« comprends maintenant !... » Il accepta, et me servit bien.

« Je dis alors aux habitants : « Combien vendez-vous
« votre café ? — *Huit* florins le pécul, quand on nous
« l'achète ; mais personne ne vient nous le demander, et
« les frais de transport en dépasseraient bientôt la valeur.
« — Eh bien, répliquai-je, je vais vous faire des chemins
« jusqu'à la mer. Là vous vendrez votre café ; vous le
« vendrez à qui vous voudrez. Si vous ne trouvez pas
« d'autres acheteurs, je vous le payerai *dix* florins. »

« Ils furent très-satisfaits. Je fis les chemins ; je les diri-
geai tous du côté opposé à Singapore, pour ne pas conduire aux Anglais les produits de l'île. Bientôt il arriva de
quoi composer des chargements de café. Les uns furent
vendus au gouvernement dix florins le pécul ; les autres
le furent à des particuliers ou même *à des étrangers*. Mais
au rivage j'étais le maître, et j'établis un droit d'exportation, en sorte que tout pécul de café qu'on apportait ou
m'était vendu à vil prix, ou rendait à la douane une forte
somme. »

D'un côté les Néerlandais ont vu leur attente justifiée ;
de l'autre, les chefs recevant une solde régulière ont eu
plus de pouvoir et plus de stabilité. Ils ont formé par
degrés une véritable aristocratie, que ses intérêts personnels attachent au Gouvernement néerlandais. La paix s'est
établie dans l'intérieur ; la vente assurée du café en a
multiplié la culture volontaire ; plus d'argent payé par
l'Européen aux cultivateurs a fait augmenter leurs consommations en même temps que leur bien-être. En dix

ans le commerce a doublé, comme le revenu public et la richesse du pays.

Malgré la mauvaise influence d'un voisin trop jaloux et très-puissant, les cultures indigènes, bien dirigées et bien patronnées par les Néerlandais, font des progrès continus; il suffit pour cela de l'attraction naturelle des prix supérieurs que payent les Néerlandais quand ils achètent les récoltes et font les avances nécessaires aux travaux préparatoires.

ENVOIS EN HOLLANDE PAR L'ÎLE DE SUMATRA.

ANNÉES.	CAFÉ.	POIVRE.	EXPORTATIONS TOTALES.
	kilogr.	kilogr.	francs.
1838..................	1,306,000	235,000	2,711,000
1839..................	1,550,000	490,000	3,324,000
1840..................	2,240,000	526,000	4,171,000

Le gouvernement, en 1841, introduit à Palembang la culture de l'indigo. A la même époque, Padang, le plus important des ports de l'île ouverts au commerce étranger, devient un riche marché pour la vente du café.

Padang, 1841 . { Importations....... 7,846,000 fr.
{ Exportations....... 5,680,000
                                        13,526,000

Progrès généraux de la production et du commerce dans l'Inde néerlandaise.

Après avoir expliqué les moyens par lesquels les Hollandais ont rendu laborieux les indigènes dans les deux plus grandes îles de leur empire, nous allons montrer les résultats de ces soins ingénieux à la fois et judicieux.

Nous allons passer en revue les principaux genres de productions, tels qu'ils furent obtenus en 1840, lorsque le roi Guillaume arrivait à l'apogée de ses succès, et qu'il mettait à son règne un terme volontaire.

1. *Production croissante du café : exportation.*

Nous commencerons par le genre de produits dont les résultats ont le plus d'importance.

Cafés exportés.	Kilogrammes.
En 1790. Compagnie des Indes néerlandaises..	8,000,000
En 1815. Domination des Anglais.	6,200,000
En 1830. Au moment où va naître le nouveau système.	18,000,000
En 1840. Apogée du système Van den Bosch...	70,240,000

Il ne faut pas s'étonner de la faible exportation qui s'opérait sous le Gouvernement britannique, dans les dernières années de leur domination. Les produits agricoles des conquêtes récemment faites avaient été traités en Angleterre comme ne cessant pas d'être étrangers, chargés, à ce titre, de taxes considérables, et cela lorsque le blocus continental les repoussait du continent européen. Java se trouvait en proie à la même misère que la Martinique et la Guadeloupe lorsqu'elles tombèrent entre les mains de la Grande-Bretagne. Il ne faut pas s'étonner, d'après ces faits, de la profonde aversion que les indigènes ont conservée à l'égard de l'autorité britannique.

Immédiatement après l'évacuation de Java par l'Angleterre, les Néerlandais ressaisirent le commerce de l'archipel oriental avec une ardeur d'autant plus grande qu'ils éprouvaient des privations plus douloureuses par la perte de Ceylan, du Cap, de Berbice et d'Essequibo.

De 1790 à 1830, en quarante années, l'exportation du café s'est accrue de 125 p. o/o. De 1830 à 1840, l'accroissement pour dix années s'élève à 272 p. o/o. De là nous tirons le rapprochement qui suit, et qui mérite l'attention du lecteur :

Accroissement comparé des produits décennaux.

1ʳᵉ époque, 1790 à 1830. Ancien régime agricole..   22 1/2 p. 100.
2ᵉ époque, 1830 à 1840. Système agricole de Van
den Bosch............................... 272   p. 100.

Dans l'année 1825, les Anglais n'ont obtenu de leurs vastes possessions de l'Inde et de Ceylan que le sixième du café produit dans l'archipel oriental soumis à la Néerlande ; et, si l'on calcule le poids du café que le Royaume-Uni a tiré dans la même année de toutes les parties du monde, on ne trouve pas le quart de la production des îles hollandaises.

Voici, pour l'année 1840, la quantité de caféiers cultivés à Java :

Caféiers qui sont en rapport........... 190,681,000
Jeunes arbres qui le seront dans cinq ans. 127,944,000

Il est intéressant de connaître les prix moyens par kilogramme de café de Java, d'après les ventes publiques de la Société de commerce dans la métropole.

Années.........	1831	1832	1833	1834	1835	1836	1837	1838	1839	1840	1841
Centimes...	118	152	160	144	152	140	114	122	140	122	120

Lorsque nous expliquerons la force productive de l'Inde

britannique, nous ferons voir combien est lent le progrès des cultures du café dans le vaste pays de l'Hindoustan continental, et combien est rapide la production dans l'île de Ceylan.

2. *Production du sucre.*

L'abolition de l'esclavage dans les colonies d'Amérique a réduit considérablement le sucre exporté par les possessions des Anglais et des Français dans cette partie du monde. Mais Cuba, le Brésil et Porto-Rico, loin de diminuer ce genre de production, l'ont augmenté rapidement.

Les Néerlandais ont pensé qu'en cultivant bien Java ils prendraient une grande part au commerce du sucre, la plus importante des productions coloniales.

Afin de suffire à des progrès rapides un ministre éclairé, M. Baud, procure en 1842, aux mécaniciens français Derosne et Cail, un brevet d'importation de 15 années, dans la métropole, pour leur excellent appareil à raffiner le sucre. Il trouve à cela deux avantages : 1° donner à la Néerlande la construction de ces appareils ; 2° les introduire à Java, grâce aux avances de la Société générale.

TABLEAU DE L'EXPORTATION DES SUCRES.

ANNÉES.	RÉGIMES DIFFÉRENTS.	KILOGRAMMES.	VALEUR.
1790........	Compagnie hollandaise..............	4,000,000	,
1791........	Conquête anglaise.................	1,240,000	,
1826........	Régime antérieur à Van den Bosch....	1,200,000	,
1830........	Idem.........................	1,550,000	,
1840........	Régime de Van den Bosch..........	63,488,000	29,170,000ᶠ

Il est curieux de connaître comment l'ancien gouverneur général, M. Baud, devenu ministre des colonies néerlandaises, expliquait aux députés de son pays la question des sucres : c'était en 1848, à l'époque où les sacrifices du Gouvernement pour en soutenir la production dans l'archipel indien dépassaient les bénéfices, vu l'avilissement des prix.

« Le Gouvernement ne doit pas calculer comme un marchand son système de culture. Deux choses lui sont onéreuses : le refus qu'il fait de vendre les denrées des Indes sur les lieux mêmes, et la production spéciale du sucre. Mais la loi qu'il s'est imposée de ne vendre qu'en Néerlande soutient la navigation nationale et fait la grandeur des marchés d'Amsterdam et de Rotterdam. Les pertes que nous éprouvons sur le sucre se changeront en gain plus tard, lorsque l'introduction des machines fera son effet dans Java, puis lorsque nos méthodes, encore fort imparfaites, se seront améliorées. Alors se relèveront les prix des sucres, qui doivent forcément remonter par l'abandon définitif de la traite, dont les dernières opérations ont augmenté dans l'île de Cuba, et soutiennent au Brésil la culture du sucre, cette culture que l'affranchissement universel des noirs ferait rapidement tomber dans les mains anglaises. »

Prix auxquels la société du commerce a vendu les sucres à Java.

Années	1831	1832	1833	1834	1835	1836	1837	1838	1839	1840	1841
Prix du kilogr.	71	74	71	71	85	91	73	75	68	64	60

Depuis 1841 le prix des sucres a fini par se relever, comme l'avait prédit M. Baud. En 1855, le prix moyen du kilogramme de sucre importé de Java dans le Royaume-

Uni s'élève à 76 centimes (tables de Fonblanque). A ce prix, les Hollandais devaient cesser d'être en perte.

3. *Production du coton.*

Les Hollandais n'ont pas encore obtenu pour la culture du coton les vastes succès qui caractérisent d'autres productions plus particulièrement tropicales.

Il faut signaler les efforts remarquables qu'ils ont faits en 1842. A cette époque, ils ont entrepris de cultiver comme essai comparatif toutes les espèces de cette plante qui sont connues dans l'archipel de l'Inde. On ne s'est pas contenté d'acheter les récoltes de Java ; on a multiplié les encouragements par des achats faits à Bali, à Sumatra, à Bornéo, etc. L'île de Célèbes produit un coton de qualité supérieure ; ses récoltes, encore à l'état naissant, donnaient cependant 1,773,000 kilogrammes, envoyés en 1840 à Java. Il y avait dans tous ces efforts beaucoup d'avenir.

Les habitants de Java continuent à tisser le coton, même pour l'exportation, qui s'élevait en 1840 à 2,398,000 mètres de ce genre de tissus.

4. *Production de l'indigo.*

Les Hollandais ont fini par s'adonner avec un rare succès à la production de l'indigo.

ANNÉES.	RÉGIMES DIFFÉRENTS.	KILOGRAMMES.	VALEUR.
1790	Régime de la compagnie hollandaise..	15,000	"
1815	Conquête par l'Angleterre..........	"	"
1830	Système antérieur à Van den Bosch...	11,600	"
1840 ....,	Système de Van den Bosch..........	1,062,000	15,526,000ʳ

Ces progrès de la production hollandaise, depuis 1830 jusqu'à 1840, font un contraste frappant avec l'état, tour à tour stationnaire et rétrograde, de l'exportation de l'Hindoustan dans le Royaume-Uni.

Prix successifs de l'indigo dans les ventes de la société générale.

Années..........	1831	1832	1833	1834	1835	1836	1837	1838	1839	1840	1841
Valeur du kil..	16^f	14^f	13^f	16^f	15^f	15^f	15^f	15^f	19^f	16^f	16^{f}02^c

5. *Production de la cochenille.*

C'est seulement en 1842 qu'on a commencé l'exportation de la cochenille de Java. La récolte a donné pour cette année 30,000 kilogrammes. A partir de cette époque, on plantait sur une foule de points le cactus sur les feuilles duquel se nourrit le précieux insecte.

6. *Production du riz.*

Malgré l'accroissement rapide à Java d'une population dont le riz devient de plus en plus la nourriture essentielle, l'exportation de cette céréale augmente.

ANNÉES.	RÉGIMES DIFFÉRENTS.	KILOGRAMMES exportés.	VALEUR.
1790........	Compagnie hollandaise.............	"	"
1811 à 1815..	Conquête anglaise................	"	"
1826........	Système antérieur à Van den Bosch...	26,000,000	"
1839........	Régime institué par Van den Bosch...	68,937,000	"
1840........	Idem........................	42,222,000	"

L'inégalité des récoltes peut seule expliquer les différences de 1839 à 1840. Mais l'accroissement dû à ces deux dernières années n'en est pas moins considérable.

7. *Production du poivre.*

Les Anglais ont essayé de calculer, vers 1840, la production du poivre en divers pays. Voici les résultats approximatifs de leur évaluation :

Contrées.	Kilogrammes.
Sumatra	14,000,000
Malacca et Siam	8,000,000
Côte du Malabar	4,000,000
Ile de Bornéo	1,500,000
	27,500,000

La production du poivre à Bornéo n'appartient pas aux Néerlandais; ils ont cédé tout le territoire qu'ils possédaient dans la presqu'île de Malacca; enfin la production du poivre à Sumatra se trouve presque complétement en possession de ce royaume d'Achem, que les Anglais, aux termes du traité de 1824, ont pris sous leur protection. Cette réserve, ils l'ont faite afin que jamais la Néerlande ne pût ranger cet État sous ses lois commerciales.

Cependant vers les frontières d'Achem, dans les districts de Sing-Kell et de Baros, dont les Hollandais ont ressaisi la domination, le poivre peut être avantageusement cultivé. C'est sur ce point qu'ils tournent leurs efforts.

Poivre exporté des possessions hollandaises.

	Kilogrammes.
1790 à 1815	"
1826	368,000
1838	550,000
1839	682,000
1840	744,000

Opinion erronée sur le commerce général des épices.

Le commerce des épices, de ces produits si précieux et d'une si haute valeur, était possédé jadis exclusivement par les Hollandais. Les étrangers se faisaient une idée extraordinaire de l'importance et des bénéfices attachés à ce monopole; faisons disparaître cette erreur.

QUANTITÉS D'ÉPICES LIVRÉES PAR LES HOLLANDAIS À L'EXPORTATION :
MUSCADE, GIROFLE ET CANNELLE.

ANNÉES.	RÉGIMES DIFFÉRENTS.	KILOGRAMMES.	VALEUR.
1790........	Compagnie privilégiée.............	420,000	"
1815........	Régime britannique...............	Inconnu.	"
1826........	Régime gouvernemental hollandais....	248,000	"
1840........	Idem.........................	371,000	3,549,000ᶠ

Valeur comparée du commerce des épices au commerce total, année 1840.

	Francs.	Proportion.
Exportation des épices....	3,549,000	23 1/2
Exportations totales......	150,836,000	1,000

Si la quantité d'épices transportées en 1840 avait égalé celle de 1790, elle n'aurait pas représenté plus de 26 pour 1,000 des exportations.

Les accroissements obtenus dans les exportations de toute espèce de produits, par le nouveau système et la Société générale de commerce, surpassent *quarante fois* en importance l'ancien commerce des épices, favorisé par un monopole extraordinaire!

ÉPICES.	KILOGRAMMES.	FRANCS.
Muscade des Moluques et de Java......................	277,000	2,803,000
Girofle des Moluques et de Java......................	57,000	590,000
Cannelle...........................:....................	37,000	156,000
Totaux..	371,000	3,549,000

Il est juste de faire observer que 1840 est une année
de faible exportation. Citons l'année 1839, incomparablement plus favorable.

Quantités exprimées en kilogrammes.

Muscade..................................... 310,000
Girofle..................................... 272,000
Cannelle..................................... 3,200
                                            ____
                                            585,200

Nous allons actuellement présenter le tableau général
des productions recueillies, pour être exportées, dans les
possessions hollandaises.

TABLEAU GÉNÉRAL DES PRODUCTIONS EXPORTÉES EN 1840.

PRODUITS.	QUANTITÉS EN KILOGRAMMES.	VALEUR EN FRANCS.
Tabac..	1,610,000	2,554,000
Arack..	1,532,000	602,000
Thé...	62,600	197,000
Huile de cajeput...............................	350,000	341,000
Tripang..	120,000	165,000
Coton brut.....................................	203,000	83,000
Toiles et fils de coton (indigènes)............	"	2,398,000
Gambier..	86,800	64,000
Bois de sapan..................................	480,000	80,000
Bois de sandal.................................	186,000	190,000
Joncs, rotins..................................	1,798,000	566,000
Nids d'oiseaux.................................	16,865	2,310,000
Cuirs de vaches et de buffles..................	110,000	480,000
Écaille de tortue..............................	"	42,000
Étaïn..	3,906,000	6,066,000
Cuivre ouvré...................................	"	326,000
Or en poudre ou en lingots.....................	103	473,000
Sel...	8,000,000	567,000
Petits articles divers.........................	"	1,812,000
Productions principales........................	"	132,032,000
Totaux..	"	150,844,000

*Commerce de Java, fait avec les États étrangers en 1840 :
produits étrangers réexportés.*

	Francs.
Productions de l'Hindoustan réexportées .	360,000
—————— de la Chine, Siam et Manille.	242,000
—————— du Japon..............	316,000
—————— d'Europe et d'Amérique....	5,493,000
Numéraire......................	545,000
Exportation du Gouvernement : numéraire et marchandises.................	4,055,000
TOTAL des réexportations.......	11,011,000
Exportations de l'archipel Indien.......	150,844,000
TOTAL GÉNÉRAL des exportations. .	161,855,000

Résultats, dans la Néerlande, du commerce des colonies orientales.

Énumérons quelques-uns des services rendus à la Néerlande par la Société générale de commerce.

Lorsqu'elle fut instituée, la moitié des transports entre la métropole et ses colonies des Indes se faisait sous pavillon étranger; tous s'opèrent aujourd'hui sous pavillon hollandais.

Dans une seule année, 1838, les affrétements se sont élevés à 140 grands navires, jaugeant au total 100,000 tonneaux. Il en est résulté, pour les armateurs, une valeur d'affrétements égale à 16,532,000 francs.

L'année 1839 a présenté des résultats plus beaux encore : car il y a eu 116,000 tonneaux transportés ; en 1840, les transports atteignent le chiffre supérieur de 138,000 tonneaux.

Auparavant, afin d'encourager la construction languissante des navires de commerce, le Gouvernement payait des primes. Il a pu les supprimer; et, par l'essor de la Société générale, le travail des chantiers s'est rapidement accru. Dans une année, 1839, on a construit 123 navires nouveaux, qui jaugeaient ensemble 39,918 tonneaux.

Pour faire apprécier un tel résultat, il me suffira de citer ce fait: dans l'année 1840, les constructions neuves de la France ne représentaient en tout qu'un jaugeage de, 43,035 tonneaux. De là je conclus ce rapprochement :

*Constructions comparées de France et de Hollande
par million d'habitants, en 1840.*

Hollande...................... 13,300 tonneaux.
France...................... 1,230 tonneaux.

Au moment où la Société de commerce allait développer ses grandes opérations, en 1824, la Hollande et la Belgique, alors réunies, possédaient seulement 1,176 navires, ayant pour jaugeage collectif 148,000 tonneaux.

Dès la fin de 1839, le seul royaume hollandais comptait 1,528 navires, d'une capacité totale de 270,000 tonneaux; il y avait, en outre, 251 bâtiments du port de 40,000 tonneaux, construits à Java pour le compte de la Société. Par conséquent, en quinze années, la marine marchande avait plus que doublé.

*Beaux soins de Guillaume Ier pour unir les prospérités du royaume
des Pays-Bas avec celles de l'Inde orientale.*

L'industrie hollandaise, autrefois si florissante, avait fini par succomber sous le poids des impôts et sous celui de la cherté qu'ils faisaient naître dans la subsistance et la main-d'œuvre. On regardait comme impossible de rétablir les industries et de faire face aux frais d'un nouvel apprentissage, au milieu d'un peuple si funestement déshabitué de ce genre de travaux. Guillaume a pressenti qu'il pourrait triompher de pareils obstacles. Il a pensé que les manufactures, qui se rouvriraient à sa voix, feraient vivre un grand nombre de pauvres gens que l'agriculture ne pouvait pas employer, et qui, dépourvus d'occupation, tombaient à la charge du public. Il a fait servir les commandes puissantes de la Société de commerce à créer des fabriques nouvelles, à donner l'essor aux ateliers existants déjà... Honneur à Guillaume !

Il a jugé qu'avec des tarifs de douanes habilement combinés, son gouvernement soutiendrait des industries dignes d'intérêt, favorisées en même temps par l'administration pour tous les objets d'approvisionnement nécessaires à l'armée, à la flotte, aux colonies, et surtout à l'Inde orientale. Voilà comment, en Europe, il a fait ouvrir des ateliers et des fabriques sur une foule de points du territoire, en même temps qu'il soustrayait au monopole incroyable de l'Angleterre la colonie de Java.

Montrons le succès de ces efforts patriotiques. En 1824, avant l'établissement de la Société de commerce, les ateliers de la Hollande et de la Belgique réunis n'avaient fabriqué que pour 5,400,000 francs de tissus de coton envoyés à Java : le reste était fourni par l'Angleterre. Quinze ans après, la Hollande seule en avait envoyé, dans l'année 1839, pour 15,404,000 francs, et la quote-part de la Grande-Bretagne était bornée à 6,850,000 francs.

Depuis cette dernière époque la fourniture des tissus de coton par l'Angleterre s'est beaucoup augmentée dans les colonies orientales de la Hollande; mais la part de la Hollande n'a pas cessé d'être respectable.

Reproche admirablement mérité par Guillaume I{::}

On a fait au roi Guillaume le reproche singulier d'avoir uni par des liens trop intimes le sort de la Hollande et celui de Java. Oui, sans doute, si l'abus de la force enlevait à la métropole son admirable colonie, un coup funeste atteindrait la fortune publique, les manufactures, le commerce et la navigation de la Néerlande. Mais, pour qu'une perte pareille ait pu jamais paraître si grande, il a fallu le complet succès des combinaisons de Guillaume. Le reproche même qu'on leur adresse en montre à mes yeux la réussite merveilleuse.

A coup sûr ce roi, profondément patriote, a réalisé les desseins en vertu desquels il voulait qu'à Java, dans une île néerlandaise, le peuple néerlandais fût le plus grand capitaliste, le plus grand commerçant, le plus grand armateur. Et qui pourrait l'en blâmer? Certainement ce ne devrait pas être l'Angleterre.

L'Angleterre ne fait pas autrement, et fait bien.

Mais l'Angleterre elle-même, que fait-elle dans l'Inde, avec tous ses brillants et savants dehors de libre commerce et de libre navigation, et de négoce ostensiblement cosmopolite? Examinons ses mouvements commerciaux de l'Hindoustan, pour trois principales puissances.

PARALLÈLE DU COMMERCE DE L'HINDOUSTAN, POUR TROIS PRINCIPALES
PUISSANCES : ANNÉE 1855.

NAVIRES.	IMPORTATIONS.	EXPORTATIONS.	ENTRÉES.	SORTIES.
	francs.	francs.	tonneaux.	tonneaux.
De la Grande-Bretagne. Prod. britann. .	316,719,250	248,728,600	366,062	384,189
Prod. étrangers.	"	10,108,025	65,116	96,007
De la France. Prod. français. .	52,895,405	8,417,282	35,866	23,574
Prod. étrangers.	"	"	8,611	6,807
Des États-Unis. Prod. yankies...	28,982,190	Br. 3,813,496	59,078	80,729
Prod. étrangers.	"	1,058,089	1,041	4,743

Le simple parallèle de ces trois puissances est suffisant
pour montrer quelle énorme supériorité la Grande-Bretagne a trouvé l'art de se réserver dans le commerce de
ses Indes orientales. Loin de l'en blâmer, je ne l'approuve
pas moins à Calcutta, à Madras, à Bombay, que je n'approuve les Pays-Bas à Batavia.

En présence de pareils faits, il m'est impossible d'admettre le reproche que l'on a dirigé contre Guillaume,
d'être un hypocrite monopoleur...., et de l'être en profes-
sant, par les statuts de sa Société générale de commerce,
les plus beaux principes de liberté commerciale. Je ne vois
en lui qu'un homme prudent, patriote et modéré, qui
laisse à l'étranger une part, secondaire à coup sûr, mais
non méprisable, dans un commerce dont il ménage la part
la meilleure pour ses sujets. S'il était Anglais, il tiendrait
un autre langage; mais il n'agirait pas plus habilement, et
ses résultats seraient du même ordre. Voilà la vérité.

Sort du commerce privé à Java.

Dans Java, Guillaume a voulu qu'on ne changeât en rien la condition des maisons privées de commerce, et nationales, et même étrangères. Elles continuent d'apporter les produits du dehors; elles achètent, elles exportent les produits indigènes : elles éprouvent seulement la rude concurrence de la grande Société des Pays-Bas. Les maisons particulières hollandaises partagent avec cette Société l'avantage d'un tarif qui ne fait payer aucun droit de faveur sur les bâtiments nationaux, et qui réduit le droit général sur les marchandises hollandaises, de 25 à 12 1/2 p. 100. Une telle condition n'avait rien d'oppressif; elle n'a pas empêché de continuer à prospérer, dans l'île de Java, *soixante maisons de commerce*, dont un tiers environ de maisons anglaises, américaines et françaises.

Commerce fait à Java par des maisons particulières en 1839.

	Exportations.	Importations tirées de l'étranger.
Café...............	6,000,000ᶠ	"
Sucre.............	3,000,000	"
Riz...............	8,000,000	"
Totaux.......	17,000,000	20,000,000ᶠ

Les 20 millions de francs qui représentent l'importation en produits étrangers par d'autres intéressés que la Société générale représentent le quart des entrées dans l'île de Java : aurait-on voulu que les produits étrangers égalassent ou surpassassent la moitié?...

Richesse obtenue par la Société générale.

A force de prospérités, grâce à l'accumulation des réserves, Guillaume avait fini par élever le capital de la Société des Pays-Bas à 97 millions de francs; il lui faisait prendre un rôle éminent au milieu des associations les plus considérables par la grandeur de leurs capitaux. Le simple rapprochement qui va suivre suffira pour convaincre de ce fait le lecteur.

Capitaux comparés de quelques grandes associations commerciales vers 1840.

Banques......	d'Amsterdam.	de France.
Francs.....	33,000,000	90,000,000

Le roi Guillaume, en recevant sa juste part des bénéfices de la Société générale, avait fini par posséder *personnellement* 20 millions sur le capital général.

Lorsqu'il avait déterminé le succès de l'entreprise en assurant hardiment, sur ses biens personnels, 4 1/2 pour cent d'intérêt aux actionnaires, ce prince avait bien connu le génie de ses prudents et froids compatriotes. Pour approuver la spéculation la plus plausible, il faut que les Hollandais voient avant tout un bénéfice *certain*. Ce bénéfice en soi peut être faible, ils s'y résigneront; mais, s'ils n'ont pas de *certitude*, ils ne s'aventureront pas. Sans un tel palladium, la société n'aurait pas pu se constituer, et, l'eût-on constituée, elle se fût dissoute dès l'origine.

Citons un fait d'une haute gravité. Vers les premiers temps, en 1827 et 1828, il a fallu que le roi payât de 4 millions à 6 millions sur sa propre cassette, afin de parfaire les 4 1/2 pour cent garantis en son nom.

Ce fut alors que Guillaume, se voyant à la fois fondateur et principal actionnaire, et garant personnel de la Société, établit, entre les affaires de l'État et celles de l'association, un amalgame occulte, lequel a fini par devenir pernicieux. Plus tard il s'en servit, avec une facilité fâcheuse, pour se procurer les moyens de soutenir ses projets contre la Belgique et d'opérer des armements énormes. Pendant que l'Europe étonnée attendait que l'épuisement de ses finances vainquît enfin la résistance opiniâtre dont elle ne pouvait s'expliquer les ressources, il tirait de la Société de commerce, à titre d'avance et sur les denrées qu'il devait lui livrer plus tard, jusqu'à 82,500,000 francs. Le roi sociétaire enfreignait les statuts, qui défendaient de prêter sans nantissement, et le roi constitutionnel engageait son pays dans des dépenses soustraites à la connaissance des Chambres législatives; il violait les lois de son pays pour empêcher que son pays, évitant la ruine, acceptât un démembrement irremédiable.

Enfin lorsqu'en 1839 il a fallu confesser, avouer ces dépenses illicites, lorsqu'il a fallu demander aux États généraux un emprunt pour rembourser la Société de commerce, les États ont refusé. Mais avant la mise en vigueur de la responsabilité ministérielle, Guillaume, chef du Gouvernement, assurant la fortune de Guillaume actionnaire, s'est servi des derniers moments de son pouvoir et de son règne pour assurer à ses co-partenaires un remboursement progressif en huit années. L'odieux effet de ce double rôle a révolté l'opinion publique.

Qu'il me soit permis de citer les sages réflexions d'un homme d'état, auquel je dois bien d'autres emprunts : « Sans doute l'opinion s'est particulièrement préoccupée des abus qu'a produits la dépendance de la Société à l'égard

de la couronne; elle a vu, dans la cessation de cette dépendance, plus de sécurité pour les finances publiques,
et plus de liberté pour le commerce. Mais peut-être ne
tardera-t-elle pas beaucoup à sentir aussi l'absence de cette
direction supérieure qui faisait concourir à la même action les services et les opérations du commerce; qui com-
binait, par exemple, l'établissement d'une fabrique sur
l'Over-Yssel avec la mise en culture d'un champ à Java, et
la diminution d'un impôt avec le succès d'une spéculation
commerciale? Ce qu'il y avait de véritablement grand et
de fécond dans la création fondée et conduite par Guillaume, c'est que l'idée politique dominait à la fois l'esprit
fiscal dans l'État, et l'esprit mercantile dans la Société
marchande. Il serait regrettable pour le pays, préjudiciable
à tous ses intérêts, fâcheux pour la réputation des États
généraux, trop portés peut-être à céder à la réaction qui
se prononce contre tout ce qu'a fait le roi Guillaume, de
voir l'État et la Société rentrer chacun de leur côté dans
une sphère plus rétrécie, et se laisser trop exclusivement
absorber : l'État, par la préoccupation de réduire sa dépense; la Société, par le soin d'augmenter ses profits. Il
est probable qu'en peu de temps les revenus de l'État et
ceux de la Société s'en trouveraient également diminués. »

Affaires spéciales de Java.

A Java les employés du Gouvernement livrent à la
factorerie coloniale les denrées qu'ils acquièrent pour le
compte de l'État. La factorerie se charge de les transporter
et de les vendre en Hollande, moyennant un droit spécifié
de commission; en 1839, ce droit s'élevait à 28 centimes
par kilogramme de café, à 22 par kilogramme de sucre.

Le trésor royal augmenterait son revenu d'un tiers s'il

épargnait ces frais et s'il en faisait les ventes à Java même ;
mais le but ne serait pas rempli. Il faut que la navigation
hollandaise soit alimentée par le transport des denrées
coloniales, directement importées, afin que la Néerlande
soit plus que jamais un grand marché naval.

*Constitution de la Société générale de commerce des Pays-Bas, considérée
dans ses rapports avec les colonies orientales (1824).*

Le programme qu'on va lire, et qui donna naissance à
la grande Société de commerce des Pays-Bas, le roi Guillaume l'a fait paraître trois mois avant la promulgation du
traité qui limite les possessions respectives de la Hollande
et de l'Angleterre dans l'archipel oriental de l'Inde. Un tel
rapprochement n'était pas un effet du hasard ; Guillaume Ier
avait conçu le projet de faire prendre un nouvel essor à
ses États métropolitains par les possessions orientales, à
ces possessions par l'industrie, par la richesse et la navigation de la métropole.

Essayons d'expliquer une des conceptions les plus in-
génieuses et les plus puissantes qu'on ait formées dans les
temps modernes et chez les nations les plus éminentes
par leurs créations commerciales. Résumons avant tout
le considérant très-remarquable du décret d'institution.

« Depuis notre avénement au trône, le commerce n'a pas
acquis l'extension ni la vigueur que promettaient, et la
paix générale, et nos rapports d'amitié avec tous les peuples ; la construction et l'armement des navires, le travail
des ateliers et des manufactures n'ont pas atteint le degré
de prospérité dont ils étaient susceptibles. On doit s'en
prendre au peu de succès du trafic et de la navigation dans
les colonies, et surtout dans les Indes orientales. Il a fallu
que le Gouvernement soutînt ces branches d'industrie, en

leur procurant des transports et des secours que les commerçants, en grand nombre, n'ont pas trouvés suffisants. »

Le roi veut flatter les idées en vogue, mais dont il se réserve l'interprétation prudente. Il ajoute : « Pour trouver un remède à ce dépérissement, on ne doit pas recourir, comme ont fait quelques autres peuples, à des systèmes de prohibition. La liberté de la navigation doit être maintenue pour les pavillons des Pays-Bas et des nations amies. Une société doit être créée dans laquelle seront admis les nationaux et même les étrangers; société qui puisse donner, par ses capitaux, une vie nouvelle aux intérêts du pays.

« Elle bornera ses opérations au commerce, aux affrétements, sans jamais s'immiscer dans les affaires d'administration publique, soit en deçà, soit au delà des mers; sans recevoir non plus ni direction, ni contrôle de l'État; sans avoir, en un mot, d'autre rapport avec le Gouvernement que de subir la loi commune et les conditions des sociétés anonymes. »

Après l'exposition de telles vues, le décret du 29 mars institue ce que le roi Guillaume appelle avec habileté *la Société belge*, quoique, en réalité, par la force des choses, les capitaux et les capitalistes de la Néerlande y doivent avoir *la prépondérance.*

Cinq chambres de commerce belges et cinq chambres néerlandaises ouvriront des registres de souscription, pour y recevoir l'engagement des futurs actionnaires[1].

On constitue la société pour vingt-cinq années seulement. Son fonds primitif sera de 12 millions de florins (25,020,000 francs), avec faculté de doubler le capital.

---

[1] *Chambres de commerce dont le concours est réclamé. — Belgique :* Anvers, Bruges, Bruxelles, Gand, Ostende.
Hollande : Amsterdam, Dordrecht, Leyde, Middelbourg, Rotterdam.

Un roi partenaire : son courage industriel.

Afin d'encourager les souscripteurs, le roi Guillaume souscrit d'avance, « pour Nous, dit-il, et Notre Maison, » comme s'il disait pour la maison Guillaume et Cie. Il souscrit à raison de 8,340,000 francs sur sa fortune privée. Si les souscriptions totales, au 1er juin 1824, ne s'élèvent pas à 25,020,000 francs, le roi déclare qu'il complétera la somme sur son avoir particulier. Il va plus loin; afin de donner aux actionnaires une garantie en cas de revers, il assure à la compagnie, sur ses biens personnels, un intérêt minimum de 4 1/2 pour cent par année.

Afin d'intéresser l'association à toutes les sources de la fortune nationale, le décret d'institution pose pour base le devoir d'encourager l'agriculture et les fabriques, sources de la richesse belge; le commerce extérieur, la pêche et la navigation, sources de la fortune hollandaise.

. Le moyen principal et déclaré de servir ces grands intérêts sera d'affermir et d'étendre les relations entre la métropole et ses possessions des Indes orientales, ainsi que les rapports commerciaux avec le reste de l'Inde et la Chine, et la grande pêche des mers asiatiques.

Comme objets d'échange, on fera choix avant tout du produit des fabriques nationales; les navires des Pays-Bas construits dans les Pays-Bas seront affrétés par préférence. Quant aux produits étrangers, aux bâtiments étrangers, ils auront la liberté d'être achetés ou d'être affrétés par des particuliers, si ces derniers en ont le goût ou le besoin.

A titre d'encouragement, l'État s'engage à charger la Société de transporter les objets d'approvisionnement qu'il a besoin d'envoyer à ses possessions d'outre-mer, et d'opérer les retours correspondants.

A l'annonce d'un projet si grand et si national, tous les intérêts du pays éveillés, favorisés, flattés, ont répondu d'un accord unanime. Non-seulement le chiffre de 12 millions de florins s'est trouvé sur-le-champ atteint, mais, dès le premier jour, les souscriptions se sont élevées à 69,565,250 florins, qui valent 145,043,546 francs. Aux termes du décret, il aurait fallu se borner à 51 millions; un décret subséquent élève le capital à 77,245,000 francs.

Après ce début éclatant, le roi Guillaume Ier, le modèle des rois commanditaires et partenaires, s'occupe sans relâche d'organiser la Société, d'accord avec les délégués des souscripteurs enregistrés par les dix chambres de commerce. Employant l'adresse, et sans autres voies que la persuasion, il se ménage la part effective la plus considérable, et disons aussi la part la mieux méritée, dans la conduite des affaires de l'association.

Les statuts sont censés être composés par une assemblée de délégués des actionnaires, au nombre de 41.

Hollande.		Belgique.	
Amsterdam	11	Anvers	7
Rotterdam	6	Bruxelles	4
Middelbourg	2	Gand	3
Leyde	2	Bruges	1
Dordrecht	2	Ostende	1
Schiedam	1	Tournay	1
Totaux des délégués.	24		17

Ces délégués réunis devaient voter par tête, quel que fût le nombre des actionnaires qui les avaient envoyés.

Articles principaux du statut constitutif de la Société.

Chap. 1er. L'association prend le titre de *Société de commerce des Pays-Bas*. Elle durera jusqu'au 1er janvier 1850. Trois années avant ce terme, elle déclarera son intention de prolonger ou non son existence.

Chap. ii. Le capital de 37 millions de florins se divise en 37,000 actions, *et les actionnaires ne sont responsables pour aucune perte supérieure à leur participation.*

Afin de favoriser les plus modeste fortunes, les mises de fonds seront divisibles par moitiés et par quarts d'action (525 fr. 20 cent.).

Chap. iii. *Administration de la Société.* Les affaires sont conduites par cinq directeurs, sauf l'approbation du roi; ce nombre pourra s'augmenter de deux, sans pouvoir jamais dépasser le nombre de sept.

La direction siége à la Haye, capitale des Pays-Bas.

Pour offrir à la compagnie les garanties désirables, chaque directeur doit être possesseur d'au moins vingt-cinq actions incessibles, et le secrétaire, d'au moins quinze actions. Ces dépositaires de la confiance et des intérêts de toute l'association ne pourront occuper aucun emploi public, ni faire aucun commerce, soit seuls, soit en communauté. Ils ne pourront être ni fabricants, ni armateurs, soit en titre, soit en participation. S'ils violaient ces dispositions capitales, ils perdraient les actions inaliénables qu'ils ont dû posséder pour arriver à leur haute position.

Voici les appointements fixes attachés à la direction :

Directeur président.	Simple directeur.	Secrétaire.
25,000 francs.	16,680 francs.	14,595 francs.

La grande prospérité qu'obtinrent bientôt les affaires de l'association rendit très-lucrative la disposition suivante : « Lorsqu'en sus de l'intérêt garanti, quatre et demi pour cent, un dividende est partagé, chaque directeur et le secrétaire reçoivent, outre leur traitement, un demi pour cent de la somme qui doit être répartie. »

La Direction est le pouvoir exécutif de la Société; elle administre

toutes les affaires, les achats, les ventes, les spéculations et la pour-
suite des intérêts contentieux. Elle a sous sa responsabilité la caisse,
la tenue des livres et les mouvements d'argent.

*Le roi se réserve le choix complet des directeurs et du secrétaire pour
la première nomination.*

Avant d'entrer en fonctions, les directeurs et le secrétaire jurent,
entre les mains du roi, d'être intègres, *de garder le secret*, et d'être
fidèles à la Société.

Dans chacune des villes d'Amsterdam, d'Anvers et de Rotterdam,
la direction délègue trois agents au plus, voués exclusivement au
service de la Société. Ils ont une quote-part des affaires qu'on les
charge de suivre pour qu'ils y soient intéressés. Tous les agents de
la Société doivent être *regnicoles*, propriétaires d'actions ou dépositaires d'un cautionnement, réglé d'après l'importance des intérêts
qui leur sont confiés. Nul agent ne peut être commissaire; il ne
peut occuper aucune fonction publique, ni participer dans aucune
affaire industrielle ou commerciale interdite aux directeurs.

Organisation de la factorerie des Indes orientales.

L'extrême importance du commerce des Indes orientales néces-
sitait l'institution d'une factorerie spéciale, résidant à Batavia.

Cette factorerie, direction déléguée de la Société mère, est composée d'un directeur et de quatre membres; ils sont nommés et
révocables, ainsi que tous leurs agents, par le conseil des directeurs
siégeant à la Haye.

La factorerie obéit aux ordres, aux instructions de la direction
métropolitaine; elle prend sous sa responsabilité toutes les mesures
pour lesquelles, vu la distance et la lenteur des communications,
elle peut être obligée d'agir en cas d'urgence. C'est d'après cet
esprit, c'est avec cette autorité qu'elle conduira les affaires de la
Société générale dans la vaste étendue de tout l'archipel oriental
et sur les côtes d'Asie

La factorerie rend à la direction centrale un compte annuel de ses
opérations, en y joignant un rapport raisonné sur ses opérations.
Tous les deux ans, un de ses membres se rend à la Haye pour
donner de vive voix tous les renseignements désirables, et discuter
avec les directeurs pour les innovations et les redressements devenus
nécessaires.

Moralité qu'il serait bien d'imiter partout.

Faisons remarquer, pour sa haute moralité, une disposition qu'on ne comprendrait guère aux États-Unis, et qui fait honneur à la Hollande :

« ART. 64. Ne peuvent être nommées directeur, commissaire, membre de la factorerie à Batavia, ou simple agent, toutes personnes qui, dans le royaume ou à l'étranger, ont été déclarées *en état de faillite,* sans avoir été légalement réhabilitées, ainsi que celles qui ont fait cession volontaire ou judiciaire, ni finalement celles qui, ayant obtenu surséance de payement, ne pourront justifier d'avoir satisfait à leurs engagements sur la foi desquels la surséance était accordée. »

La même interdiction d'emplois comptables de la société de commerce s'étend à toute personne reconnue comme ayant suspendu ses payements, au sujet d'affaires quelconques, sans qu'un acquittement complet s'en soit suivi.

Des commissaires.

Pour contrôler les directeurs au nom des actionnaires, ceux-ci nomment vingt-six commissaires triennaux. Un vingt-septième est permanent et choisi par le roi, pour le représenter : c'est le commissaire du roi.

Répartition des commissaires à nommer dans douze centres électoraux.

Belgique.		Hollande.	
Anvers	4	Amsterdam	8
Bruxelles	2	Dordrecht	1
Bruges	1	Leyde	1
Gand	2	Middelbourg	1
Ostende	1	Rotterdam	3
Tournay	1	Schiedam	1
TOTAUX	11		15

Le roi choisira les commissaires sur des listes doubles de ces nombres; les remplacements se feront pareillement sur des listes doubles de candidats.

On est éligible si l'on est regnicole, si l'on possède au moins sept actions, et si l'on ne remplit aucun emploi de la Société.

Le conseil de la Société se compose des directeurs et des commissaires; les commissaires siégent comme surveillants et contrôleurs de toutes les affaires gérées par les directeurs.

Le conseil arrête, sous l'approbation du roi, les règlements et les instructions à donner pour l'économie générale des affaires, conformément aux principes de la présente convention. S'il est question de déroger à ces principes, il faut convoquer l'assemblée générale des actionnaires possesseurs au moins d'une action.

Lorsqu'une affaire exige *le secret*, le président peut en imposer l'obligation aux membres présents de l'assemblée qui doit en connaître.

Lorsque les commissaires délibèrent comme contrôleurs de la gérance des directeurs, ils sont présidés par le commissaire du roi. *Si les résolutions ne doivent pas être communiquées aux directeurs, le procès-verbal et les autres pièces sont scellés et confiés à la garde du président, commissaire du roi.*

Voyons comment les instructions fondamentales tracent les routes à suivre. Il est prescrit aux commissaires de rechercher les moyens par lesquels la Société peut être utile à l'industrie nationale, et de soumettre au conseil le résultat de ces recherches Un mois avant les réunions périodiques, ils doivent inviter par écrit les chambres de commerce et des manufactures à déclarer les propositions qu'elles souhaitent qu'on présente au conseil dans l'intérêt des fabriques et du commerce national.

Une mission large est confiée aux directeurs. Ils sont tenus de chercher, même hors du royaume et spécialement en Allemagne, en Suisse, les débouchés possibles et nouveaux pour accroître l'exportation des produits nationaux et pour commander les importations les plus appropriées, les plus économiques, surtout en matières premières, qu'on peut tirer des colonies.

Toute spéculation sur les fonds et sur les changes est interdite à la direction. Elle se concerte avec la Banque néerlandaise d'Amsterdam, ainsi qu'avec la Société pour l'encouragement de l'industrie à Bruxelles, afin qu'elles soient les caisses générales de l'association.

On a plus tard créé la Banque de Java, pour jouer le même rôle à Batavia. En attendant les hôtels des monnaies, dans les colonies, recevraient et garderaient les fonds disponibles de la Société.

La Société doit effectuer ses transports *en affrétant des navires nationaux, commandés par des nationaux;* elle ne possédera des bâtiments de mer que par exception, en cas d'évidente nécessité. Il faudra, pour de tels achats à Batavia, les ordres formels de la direction métropolitaine. Dans tous les cas, il est interdit à la Société de posséder des quais ou des chantiers de construction et de radoub.

La Société affrétera de préférence les navires construits sur des dimensions, des formes et des installations désignées comme les plus favorables au service commercial des Indes orientales.

Les navires qu'elle emploiera ne jouiront d'aucun privilége ni d'aucune immunité comparativement aux autres navires employés par les industries particulières.

Action de la Société dans les mers des Indes orientales.

L'un des principaux objets est la direction du commerce que les Pays-Bas et les Indes orientales font avec les ports des différents États des Indes. Immédiatement après l'ensemble des affaires de la métropole avec ses colonies vient, d'après son importance, le commerce à rouvrir avec la Chine, soit pour l'achat du thé, soit pour d'autres objets d'échange : c'est un des intérêts à rendre prospères.

La Société fera servir ses capitaux à la pêche des mers de l'Inde, ou du moins l'encouragera de tous ses moyens; elle multipliera les pêcheries.

Dans les colonies, comme dans la métropole, la direction s'efforcera de servir l'agriculture nationale par ses exportations. Cet article était fait pour plaire aux Belges.

La direction peut autoriser la factorerie de Batavia, soit à prendre les fermes de l'État, soit à se charger des livraisons de denrées, produits de la métropole ou des îles. Dans les marchés avec les indigènes pour achat et revente de produits, *on interdit toute clause de monopole et toute disposition qui nuirait au commerce libre, soit par des Néerlandais, soit même par des étrangers.* On interdit à la Société toute clause fondée sur une culture ou sur une livraison forcée.

A l'égard des marchandises rapportées par la Société dans la métropole, la règle générale sera la publicité des ventes à libre enchère ou par libre rabais, à des époques-fixées. En certains cas très-particuliers, la direction peut faire des ventes de gré à gré. Les motifs en seront expliqués dans un rapport soumis au plus prochain conseil de la Société.

Des dispositions spéciales (chapitre v) règlent les comptes annuels, la balance, les dividendes et les fonds de réserve. La masse des actionnaires n'est appelée à connaître que des chiffres définitifs de balance, d'intérêt et de réserve. Quant aux opérations de la direction, c'est le conseil des commissaires qui les révèle annuellement et définitivement.

Les statuts fixent le remboursement des avances qu'aura pu faire le roi dans les années où le revenu n'atteindrait pas les 4 1/2 pour cent garantis comme minimum.

La réserve annuelle est égale au tiers des profits, en sus des 4 1/2 pour cent garantis aux actionnaires.

Autorité du roi sur la Société : ses avantages, ses abus.

Les parties qui peuvent sembler vulnérables, dans le projet que nous venons d'analyser, sont celles qui donnaient une influence excessive au *roi partenaire.* Cependant il est juste de déclarer que, pendant les dix à douze premières années, loin d'en abuser, ce prince habile et bien intentionné s'en est servi pour faire naître et pour accroître la prospérité de sa grande entreprise. Les résultats qu'on lui doit ont été merveilleux jusqu'en 1840, année de son abdication.

. Le seul excès de pouvoir qu'on ait à lui reprocher, c'est d'avoir employé sa prépondérance à se faire, en secret, prêter des sommes considérables, destinées à poursuivre une guerre obstinée contre les Belges; c'est, par ce moyen, d'avoir engagé l'État sans que les Chambres législatives en eussent aucune connaissance! Il a pu de la sorte accroître beaucoup la dette coloniale et continuer, avec son incroyable opiniâtreté, une lutte sans espoir. Cependant disons en sa faveur qu'il n'agissait de la sorte qu'entraîné par un sentiment de patriotisme vraiment hollandais, patriotisme dont l'excès même devait trouver son excuse aux yeux de ses anciens et bien-aimés sujets.

Efforts des Néerlandais pour faire accepter dans leurs colonies orientales les produits de coton belges.

Originairement tous les tissus de coton expédiés dans l'archipel des Indes, soit de Hollande, soit de Belgique, étaient de fabrique anglaise. Le roi Guillaume Ier se proposa de faire prendre à ses sujets une juste part dans ces expéditions. Il fit transmettre aux fabricants belges les dessins et les échantillons des produits qu'il importait d'envoyer ; des achats considérables furent faits à ces fabricants, afin qu'on les appréciât à Java.

Les Anglais exploitaient la plus grande partie du commerce à Batavia. Leurs capitaux, leurs comptoirs, leurs agents étaient là ; ils continuaient avec un avantage énorme un négoce que seuls ils avaient fait pendant la guerre. C'est contre cette excessive prépondérance que le Gouvernement des Pays-Bas s'était proposé courageusement de lutter.

Rapport du consul français à Ostende (février 1825).

Ostende semble une résidence d'où rien que de sinistre ne devait être annoncé au Gouvernement français sur l'entreprise de la Société générale de commerce.

Dès l'année 1825, le consul mandait à Paris :

« La situation de Java n'est pas prospère. Les guerres

y ont été continuelles et dispendieuses. Cinq ou six navires richement chargés, expédiés par le gouverneur, ont été engloutis sous les flots.

« Les produits industriels de Java sont nuls, et les productions agricoles encore peu considérables, et surtout peu variées. »

Prédictions de ruine et critique amère des statuts par un léger consul français.

J'ai sous les yeux un rapport étendu et soi-disant raisonné fait par un consul français, en 1837. Il a pour but prétentieux de révéler à son Gouvernement toutes les sources de ruine que renfermaient les statuts de la Société de commerce, et le détriment qu'ils allaient occasionner à la fortune des Pays-Bas ! Ce savant observateur, fortifié par toutes les théories économiques, et s'appuyant sur de grands principes abstraits, prédisait les plus étranges désastres, à la veille de succès qui devaient surprendre les deux mondes et donner une base nouvelle à la prospérité de la Hollande. Un tel exemple devrait rendre plus circonspects nos personnages consulaires quand ils ont à faire connaître de nouvelles créations où l'on s'affranchit des routes battues pour en ouvrir de plus favorables à la fortune des peuples.

Comparaison des bénéfices entre les systèmes financiers de la Néerlande et de la Grande-Bretagne en Orient.

En 1849 les statuts de la Société de commerce ont été renouvelés, et la durée de l'admirable institution prolongée d'un nouveau quart de siècle.

Les Hollandais disent avec fierté qu'ils font produire à

leurs possessions d'Asie un résultat financier auquel la Grande-Bretagne n'a jamais pu parvenir, malgré la vaste étendue et l'opulence de son empire oriental. Depuis plus de vingt ans les Hollandais obtiennent une supériorité vraiment étonnante des recettes sur les dépenses; et les Anglais, qui gouvernent l'Hindoustan, retombent sans cesse dans le déficit. A chaque instant on leur propose de s'emparer d'une province ou d'un royaume dont la richesse, assure-t-on, rétablira l'équilibre; l'envahissement a lieu dans cet espoir : cela s'appelle *annexion*. Mais, deux ou trois ans plus tard, les charges de la conquête et le flot toujours montant d'inévitables sacrifices restituent au déficit sa supériorité première. L'étonnement redouble lorsqu'on met cette situation toujours précaire en parallèle avec l'accroissement des ventes de produits britanniques, favorisé par l'application des théories les plus appropriées à l'exportation sans limites des produits manufacturés en Angleterre.

Ce contraste entre les résultats si différents obtenus dans les deux grandes possessions orientales des Européens, ce contraste est digne d'une étude approfondie. En le faisant remarquer, un des plus habiles ministres qu'ait eus la Néerlande, M. Baud, qui fut gouverneur général des Indes néerlandaises, s'est permis la réflexion suivante : « Le système néerlandais, nous l'avouons, est contraire à tous les principes des économistes; mais il vaut mieux s'enrichir malgré les théories que se ruiner avec elles et par elles... »

M. Baud, je le crains, qui n'a pour lui que le succès, sera considéré comme un esprit bien étroit, et sa routine surannée comme un peu bien audacieuse.

Afin de laisser parler les faits, nous allons présenter, pour diverses époques caractéristiques, les budgets comparés des Indes hollandaises. Nous commencerons par l'époque de 1795, la dernière année de la compagnie chargée d'administrer les contrées orientales. De temps à autre cette compagnie était obligée de contracter des emprunts pour toutes les dépenses extraordinaires et supplémentaires qui la constituaient dans un déficit réel et croissant. Dans le tableau qui va suivre, les recettes et les dépenses comprennent, ligne première, des achats et des ventes qui ne reparaîtront qu'après la reprise de possession postérieure à la paix générale de 1815.

L'État, en prenant la place de la compagnie après 1795, perdit tout bénéfice de commerce, et subit dans ses revenus un véritable déficit.

On en voit la trace dans les budgets de 1805 et de 1810, puis dans celui de 1822, après le rétablissement de l'autorité hollandaise.

Sous la domination passagère des Anglais, pendant les trois dernières années, leurs dépenses ont surpassé de 20 millions leurs recettes. Ce résultat leur déplaisait et fut, peut-être, un des motifs qui les rendirent plus faciles à la restitution.

Le grand contraste est présenté par la prospérité vraiment admirable de l'année 1840, époque où le nouveau système du comte Van den Bosch s'élève à l'apogée du succès.

Le lecteur va saisir d'un coup d'œil les situations si diverses que nous venons d'indiquer, en jetant les yeux sur le tableau suivant :

BUDGETS COMPARÉS DES POSSESSIONS ORIENTALES DES PAYS-BAS
À SIX ÉPOQUES DIFFÉRENTES.

ÉPOQUES.	RECETTES.	DÉPENSES.
	francs.	francs.
1795. Budget de la compagnie hollandaise.........	50,880,000	46,650,000
1805. Budget du Gouvernement hollandais.........	6,356,000	10,560,000
1810. *Idem*....................................	8,850,000	17,500,000
1814. Régime anglais.........................	17,800,000	22,725,000
1822. Retour au régime hollandais...............	67,144,000	[1] 62,346,000
1840. Nouveau système........................	154,603,000	110,894,000

Ainsi les mêmes colonies, qui coûtaient, en 1814,
5 millions à l'Angleterre, rapportent, en 1840, 44 millions à la Hollande, et le revenu des indigènes, en même
temps, est incroyablement augmenté.

Effets merveilleux des lois protectrices.

Nous n'avons guère achevé que la moitié de notre
voyage autour du monde, et voilà déjà quatre grands
exemples qui se fortifient les uns par les autres : aux
États-Unis, les Anglo-Américains; à Cuba, les Espagnols;
au Brésil, les Néo-Portugais; en Océanie, les Hollandais.
Ces peuples nous montrent comment on parvient à quatre
fortunes immenses par les protections commerciales appropriées à l'état social ainsi qu'à l'industrie des différentes nations.

[1] Il faut remarquer que l'excédant des recettes sur les dépenses était plus
qu'absorbé par les dépenses faites dans la métropole pour le compte des
îles de l'archipel indien.

Comment les Hollandais sont sortis du déficit colonial.

L'éminent administrateur auquel sont dus les beaux résultats que l'année 1840 offre dans leur état le plus brillant, M. Van den Bosch, raconte avec simplicité comment il est entré dans la voie qui fit changer de face à la fortune : « Lorsque j'arrivai, dit-il, à Batavia, c'était en 1830 ; mon prédécesseur était parvenu, par le travail le plus consciencieux, à réduire la dépense de 8 millions de francs. Comment faire? me dit-on ; il n'y a plus rien à réduire, et nous sommes en déficit. Je répondis : Ne vous inquiétez pas, et j'augmentai la dépense de dix millions. Depuis, les dépenses ont été *triplées*, mais les recettes ont été *sextuplées*. »

La sagesse hardie de ce novateur a pu produire de tels résultats, parce qu'il avait plein pouvoir. Des situations coloniales de cette nature, suivant le même homme d'État, sont au nombre des causes qui repoussent le plus impérieusement de l'Inde hollandaise le contrôle absolu d'une chambre de députés. Ce contrôle, étant porté tour à tour et partiellement sur les différents points sans en embrasser les rapports, ne ferait jamais concevoir la nécessité de ces énormes augmentations de dépenses; cependant la véritable économie n'est pas de diminuer la dépense, c'est d'augmenter la recette. Les Hollandais, tout constitutionnel et sagement constitutionnel qu'est le régime de leur État métropolitain, les Hollandais ont compris ce secret exceptionnel de leur fortune asiatique.

Lorsque nous parlerons des lents et coûteux progrès de l'Algérie, nous reconnaîtrons la profonde vérité de ces observations.

En terminant ce chapitre, nous croyons devoir pré-

senter par colonies le budget des diverses possessions de
l'Asie hollandaise. A l'exception de Java et de Sumatra,
les recettes et les dépenses n'ont pas, depuis cette époque,
éprouvé de changements considérables.

BUDGET DE 1822 POUR LES DIVERSES ÎLES.

ÎLES.	RECETTES.	DÉPENSES.
	francs.	francs.
Java et Madura..........................	54,193,000	48,836,000
Sumatra...............................	1,518,000	1,948,000
Banca.................................	4,095,000	3,992,000
Billiton..............................	75,000	138,000
Riou.................................	125,000	148,000
Bornéo...............................	450,000	614,000
Célèbes..............................	290,000	540,000
Gouvernement des Moluques...... { Amboine...............	1,808,000	2,056,000
Banda...................	1,687,000	1,210,000
Ternate.................	200,000	697,000
Menade et Gorontale..................	670,000	892,000
Île Decima, au Japon.................	2,033,000	1,775,000
Totaux.....................	67,144,000	62,346,000

Il est intéressant de connaître les sources diverses d'où
sont tirés les divers genres de revenu des Indes orientales
néerlandaises pour l'année 1840 et pour trois époques
antérieures.

BUDGETS COMPARÉS DES RECETTES POUR LES INDES NÉERLANDAISES.

	COMPAGNIE des Indes : 1795.	GOUVERNE-MENT des Anglais : 1814.	GOUVERNEMENT HOLLANDAIS.	
			1er système : 1814.	Nouveau système : 1840.
	francs.	francs.	francs.	francs.
Fermages, péages, marchés, opium..................	2,650,000	3,696,000	8,936,000	24,372,000
Impôt foncier..............	5,830,000	6,180,000	12,305,000	18,762,000
Douanes.................	"	1,750,000	6,318,000	22,703,000
Vente de denrées, monopole du sel.................	40,464,000	5,520,000	21,415,000	82,000,000
Revenus divers.............	"	1,660,000	5,285,000	3,586,000
Budget particulier de Sumatra.	"	"	"	3,180,000
Totaux..........	48,944,000	18,800,000	54,259,000	154,603,000

L'état suivant, établi par nature de dépenses, donne une idée pratique du Gouvernement.

DÉPENSES POUR 1840.

NATURE DES DÉPENSES.	FRANCS.
Gouvernement général....................................	1,683,000
Justice...	1,060,000
Administration civile et police..........................	7,321,000
Agriculture, beaux-arts et culte.........................	1,196,000
Ponts et chaussées, constructions civiles................	772,000
Finances (achats compris)...............................	61,000,000
Guerre...	18,000,000
Marine...	4,597,000
Subventions aux princes indiens, etc....................	11,000,000
Budget spécial de Sumatra..............................	3,815,000

Le reproche le plus grave qu'on puisse adresser à ce budget est fondé sur l'insuffisance extrême de la dotation des ponts et chaussées. On y remédie par des travaux analogues à la corvée.

Bénéfice définitif des colonies néerlandaises pour la métropole.

Dans la partie de ce travail où nous étudierons la force productive du royaume des Pays-Bas, nous ferons apprécier l'efficacité, l'opportunité des secours que la métropole a tirés de ses possessions orientales; il nous suffit à présent d'en offrir une simple idée par deux chiffres seulement du budget métropolitain et du budget colonial.

BUDGETS RÉUNIS DE LA MÉTROPOLE ET DES INDES ORIENTALES
NÉERLANDAISES.

	RECETTES.	DÉPENSES.
	francs.	francs.
Royaume des Pays-Bas.......................	110,000,000	148,000,000
Indes néerlandaises...........................	157,000,000	114,000,000
TOTAUX.......................	267,000,000	262,000,000
Déficit du budget métropolitain...................	38,000,000 fr.	
Excédant du budget des Indes néerlandaises.........	43,000,000	
Surplus qui reste à la métropole...........	5,000,000	

Si le royaume perdait ses îles orientales, et surtout Java, que deviendraient ses finances?

J'ai déjà dit que le comte Van den Bosch proposait de transférer sur Java la dette publique de la métropole; il n'aurait plus existé qu'une dette javanaise. Mais, objectait-on, si, par un appétit naturel, les Anglais prenaient Java, ils la trouveraient chargée d'une dette que peut-être ils répudieraient.

Pour calmer de telles frayeurs, le ministre faisait observer qu'on pourrait alléger beaucoup le fardeau de cette dette. Il aurait voulu que l'on vendît environ deux cents propriétés domaniales que l'État possède à Java. Leur prix surpasserait un milliard 350 millions de francs, avec lesquels on eût anéanti la majeure partie de cette charge publique; le reste aurait été facilement desservi par le surplus du revenu colonial, toutes dépenses payées.

Prolongation d'existence légale de la Société générale;
2ᵉ période, 1840 à 1854.

Les succès de la société générale depuis 1824 avaient été trop avantageux pour n'être pas renouvelés; mais, comme on va le voir, en réduisant les bénéfices.

Voici le tableau des revenus effectivement perçus pendant les trois dernières années, où l'on a maintenu les avantages primitifs de la société.

TABLEAU DES PROFITS DE LA SOCIÉTÉ GÉNÉRALE D'APRÈS LE TAUX PRIMITIF.

	ANNÉES		
	1839.	1840.	1841.
Intérêt garanti....................	4 1/2 p. 100	4 1/2 p. 100	4 1/2 p. 100
Bénéfices à payer sur-le-champ........	8 1/2	8 1/2	7 1/2
Bénéfices pour réserve..............	4 1/4	4 1/4	3 3/4
Total du revenu réel........	17 1/4	17 1/4	15 3/4

Réduction des profits à partir de la concession nouvelle.

On a trouvé que de tels bénéfices étaient trop considé-rables. Ils pouvaient se justifier dans l'origine; mais, après la consolidation de la Société commerciale et ses longues prospérités, on crut devoir exiger des réductions, qu'elle a subies sans trop de mauvaise grâce.

On a réduit à moitié les frais de commission sur les produits javanais remis à l'association pour être transportés et vendus en Néerlande; on a fait une diminution corres-pondante sur les prix alloués pour transporter les hommes et les marchandises envoyés par l'État. Le total des dé-ductions n'a pas diminué de moins d'un tiers l'ensemble des bénéfices.

Voici quel fut le dividende complet obtenu dans la première année du nouveau règlement :

1° Intérêt garanti..................	4 1/2	
2° 2/3 des bénéfices...............	4 1/2	p. o/o.
3° 1/3 de réserve..................	2 1/2	
TOTAL..............	11 1/2	

Ce dividende fut regardé comme faible par les négo-ciants hollandais, au sujet d'une entreprise qu'on est obligé de-poursuivre à si grande distance de la métropole.

Tristes compensations qui retombent sur la Néerlande.

Afin de compenser la parcimonie des nouvelles con-ditions, on n'a plus fait une loi rigoureuse à la Société de n'acheter que des produits hollandais pour les trans-porter aux Indes; mais un pareil soulagement n'a pu s'opérer qu'aux dépens de l'industrie nationale. On a puni celle-ci des bénéfices trop grands qu'avait faits la Société.

La Compagnie, pour se soutenir, a réduit les frets qu'elle payait sur des bases généreuses aux armateurs métropolitains; les armateurs et les constructeurs de navires ont subi par contre-coup la diminution des bénéfices de l'association.

Tout n'était donc pas avantage pour la fortune publique dans les réductions si fortes opérées sur les bénéfices du système primitif auquel la Néerlande avait dû les plus merveilleux résultats.

Banque de Java : ses revers.

Le roi Guillaume avait créé la banque de Java pour faire face à toutes les opérations de la Société dans l'archipel hollandais. Cette banque, enivrée par une prospérité générale qui faisait sa fortune, n'avait pas toujours eu la prudence si naturelle au caractère batave. Elle ne s'était pas constamment renfermée dans les limites d'action que prescrivaient les règles de son institution; elle ne se bornait pas seulement aux prêts qu'exigeaient les avances à faire depuis une semence jusqu'à la récolte immédiatement suivante. Aussi, lorsqu'ayant prêté par delà les justes bornes elle vit approcher les premières menaces d'une crise, elle essaya de rentrer dans ses fonds; mais ce fut en vain. Elle reconnut à quel point ses capitaux étaient engagés dans des entreprises de culture dont les résultats à la longue étaient assurés, sans pourtant permettre un remboursement immédiat. A bout de moyens légitimes, il fallut qu'au milieu de juillet 1839 la banque suspendît ses payements en numéraire, tout en demandant des avances au trésor de l'État, ainsi qu'à la Société générale.

Remède législatif à la crise commerciale.

Ici l'on reconnaissait le déplorable effet de la conduite inconstitutionnelle de Guillaume, qui, pour soutenir sa lutte contre les Belges, avait emprunté clandestinement jusqu'à 82,500,000 francs à la Société; celle-ci n'avait plus les mêmes capitaux disponibles pour alimenter à Java les diverses opérations commerciales, et pour suffire aux avances qu'exigeait la préparation des cultures.

Il devenait urgent que l'État remboursât une dette faite, il est vrai, sans que les chambres en fussent informées, mais pour un service éminemment national : service qu'après tout elles ne pouvaient méconnaître et qu'elles auraient rougi de blâmer.

Le comte Van den Bosch, le grand organisateur des cultures javanaises, le bienfaiteur de son pays à ce noble titre, était alors ministre des colonies. Il annonce aux chambres la nécessité d'un emprunt pour rembourser à la Société générale 95,910,000 francs qu'elle a prêtés au chef de l'État. Cette demande, il la présente afin de permettre que cette Société puisse faire face à la crise alors existante en Europe, afin de rendre aussi la vie à la banque de Java, afin de maintenir la prospérité des cultures javanaises. Le ministre atteste l'urgente nécessité de la mesure; il la proclame un intérêt tout national, et déclare se retirer si le législateur la repousse par son vote.

Ici le roi Guillaume met le comble à ses torts, en se jouant de la situation où l'illustre ministre s'est placé par dévouement patriotique. Dès qu'il aperçoit que les députés sont disposés à voter l'emprunt, il l'augmente de vingt millions de francs, pour achever, assure-t-il, de couvrir les dépenses, si peu régulières, qu'il avait faites dans sa lutte avec la Belgique. La patience de la chambre était à bout. Les mandataires des citoyens ne se montrèrent pas moins opiniâtres que le roi; ils rejetèrent la totalité de l'emprunt.

Alors le comte Van den Bosch, sacrifié d'un et d'autre côté, se retira comblé de gloire, et chassé par deux ingratitudes.

Énergique administration de M. Baud.

Le successeur de ce grand administrateur était l'habile M. Baud, qui, dans les Indes, avait été l'un de ses successeurs comme gouverneur général. Il fit régler par dixièmes, pour dix années, le remboursement des 96,910,000 francs de dette avouée; il envoya des secours à la banque de Java, sous la condition de soutenir le crédit et d'empêcher la faillite des grandes maisons coloniales. La banque javanaise prit à son compte les créances de ces maisons; elle y satisfit avec son papier, moyennant un intérêt de 6 p. o/o, intérêt qu'on doit regarder comme minime en de pareilles circonstances. Cette mesure héroïque sauva la place de Batavia.

De telles péripéties sont pleines d'intérêt. On aime à voir comment de grandes associations, secondées par un gouvernement intelligent et courageux, traversent les crises les plus formidables, et conservent intact l'honneur d'un peuple à la fois commerçant et probe.

Conséquences de la crise sur les revenus de Java.

Le refus des législateurs aux demandes de Van den

Bosch n'avait pas atteint la production javanaise de 1840, pour laquelle étaient préparées les avances par la banque de Java, mais il atteignit sensiblement les produits de l'année 1841.

Parallèle des opérations commerciales de Java pour 1840 et 1841.

	1840.	1841.
Exportation directe...	161,787,000^f	139,461,000^f
Importation.........	83,332,000	62,493,000
Mouvements totaux...	245,119,000	201,954,000

La décadence est certainement considérable entre deux années consécutives; cependant tout n'a pas été désastre pour la métropole et pour les colonies.

Bientôt la prospérité des Indes néerlandaises a repris son cours. Le tableau suivant fait voir le progrès définitif obtenu de 1840 à 1841 jusqu'à 1856, c'est-à-dire jusqu'à la dernière année dont nous ayons les comptes officiels. Ce rapprochement est plein d'intérêt.

PARALLÈLE DÉVELOPPÉ.

IMPORTATIONS A JAVA.	1840.	1841.	1856.
ENVOIS PAR LE COMMERCE PARTICULIER.	francs.	francs.	francs.
Tissus de coton... { des Pays-Bas	18,718,000	10,528,000	"
{ d'autres contrées	9,048,000	5,760,000	"
Objets divers....................	11,070,000	11,246,000	"
Envois d'Europe et d'Amérique......	38,836,000	27,534,000	43,810,376
Produits des Indes orientales........	1,547,000	1,293,000	1,692,432
Produits de Chine, Siam, Manille...	3,243,000	3,727,000	6,387,140
Produits du Japon...............	1,836,000	11,000	2,255,440
Produits de l'archipel indien........	10,585,000	10,163,000	15,184,541
Numéraire......................	5,170,000	2,558,000	7,681,076
TOTAL des envois pour compte particulier.............	61,217,000	45,286,000	77,011,005
ENVOIS POUR LE COMPTE DU GOUVERNEMENT MÉTROPOLITAIN.			
Espèces........................	9,953,000	5,265,000	28,018,750
Cuivres, fers, sacs à café, vêtements, vivres, etc...................	3,649,000	2,441,000	7,423,647
De l'archipel hollandais : épices des Moluques.	2,492,000	3,423,000	1,160,729
Étain de Banca.................	5,586,000	5,790,000	6,878,390
Café de Menado.	615,000	288,000	854,660
TOTAL des envois pour compte de l'État..............	22,295,000	17,207,000	43,331,230
TOTAL GÉNÉRAL des importations.	83,512,000	62,493,000	120,342,235
EXPORTATIONS DE JAVA.			
Produits de l'archipel indien........	150,844,000	128,815,000	194,690,867
Produits de l'Hindoustan, réexportés..	360,000	296,000	172,802
Produits de Chine, Siam, Manille...	242,000	373,000	249,784
Produits du Japon...............	316,000	186,000	1,173,318
Produits de l'Amérique et de l'Europe.	5,493,000	3,781,000	6,521,561
Numéraire......................	545,000	1,045,000	13,942,424
Exportations du Gouvernement : numéraire et marchandises..........	4,055,000	4,965,000	5,274,198
TOTAL des exportations...	161,855,000	139,461,000	222,024,854

Un second ordre de documents publiés par le Gouvernement des Pays-Bas, c'est celui des valeurs d'importation et d'exportation faites sous pavillons distincts, à l'époque la plus récente.

IMPORTATIONS ET EXPORTATIONS PAR PUISSANCE, DANS L'ARCHIPEL NÉERLANDAIS
EN 1856.

IMPORTATIONS.	SOMMES.
Néerlande...	25,214,339
Grande-Bretagne...	14,455,178
Archipel oriental..	17,727,625
Possessions britanniques extérieures	1,074,188
France	1,052,323
Hambourg...	987,080
Suède et Danemark	481,971
Brême...	68,462
Italie...	9,998
Amérique	834,826
Golfe Persique	130,005
Philippines..	759,387
Chine...	3,833,237
Siam...	445,872
Japon..	2,255,440
Total des importations [1].........................	69,329,931
EXPORTATIONS.	
Néerlande...	163,871,259
Grande-Bretagne...	2,004,249
Archipel oriental..	18,427,456
Possessions britanniques extérieures...............................	1,369,023
France...	5,515,423
Total des exportations [2].........................	191,178,410

[1] Somme à laquelle il faut ajouter une importation en numéraire égale à 7,681,108 francs.

[2] Somme à laquelle il faut ajouter celle de 13,866,762 francs.

NAVIGATION DES DIVERSES PUISSANCES DANS LES COLONIES NÉERLANDAISES
DES INDES ORIENTALES.

PAVILLONS.		TONNEAUX.	TOTAUX.
1° Néerlandais.......	Métropolitain............	198,343	296,742
	Colonial................	98,399	
2° Européen........,..	Anglais.................	23,686	
	Français...............	7,320	
	Suédois................	12,139	
	Hambourg et Brême.......	6,022	
	Prussien...............	5,782	
	Danois.................	3,399	81,667
	Petits États européens......	2,376	
3° Américain........	États-Unis..............	16,940	
4° Asiatique........	Chinois.................	1,419	
	Siamois................	1,522	
	Petits pavillons asiatiques...	1,062	
TOTAUX GÉNÉRAUX..............		378,409	378,409

On peut voir par ce tableau que le grand but maritime du roi Guillaume Ier et de son peuple est atteint :
c'est de réserver à la navigation de la Néerlande une
énorme supériorité sur celle des étrangers. C'est précisément la supériorité qu'on n'a pu lui contester par aucune
difficulté diplomatique.

Avenir des possessions néerlandaises en Asie.

Il serait trop présomptueux d'offrir le moindre conseil
au Gouvernement qui, depuis 1814, a produit des résul-

tąts merveilleux dans le progrès des forces productives de ses colonies asiatiques. Il n'a qu'à continuer à suivre la route qu'il s'est ouverte avec tant d'habileté, et que jusqu'à ce jour il a parcourue avec tant de constance.

Qu'il continue de confier ses belles possessions à des gouverneurs généraux d'un mérite supérieur; ils trouveront les meilleurs moyens d'agrandir les cultures de Sumatra, déjà si bien commencées; Bornéo leur offrira le plus vaste théâtre pour de nouveaux efforts, et les Moluques deviendront l'objet de nouvelles entreprises plus lucratives que les épices, quoique moins renommées.

L'ensemble des îles peut nourrir cent millions d'habitants, et n'en a que seize millions! C'est de ce côté qu'il faut diriger tous les moyens de rendre les populations non-seulement plus nombreuses, mais plus actives, plus éclairées et plus heureuses. -

CHAPITRE II.

ARCHIPEL DES ÎLES PHILIPPINES.

Les Philippines ont été découvertes, en 1620, par Magellan, le célèbre navigateur dont la mémoire est immortalisée par le détroit qui porte son nom et qu'il a le premier parcouru pour passer de l'Atlantique dans l'océan Pacifique. Au lieu d'être subjuguées avec des flots de sang par des soldats destructeurs, comme ceux de Cortez et de Pizarre, ces îles ont été conquises par degrés avec des moyens plus doux, qu'ont facilités les missionnaires portugais. Elles ont passé sous le sceptre de l'Espagne en même temps que le Portugal; mais, quand ce dernier État a reconquis l'indépendance, il n'a pas recouvré ses belles colonies orientales. Elles ont été définitivement annexées à la monarchie espagnole sous le règne de Philippe II, dont elles ont reçu le nom.

Limites géographiques de l'archipel des Philippines.

Latitude boréale.......   5°,32′ à   19°,38′   14°,6′
Longitude orientale.... 117°,21′ à 126°,8′   8°,47′

L'espace rectangulaire compris entre les deux parallèles et les deux méridiens limites de l'archipel contient environ cent quarante millions d'hectares : un septième seulement est occupé par les îles.

Superficie et population des Philippines en 1856.

Superficie.................... 21,822,500 hectares.
Population....................   3,728,075 habitants.
Superficie par mille habitants ...   5,857 hectares.

Productions végétales.

Ces îles sont si fertiles et leur climat si beau, qu'avec une agriculture perfectionnée elles nourriraient aisément quarante millions d'habitants, c'est-à-dire plus de dix fois la population actuelle. Telle est la vaste carrière qu'elles permettent au progrès.

Toutes sont comprises dans la zone torride, et, sous ce point de vue, peuvent rivaliser avec les Antilles les plus fortunées. Leurs productions communément obtenues sont : le sucre, le café, le piment, le tabac, le maïs, l'arroz, l'anis, l'abaca, etc.

Une denrée coloniale d'un grand avenir est celle que nous venons de citer la première : c'est le sucre, que les Philippines produisent de la meilleure qualité.

Dans un grand nombre d'îles on peut cultiver la cannelle, le girofle, la cochenille, la muscade ; dans toutes, le mûrier peut y donner la soie en abondance, et, pour ce riche produit, rivaliser avec la Chine et le Japon.

Les Espagnols ont porté la culture du tabac aux Philippines. Les Indiens sont passionnés pour ce sternutatoire ; ils préfèrent toute espèce de privation pour éviter celle-là.

Les Philippines pourraient fournir de tabac tous les marchés du monde ; mais à présent elles ne cultivent que les terrains limités par l'administration, et les récoltes ne suffisent pas même aux besoins de la métropole. Celle-ci se pourvoit, pour la différence, aux États-Unis, dans les états de Virginie et du Kentucky.

De vastes et belles forêts peuvent fournir des bois de qualité supérieure pour la construction des navires.

D'abondantes pluies périodiques tempèrent la chaleur dans cette partie de la zone torride, et favorisent puissamment la végétation.

Les grandes rivières qui coulent dans les îles principales permettent un commerce intérieur très-étendu, qui s'ajoute à l'intercourse des îles mêmes.

Productions minérales.

Si la race anglo-saxonne était en possession des cours d'eau qui charrient du sable mêlé d'or, elle en tirerait bientôt un grand parti, et s'empresserait d'explorer, dans les montagnes, les mines d'où s'échappent ces précieux détritus.

On trouve le minerai de fer en abondance aux Philippines, qui renferment aussi le plomb, le cinabre, l'arsenic, le soufre, etc.

Documents statistiques.

Don Cipriano Segundo Montesino, membre de l'Académie des sciences de Madrid, est auteur d'un remarquable ouvrage *sur le percement de l'isthme de Suez;* il y traite des avantages que cette entreprise doit procurer à l'Espagne, ainsi qu'à ses possessions des Philippines.

Dans cet ouvrage, publié par ordre du Gouvernement, sont consignés les documents statistiques les plus importants; j'en ai fait usage.

Cultures effectives.

Je commencerai par en extraire l'évaluation des terres mises en culture. Leur superficie totale est seulement de 702,500 hectares, et pourtant cela suffit pour nourrir 3,728,075 habitants. Un tel résultat semblerait impossible dans nos climats.

Population possible.

Si l'on admettait que les terres non cultivées fussent amenées à produire un tiers seulement de ce que donnent aujourd'hui les terres en culture, on trouverait que les Philippines peuvent nourrir avec facilité *quarante millions* d'habitants. Telle est la population qu'un gouvernement éclairé parviendrait aisément à réaliser, en animant de son énergie le peuple des îles Philippines.

Du temps nécessaire pour porter à 40 millions la population des Philippines.

Accroissement annuel.	Années nécessaires.
Un pour cent.	235 ans.
Un et demi pour cent.	160 ans.

Progrès désirable : immigration.

Afin d'accélérer le peuplement et d'améliorer la race humaine, il faudrait encourager l'émigration des Espagnols empruntés aux provinces les plus méridionales, à l'Andalousie, à la Murcie, etc. Il faudrait accueillir les Chinois et bientôt aussi les Japonais, les uns et les autres agriculteurs et mineurs habiles.

C'est à l'action métropolitaine qu'il peut être donné d'arracher à la torpeur le peuple des Philippines; mais l'Espagne aurait besoin elle-même de faire régner dans son sein la paix sociale, et de donner un essor énergique à tous ses arts.

Intérêt de l'Espagne et des Philippines au percement de l'isthme de Suez.

Le gouvernement espagnol aurait besoin, avant tout, de diminuer la distance énorme qui le sépare de cette belle possession. Cela nous explique l'intérêt si prononcé que toute l'Espagne, et surtout Barcelone, ont pris au percement de l'isthme de Suez.

Distances approximatives de l'Espagne aux Philippines.

	kilomètres.
Par le cap de Bonne-Espérance.............	24,000
Par l'isthme de Suez......................	14,850

Avec les distances raccourcies à ce point, ainsi que la longueur des traversées, l'action du gouvernement sera d'autant plus rapide et plus puissante, le commerce plus actif et plus fructueux.

Il est intéressant de comparer les revenus moyens annuels des deux Indes espagnoles. On a pris pour terme de comparaison le revenu de 1844 à 1848, pour les Philippines et pour Cuba, la plus prospère des colonies espagnoles.

Revenus et populations comparés des grandes colonies espagnoles.

	Cuba.	Les Philippines.
Revenu public...........	53,550,000^f	17,878,900^f
Population..............	1,247,000^h	3,728,075^h
Revenu par mille habitants..	43,012^f	4,796^f

Pour un même nombre d'habitants, les colons de Cuba procurent neuf fois autant de revenu public que les Philippines. Mais à Cuba les travailleurs sont en majeure partie esclaves et de race africaine. Aux Philippines, ils sont libres et de race asiatique : la race malaise.

Redisons de nouveau que les populations libres des Philippines sont très-éloignées du degré d'activité qu'il est raisonnable de souhaiter pour elles.

En réalité, dans l'archipel asiatique, la terre ne paye presque aucun impôt.

Évaluation du produit brut de la terre aux Philippines, d'après un mémoire soumis aux cortès.

Produit total actuel..........	858,556,400 francs.
Hectares en culture..........	867,220 hectares.
Produit par hectare..........	990 francs.

Ce produit, je l'avoue, me paraît énorme; s'il n'est pas exagéré j'inclinerais à penser qu'une partie notable des revenus est tirée d'autre part que de la terre expressément mise en culture.

En supposant qu'on voulût partager le grand produit territorial que nous venons de rapporter entre tous les habitants, la part de chacun serait seulement de 230 fr. par année. Il y a loin de ce résultat à celui qu'obtiennent les habitants des États-Unis.

Système imparfait des contributions publiques.

Il ne sera pas sans intérêt de faire ressortir quelques points relatifs au système des impôts dans les Philippines. La contribution directement imposée sur la terre est extrêmement modérée.

Capitation; ses iniquités et ses tristes effets.

On y supplée, en partie, par une capitation qui frappe, avec inégalité, trois catégories de personnes.

La première catégorie comprend les indigènes : pour chaque homme de 20 à 60 ans, et pour chaque femme de 25 ans à 60, ils payent chaque année la somme très-modérée de 3 fr. 25 cent.

La seconde catégorie comprend les Indous-Chinois, issus du mélange des deux races; ils payent *le double*, c'est-à-dire 6 fr. 50 cent. Pourquoi ce doublement vient-il frapper une race croisée qui réunit tous les avantages : force physique, intelligence, industrie, activité?....... Elle ne compte encore qu'un nombre de 46 personnes par mille habitants; il faut la traiter avec bienveillance afin qu'elle se multiplie. On ne concevrait pas en Europe un impôt par tête qui taxerait les bons ouvriers deux fois autant que les médiocres, et punirait leur talent.

La troisième catégorie comprend les Chinois pur sang. On ne craint pas de les imposer depuis 5 fr. 30 cent. jusqu'à 53 francs par mois; c'est-à-dire depuis 63 fr. 60 c. jusqu'à 636 francs par année.

Lorsque, en 1828, on établit ce dernier impôt, il produisit les plus fâcheux résultats. Sur 5,708 Chinois domiciliés à Tondo-Cavite, 800 préférèrent quitter les îles plutôt que de supporter une si lourde charge; 1,083 s'enfuirent dans les montagnes; enfin 483, qui n'avaient pas de quoi payer les frais de retour à leur pays natal, *furent envoyés aux travaux publics.*

Si nous avons vivement réclamé contre la taxation trop forte que les Anglais font peser sur les Chinois en Australie, nous n'approuverons pas davantage un système pareil et plus excessif établi par les Espagnols. Espérons qu'il disparaîtra, pour l'honneur de l'humanité.

Après ces indications générales sur la possession des îles espagnoles, nous allons passer rapidement en revue celles qui méritent une attention spéciale.

Revue des principales îles.

L'archipel des Philippines comprend au delà d'un millier d'îles et d'îlots. Nous nous contenterons d'appeler l'attention du lecteur sur les plus importantes, soit par leur étendue, soit par leur culture et leur commerce.

1. MINDANAO.

C'est, entre toutes les Philippines, la plus éloignée de l'Asie et la plus rapprochée de l'équateur. Elle a la forme d'un long triangle, dont la base est au sud et le sommet au nord. Elle est séparée des possessions hollandaises par

26.

la mer des Célèbes. Entre elle et la grande île de Bornéo sont les petites îles Soto, beaucoup trop favorables à la piraterie.

La seule Mindanao présente, en superficie, le sixième environ des Philippines : 3,5oo,ooo hectares. C'est, après Luçon, la plus étendue de toutes les îles. Le principal établissement se trouve à la pointe S. O. à Zamboango; il ne compte que onze mille sujets du gouvernement espagnol. A peine la puissance européenne habite-t-elle un recoin de cette grande île, si féconde et si favorablement située pour un grand commerce à travers les mers des Célèbes et de la Chine.

Comme elle est située entre les 5ᵉ et 1oᵉ degrés de latitude, elle produit naturellement les précieuses épices qui rendirent les Moluques si célèbres; mais on exploite peu ces trésors de la nature. L'intérieur du pays a des forêts admirables.

Qu'on se figure ce que feraient des Européens plus actifs que les Espagnols, s'ils étaient possesseurs d'une île plus grande que la Sicile et faisant pousser d'elle-même les végétaux qui donnent les produits les plus recherchés et les plus chers de la terre! Joignez-y le riz, le cacao et le café.

Sur la côte orientale on trouve le district de Bislig, peuplé seulement de 9,771 habitants. Vers le nord, un autre district, celui de Misamis, réunit en tout 42,365 âmes; c'est le plus abondant en richesses aurifères que possèdent les Philippines.

L'or n'est exploité par extraction que dans une seule mine, sous la direction d'*un Français;* celui qu'on recueille partout ailleurs est ramassé par des chercheurs dans les sables des rivières.

Piraterie dont le repaire est à Mindanao.

La vaste baie de Llanao, qui débouche sur la mer des Célèbes entre deux promontoires, distancés d'au moins cinquante lieues, mérite notre attention : c'est un refuge de pirates. Ils trouvent cette position merveilleuse pour désoler le commerce des îles de l'Océanie orientale et méridionale.

Si les Hollandais ou les Anglais, au lieu des Espagnols, possédaient l'un de ces promontoires, par exemple celui de Zamboanga, ils auraient bientôt fait cesser cet odieux brigandage, en dominant le contour entier de la baie, et contraignant les riverains à se réduire aux moyens d'existence avoués par la civilisation.

Lorsque les canonnières espagnoles poursuivent les pros des pirates illanos, ceux-ci traînent leurs légers esquifs à travers les bas-fonds marécageux (*mangroves*), jusqu'au lac qui porte leur nom; ensuite, au moyen d'un autre portage, ils transportent leurs pros dans la mer occidentale, qui présente un nouveau théâtre à leurs déprédations.

Le sultan de Mindanao règne sur la majeure partie de l'île; la sécurité des côtes et des mers est le moindre de ses soucis.

Les pirates se reconnaissent pour sujets de ce monarque digne d'eux. Leur prince les désavoue dès l'instant qu'il faut restituer quelque chose; mais il les rappelle à la sujétion aussitôt qu'il peut à son tour confisquer sa part de leur butin mal acquis.

On porte jusqu'à 400 le nombre des pros possédées par les pirates illanos. Ils poussent l'audace de leurs excursions à de très-grandes distances, depuis les îles Mariannes jusqu'à l'entrée de la baie de Bengale, jusqu'au delà des détroits, entre les îles de la Sonde. Leurs plus grandes insultes sont réservées pour les côtes des Philippines, sur lesquelles ils débarquent à l'improviste, ajoutant, au butin qu'ils peuvent saisir, des femmes, des enfants et des hommes, dont ils font des esclaves.

On doit applaudir à la résolution que le gouvernement de la mère patrie a prise dans ces derniers temps. Afin d'augmenter sa force navale dans les îles Philippines, il se propose de faire construire en Angleterre 40 canonnières, armées de canons d'un fort calibre. Ces moyens suffiront pour détruire les pirates, dont l'audace est restée si longtemps impunie. On ira les forcer jusque dans les eaux intérieures des îles qui sont encore indépendantes.

2. ÎLE DE LEITE.

Immédiatement au nord de Mindanao, l'île de Leite, beaucoup moins étendue, touche presque à celle de Samar; cette dernière s'avance jusqu'au détroit de Saint-Bernardin, qui la sépare de la grande île de Luçon.

En 1856, Leite comptait 40,785 sujets espagnols.

N'oublions pas de dire que, Magellan ayant abordé l'île de Leite pour y faire de l'eau, un marin portugais y planta le premier cacaotier qu'aient possédé les Philippines.

Cette île volcanique a des mines de soufre et de fer. Sur ses côtes on pêche la tortue, on recueille les nids d'oiseaux que mangent les Chinois; mais les rivages sont désolés par les pirates. Les habitants exercent les mêmes industries que ceux de l'île de Samar.

3. ÎLE DE SAMAR.

La seule île de Samar possède à peu près autant de

sujets espagnols que les deux précédentes, Leite et Mindanao; elle comptait 114,532 âmes en 1856. Elle a de longueur environ 250 kilomètres, sur une largeur moyenne de 90.

Cette île a des cultures variées et riches; elle fabrique un indigo que l'on compare à celui de Guatemala; elle confectionne un cacao très-estimé; elle extrait l'huile de palmier; elle cultive un chanvre comparable à celui de Manille.

Les habitants, issus pour la plupart de pères espagnols et de mères insulaires, exercent plusieurs industries; ils fabriquent les étoffes appelées *nipas* et les *synamays*, faits avec des filaments que fournit le bananier *abaca*, ainsi que les nattes connues sous le nom de *balangas;* ces nattes sont tissées avec les fibres de la plante qui porte le même nom.

Beaucoup d'habitants, pour se soustraire à la capitation, se réfugient dans les montagnes de Samar; ils y mènent une vie de sauvages. Ne vaudrait-il pas mieux demander, au lieu d'argent, une redevance de travail, toujours facile à fournir? Celle-ci, bien employée, produirait les plus grands résultats et serait accordée sans répugnance.

La capitale de l'île, Catholagan, est presque entièrement construite en bois; cependant quelques édifices sont en pierre.

En naviguant à l'ouest de l'île de Leite, on trouve successivement les îles Bohol, Zebou, Negros et Panay.

4. ÎLE BOHOL.

Quoique ayant peu d'étendue, elle compte 158,849 sujets espagnols.

Outre les cultures communes aux îles que nous venons

de parcourir, les habitants de Bohol récoltent et tissent le coton et même la soie.

5. ÎLE DE ZEBOU.

Cette île est limitée à l'est par un détroit qui la sépare de l'île Negros. Elle a de beaux pâturages, où sont nourris des troupeaux considérables de bêtes à cornes et de bêtes à laine.

Sur la côte orientale s'élève la ville de Matan, chef-lieu d'une province et d'un évêché qui comprennent plusieurs îles. Elle possède une belle cathédrale, un palais épiscopal, un hôpital de lépreux, etc. Cette ville a près de 9,000 âmes; c'est un port de mer dont le commerce avec la capitale des Philippines n'est pas dépourvu d'importance. En 1856, la province de Zebou, plus considérable que toutes les précédentes, comptait 219,864 sujets espagnols.

6. ÎLE DE NEGROS.

Cette île tire son nom d'une race de petits nègres, *les negritos*, qui vivaient dans la partie centrale.

La province dont elle est le centre, en 1856, comptait 106,236 habitants.

L'île est contiguë à celle de Zebou. Les Espagnols n'en occupent que le plat pays; le centre, hérissé de hautes montagnes couvertes de bois, est presque inconnu. Il existe un commerce assez régulier entre les sujets espagnols et les montagnards indépendants; montagnards dangereux seulement lorsqu'ils sont provoqués.

Les sujets espagnols cultivent le riz, le palmier, dont les fibres sont tissées en cordages, le cacao, le tabac et l'abaca. Ils sont aussi pêcheurs et tisserands. Ils dédaignent de recueillir la cochenille, qui se propage d'elle-même dans la partie méridionale.

7. ÎLE DE PANAY.

Au nord-ouest de Negros se trouve l'île de Panay, dans la position la plus centrale de l'archipel. On admire la fertilité de cette île, parfaitement arrosée; ses cours d'eau sont très-poissonneux. Elle nourrit un grand nombre d'habitants comparativement à son étendue; c'est une des mieux cultivées. La capitale de cette île est Iloilo.

Voici comment se divisait, en 1856, sa population :

	Habitants.
Cupir	130,916
Iloilo	358,989
Antique	86,002
Total	575,907

L'art du tissage a fait des progrès remarquables dans cette île. On estime pour la richesse et la variété des couleurs, et pour la beauté des dessins, les tissus du pays appelés *sinamays* et *pinas;* ce sont, en général, les femmes qui pratiquent cette élégante industrie. Les hommes sont agriculteurs, pêcheurs, bûcherons, etc. Ils fabriquent le sucre et l'huile de palmier.

Nous ferons remarquer comment, à mesure que nous avançons vers le foyer de la puissance espagnole, la population devient non-seulement plus nombreuse, mais, en même temps, plus civilisée et plus industrieuse.

8. ÎLE DE PALOUAN.

A l'ouest de toutes les îles que nous venons de parcourir se trouve la longue île de Palaouan ; elle a la figure étrange d'un lézard dont la queue se rapproche de Bornéo et des côtes du sud, tandis que la tête s'avance vers le nord. La longueur de cette île n'est pas moindre de 140 lieues.

Une haute chaîne de montagnes représente l'épine dorsale du grand fossile insulaire. Quelques points de la côte sont les seuls habités par les sujets espagnols. La population sujette à l'autorité européenne ne surpasse pas 17,433 habitants, y compris ceux des petites îles Camianes. Le reste du territoire est occupé par des aborigènes très-sauvages. Quelles conquêtes heureuses à faire pour la civilisation dans une contrée si vaste et jusqu'à ce jour si peu populeuse !

9. MINDORO.

Au nord des Camianes, qui sont elles-mêmes au nord de Palaouan, se trouve l'île de Mindoro, la seule qui nous sépare de la plus grande et de la plus peuplée des Philippines.

Cette île est, à son centre, montueuse et couverte de forêts. Elle abonde en eaux minérales. Son étendue est d'environ 50 milles de longueur sur 20 de largeur ; elle possède 37,678 habitants. Avant la conquête du pays par les Espagnols, les habitants de Mindoro, favorisés par leur position centrale, adonnés à la piraterie, étaient la terreur des îles circonvoisines ; à la fois audacieux et barbares, ils n'ont pas entièrement répudié ce cruel héritage.

Cette île a pour richesses minérales le cuivre et même l'or ; c'est l'agriculture qu'il faudrait surtout y perfectionner.

10. ÎLE CAPITALE DE LUÇON.

Luçon est la plus considérable des Philippines. On jugera de sa grandeur par l'étendue de ses limites.

Limites géographiques de Luçon.

Latitude boréale.......	12°,30′ à	18°,40′	8°,10′
Longitude orientale....	119°,45′ à	124°,10′	14°,25′

Sa figure, incroyablement irrégulière, offre de nombreuses et profondes baies, qui favoriseront quelque jour un grand cabotage.

La superficie est évaluée approximativement à *quinze millions d'hectares;* elle est plus vaste que l'Angleterre.

Malheureusement les Espagnols n'occupent guère que la moitié de cette île; c'est la moitié méridionale.

Deux chaînes de montagnes parallèles, se dirigeant du nord au sud, règnent dans la longueur de cette dernière partie : ce sont la Sierra Madre (la chaîne mère) et la Cordillère de *Carvallos.* Elles se réunissent au sud, et de là continuent dans la direction de l'occident à l'orient par une troisième chaîne. Celle-ci traverse l'isthme et s'incline ensuite un peu vers le sud jusqu'au détroit de Bernardin, qui sépare les îles de Luçon et de Samar.

Les chaînes que nous venons de décrire ont des sommets élevés à plus de 2,000 mètres au-dessus de la mer. Les montagnes en majeure partie sont de nature volcanique, et, parmi leurs volcans, plusieurs sont encore en activité. On remarque surtout le volcan qui vomit des feux à l'extrémité sud-est de l'île; la nuit il sert de phare aux navigateurs.

Entre la Sierra Madre et la Cordillère de Carvallos coule un fleuve dont le parcours a plus de soixante et dix lieues.

Un autre fleuve, d'un cours moins étendu, a plus d'importance : il sort du vaste lac de Bay par sept branches, dont une communique avec le port de Manille. Le canal de communication est couvert de bateaux qui portent à la capitale les produits de l'intérieur. On peut, avec des navires de 45o tonneaux, remonter de la rade de Manille au lac de Bay, qui compte environ quarante lieues de pourtour. C'est le réceptacle des eaux d'un vaste bassin à l'occident de la Sierra Madre. Plusieurs rivières qui se déchargent dans ce lac sont elles-mêmes navigables.

Les cultures.

L'île de Luçon, admirablement arrosée sous un soleil tropical, avec un sol volcanique, est une des plus fertiles de la terre. Quoiqu'une partie bien peu considérable de son beau territoire soit mise en culture, non-seulement elle suffit à la nourriture de la population, mais une masse importante de ses récoltes sort de l'île pour alimenter la Chine. La production principale est le riz, cultivé dans les plaines et sur le penchant des montagnes.

Le sucre de canne est ensuite une des productions les plus abondantes et d'excellente qualité.

Nous avons déjà mentionné *l'abaca* : c'est une variété du bananier; ses fibres sont connues sous le nom de *chanvre de Manille*. Il y en a de si fines, qu'on les mêle avec la soie pour former un tissu remarquable à la fois par sa force et sa beauté.

Le cotonnier, le caféier, des variétés essentielles du palmier, sont cultivés; à leurs produits il faut ajouter le maïs et la cannelle. Le gouvernement a depuis longtemps monopolisé l'exploitation du tabac, beaucoup trop imposé dans les Philippines; ce pourrait être, pour le commerce extérieur, un objet de la plus haute importance.

Les mines.

L'île contient des mines d'or et de fer. L'or est entraîné, sous forme de parcelles, avec les sables que charrient presque toutes les rivières. Cela décèle des mines qu'un peu d'art ferait découvrir, et qu'on pourrait exploiter dans les monts d'où proviennent les eaux et les riches alluvions.

L'île offre également à l'industrie la houille, le soufre, le cuivre, le plâtre, le marbre, les agates, les cornalines, les jaspes, etc.

Les industries.

Signalons, parmi les industries de l'île de Luçon, la fabrication des cigares et la préparation du tabac, la tannerie et le vernissage des cuirs, le tissage des nattes ornées, la broderie des tissus, l'art de sculpter le bois et l'ivoire.

La construction des navires, jusqu'au rang de 600 tonneaux, et celle des embarcations légères, avec d'excellents matériaux, est encore une industrie que pratiquent avec distinction les habitants de Manille.

Des habitants.

La principale population indigène est celle des Tagals, qui tour à tour ont croisé leur race avec les Negritos, les Chinois, les Japonais et les Espagnols.

Les castes mêlées d'Européens et de Chinois absorbent une grande partie des affaires et des richesses.

Plus de deux millions de chrétiens, presque les deux tiers du peuple civilisé des Philippines, habitent l'île de Luçon, et Manille est le siége d'un archevêché. La partie non soumise de l'île est habitée par des musulmans et par des païens.

On appelle *Bysayes* l'ensemble des îles autres que Luçon, et *Bysayens* leurs habitants; tous sont sous les ordres du gouverneur général, qui réside à Manille.

Aujourd'hui près de quatre millions d'habitants des îles Philippines sont chrétiens et catholiques; ils vivent heureux, paisibles, et préparés à recevoir tous les progrès qu'une civilisation plus active et plus éclairée peut faire naître et développer au milieu d'eux.

Les protestants semblent fâchés, lorsqu'ils débarquent dans les Philippines, qu'on fouille leurs voyageurs et qu'on saisisse les Bibles, que leurs envoyés cosmopolites répandent en tous lieux. Quand plusieurs cultes se partagent les populations d'un État, il faut maintenir entre eux la plus parfaite tolérance; mais s'il n'existe qu'un seul culte, élément d'unité civile, de force et de paix, il est sage de ne pas favoriser l'introduction de nouvelles croyances, source certaine de dissensions, de troubles et trop souvent de révolutions.

Manille n'est pas restée moins fidèle à sa métropole que les îles de Cuba et de Porto-Rico, même à l'époque où se sont révoltées les grandes possessions de l'Amérique espagnole.

Un danger qui n'a rien de commun avec les révolutions politiques, et qui sans cesse menace Manille, ce sont les tremblements de terre. L'un des plus funestes est celui de 1852, qui commença le 16 septembre et dura, par intervalles, jusqu'au 30 de ce mois, pour se renouveler encore le 10, le 11 et le 12 octobre. Beaucoup de maisons et d'édifices publics furent détruits, ou déplorablement dégradés. Les ravages furent encore plus grands dans les autres villes de Luçon.

La baie, le port et la cité de Manille.

Sur la côte orientale, à trois cents lieues seulement de la Cochinchine, à deux cent cinquante lieues de Macao, la magnifique baie de Manille s'ouvre à la mer dans la direction du sud-ouest; elle a douze lieues de profondeur.

Dans la plus belle position du contour de cette baie, s'élève Manille, le port principal et la capitale des Philippines. Elle est bâtie sur les bords du fleuve *Pasig*, et les îles nombreuses que forment les branches du fleuve sont devenues ses faubourgs. Leur ensemble forme une espèce de Venise, qui s'ajoute à la ville de terre ferme.

Deux solides jetées en pierre prolongent dans la baie les bords du principal bras du fleuve. Des navires de 3 à 400 tonneaux peuvent remonter jusqu'au pont de Manille, qui met un terme à la navigation maritime.

Des villes d'Australie et de Californie, fondées depuis six ans à peine, ont déjà du macadam, des pavés, des trottoirs dallés en pierre, et Manille, dont la fondation remonte à plus de deux siècles, ne présente encore la plupart de ses rues qu'à l'état de simple nature; on les trouve parfaitement insupportables à cause de la poussière en été, de la boue en hiver.

La capitale est un mélange des deux constructions de l'Orient et de l'Occident. L'ancien monde a fourni les travaux publics : les remparts, montés d'une forte artillerie; les massives églises, avec leurs tours et leurs clo-chers, plus solides qu'élégants. Quant aux maisons, leur extérieur attriste la vue par de grands murs percés de rares ouvertures; les fenêtres, les portes des appartements prennent leur jour sous des portiques intérieurs, comme on en trouve dans l'Espagne.

Auprès du fleuve on voit des constructions légères et bien aérées, bâties sur des pilotis; ceux-ci laissent passer sous l'édifice les eaux d'inondation lors de la saison des pluies. De telles constructions, qui n'ont rien d'imposant, ont le précieux avantage de résister aux tremblements de terre.

Aucun étranger ne peut résider dans l'enceinte fortifiée qui comprend *la ville proprement dite*, séjour des autorités, de la force armée et de l'aristocratie. Là se trouve l'hôtel de ville, dont l'érection date de 1571, sous le règne de Philippe II, dont le nom reste aux Philippines.

Quoique la cité proprement dite ne compte pas plus de 1,500 habitants, si l'on y joint les faubourgs, l'en-semble de la capitale n'est pas moindre de 140,000 ha-bitants.

La ville du pouvoir est séparée par un pont du grand faubourg de *Binondo*, foyer du commerce et de l'industrie, et séjour mélangé de vingt populations : là se trouvent les Tagals, enfants du pays, les Chinois immigrants, et les demi-Chinois, race issue des Chinois et des Tagals. Cette descendance mêlée réunit la beauté physique d'une race à la sagacité, à la force de l'autre; elles pratiquent tous les métiers de nos cités.

Parmi les industries qu'on distingue ici, nous devons citer les beaux tissus appelés *pignas*, tissés avec les fibres des feuilles de l'ananas, puis ornés de charmantes bro-deries; d'autres tissus appelés *sinamaios*, faits avec les filaments de l'abaca, ou seuls ou mélangés avec le coton; des nattes végétales et des boîtes pour cigares.

Un autre faubourg, celui de Saint-Ferdinand, possède la grande manufacture des cigares mêmes, qui pourrait être rendue bien plus considérable.

Cette fabrication, telle qu'elle est monopolisée par le gouvernement, fait vivre plusieurs milliers d'artisans.

Dans le faubourg de Santo-Mesa, les Espagnols ont établi, d'après le système anglais, une fabrique de cordages où la force motrice est fournie par la vapeur.

Dans la banlieue, les Chinois ont un quartier, l'Alcaiceria, pour débarquer leurs cargaisons. Un autre quartier, celui de Tondo, contient les pêcheurs et les tisserands; il contient aussi les maraîchers, qui fournissent en abondance le jardinage et les fruits nécessaires à la ville. Le quartier Malate est renommé pour ses brodeurs.

Citons dans Manille un bel hôtel de ville, la cathédrale, dix églises paroissiales et de nombreux couvents des deux sexes. Remarquons ensuite l'université de Saint-Thomas, trois collèges pour les jeunes gens et deux pour les jeunes filles; un théâtre vaste, mais construit en bois, comme si l'on voulait rendre les incendies plus faciles et plus irrémédiables.

En 1820, le gouvernement a fondé dans Manille l'école de la marine royale; et, vingt ans plus tard, une école de commerce.

Les ouvriers Tagals sont habiles constructeurs de navires, et bons mécaniciens. Ils travaillent très-bien le bois et les métaux.

Ressources offertes à l'industrie des Philippines.

Dans la plupart des îles on trouve des montagnes riches en minerais métalliques. Les minerais de fer donnent en métal jusqu'à 80 p. o/o. On a découvert de précieux minerais de cuivre. L'existence de la houille est constatée. Les montagnes volcaniques offrent le soufre en abondance. Dans l'île de Negros, on peut exploiter l'alun et la magnésie.

Parmi les végétaux d'où l'on tire des fibres textiles, nous devons signaler :

L'abaca, *musa textilis;*

L'ananas, appelé *bromelia ananas;*

Le cacaotier et les autres palmiers.

Avec les fibres des feuilles d'ananas on fait des mousselines d'un grand prix; les sinamaios sont tissés avec des fils d'ananas et d'abaca. On confectionne aussi des nattes fort belles, en combinant les fibres de l'abaca avec celles du palmier gomuti.

Les chapeaux en sparterie et les cordages sont l'objet d'une fabrication considérable.

A Mindanao l'on cultive les plus précieuses épices : le cannelier, le muscadier, le giroflier, le poivrier.

On trouve sur le rivage de la mer les hirondelles de mer, dont les nids sont si fort estimés par la gastronomie chinoise.

Commerce des Philippines.

Les Philippines offrent au commerce national des ports nombreux qui réunissent la commodité, la grandeur et la sécurité. Nous avons cité surtout le port de Manille, le seul qui soit ouvert à l'introduction des marchandises étrangères.

Depuis 1855, outre l'issue par le port de Manille, on a permis la sortie des produits du pays :

1° Par le port de Sual, dans la province Pangasinan, au nord de l'île de Luçon ;

2° Par le port d'Iloilo, dans la province de même nom : il appartient à la plus grande des îles Visayas., qu'on appelle *Panay ;*

3° Par le port de Zamboango, vers une pointe sud-ouest, dans l'île de Mindanao.

Au sein de l'archipel, un riche cabotage est facile, en profitant des détroits navigables pour circuler autour de tant d'îles dont les trésors, abondants et variés, n'attendent que la main d'un peuple qu'on peut rendre plus actif et plus laborieux. Il faut profiter du goût et des dispositions qui sont propres aux indigènes pour la navigation.

Les pirates des Philippines, par leur ardeur à braver les dangers, à supporter les périls de la mer, montrent tout le bien que l'on pourrait obtenir, si l'on tournait vers un but honnête et productif leur courage et leur activité, si marqués dès qu'il faut dérober ou détruire. Les Grecs de l'antiquité n'ont pas autrement commencé leur longue et brillante carrière : Thucydide nous le révèle.

Jusqu'en 1789, les ports des îles Philippines étaient interdits aux navires étrangers. A cette époque, on permit de recevoir, pour l'usage des nationaux, les productions de la Chine et des Indes.

Aujourd'hui, sans doute, l'Espagne s'efforcera d'obtenir que ses possessions orientales prennent part au commerce que les grandes nations vont faire avec le Japon.

Jusqu'au triste temps où les possessions espagnoles des deux Amériques brisèrent les liens qui les attachaient à l'Espagne, elles faisaient un commerce précieux avec les Philippines ; celles-ci leur vendaient, outre les produits de leur sol, les marchandises de l'Inde et de la Chine, dont elles devenaient entrepositaires.

Suivant l'usage espagnol, ce commerce était fait exclusivement par une compagnie, celle de Caraccas ; son privilége avait duré jusqu'en 1784.

Sous Charles III, grâce aux vues élevées de Cabarrus et du marquis de la Sonora, on avait créé cette compagnie. Elle eut des commencements bien modestes ; ils se bornaient au voyage d'un seul navire, accompli chaque année entre l'archipel Oriental et le port mexicain d'Acapulco. Plus tard on organisa la Compagnie des Philippines, qui fut constituée avec un capital de $21\frac{4}{10}$ millions de francs. Bientôt elle absorba celle de Caraccas, en faisant faire à ses navires un commerce de circuit comprenant Cadix, les deux Amériques et Manille : le négoce entre les points extrêmes était exclusif. Tout ce système fut changé par la rébellion des colonies de l'Amérique espagnole.

Jusqu'en 1809, aucune maison étrangère, soit de banque, soit de commerce, ne pouvait s'établir aux Philippines ; à cette époque, où l'Espagne n'avait plus d'autre allié ni d'autre défenseur que l'Angleterre, elle permit qu'il s'établît à Manille une première maison anglaise. Lors de la paix de 1814, la même faveur fut accordée aux négociants de toutes les nations.

A cette nouvelle époque, le total des importations dans l'archipel des Philippines s'élevait à $28\frac{1}{4}$ millions de francs ; mais on devait en déduire plus de 11 millions d'appoint, qui consistaient en piastres d'Amérique.

Manille et toutes les Philippines.

Le privilége de la Compagnie des Philippines cessa d'exister en 1834, c'est-à-dire dans l'année qui suivit l'abolition du commerce opéré par la grande Compagnie des Indes britanniques.

Depuis qu'on a détruit le privilége espagnol, c'est-à-dire depuis 1834, un commerce croissant avec rapidité exporte tous les produits des îles et les échange avec les produits d'Europe : les cotons, les vins, les liqueurs, la porcelaine, la coutellerie, les munitions navales, etc.

Bientôt Manille devint l'opulent entrepôt des productions de la Chine. Cinquante maisons de commerce y rivalisèrent de richesse et d'activité, et le mouvement général des entrées et des sorties approcha de 40 millions de francs. En voici le tableau :

COMMERCE EXTÉRIEUR DES PHILIPPINES EN 1841.

NATIONS.	IMPORTATIONS.	EXPORTATIONS.	TOTAUX.
	francs.	francs.	francs.
Angleterre.....................	8,826,792	5,367,210	14,194,002
États-Unis....................	4,112,056	5,896,384	10,008,440
Espagne......................	988,000	4,682,132	5,670,132
France.......................	189,696	741,000	930,696
Chine........................	2,173,600	3,255,954	5,429,554
Indes orientales................	425,828	1,698,372	2,124,200
Australie (Sydney).............	80,028	1,082,848	1,162,876
Totaux..........	16,796,000	22,723,900	39,519,900

On remarquera dans ce tableau l'absence de tout commerce avec l'ancienne Amérique espagnole : le peu de négoce qui se faisait encore entre cette partie du nouveau monde et les Philippines était tombé dans les mains des États-Unis.

Le cabotage acquérait par degrés plus d'activité. Il présentait une navigation dont voici le résumé :

Années.	1830.	1842.	1854.
Tonnage total. . . .	12,000^t	30,000^t	81,752^t

Dans la dernière année, 1854, le total des entrées du cabotage représentait une valeur de 23,400,000 francs.

Les produits de l'Occident importés dans les Philippines payent un droit de 7 pour cent, s'ils arrivent à bord de navires étrangers.

En conséquence, les navires espagnols vont à Singapore charger pour les Philippines des produits apportés surtout par des bâtiments anglais, dans le grand port d'entrepôt britannique. Cette navigation représentait, dès 1842, une capacité totale de 36,000 tonneaux.

Don Capriano Montesimo prend soin de calculer les transports qui s'opèrent par le cap de Bonne-Espérance.

COMMERCE DES PHILIPPINES EN 1853 : IMPORTATIONS.

NAVIRES.	NOMBRE.	TONNEAUX.	CARGAISON.
			francs.
Sous pavillon national.	68	»	18,664,300
Sous pavillon étranger.	126	»	1,047,490
En entrepôt, des deux pavillons.	»	»	1,277,110
Valeurs déclarées pour consommation.	»	»	333,323
Valeurs monétaires.	»	»	6,710,850
Totaux.	194	84,750	28,033,073

Voici quelles ont été les exportations dans la même année 1853 :

NAVIRES.	NOMBRE.	TONNEAUX.	CARGAISON.
			francs.
Pavillon espagnol................	80	"	6,918,680
Pavillon étranger................	128	"	22,718,850
Métaux monnayés................	"	"	177,046
Totaux..........	208	86,590	29,814,576

Le total des importations et des exportations s'est élevé,

francs.

Dans l'année 1853, à................. 57,847,649
Dans l'année 1855, à................ 59,478,380

Nous pouvons donner, pour cette dernière année, le tableau des entrées et des sorties qu'offre le commerce des Philippines avec l'Angleterre, la France et les États-Unis.

TABLEAU DU COMMERCE DES PHILIPPINES AVEC LES TROIS PRINCIPALES
NATIONS COMMERÇANTES EN 1855.

NATIONS.	ENTRÉES.	SORTIES.
	francs.	francs.
Grande-Bretagne..........................	360,482	866,530
France.	319,545	1,260,913
États-Unis...............................	503,044	15,312,135
Totaux.....................	1,183,071	17,439,578

On remarquera combien les produits exportés des Philippines surpassent en valeur les importations directes qu'opèrent les trois principales nations commerçantes.

Ce sont les États-Unis qui se présentent ici comme les plus grands acquéreurs.

Offrons l'énumération des principaux produits achetés par eux à Manille en 1855 :

		francs.
Chanvre de Manille	....	10,554,184
Sucre brut	....	1,919,255
Indigo	....	1,021,296
Cordages	....	386,974
Café	....	257,052
Gommes	....	182,804
Cigares	....	99,548
Thé	....	92,445
Total	....	14,513,558

Forces coloniales.

Afin de protéger le commerce et la population, les forces de terre et de mer s'élèvent à 10,725 hommes.

En 1857, les forces de mer consistaient seulement en 3 vapeurs, munis chacun de 6 canons; on y joignait 14 canonnières, armées de 58 canons, avec un certain nombre de moindres embarcations.

Nous avons eu soin de citer, au sujet des pirates de Mindanao, les louables efforts que fait aujourd'hui le gouvernement espagnol pour accroître sa marine à vapeur dans l'archipel des Philippines. Il espère ainsi déployer une force qui suffise à l'anéantissement d'une piraterie si funeste aux prospérités des cultures et du commerce.

CHAPITRE III.

LE JAPON.

Depuis l'occident de l'Irlande jusqu'à l'orient du Japon, en poursuivant notre voyage méthodique, nous avons parcouru les deux tiers du globe sans rencontrer, dans tout un nouveau monde, aucune nation restée maîtresse d'elle-même, aucun peuple considérable du moins par les souvenirs et présentant à notre étude les témoignages d'une civilisation digne de nos respects. Enfin voici le premier État épargné par les siècles, resté debout depuis trois mille ans, puissant, prospère et, jusqu'à notre époque, n'ayant pas un seul jour cessé d'être indépendant. Il est doué d'un caractère chevaleresque et généreux, qui fait honneur au genre humain ; à ce titre il inspire un vif intérêt, et sous plus d'un rapport il va commander notre admiration.

Comment l'Occident a connu l'existence du Japon.

LE VOYAGEUR MARCO PAOLO.

Dès le XIIIe siècle, Marco Paolo, l'Hérodote du moyen âge, au retour de ses longues pérégrinations, parmi les merveilles dont il rend compte, signale une contrée que l'antiquité n'a pas connue. Rien n'est plus frappant que la peinture qu'il en fait, et jamais tableau n'a produit sur la postérité d'aussi grandes conséquences. Cipango, *l'île du soleil levant,* qu'on appelle aujourd'hui *Niphon,* est située plus au levant que l'Asie ; il la suppose à quinze cent milles de la terre ferme. L'île est grande parmi les plus grandes, ce que signifie ce pléonasme méridional ou, si l'on veut, oriental, une île *moult grandissime.* Elle est habitée par un peuple de race blanche, aux belles manières, *et biau !* C'est Marco Paolo qui parle ainsi des Japonais dans sa langue naïve. Ils ne reconnaissent l'autorité d'aucune autre seigneurie que la leur..... La beauté, la distinction et l'indépendance, voilà leur type national, et, depuis six cents ans, ce type est resté sans altération.

Marco Paolo veut rendre compte d'un pays qu'il n'a pas visité lui-même, et des merveilles dont le récit l'a frappé. Jamais spectateur n'a trouvé de plus vives couleurs que le narrateur vénitien pour peindre à ses concitoyens le tableau presque incroyable d'une opulence merveilleuse. Il converse avec ses lecteurs; il les saisit, il les domine avec une intarissable abondance de paroles et de figures. Contemporain du Dante, et puissant comme lui par l'imagination, il parle une langue *dove suona il* si, mais qui tient beaucoup de la langue d'oc. Aussi, pour la rendre française sans rien changer aux tournures, suffira-t-il de remplacer quelques mots par leurs modernes synonymes. Écoutons-le, parlant des Japonais et de leur pays, d'où nulle richesse ne sort :

« Et si ! je vous le dis, qu'ils ont de l'or en grandissime abondance; parce que là se trouve l'or outre mesure. Et si ! je vous le dis, que nul habitant ne peut sortir de cette île. Et si ! je vous le dis, qu'aucun homme ne tire rien de cette île, parce qu'aucun marchand, aucun homme ne va là de la terre ferme. Et, pour cela, je vous dis qu'ils ont tant d'or : comme déjà vous l'ai dit.

« Et si ! je vous conterai la grand' merveille d'un palais du seigneur de cette ville (probablement la capitale). Je vous dis, en vérité, que là se trouve un grandissime palais, tout couvert d'or fin. De la même manière que nous couvrons avec du plomb notre maison et notre église, de la même manière ce palais est couvert d'or; ce qui vaut tant qu'on le pourrait à peine compter. Et, encore, je vous dis qu'en ses chambres, desquelles assez il y a, le pavé tout entier est aussi d'or fin, bien plus épais que deux doigts! et les autres parties du palais, et la salle et les fenêtres, toutes sont mêmement ornées d'or. Je vous dis que c'est un palais de si démesurée richesse, que ce serait trop grandissime merveille d'en pouvoir dire la vaillance.

« Ils ont aussi des perles en abondance, et qui sont roses, grosses, rondes, et moult belles; et d'aussi grand prix que les blanches. Ils ont encore maintes espèces de pierres précieuses. En un mot, cette île est riche, que nul n'en pourrait compter la richesse. »

Arrêtons-nous un moment sur ce magique récit, dont l'attraction fit découvrir tout un monde! J'ai tâché de le rendre en médiocre français; il est plus vif et plus séduisant dans la langue à demi formée de Marco, mélange des deux idiomes de l'Italie et de la France au xiiie siècle.

Quelle négligence apparente et qui gagne la confiance! Quelle simplicité, quelle naïveté charmante offre ce récit de l'enchanteur! C'est un entretien intime avec le lecteur pris à partie, éveillé, ébloui, entraîné: « Et si! je vous le dis; et si! je vous le conterai; eh donc, voyez la grande merveille! » En se jouant avec les formes familières et piquantes que nos Gascons, nos Languedociens et nos Provençaux ont conservées, formes qui font partie des grâces animées de leur langage, comme il vous conduit par la main dans son palais de moult grandissime richesse! comme il vous fait voir l'or qui resplendit aux lambris, aux fenêtres! l'or sur les toits, l'or sous les pieds; et des pavés d'or, bien plus épais que deux doigts! Et tous ces trésors qui ne peuvent sortir de l'île, où nul marchand ne va. Et les pierres précieuses et les perles sans prix, les perles roses, si vivement décrites en trois mots, trois monosyllabes à faire tourner la tête aux joailliers de l'O-rient, aux sultanes si belles et si parées du merveilleux pays des Mille et une nuits.

En opposant les Tartares aux Japonais, Marco termine son récit par un trait rapide et profond.

A peine a-t-il dit, « Cette île est si riche que nul ne pour-rait en compter la richesse, » notre voyageur aussitôt con-tinue, en s'adressant à son ami le lecteur, au sujet de l'île merveilleuse : « Et si! quand pour la grand' richesse qu'on en racontait au grand khan Koubilaï, qui règne aujour-d'hui, il repartit *qu'il la voulait prendre*. »

Cette conclusion du conquérant Tartare, lequel avait déjà *pris* pour lui la Chine entière, cette conclusion ne resta pas dans son cœur à l'état de légère velléité. Il s'em-pressa de préparer une invasion formidable.

L'expédition de Koubilaï contre le Japon.

Marco Paolo n'était pas encore arrivé dans la Chine lorsque Koubilaï tentait d'envahir le Japon, sur le seul récit des trésors de cette contrée. Une puissante armée tartare, transportée à travers l'Océan pour envahir un archipel assez éloigné, devait trouver dans les tempêtes le danger le plus formidable. Elle éprouva les mêmes dé-sastres que la grande *armada* de Philippe II sur les côtes britanniques. Entre les tempêtes et les débarquements échoués, une faible partie de la flotte et de l'armée d'in-vasion parvint à s'enfuir et regagna le continent; le reste fut anéanti. Ainsi le Japon sauva son indépendance.

Christophe Colomb inspiré par Marco Paolo.

Après que Marco Paolo, honoré par de hauts emplois

dans l'empire de Koubilaï, fut retourné dans sa patrie, survint une guerre acharnée entre Venise et Gênes, les deux puissances navales de l'Italie du moyen âge. Marco reçut le commandement d'une galère, sous l'amiral Dandolo, et la conduisit bravement au beau milieu des ennemis; mais, mal secondé, environné par des forces supérieures, il fut pris et conduit captif à Gênes. On l'y traita comme il convenait à sa vaillance, à son renom. C'était à qui se presserait autour du grand voyageur; à qui viendrait écouter la description des contrées qu'il avait parcourues, et les récits merveilleux qu'il faisait de leurs mœurs et de leurs arts et de leurs trésors. On le pressa d'écrire ces narrations; ce qu'il fit dans un langage ponentais, qui n'était ni l'italien déjà si parfait de la Toscane, ni le dialecte encore informe de Venise, et que les Génois devaient beaucoup mieux comprendre.

Cent ans plus tard, un autre navigateur, un autre voyageur, Christophe Colomb, s'exaltait à la lecture des récits écrits dans Gênes, sa ville natale, par son digne devancier.

La description des trésors de Cipango, que nous avons reproduite, le saisissait d'enthousiasme. Cette île devint le but des desseins auxquels il a dû sa gloire. Elle était située dans notre hémisphère; elle était en Orient. On la disait bien plus à l'orient que l'Asie la plus orientale; par conséquent, elle devait être d'autant plus rapprochée de nos contrées d'occident.

Il suffisait d'avoir une idée, même imparfaite, de la sphère, pour juger qu'en partant d'Europe et qu'en avançant toujours vers l'occident, on devait finir par rencontrer la grande île orientale ou quelques-unes des sept mille autres îles qui diapraient la mer d'alentour, selon les notions si vivement reproduites par Marco Paolo.

Telle était donc l'influence que le seul tableau de l'archipel japonais exerçait sur l'ancien monde, qu'elle allait conduire à la découverte inattendue de l'Amérique. Trouver cet archipel et ses trésors, telle était la perspective que Christophe Colomb présentait successivement aux monarques de l'Occident, et que la reine Isabelle eut enfin l'heureuse idée d'accueillir.

Lorsque Christophe Colomb eut débarqué dans l'île de Cuba, et qu'on lui fit le récit de certaines mines d'or dans une région dont le nom présentait quelque analogie avec celui de Cipango, il se crut au Japon. Il découvrait simplement de nouvelles Indes, les Indes occidentales, en avant des deux Amériques.

En 1492, quand le navigateur génois faisait, sans s'en douter, l'immortelle découverte qu'il n'avait pas même soupçonnée, il commettait une erreur de 140 degrés en longitude et de 40 en latitude. Il croyait le Japon de *quatre mille lieues* plus près qu'il ne l'était en réalité de l'Europe, lorsqu'on avançait par l'occident; mais cette erreur disparaissait devant la grandeur du service qu'il rendait à l'ancien monde par la découverte du nouveau!

La longueur continue des deux Amériques, cette immense barrière entre l'Europe et l'Asie, cette barrière qui, dans la direction du nord au midi, n'avait pas moins de 16,000 kilomètres, fit perdre à Colomb la pensée d'arriver au Japon par les mers de l'occident. Les Européens devaient y parvenir en suivant une autre voie.

A la même époque, les Portugais découvraient et doublaient le cap de Bonne-Espérance; ils suivaient une direction opposée à celle de Colomb.

C'est du côté de l'orient qu'ils avançaient. A mesure qu'ils poursuivaient leurs entreprises, ils étendaient leur domination dans les Indes orientales; ensuite ils gagnaient de proche en proche les îles équatoriales, franchissaient la ligne et remontaient vers le nord : ils ne pouvaient pas s'empêcher d'arriver au Japon.

En 1542, trois bâtiments portugais sont poussés par les tempêtes, et sans doute aussi par les vents alizés, jusqu'aux îles de cet archipel. Il fallait bien que, depuis Marco Paolo, l'aversion des Japonais pour les étrangers se fût éteinte; en effet, on accueillit favorablement les échappés du naufrage, et ce fut le commencement d'un commerce longtemps prospère.

Un siècle plus tard, quand le Portugal devint partie intégrante de l'empire espagnol, les Espagnols suivirent les traces des Portugais, dont ils partagèrent le commerce avec le Japon.

Tandis que se poursuivaient ces grandes entreprises maritimes et commerciales, le prosélytisme chrétien tournait ses regards vers le Japon.

Deuxième époque; le xvie siècle. Accueil des Occidentaux, terminé par leur expulsion.

En 1534, à Paris, un professeur et deux élèves de Sainte-Barbe, trois hommes d'une fermeté d'âme incroyable et d'une ambition sans bornes pour la foi catholique, jurent entre eux de porter cette foi jusqu'aux dernières limites du monde civilisé. L'un est Loyola; le second est Pierre Lefèvre; le troisième est François, seigneur de Xavier, dans la Navarre. Celui-ci prend l'Orient pour sa part. Il évangélise avec un immense succès dans l'Hindoustan, dans les îles de la Sonde; partout il suit les Portugais et finit par dépasser leurs conquêtes. En 1549 il plante la croix sur le littoral des îles japonaises.

Lors de son premier voyage, il obtient quelques conversions dans l'île de Firando; mais il échoue complètement dans Miaco, la capitale d'un souverain spirituel, adoré dans sa personne et chef de l'idolâtrie nationale.

Xavier lui-même avoue qu'il n'entendait pas la langue des Japonais et n'était pas entendu d'eux. Arrivé, la première fois, sous le costume le plus humble, il reconnaît à la fin qu'il faut s'adresser aux yeux d'un peuple qui ne comprend rien à son langage. Ce peuple « de belles manières, » comme dit Marco Paolo, chérissait par-dessus tout l'éclat et l'ostentation; à ses yeux, la grandeur et la puissance étaient comme les symboles et les preuves obligées de la vérité. Xavier, sans se décourager, retourne dans l'Inde portugaise; il invoque avec succès la munificence du gouverneur général. Il reparaît au Japon revêtu d'un costume imposant et somptueux. En même temps, il a soin d'apporter de précieux cadeaux pour l'un des rois vassaux de cet empire.

Ce même roi, rendu par là favorable, non-seulement autorise la mission de François-Xavier, mais il permet à ses sujets de professer la religion d'un visiteur dont les travaux sont recommandés par des présents si magnifiques. Plus de trois mille conversions furent alors obtenues.

Bientôt après, l'apôtre des Indes court à de nouvelles fatigues; il aspire à braver la peine de mort dont la Chine a déjà frappé les chrétiens; il fait voile pour ce pays. Mais, ne mesurant pas son zèle sur ses forces, il meurt d'épuisement à Macao..... Tel fut saint François-Xavier.

D'autres membres moins illustres, qu'envoie la Compagnie de Jésus, animés du même zèle et profitant des mêmes facilités, familiarisés par degrés avec la langue du pays, font avancer leur propagande avec un si grand succès, qu'ils convertissent au catholicisme presque tous les habitants d'une vaste province.

Si les nouveaux missionnaires avaient eu, comme leur

immortel prédécesseur, un parfait désintéressement des ambitions mondaines, ils n'auraient point vu la plus horrible catastrophe anéantir les puissants résultats d'un siècle d'efforts. Mais, en tous lieux, les aspirations ambitieuses ont été le grand écueil de la Compagnie de Jésus.

Malheureusement des divisions politiques entre les naturels du pays mirent aux prises les défenseurs d'un enfant, légitime héritier du trône, et les partisans d'un tuteur, qui convoitait la toute-puissance. Les missionnaires qu'avait envoyés la célèbre Compagnie se crurent appelés à jouer le grand rôle de Joad en faveur d'un nouveau Joas, qui n'adorait pas le vrai Dieu; la Providence, cette fois, ne pencha pas de ce côté. Le parti du prince enfant fut défait, et comme les nouveaux chrétiens avaient pris les armes en masse, le vainqueur les persécuta sans exception. Sa vengeance devint implacable et les missionnaires furent massacrés. Les pauvres chrétiens naturels du pays n'eurent d'autre alternative que l'apostasie ou le martyre. Au milieu des traitements les plus barbares, beaucoup d'entre eux préférèrent la mort à l'abjuration : preuve que leur foi, fortifiée depuis un siècle, n'était pas restée simplement pour eux affaire de séduction, d'apparat et de spectacle.

Le sang versé dicta des mesures de plus en plus tyranniques. On prononça la peine capitale contre tout Européen, ce qui voulait dire contre tout chrétien qui pénétrerait au Japon. Ensuite on interdit le séjour de l'empire aux étrangers, sans distinction d'origine; on fit seulement deux exceptions, lesquelles furent à leur tour de plus en plus rigoureuses.

Les deux exceptions concernaient les Chinois et les Hollandais. Ces derniers, par une odieuse connivence avec les persécuteurs, avaient fourni des armes pour expulser les Portugais. Ils aspiraient à se débarrasser, non pas des rivaux de leur culte, mais des concurrents de leur âpre négoce.

Le gouvernement du Japon.

Six siècles avant notre ère, le trône de l'empire japonais était occupé déjà par la dynastie sacrée qui n'a pas cessé, depuis cette époque, d'être l'objet d'un culte idolâtre. Cette dynastie se prétend issue *de la divinité du soleil;* elle en est restée pendant deux mille cinq cents ans le représentant révéré, le *Mikado.*

Cet empereur, à la fois idole et pontife, était dans l'origine le souverain politique et militaire. La réunion de ces dons surnaturels et des pouvoirs purement humains se conserva sans partage pendant près de dix-huit siècles.

Dans l'année 1179 de notre ère, un Mikado, fatigué de son rôle, abdique en faveur de son fils, demi-dieu de trois ans. Il fallut bien qu'un régent, Yoritimos, gouvernât l'État. Ce collatéral dangereux, guerrier éminent, conserve au Mikado mineur les honneurs et le faste de l'autel et du trône; mais il s'approprie l'autorité militaire et politique. Il prend le titre de *Ziogoun,* mot dont la signification correspond à celle de commandant par excellence : c'est l'*Imperator* des Romains. Sous ce nouveau titre, il commence une seconde dynastie qui, satisfaite d'avoir usurpé la réalité du pouvoir, laisse à la première la prééminence morale et religieuse.

A son tour l'empereur civil et militaire fut délivré de la conduite des affaires par un *gouverneur de l'Empire;* ce fut le premier ministre, un grand vizir inamovible, qui prit en ses mains la réalité du commandement militaire et la direction des pouvoirs administratifs, exercés par

un faisceau de ministres. Ce conseil suprême de gouvernement et d'universelle surveillance représente à la fois
le conseil des Dix et le conseil des Sages, tels qu'ils existaient dans Venise. L'usage qu'il fait de la police est
incroyable; un pareil usage, à coup sûr, répugne à nos
sentiments, à nos idées; mais il déjoue les conjurations
et donne à l'État la durée des siècles.

De tous les moyens on a choisi le plus extraordinaire
pour maintenir la balance des pouvoirs ainsi divisés. Le
Mikado, souverain religieux, que le peuple croit issu des
dieux, et qu'il vénère comme un être surnaturel, réside
en paix dans la capitale sacrée de son règne spirituel.
De son côté le chef civil et militaire, le Ziogoun, réside
dans la capitale *temporelle*, si je puis employer ce mot,
dans la ville politique où sont administrés et dirigés les
intérêts de ce monde. Par degrés il est, à son tour, absorbé sous les formalités de vains honneurs, de cérémonies, de réceptions; ces futilités pompeuses remplissent
ses journées aussi complétement que celles d'un Pharaon
dominé par les prêtres de Thèbes ou de Memphis. Dans
son propre palais ses ministres commandent, dirigent,
administrent; on les dirait britanniques.

La politique a cherché les moyens de prévenir les excès
qui pourraient devenir trop dangereux dans l'exercice de
cette domination ministérielle, qui n'est contre-balancée
ni par des Lords, ni par des Communes, ni par les clameurs et les passions puissantes d'un peuple impatient de
tout frein.

A l'empereur militaire et civil, au Ziogoun, l'on conserve *le veto,* le pouvoir de rejeter les lois et les édits
présentés à sa sanction par l'espèce de grand vizir qui
règne en réalité. Après un premier rejet, le même projet
de loi peut encore être une fois offert à la sanction impé

riale. Si le souverain cède, s'il approuve, il n'existe plus aucune difficulté.

Mais s'il persiste et s'il prononce un second veto, sans aucun retard on rassemble un tribunal suprême d'arbitrage, composé de trois membres, tous choisis parmi les proches parents de l'empereur. Ce tribunal approuve-t-il l'acte qui fait l'objet du dissentiment? Par ce seul fait, le monarque est censé se démettre du pouvoir; il descend à l'instant du trône, et l'héritier présomptif y monte à sa place. Le tribunal, au contraire, ne trouve-t-il pas acceptable l'acte soumis à son appréciation? Dès ce moment tout est fini pour le premier ministre. Sa Grâce est tenue de mettre un terme à ses jours par la voie d'honneur qu'on a nommée l'*Heureuse issue;* cette heureuse issue consiste à s'ouvrir le ventre par deux incisions que l'infortuné suicide fait en croix de sa propre main.

Avec une alternative aussi formidable, il doit être rare que l'empereur repousse deux fois un acte qui paraît à ses ministres d'une absolue nécessité, et dont le rejet met en question sa couronne. Il doit être plus rare encore que le président des ministres livre au hasard ses propres entrailles; et cela pour le vain plaisir de faire passer une loi qu'aura rejetée en première instance un souverain trop peu facile.

Il y a déjà deux cent cinquante ans que le gouvernement du Japon marche, sans révolution nouvelle, avec ce remède héroïque.

Les voyageurs ne nous ont pas appris combien on compte de ministres suicidés par ambition déçue, et d'empereurs démissionnaires par amour outré de la résistance. Cette statistique est inconnue.

Au Japon les lois sont souveraines; les empereurs, les ministres, les grands et les moyens vassaux, comme les moindres habitants, y sont soumis. C'est un caractère unique de cette société orientale, et le bienfait est infini.

L'empire est féodal et ses fiefs sont héréditaires. De là la puissance défensive d'un État qui, depuis vingt-cinq siècles, a maintenu son indépendance malgré les efforts d'un empire voisin seize à dix-huit fois plus peuplé, et qui l'a maintenue quand le chef de l'État hostile possédait les deux Tartaries, une partie des Indes et tout le centre de l'Asie. C'est à la féodalité que le Japon doit l'esprit martial et les aspirations chevaleresques de ses classes élevées; le sentiment de l'honneur, inconnu dans le reste de l'Orient, est aussi puissant au Japon qu'en France.

Le Ziogoun et sa cour, quelque splendide qu'elle soit, ne sont pas moins espionnés, dans tous les temps, que ne l'étaient le doge de Venise et ses officiers.

Le Ministère ou conseil suprême du gouvernement est ainsi composé: première classe, cinq princes grands feudataires; deuxième classe, huit nobles d'un rang secondaire, mais encore éminent. Le président, choisi dans la première classe, porte le titre de *gouverneur de l'empire*.

L'espionnage s'étend jusqu'aux membres du conseil de gouvernement et peut conduire à la perte de plusieurs d'entre eux; les fils secrets de cette immense surveillance aboutissent dans la main du premier ministre et lui donnent, par conséquent, l'autorité la plus formidable.

Le peuple japonais.

La race japonaise paraît être de même origine que la race des Tartares Mongols; elle en a le courage.

A diverses reprises, des émigrations chinoises ont infusé les arts et les lumières du Céleste empire dans les veines du peuple japonais.

La nation présente deux classes essentiellement distinctes. C'est d'abord la classe maritime, qui vit de la
pêche et de la navigation sur le littoral si découpé, si
développé, d'un empire où l'on compte 3,85o îles.

Les hommes de cette classe sont petits, trapus et vi-
goureux; on les trouve audacieux, adroits, laborieux et
persévérants dans leurs entreprises; ils ont de la franchise
sans insolence et sans effronterie. Ce qu'on doit remarquer
le plus, c'est qu'ils unissent à ces mâles qualités une obli-
geance qui se fait voir par une promptitude presque défé-
rente à rendre des services. Ainsi se manifeste la bienveillance naturelle de leur caractère.

La race agricole est de plus haute stature et sa face
plus aplatie, plus mongole. Elle est d'un teint moins foncé
que la race maritime, mais prenant, par l'effet du travail
au soleil, la nuance d'un brun rougeâtre, qui mériterait
au paysan japonais le nom de peau rouge. Chez la race
agricole, cette nuance révèle les travaux de la civilisation
accomplis au soleil, et non le type des sauvages américains.

Chez les femmes à qui l'aisance permet d'éviter le hâle
du grand air et les rayons d'un soleil ardent, la peau
reste fine et blanche; dans l'âge de la fraîcheur, elle se
colore d'une teinte rose qui va presque jusqu'à l'incarnat
des beautés occidentales.

La population rurale a des qualités et des vertus qui
lui sont propres; elle est laborieuse comme le sont les
cultivateurs des zones tempérées, surtout quand la terre,
inégalement fertile pour donner d'abondants produits,
exige tout l'art de l'homme et l'opiniâtreté de ses efforts.
Cette classe est sobre et parcimonieuse, ce qui rend plus
méritoire son caractère hospitalier, comparable à celui
des Arabes; elle est naturellement religieuse, et la cordia-
lité rend aimable son caractère.

Les paysans du Japon peuvent rivaliser avec ceux du Céleste empire pour les formes de la politesse et l'étiquette des égards, ces qualités extérieures, ou, si l'on veut, ces démonstrations, qui portent leur charme avec elles, et qu'en Europe on ne trouve éminentes et gracieuses au même degré que chez les paysans de la Toscane.

Dans les cités, la population industrielle et laborieuse est formée par le mélange des deux classes rurale et maritime que nous venons de caractériser; mais la fusion n'est pas complète, et, chez le plus grand nombre, l'origine est distincte. Quoique le commerce des citadins, dit un excellent observateur, dans l'acception la plus stricte du mot, n'ait ennobli ces hommes ni sous le rapport moral, ni sous le rapport physique, on ne trouve, dans toute l'étendue d'un si vaste empire, aucune trace de cette populace ignoble des villes considérables, qui flétrit la civilisation de notre siècle.

Les hautes classes de la société.

Dans les grandes cités, comme dans les grands ports, les classes opulentes reçoivent une même éducation et sont formées aux mêmes manières. Les nobles de naissance, et plus généralement ceux que les Anglais appellent des *gentlemen*, les hommes à la vie aristocratique, sont élevés dans Jeddo, la capitale politique; ce n'est pas seulement pour satisfaire à la mode, mais pour obéir aux lois. Dans la même ville gouvernementale, les officiers des services publics, les mandarins, ont été formés au sein des administrations centrales; les officiers attachés aux princes ont reçu leur éducation dans les palais que les grands vassaux de l'Empire sont tenus d'entretenir et d'habiter, au foyer de la puissance. Cette obligation a ses charmes, et le séjour d'une cité pleine de délices a reçu l'heureux nom de paradis de Jeddo.

Les négociants considérables font leur éducation commerciale dans l'industrieuse et riche Ohosaka.

Les arts libéraux et les sciences préfèrent un plus paisible séjour, éloigné de l'ambition politique et de l'ardent amour du négoce. C'est ce que nous ferons remarquer en parlant de la capitale religieuse, qui réunit les avantages d'être à la fois la Rome et la Florence du Japon.

Enseignement national.

Pour le peuple, l'enseignement élémentaire est universel. Dans les écoles primaires, les enfants des deux sexes apprennent la lecture, l'écriture et l'histoire nationale : pour les Japonais, jusqu'à ce jour, il n'existe pas d'autre histoire.

Les enfants riches passent ensuite aux écoles supérieures, dans lesquelles on leur enseigne la civilité, la politesse, l'élégance des manières : c'est là qu'ils apprennent ces règles bien nuancées de l'étiquette qui fixent les rapports des hommes et la hiérarchie des égards, suivant les rangs, la naissance et les emplois.

On enseigne aux enfants des classes élevées tous les cas où l'honneur doit obtenir la préférence sur la vie. On leur apprend à se donner le genre de mort qui convient à des gentilshommes; on leur explique les formalités avec lesquelles il faut y procéder, pour quitter avec décence une vie qui serait flétrie aux yeux du monde si elle durait plus longtemps. Tel est l'art par lequel on instruit le noble japonais à mourir de la mort que choisit Caton, poussé par un désespoir héroïque, mais qu'ils choisiront

sans obtenir, comme l'intrépide Romain, l'admiration de
l'univers. Un pareil sacrifice, plusieurs milliers d'hommes
sont prêts chaque jour à le consommer; et cela, sans espoir d'exciter le plus léger étonnement.

Les connaissances acquises par les Japonais.

Malgré l'isolement systématique où le gouvernement a
placé la nation, il a suffi de la communication la plus
restreinte avec un seul peuple européen pour introduire
des connaissances précieuses, empruntées aux sciences
modernes. Nous en citerons un exemple.

Déjà les Japonais savent mesurer la hauteur des montagnes par le moyen du baromètre, en comparant les
poids équivalents d'une colonne de mercure et d'une colonne d'air plus ou moins raréfiée par la chaleur. Il y a
là plus de science physique que n'en ont jamais possédé
les Grecs et les Romains.

Le même peuple n'apprécie pas toujours le bienfait
des moyens mécaniques ayant pour objet de suppléer à
la force de l'homme par des forces inanimées.

Le gouvernement hollandais pensait faire le plus rare
présent à l'empereur temporel en lui présentant le modèle
d'un moulin à vent combiné pour extraire de l'huile en
pressurant certains fruits végétaux. Le Ziogoun comprit
tout ce qu'avait d'ingénieux ce mécanisme, mais il renvoya
le modèle. A ses yeux, l'adoption d'un substitut si puissant,
pour tenir lieu du travail de l'homme, aurait privé d'occupation tous les ouvriers qui gagnent leur vie à faire
l'extraction de l'huile avec les simples procédés de la méthode purement manuelle.

Je ne justifie point ce préjugé japonais, je me borne à
le constater. Il montre au moins que les moyens d'assurer

par le travail l'existence du peuple ne sont nullement perdus de vue par le gouvernement.

Les Japonais ont des moulins hydrauliques et des moulins à broyer le tan pareils aux nôtres; les Hollandais les leur ont fait adopter sans en offrir avec ostentation les modèles au pied du trône. Ils ont des roues à auget que l'eau met en jeu pour moudre la farine, et des moulins à pilons pour broyer des matières minérales. Ils ont aussi des roues à manége; mais, tandis qu'ils emploient la force hydraulique et celle des animaux, ils n'ont jamais employé la force du vent. C'était peut-être avant tout la nouveauté d'un tel moteur que le Ziogoun repoussait.

Les vêtements et les costumes.

Les vêtements et les costumes appartiennent, d'une part à l'histoire des mœurs, de l'autre à celle des arts; ils intéressent le commerce.

Au Japon, chose ailleurs sans exemple, les formes des vêtements sont les mêmes pour les deux sexes. Cependant la finesse des tissus et l'éclat des couleurs annoncent quelque différence en faveur du sexe le plus délicat et pour qui briller semble le désir le plus naturel. Les femmes opulentes ont leurs robes décorées d'élégantes broderies et de bordures en or.

Les robes des artisans, des laboureurs et des soldats sont courtes; il y faut joindre des guêtres ou de toile ou de coton.

Les Anglais, avec le coup d'œil de lynx d'un commis voyageur expérimenté, n'ont pas manqué d'observer qu'au Japon les classes intermédiaires portent de longues robes *en calicot, et plusieurs les unes sur les autres;* leur ambition mercantile en a conclu sur-le-champ qu'*ils doivent habiller ce peuple.* On verra quel parti lumineux lord Elgin a tiré de cette idée, dans son traité de commerce avec le Japon.

Les robes portées par les classes supérieures sont ordinairement en soie. Comme nos grandes dames du moyen âge, celles du Japon montrent les armoiries de leur famille brodées sur le dos et sur la poitrine. Une ceinture resserre les robes au défaut de la taille. A l'égard du sexe féminin, la ceinture fait deux fois le tour du corps. Ses extrémités sont nouées par devant pour les femmes mariées; pour les filles à marier, elles sont nouées par derrière.

Coiffure. Les hommes conservent seulement d'une tempe à l'autre un demi-cercle horizontal de cheveux d'une moyenne longueur. Ils les relèvent avec soin, pommadés et rattachés de manière à former une touffe en arrière du sommet de la tête.

Les jeunes hommes ne rasent leur tête qu'à l'époque où la barbe commence à croître.

La coiffure des femmes est élégante. Leur noire chevelure est artistement relevée par de longues aiguilles; quelques-unes de ces aiguilles sont d'argent ou d'or, mais le plus souvent elles sont en écaille et d'un travail précieux. D'autres fois un riche peigne, également en écaille, suffit à retenir l'édifice de la coiffure.

Comme toutes les femmes de l'Orient, elles ont grand soin de se défigurer avec du fard rouge et du blanc, qui gâtent leur teint et la beauté de leur peau.

Les femmes mariées se distinguent surtout par les soins qu'elles mettent à noircir leurs dents; le cosmétique employé pour cet odieux usage est un mélange incroyable de *saki* [1], d'urine et de limaille de fer. Par un goût non

---

[1] Liqueur spiritueuse extraite du riz.

moins étrange, elles ont soin d'extirper leurs sourcils, ces beaux arcs d'ébène, qui donneraient à leurs regards tant d'expression et de puissance.

Au Japon, comme à la Chine, l'éventail est indispensable aux deux sexes; le soldat, l'artisan, le paysan, le pauvre, le mendiant même, ne peuvent pas s'en séparer.

Quand on veut signifier son arrêt de mort au noble japonais, on lui présente un éventail posé sur un plateau de forme particulière; aussitôt que la tête du condamné se penche vers ce terrible signal, elle tombe sous le glaive du bourreau.

Les armes.

Au Japon les armes portées, ainsi que toutes les parties du costume, diffèrent suivant les rangs d'un état social où chacun est classé. Les différences caractéristiques, inexorablement établies par l'autorité légale, sont strictement observées comme doivent l'être au Japon toutes les prescriptions du gouvernement.

Les personnages des rangs les plus distingués ont seuls le droit de porter deux sabres, attachés l'un au-dessus de l'autre et du même côté. L'une de ces armes appartient à la fonction, l'autre à la classe dont le porteur fait partie.

Les employés d'un ordre secondaire n'ont le droit de porter qu'un sabre.

En voyage le bourgeois porte un sabre; le noble et l'officier militaire en portent deux, qui diffèrent de longueur.

Le Japonais ne se distingue pas seulement par les ornements fastueux, mais par la qualité de ses armes; l'industrie qui les fabrique mérite sa célébrité.

L'acier trempé par cette industrie est célèbre. Les meilleurs sabres coupent des barres de fer, sans que le tran-

chant soit ébréché. Chez ce peuple militaire les chefs
payent jusqu'à trois mille francs une lame de qualité supérieure; défense est faite d'exporter de telles armes.

Revue des ports et des principales cités.

———

FIRANDO.

Primitivement les Hollandais étaient admis au Japon,
dans l'île et le port de Firando; c'est là qu'ils avaient leurs
établissements. Lors de la grande lutte qui finit par l'expulsion des Portugais et l'extinction du catholicisme, ils
se montrèrent si fort ennemis de leurs rivaux en commerce, et si contraires au catholicisme persécuté, qu'ils
obtinrent par grâce de continuer à fréquenter Firando.

Une cause misérable leur fit perdre l'usage de ce port.
Les magasins construits par eux portaient en chiffres ap-
parents la date de leur érection; ce fut un crime aux yeux
des autorités japonaises. Nous allons citer la déclaration
curieuse de l'émissaire impérial qui vint les persécuter dans
Firando; l'on va voir jusqu'à quel point ce gouvernement
inquisitorial et soupçonneux était profondément instruit :

Le très-redoutable Empereur du Japon, mon souverain seigneur,
est bien informé que vous êtes chrétiens et de la même religion
que les Portugais. Vous observez le dimanche. Vous datez tout de la
naissance de Jésus-Christ; vous mettez cette date sur les frontispices
de vos maisons et sur tous les bâtiments, soit de mer, soit de terre que
vous construisez : ainsi ce chiffre demeure exposé aux yeux de votre
nation. Votre loi souveraine est celle des dix commandements, votre
prière est celle de Jésus-Christ, et votre profession de foi celle de
ses disciples. Vous lavez avec de l'eau vos enfants dès qu'ils sont
nés, et vous offrez dans votre culte religieux du pain et du vin;
votre livre est l'Évangile; les prophètes et les apôtres sont vos

saints. Mais à quoi bon descendre dans un plus grand détail? Votre croyance est la même que celle des Portugais, et l'unique différence entre eux et vous, différence que vous prétendez être considérable, nous l'estimons fort peu de chose. Nous avons bien su de tout temps que vous étiez chrétiens; mais comme nous vous voyions ennemis des Portugais et des Espagnols, et que vous vous opposiez à ce qu'ils établissent leur religion dans ce pays, nous pensions que votre Christ et le leur n'étaient pas le même. L'Empereur a su le contraire, et Sa Majesté m'envoie pour vous ordonner d'abattre vos habitations et tous les autres bâtiments sur lesquels la date de Jésus-Christ est marquée; vous commencerez par le côté septentrional (c'était celui qu'on avait achevé le dernier). Sa Majesté veut que désormais vous vous absteniez d'observer publiquement votre jour du dimanche, afin que la mémoire de ce nom prenne entièrement fin au Japon. Elle veut que désormais le capitaine ou chef de votre nation ne demeure pas plus d'une année dans cet empire, de peur qu'un long séjour ne produise la contagion de votre doctrine parmi ses sujets.

Faites état que la moindre résistance à ce qui vient de vous être prescrit donnerait une juste défiance de votre soumission aux ordres de l'Empereur. Pour ce qui concerne la conduite que vous aurez à tenir en tout le reste, les seigneurs régents de Firando vous le feront savoir.

Ce qu'ils firent savoir, c'est que les Hollandais étaient pour jamais chassés de Firando. On supposait qu'ils seraient plus faciles à surveiller sur un îlot appelé *Dézima*, construit artificiellement dans le port et devant la ville de Nagasaki.

NAGASAKI.

Latitude boréale.	32° 43′ 40″	d'après
Longitude.	127° 31′ 52″	Krusenstern.

La nature a tout fait pour le port de Nagasaki, situé sous une latitude intermédiaire à celles de Tyr et d'Alexandrie, dans une vaste baie ouverte du côté du midi, le côté par lequel arrivent les Européens.

Rien n'est comparable à la splendeur dés aspects autour de la baie de Nagasaki. Elle se prolonge dans une grande profondeur. Ses rivages présentent un magnifique spectacle, par les beautés réunies de l'art et de la nature; une végétation puissante verdoie à partir du rivage, et s'élève en amphithéâtre. Dans un rayon que la vue peut embrasser, on découvre plus de soixante temples somptueux; leur faîte domine les beaux ombrages qui contrastent avec l'éclat de leur architecture; sur les collines et jusqu'au bord des précipices, l'œil est réjoui par des cultures étagées comme aux approches de Gênes. Les arbres, les plantes des climats froids et des climats tempérés forment contraste, et l'on aperçoit groupés dans un même paysage les chênes, les cèdres, les lauriers, les orangers, etc.

Les temples, érigés aux points de vue les plus pittoresques, et toujours entourés de très-beaux arbres, appartiennent aux moines bouddhistes, que nous trouverons à la Chine pleins de douceur et vraiment hospitaliers.

Non-seulement au voisinage de Nagasaki, mais dans toute l'île de Kiou-siou, qui renferme ce port, ces religieux sont à la fois hautains et grossiers; ce qui contraste avec les mœurs du pays. En revanche, ils sont méprisés des indigènes. Leur orgueil outre-passa toutes les bornes quand leur triomphe, au xviie siècle, fut assuré par la persécution et l'exil ou la mort des chrétiens. Par degrés l'oisive arrogance qui les exaltait à leurs propres yeux les a fait déchoir aux yeux du peuple. Dans quelque culte que ce soit, les ordres religieux ne grandissent et ne conquièrent le respect que par les services, la douceur, et l'humilité.

Le docteur Siebold : son jugement sur Nagasaki.

Un célèbre savant d'Allemagne, M. le docteur Siebold, a parcouru le Japon, comme médecin de la factorerie hollandaise, entre 1820 et 1826. Après son retour, il a publié sur cet empire un magnifique ouvrage descriptif de la nature et des hommes. Il juge avec austérité les mœurs de Nagasaki.

Démoralisation du commerce à Nagasaki.

Depuis nombre d'années, dit le sévère observateur, ce port est le théâtre de l'usure chinoise et des brutalités qui caractérisent les marins d'Europe ; visité par des marchands versés dans toutes les pratiques frauduleuses, et gouverné par d'insidieux courtisans, il est bien inférieur en civilisation, ainsi qu'en moralité, à la capitale antique et révérée. Malgré les restrictions imposées par une autorité jalouse, la fréquentation des marchands et des matelots étrangers a produit une influence à plus d'un égard défavorable sur les usages et les mœurs des indigènes.

C'est ici le lieu de faire connaître l'opinion de la classe noble et des classes lettrées, au Japon, sur les professions mercantiles, corrompues ou non par les Occidentaux. Elles témoignent pour ces professions un profond mépris, qu'elles appliquent à toute espèce de trafic. Dans l'étendue de l'empire, aucun marchand n'a le droit de porter même un seul sabre. Le négociant le plus considérable ne peut obtenir cette distinction si désirée, à moins de se faire enregistrer, moyennant monnaie, parmi les suivants de quelques nobles nécessiteux ; ce n'est qu'à ce titre humiliant qu'il peut paraître en public avec une arme.

Les marchands néerlandais sont également privés au Japon du droit de porter, soit un sabre, soit une épée. Le directeur même de la factorerie n'a droit au port d'armes qu'en certaines occasions spécifiées.

Les bourgeois de Nagasaki, entraînés par l'esprit général de cette cité mercantile, rançonnent sans pitié les Néerlandais, obligés de louer les misérables demeures dans lesquelles ils sont étroitement confinés et que possèdent les bourgeois.

A cet esprit sordide opposons avec plaisir la générosité des pauvres pêcheurs, qui donnent leurs poissons et leurs coquillages aux marins occidentaux, sans demander aucun salaire. Ils acceptent seulement quelques bouteilles vides, pour s'en servir dans leurs ménages. Faisons remarquer, cependant, que cette générosité hospitalière n'est praticable que dans un port visité seulement par deux navires étrangers pendant une année.

Nous expliquerons bientôt les moyens employés pour rendre impossible la contrebande à Nagasaki. Lorsque les Européens arrivent, on surveille le déchargement des navires comme leur chargement, jusque dans les moindres détails. On fouille l'équipage et l'état-major, qui sans cela perpétueraient la fraude la plus scandaleuse, fraude qu'ils avaient faite, dans le principe, avec une rare impudence.

Indigne abus de la fraude européenne.

Croira-t on qu'au milieu du siècle dernier le capitaine du navire européen, pour mettre à profit son privilége de n'être pas visité, portait un uniforme de soie et d'argent, garni par devant d'un énorme coussin pour cacher des objets précieux de contrebande? Il débarquait trois fois par jour en grand costume, et souvent à tel point accablé du poids de ces objets défendus, que deux matelots étaient obligés de le soutenir par les bras! C'est le docteur Thunberg, médecin de la factorerie, qui nous a révélé ces ignobles bassesses.

Enfin parut un édit, celui de 1772, qui portait l'ordre de visiter sans distinction matelots, officiers et capitaine; on interdisait à celui-ci l'uniforme, et surtout l'ample costume qui recélait tant d'articles de contrebande. Un tel affront était trop mérité.

Réception d'un navire étranger à Nagasaki.

A Marseille, la célèbre administration de la Santé ne traite pas avec une vigilance plus jalouse les navires en quarantaine et soupçonnés de la peste, qu'à Nagasaki les autorités japonaises ne traitent un navire étranger.

A l'arrivée du navire, un canot surveillant arrive porteur d'un papier qui désigne tous les documents exigés: le nom du bâtiment, le pays dont il vient, son rôle d'équipage. On transmet *sans parler* ce papier à bord, et l'on reçoit sans parler davantage les renseignements demandés. En attendant, le capitaine renferme dans une caisse fermant à clef, puis cachetée, les gravures, les livres et les brochures relatifs à la religion; il doit y joindre tout autre objet qui pourrait rappeler l'idée du christianisme.

Si le gouverneur est satisfait des papiers qu'il a reçus, avant d'accorder l'entrée du navire, il se fait remettre *des otages*.

Dans le cas où quelque bâtiment étranger, qui ne serait pas hollandais ou chinois, oserait se présenter, ordre lui serait donné de repartir sur-le-champ. S'il avait besoin d'être radoubé, s'il manquait de vivres ou de bois, il recevrait tout gratis, afin qu'il fût bien entendu qu'on ne veut en rien trafiquer avec lui. On le tiendrait à l'écart et sans communications jusqu'à ce qu'il appareillât.

Lorsque l'autorité japonaise a reconnu que le navire est réellement un des bâtiments néerlandais dont le trafic est toléré, on lui retire ses canons, ses petites armes et ses munitions de guerre; on les entrepose en lieu sûr, de même que la caisse aux objets religieux.

Le navire, ainsi dépouillé de ses armes temporelles et spirituelles, est conduit dans le port isolé, j'ai presque dit la quarantaine, qu'on réserve pour son séjour.

Cet ensemble incroyable de formalités vexatoires a continué d'exister jusqu'en 1855.

La factorerie néerlandaise de Nagasaki, à Dézima.

Lorsqu'on expulsa de Firando les Néerlandais, on les relégua dans le petit îlot artificiel de Dézima, que les Portugais avaient occupé.

En langue japonaise *Dézima* veut dire une *île avancée;* c'est en effet un îlot formé par des remblais, en avant de Nagasaki; il n'a guère qu'un hectare en superficie.

, Dans cet îlot, qui leur sert de prison, les Néerlandais ont érigé leurs magasins; là se trouvent des maisons en bois pour eux et leurs employés, la place, au centre de laquelle est érigé leur mât de pavillon, un jardin potager, un jardin botanique dirigé par le médecin de la factorerie.

Un pont en pierre réunit l'île à la ville, du côté de laquelle il est fermé par une porte flanquée d'un corps de garde. Des sentinelles surveillent à tous les moments cette issue de la prison commerciale.

Du côté de la rade s'ouvre la porte de mer pour communiquer de l'île avec les navires; elle est placée sous la surveillance incessante de la police japonaise.

En avant du quai de Nagasaki, et sur le rivage opposé de l'îlot qui fait face à la ville, s'élèvent deux hautes murailles; elles empêchent que des paroles, des regards ou des signaux puissent être échangés entre la ville et la fac-torerie. Du côté de la mer, une enceinte de pilotis se dresse autour de l'île, avec des écriteaux portant défense d'approcher aux embarcations du large : par ce moyen est complété le système d'emprisonnement des Occidentaux.

Personnel de la factorerie.

Voici quel était, en 1844, le personnel de la factorerie. Le président, le médecin, le garde-magasin, trois assistants, un garçon de magasin : en tout, sept personnes. Vingt années auparavant ils étaient dix.

Les domestiques japonais n'entrent que de jour dans l'île, et sortent avant la nuit. Ils sont fouillés, de même que le sont les Néerlandais lorsqu'ils retournent à la ville : à chaque fois ces derniers ont besoin d'une autorisation spéciale.

Des Japonais sont les intermédiaires indispensables pour tout ce qui concerne les besoins de la vie et le commerce des Néerlandais; avant qu'ils exercent des fonctions qui leur permettent l'entrée de l'île, on les soumet à des précautions extraordinaires. On les oblige à signer, *de leur sang*, le serment qu'ils ne contracteront aucune intimité avec les Européens, et ne leur fourniront aucun renseignement sur les usages, la langue, les lois, l'histoire et la religion du pays. Malgré ces étranges précautions, les médecins européens attachés à la factorerie ont trouvé le moyen de recueillir les documents les plus précieux sur les sujets mêmes dont les Japonais croyaient pouvoir cacher la connaissance à l'étranger.

Pour les communications commerciales, le gouvernement japonais entretient à ses frais un corps d'interprètes nationaux. Il se compose de soixante à soixante et dix personnes; les unes sont chargées des affaires hollandaises, les autres le sont des affaires chinoises.

Quant à l'approvisionnement de la factorerie, les fournisseurs sont tous indigènes et désignés par l'autorité japonaise; ils ont ordre de percevoir 5o pour cent en sus des prix du marché de Nagasaki. Ce surplus représente le prélèvement à faire par l'état, sous prétexte de compenser les frais de garde et de surveillance.

La factorerie est obligée d'accepter, pour vendeur et pour acheteur, un des courtiers officiels, un des *compradors* : ce terme est emprunté du portugais.

A l'arrivée des navires néerlandais, on remet les marchandises aux courtiers désignés par l'autorité locale; ceux-ci vendent et remplacent les objets importés pour une valeur totale équivalente. On interdit aux étrangers de recevoir une différence, soit en or, soit en argent. Ces deux métaux ne peuvent pas sortir du pays.

Tel est le commerce de commission que les Japonais font pour les habitants du royaume des Pays-Bas.

Tentatives commerciales des Anglais.

Au XVIIe et au XVIIIe siècle, les Anglais ont en vain tenté d'être admis dans le port de Nagasaki; les Hollandais, usant d'artifice, ont obtenu qu'ils fussent repoussés, quoique non catholiques. Il leur a suffi, lors du règne de Charles II, d'alléguer que ce monarque était l'époux d'une princesse *portugaise*.

Leurs idées sur le commerce du Japon.

Même vers la fin du xviiie siècle, les Anglais ne semblent pas s'être formé d'idées justes sur les échanges possibles avec le Japon.

Le parlement d'Angleterre, que la vénération publique a si bien appelé la sagesse collective, *the collective wisdom*, avait pourtant montré peu de jugement et nulle vue d'avenir, en 1792, lorsqu'il acceptait les conséquences que nous allons relater. A'la suite d'une enquête sur le commerce d'exportation dans les Indes orientales, le rapport à la Chambre des communes concluait en ces mots : *Le commerce avec le Japon ne pourra jamais devenir un objet digne d'attention pour les manufactures et le commerce de la Grande-Bretagne.* Les idées de l'Angleterre ont bien changé depuis cette époque; peut-être même aujourd'hui pèchent-elles par un excès contraire.

Depuis très-longtemps les Anglais savaient que le cuivre d'une qualité supérieure était le grand objet d'exportation des Japonais. Ils pensaient que ce métal, vu sa rare pureté, ne pouvait que nuire, dans l'Inde, à la vente du métal tiré des mines d'Angleterre. Ils admettaient bien moins encore que ce produit oriental pût être porté sur les marchés de la Grande-Bretagne, en concurrence avec le cuivre britannique.

Essai malheureux pour remplacer à Dézima les Hollandais.

Au xixe siècle, lorsque le prince Louis Bonaparte, devenu roi de Hollande, eut noblement abdiqué par sympathie pour son peuple, ses États furent transformés en départements français. Les Anglais aussitôt résolurent d'attaquer toutes les colonies de la puissance supprimée. Après qu'ils eurent envahi Java, ils en confièrent le gouvernement à l'un de leurs administrateurs les plus éminents, à l'esprit hardi, perspicace, qui n'eût pas manqué de faire de grandes choses s'il avait pu longtemps régir l'admirable contrée confiée à ses rares talents : c'était Sir Stamford Raffles.

Il tourna ses regards vers le Japon et résolut de substituer l'Angleterre à la Hollande, même dans le commerce restreint que cette puissance, momentanément disparue, avait fait pendant deux siècles au Japon.

En 1813, quand Sir Stamford Raffles gouvernait Java, que l'Angleterre ne se croyait pas près de rendre, aux deux bâtiments hollandais jadis envoyés chaque année de cette île au Japon, il brûle de substituer deux navires de sa nation; il fait arborer à ceux-ci le pavillon même dont il veut déchirer le dernier lambeau. Par ce moyen ils pourront se présenter comme amis devant les employés confiants de Dézima, et les expulser.

Arrêtons-nous à ce spectacle, où l'on va voir un autre Ulysse vaincu par les rôles renversés de la force qui se déguise pour l'emporter sur la faiblesse, et de la faiblesse qui, rendant ruse contre ruse, sort du danger triomphante d'avoir trompé le trompeur. Sir Stamford Raffles a fait choix d'un nouvel agent, qui se présente pour supplanter le courageux Myne Heer Doeff, le président de la factorerie.

Un patriote hollandais.

Avec le dévouement ingénieux et presque fanatique de la perle des serviteurs, de ce *Caleb* si zélé pour son maître Ravenswood, ici le maître est la patrie. Myne Heer Doeff nie hardiment près des Japonais la conquête de Java et l'anéantissement du royaume de Hollande. Il n'en a pas eu la moindre nouvelle, et dément tout... *pour l'honneur de la maison* ! Il déclare qu'il maintiendra, sur la factorerie, l'autorité de son gouvernement, qui ne peut pas ne plus exister ! L'administration de Nagasaki, pleine d'affection pour le président de si rare mérite qu'elle voit fonctionner depuis quinze ans au sein de l'établissement, l'administration japonaise, qui ne veut pas des Anglais, conserve le Hollandais. Celui-ci, d'ailleurs, s'engage à veiller sur le commerce des intrus évincés; il vendra lui-même avec intégrité leur cargaison, en prélevant les appointements de la factorerie. L'année suivante, s'il est bien véritable que les Anglais soient les maîtres de Java, ils reviendront porteurs de preuves irrécusables; mais, jusqu'au dernier moment, Myne Heer Doeff aura rempli ses devoirs, pour l'honneur de son pays ! Ainsi ce patriote dévoué, gardien du seul territoire où flottait encore le drapeau de la Hollande, conserve à sa patrie l'humble hectare de terre qu'il habite avec neuf concitoyens; et la noble patrie des Guillaume d'Orange, des de Witt et des Barnevelt, des Tromp et des Ruyter, cette patrie respire encore dans leurs cœurs restés fidèles et libres.

L'année suivante, retour des Anglais, aussi peu persuasifs qu'à leur première arrivée. Myne Heer Doeff, intarissable en arguments, résiste encore avec succès; on est en 1814, et la discorde va cesser dans l'univers.

Dès 1815, toute crainte avait disparu; la paix générale proclamée volait de mers en mers. Elle annonçait les Indes hollandaises restituées au nouveau royaume des Pays-Bas, et la Néerlande relevée au rang des nations indépendantes. Il n'y avait plus pour Sir Stamford Raffles aucun espoir de rester gouverneur de Java, ni de remplacer la Hollande par l'Angleterre à Dézima.

Excursions hors de l'île de Dézima.

Chacun des Néerlandais enfermés à Dézima peut obtenir du gouverneur de Nagasaki la permission de visiter la ville et d'en parcourir les environs. Mais il est invariablement accompagné du comprador et de plusieurs agents de police, accompagnés eux-mêmes de leurs serviteurs; cette brigade forme en tout vingt-cinq à trente parasites. Les officiers japonais composant l'escorte s'arrogent le droit d'inviter leurs amis à partager l'excursion joyeuse; le groupe, accru de la sorte, vit et s'amuse aux dépens de l'infortuné visiteur.

Le comprador seul, un Japonais, a le privilége d'acheter les menus objets que le Néerlandais peut désirer d'acquérir pendant cette excursion.

Description de Nagasaki.

La ville elle-même s'élève en étages sur le penchant d'une colline; là, comme en toute autre cité du Japon, chaque demeure est entourée de son jardin, ce qui donne à·l'ensemble un aspect gracieux et pittoresque. Les maisons, ainsi qu'à la Chine, n'ont qu'un étage principal. La loi, qui règle tout, ne fixe pas seulement la hauteur des façades, mais le nombre des ouvertures. Au lieu de vitres, les fenêtres sont closes avec un papier très-fort, et pourtant assez fin pour ne pas trop intercepter la lumière. Les maisons, construites en bois, sont recrépies au dehors avec *un gâchis* d'argile et de paille hachée. En cet état, elles auraient l'aspect misérable de notre pisé; mais ce grossier enduit est recouvert par un stuc formé de coquillages broyés, dont la blancheur flatte la vue.

Les jardins japonais, même assez petits, sont pareils aux jardins chinois. Ils reproduisent en miniature tous les accidents qu'on peut désirer dans un paysage, le ruisseau qui serpente, le pont obligé, le vrai pont chinois, la pièce d'eau, si petite qu'elle puisse être, pompeusement appelée le lac, les montagnes, les rochers, etc. Un art emprunté de la Chine cultive dans ces jardins des arbres et des arbustes dont les dimensions sont incroyablement réduites : c'est la végétation des nains dans les parcs de Lilliput.

Les Japonais ont aussi des quartiers qui ressemblent à ce que nous appelons si mal à propos des cités, des *squares:* c'est la corruption anglaise de notre nom de *quarré*. Les maisons contiguës forment une place, avec le centre occupé par un enclos planté d'arbres, décoré d'arbustes et de fleurs, et dans lequel les propriétaires des maisons circonvoisines ont chacun leur jardinet.

On conçoit qu'une ville construite en bois doit être sujette à de fréquents et redoutables incendies. Pour aviser à ce danger, tout propriétaire d'une maison ayant quelque importance construit, en arrière de sa demeure, un magasin de sûreté dont les murs et la couverture sont en matériaux peu combustibles, et dont les portes ainsi que les fenêtres sont fermées par des battants et par des contrevents en solides feuilles de cuivre.

Les maisons à thé : les hétaires.

Les maisons à thé de Nagasaki ne sauraient guère scandaliser les Néerlandais qui les décrivent; elles ne sont ni plus ni moins immorales que ces repaires immondes appelés *musicos* dans toute la Néerlande; elles ont seulement un peu plus de recherche et d'élégance au Japon. Là se donnent rendez-vous toutes les intempérances et tous les plaisirs défendus. Croira-t-on qu'à Nagasaki, pour moins de 75,000 habitants, on assure qu'il y a 750 maisons à thé consacrées à de tels plaisirs?

L'autorité permet que les propriétaires des maisons à thé se procurent à prix d'argent, *et pour un nombre d'années déterminé*, des jeunes filles indigentes destinées à la corruption. On leur apprend à soigner la beauté de leur personne; on les instruit dans les arts séducteurs de la musique et de la danse; on cultive en elles les grâces légères de l'esprit et les agréments de la conversation. Leur éducation ne rend pas le vice plus excusable; elle enseigne du moins la décence extérieure, qui repousse le dernier degré de l'avilissement et la grossièreté d'une corruption ignoble.

Pendant ces engagements immoraux, les Japonais, semblables aux Grecs à l'égard des hétaires, qu'elles rappellent par leur esprit cultivé comme par leurs grâces, les Japonais les traitent sans mépris. Ils les considèrent comme sont considérées au sein de nos cités, qui vantent si fort leur civilisation, les comédiennes, les danseuses et les cantatrices, lorsqu'elles sont aussi célèbres par leurs chants, leurs pas ou leur déclamation, que par leurs vices élégants.

Quand les hétaires japonaises, leur engagement expiré, sont redevenues maîtresses d'elles-mêmes. elles peuvent rentrer dans les rangs honnêtes de la société. Souvent des hommes d'un rang élevé ou d'une grande fortune, séduits par leurs moyens de plaire et par leur beauté, les élèvent au rang d'épouse; ils leur prodiguent les égards, sans que personne semble garder la mémoire de leur existence passée. Mais il faut que la conduite de la femme ainsi réhabilitée soit désormais irréprochable. A la moindre faute au point de vue de l'honneur, le mari, plus ombrageux que le plus jaloux hidalgo de la vieille Espagne, la sacrifierait sans pitié.

Les Chinois à Nagasaki.

A Nagasaki, les Japonais accordent aux Chinois beaucoup plus de liberté qu'aux Hollandais. La religion des premiers, bouddhique ou non, ne les effraye pas comme le christianisme et n'a pour eux rien d'irritant.

La police des Chinois appartient à quatre chefs de cette nation ; ils surveillent les quelques jonques auxquelles se réduit le commerce du Japon avec le Céleste empire.

Le quartier chinois, beaucoup plus peuplé que Dézima, est entouré de murs et fermé comme le Ghetto des Juifs à Rome. Pendant le jour, les marins et les marchands du Céleste empire peuvent parcourir la ville, faire un petit colportage et traiter sans comprador ; mais toujours ils sont surveillés par une nuée d'agents de police.

A l'époque où Thunberg visitait le Japon, les Chinois pouvaient encore envoyer à Nagasaki chaque année 70 jonques, subdivisées en 3 flottes, ayant chacune son terme fixe d'arrivée ; ils n'ont plus la faculté d'envoyer que le dixième de ce nombre.

Autrefois les jonques apportaient de Chine une quantité considérable de soieries et d'autres étoffes ; mais les Japonais, ayant perfectionné leurs soies et l'art de les travailler, ont pu suffire à leurs propres besoins. Les Chinois prenaient en retour des meubles en laque, du vernis, du poisson salé, des holothuries, etc. Ils font encore un commerce qu'on évalue à neuf millions par an ; mais je crois qu'on l'exagère.

Députations périodiques des Hollandais à la capitale du Japon.

Lorsque les nations étrangères eurent été bannies du

Japon, à l'exception d'un îlot-prison, de Dézima, réservé par grâce à quelques Néerlandais, il devint très-difficile aux Occidentaux de connaître le pays et d'apprécier les lois, les mœurs, les arts de ses habitants.

Heureusement, par exception à cet interdit universel, on permettait qu'à des époques fixées les officiers de la factorerie néerlandaise sortissent de Dézima pour aller en ambassade et porter leurs présents à l'empereur politique, au Ziogoun, qui réside à Jeddo; ils visitaient alors les grandes cités de l'empire, Ohozaka et Miako.

Ces voyages dispendieux étaient annuels lorsque le commerce avait plus d'importance.

A partir de 1792, les députations de la factorerie hollandaise n'ont eu lieu que tous les quatre ans; elles ont fini par être complétement supprimées.

Les descripteurs du Japon.

Sous le titre de médecin, les Hollandais ont entretenu presque toujours à Dézima des savants d'un rare mérite, versés dans les sciences naturelles, capables d'observer les hommes et d'apprécier les arts. Le docte médecin appartenait à l'ambassade. Chemin faisant il parcourait les campagnes; dans les cités il étudiait l'état social; il se répandait au milieu du peuple; il faisait connaissance avec des savants japonais, des hommes du monde et des nobles du plus haut rang.

Les précieux matériaux recueillis pendant ces voyages ont donné naissance aux livres d'auteurs très-estimables qui font connaître le Japon.

Le premier de ces écrivains fut le docteur Kempfer, auteur d'un ouvrage en deux volumes in-folio. Deux fois il avait accompagné l'ambassade, dans les années 1690 et 1692. C'est un narrateur sincère, perspicace et très-instruit.

Un autre médecin de l'établissement hollandais à Dézima, le docteur Thunberg, Suédois, visita Jeddo et vécut beaucoup avec les Japonais, vers le milieu du xviiie siècle. Presque rien n'est changé depuis Kempfer jusqu'à son successeur, et presque rien depuis celui-ci jusqu'à nous, tant les mœurs et les lois sont constantes au Japon.

La description la plus récente appartient au docteur Siebold, qui résidait au Japon de 1820 à 1826. L'ouvrage considérable et profondément estimé qu'il a publié sur Niphon, l'île principale, est remarquable aussi pour ses nombreuses et belles planches. Elles représentent, dessinées d'après nature, toutes les classes de la société, distinguées par leurs costumes : on y voit les seigneurs et les dames, les fonctionnaires, les artisans, les marins et les soldats. Ces planches représentent encore les habitations, les ameublements, les produits céramiques, etc.

De tels ouvrages ont fourni des matériaux à M. Dubois de Jancigny pour composer sa description, pleine d'intérêt et de lumières sur l'empire du Japon; elle fait partie de *L'Univers pittoresque*, publié par MM. Firmin Didot.

Il y a quelques années, un Russe, le capitaine Golownin, ayant abordé dans l'île de Jeso, fut retenu prisonnier dans le port de Matzmaï; il a mis à profit son séjour forcé, en recueillant des observations judicieuses, qui donnent du prix à la relation de sa captivité.

Enfin, dans ces derniers temps, a paru la relation de la célèbre mission du commodore Perry, pour ouvrir aux Américains des ports de refuge.

En profitant des lumières dont nous venons d'indiquer l'origine, nous allons passer en revue les grandes cités.

Nous connaissons déjà Nagasaki, le principal port, au midi, de l'île que nous allons traverser.

Revue des îles.

SIOU-KIOU.

En avançant du midi vers le nord, la première île importante qui s'offre aux navigateurs est celle de Siou-kiou, voisine de la Corée, à l'occident. Elle s'étend du 31ᵉ degré au 34ᵉ degré de latitude boréale, et du 125ᵉ degré au 130ᵉ de longitude orientale; cette première île ne renferme qu'un port important, c'est Nagasaki, que nous avons déjà décrit.

Il faut aussi mentionner le port de Sackaï, sur la côte orientale.

A peu de distance de Nagasaki, à l'entrée du canal de Corée, gît la petite île de Firando, dans le port de laquelle on avait originairement reçu les Portugais, puis les Hollandais.

ILES DE SIKOK ET DE NIPHON.

Au nord de Kiou-Siou se trouve l'île, secondaire en étendue, de Sikok. Elle est environnée à l'est, au nord, à l'ouest par la grande île Niphon, sur laquelle sont situées les trois grandes cités impériales qui doivent fixer notre attention.

LA VILLE ET LE PORT D'OHOSAKA.

Ohosaka se trouve au sommet septentrional du vaste golfe dans le centre duquel est située l'île Sikok.

La ville est traversée dans sa longueur par un grand

fleuve, Yadogawa, auquel de nombreux canaux aboutissent en traversant la cité. Pour communiquer d'un quartier à l'autre sans avoir incessamment recours à des embarcations, on a bâti plus de cent ponts.

On ne peut guère estimer à moins de 800,000 âmes la population de ce grand centre de commerce. Là viennent s'entreposer tous les produits apportés de l'étranger; ils sont dispersés ensuite sur les divers points de l'archipel.

Ohosaka, l'une des cinq villes impériales, est le Liverpool du Japon; c'est, entre toutes, la plus opulente et la plus belle.

Les Japonais regardent leur port d'Ohosaka comme la grande école du commerce; là s'accomplit l'éducation des jeunes marchands qui possèdent quelque richesse, et qu'on envoie de toutes les îles.

Cette cité maritime n'est pas seulement remarquable par son riche cabotage et son négoce; elle l'est beaucoup par son industrie. Elle a de grands ateliers pour la fusion et la mise en œuvre des beaux cuivres que les mines fournissent avec abondance; elle a d'autres ateliers pour fabriquer les produits si variés qu'exigent la vie et les plaisirs d'une population élégante et riche. C'est dans les ateliers d'Ohosaka qu'on peut se convaincre de la dextérité des artisans et des artistes japonais; là se peut apprécier tout leur talent d'imitation.

Ohosaka, le rendez-vous des grands intérêts, est aussi celui des plaisirs, des dépenses sans bornes et des ruines éclatantes : c'est la Corinthe orientale. Ses spectacles ont une magnificence à laquelle correspond le prix qu'on exige des spectateurs. Les premières places du plus grand théâtre sont payées *quarante francs* par personne. Il est juste d'ajouter que les pièces composées pour un public qui paye

avec tant d'esprit égalent en étendue les plus copieuses de
nos boulevards populaires, où cinq et six actes renferment
trois et quatre intérêts divers, sans épargner d'intermi-
nables tableaux. Cela convient d'autant mieux aux grandes
dames japonaises, qu'elles apportent au spectacle, outre un
premier et splendide costume, un assortiment varié de
robes et de parures que, tour à tour, elles étaleront aux
yeux d'un public épris à la fois de leurs ornements et de
leurs charmes. En arrière de leurs loges, elles ont des
appartements où leurs demoiselles d'atours renouvellent
plusieurs fois leur toilette, afin qu'elles se présentent à l'admiration des spectateurs sous des costumes variés qui font
assaut d'élégance et de prodigalité, et qu'elles puissent,
dans la même soirée, se donner plusieurs sortes d'attraits
et de beauté.

C'est un perfectionnement que les Européennes les
plus ambitieuses de soulager la fortune exubérante de
leurs maris ont laissé jusqu'à ce jour aux actrices chargées dans la même représentation de différents rôles, ou
d'un seul rôle à toilettes diversifiées. Sous ce point de vue,
le faste d'Ohosaka surpasse la prodigalité la moins conte-
nue des grandes cités européennes, de Londres, de Paris
et surtout de Saint-Pétersbourg.

LA VILLE SAINTE : MIAKO.

En remontant le fleuve Yadogawa, à la distance d'un
jour et demi de marche, au nord d'Ohosaka, l'on trouve
la cité de Miako. C'est la première des villes impériales,
la cité sainte et lettrée, où réside le souverain spirituel, le Mikado, et dans laquelle il tient sa cour, appelée
daïri.

A la cour du Mikado, le Ziogoun, souverain temporel,

entretient un haut dignitaire appelé *le grand juge;* ce représentant politique peut seul délivrer les permis de voyage pour la capitale temporelle du Japon.

Dans Miako, la ville sainte, les plus grands seigneurs japonais cèdent le pas au moindre personnage du daïri, de la cour spirituelle. Aussi préfèrent-ils faire un grand détour, et ne pas traverser la cité qui froisse ainsi leur orgueil.

Quoique l'empereur primitif et d'ordre sacré, qui réside à Miako, ne possède plus les pouvoirs militaires et politiques, il exerce toujours un pouvoir religieux et moral qui lui conserve, auprès du peuple et des grands, une profonde influence.

Ce monarque est à la fois souverain pontife et *demi-dieu.* La superstition nationale croit ingénument que la divinité du soleil est incarnée dans la personne de l'empereur spirituel. Il est le seul qui puisse conférer des prérogatives, des titres, des honneurs : ces distinctions qu'un empire aristocratique place au-dessus des emplois et de l'opulence.

Il y a quelques siècles, un chef militaire qui commandait sous l'autorité du souverain spirituel, traita son maître comme on voudrait aujourd'hui qu'un pouvoir civil traitât le pouvoir militaire. Il se fit maire du palais, et bientôt, sous le titre de *Ziogoun,* absorba la réalité du pouvoir politique et la force des armes; il eut le bon esprit d'aller régner au loin, dans la cité de Jeddo, laissant au souverain pontife des respects abstraits et l'ombre de la suprématie. Aujourd'hui les deux grands pouvoirs coexistent sans se heurter, et même en s'appuyant l'un sur l'autre.

Lorsque des Japonais ont illustré leur pays par leurs travaux, leurs vertus ou leurs grandes actions, le souve-

rain temporel soumet au souverain spirituel l'énumération et la preuve de leurs services; alors un titre d'honneur national peut être décerné par le pontife suprême,
ou pendant leur vie ou pour consacrer leur mémoire : ce
dernier honneur peut s'élever jusqu'à l'apothéose.

Du reste le Mikado, dans son palais, est plutôt traité
comme une idole inanimée que comme un être intelligent, et l'on n'admet pas qu'il puisse gouverner par la
pensée. Invisible à ses sujets, immobile la plus grande
partie du jour et sans cesse révéré : cela s'appelle régner.

C'est le perfectionnement le plus extrême du roi constitutionnel qui règne et n'administre pas, selon la foi des
plus savants doctrinaires.

Il est quelquefois si rassasié de cette existence, où
l'ennui le dispute à la divinité, qu'il abdique et redevient
simple mortel.

L'empereur temporel n'a qu'une seule impératrice, avec
un nombre illimité d'épouses morganatiques. L'empereur
spirituel est plus sévère; il n'a pas de concubines. Il se
contente d'associer à sa sainteté douze impératrices légitimes; leur opulence et leur beauté contribuent à la
splendeur mystérieuse de sa cour.

Les sciences et les lettres à la cour ou daïri du souverain spirituel.

Dans l'Académie de Jeddo, nous trouverons plus spécialement étudiées les sciences physiques et mathémati-
ques, et leurs rapports avec les arts.

Dans la cour tranquille, élégante et polie du souverain
spirituel, les sciences morales, l'histoire, les traditions
nationales et la poésie, sont cultivées par les seigneurs,
les grandes dames et même les impératrices. La partie
gracieuse de ces études et les délassements des esprits

distingués charment la retraite, je dirais presque la solitude d'un séjour fermé par la politique aux ambitions du monde. A coup sûr une cour où douze brillantes souveraines ont chacune leur cercle d'amis et d'admirateurs, une telle cour peut enflammer l'émulation et donner l'essor à d'heureux talents.

La ville sainte est aussi, pour les citoyens, le séjour de la gloire que peuvent procurer les plaisirs épurés de l'esprit et les chefs-d'œuvre de l'imagination. Quoiqu'elle ait, dit-on, perdu beaucoup d'habitants, attirés vers les centres du commerce et des ambitions mondaines, on lui suppose encore près de six cent mille âmes. Dans cette ville, étrangère aux agitations· politiques et si justement appelée *la cité de la paix et de la tranquillité*, des fortunes depuis longtemps acquises donnent à leurs possesseurs la distinction héréditaire d'une éducation libérale et celle des manières dont l'élégance est en harmonie avec la cour opulente et lettrée du souverain spirituel.

Aujourd'hui que des traités ouvrent à cinq peuples de l'Occident les ports et les cités du Japon, il faudrait envoyer dans cette contrée, outre des consuls qui connussent bien le commerce, des diplomates amis de la littérature. On leur demanderait de recueillir à Miako, à Jeddo, les œuvres d'imagination et d'érudition, de poésie et d'histoire, les plus admirées. Des traductions ouvriraient ensuite à l'Europe cette source nouvelle de richesses littéraires.

Au même titre que Rome, Constantinople et la Mecque, Miako brille par des temples remarquables pour leur nombre, leur opulence et leur grandeur. Quelques photographies, habilement tirées, en donneront des idées plus justes et plus complètes que des descriptions très-étendues et très-minutieuses.

Les plus beaux temples et les monastères les plus opulents ne sont pas enfouis au milieu des habitations de
la cité sainte; leur isolement les soustrait à l'invasion des
incendies. Ils sont placés, avec un sentiment exquis des
beaux aspects de la nature, sur le penchant des collines
environnantes; on a soin de les ériger du côté qui regarde
la capitale religieuse.

Ils sont, comme le temple de Dodone, entourés de
vastes ombrages séculaires, avec lesquels ils font contraste. Leur architecture, comme le culte de Bouddha,
qu'ils rappellent, offre des ornements de sculpture et
des formes empruntées à l'Inde, mais plus ou moins modifiées par un goût très-différent, dont la Chine nous offrira
la plus haute expression.

JEDDO.

A plus de cent lieues de Miako, dans une baie située
sur la côte orientale de la grande île de Niphon, s'élève
Jeddo, la capitale politique de l'empire. Elle est au centre
d'une immense plaine, fertile et bien cultivée. A mesure
qu'on approche de la cité, les villages, les bourgs et les
villes sont séparés par de moindres distances; la circulation devient de plus en plus nombreuse et rapide, et
tout annonce une capitale qu'on peut compter parmi les
plus peuplées de la terre.

Les rues sont larges et pavées sur les côtés. Il n'y a
pas de voitures qui circulent dans la ville; à cela près, la
foule empressée qui se croise en tous sens est comparée,
par les voyageurs, au mouvement affairé des rues de
Paris dans les quartiers très-commerçants.

Le palais impérial, au centre de la capitale, est un carré
dont le côté n'a guère moins d'un kilomètre. Le voyageur

Fischer, qui visitait Jeddo il y a trente à quarante ans, croit pouvoir affirmer que, pour traverser la cité dans son plus grand diamètre, il faut marcher cinq à six heures : c'est à peu près le temps qu'il faudrait employer en parcourant Londres et sa banlieue de l'orient à l'occident.

Les étrangers qui visitent Jeddo ne sont pas moins surveillés par l'inévitable police que dans les rues de Nagasaki : c'est la surveillance contre laquelle se soulevait avec tant d'irritation un attaché de l'ambassade française en 1858 : convaincu qu'il paraissait être que le Japon n'a pas le droit d'être maître chez soi quand l'Occident l'honore de visiteurs si vénérables.

On estime à plus de quinze lieues le pourtour de Jeddo, et sa population à deux millions d'habitants; c'est un quart de moins que la capitale du Royaume-Uni.

Le palais de l'empereur, celui de l'impératrice, celui des femmes du second ordre, celui de l'héritier présomptif, les palais des ministres, avec des parcs et des jardins, enfin les logements d'une garnison qui pourrait être une armée, couvrent le plateau d'une vaste éminence. On ne peut faire le tour de cette résidence impériale en moins de trois heures.

Le fleuve Jeddo, qui donne son nom à la capitale après l'avoir traversée, débouche dans une baie spacieuse. De nombreux canaux, dérivés du fleuve, circulent dans la ville et font le tour de ce mont Palatin, qu'on peut appeler le sanctuaire de la grandeur et du pouvoir. La navigation et le commerce sont ainsi portés dans toutes les parties de la cité.

En avant du mont Impérial est situé le quartier aristocratique. Les Anglais, compagnons de lord Elgin, rapportent que ce quartier contient les palais de trois cent soixante familles princières; quelques-unes de ces familles possèdent jusqu'à six habitations, dont les plus grandes peuvent contenir jusqu'à dix mille personnes, formant la suite du seigneur.

Le quartier des princes est séparé du mont Impérial par un fossé d'au moins soixante et dix mètres de largeur, et dont l'escarpe gazonnée offre une grande élévation. Au-dessus domine une muraille formée de larges blocs de pierres à figures cyclopéennes, elle-même couronnée par une haute palissade. Sur un large rempart, en arrière de cette défense artificielle, on admire une rangée de cèdres gigantesques : c'est le couronnement de ce Liban artificiel.

La classe supérieure et la classe moyenne à Jeddo.

M. Siebold et son collaborateur Burgher rendent témoignage de l'urbanité qui caractérise à Jeddo la classe supérieure et la classe moyenne, de l'agrément qu'elles apportent dans la conversation, de leur désir sérieux de s'instruire et de l'instruction acquise dont elles donnent la preuve. Ils ont trouvé des astronomes, des médecins qui parlaient le hollandais plus purement que les interprètes de profession, et qui regardaient comme le cadeau du plus grand prix un livre de science, écrit ou traduit dans la seule langue européenne qu'ils aient apprise.

L'illustre Laplace ne soupçonnait guère que, peu d'années après la publication de son *Exposition du système du monde*, cet éloquent et profond ouvrage aurait passé du hollandais dans la langue japonaise, et familiarisé les savants de cet empire avec une telle histoire du ciel : histoire éclairée par les grandes théories qui comptent déjà quatre siècles de découvertes et de gloire, depuis Coper-

nic jusqu'à Newton, et depuis Newton jusqu'à l'auteur
de la *Mécanique céleste.*

Au milieu des visiteurs qui recherchaient les membres
instruits des ambassades hollandaises, les princes étaient
distingués par l'empressement qu'ils apportaient à s'en-
quérir sur les coutumes et les mœurs, en même temps
que sur les sciences et les arts de l'Occident.

Le collége impérial de Jeddo, par sa constitution et le
cercle des connaissances qu'il embrasse, se rapproche de
l'Académie des sciences de Paris, qui tient un rang éminent dans l'Institut impérial de France.

Un Médicis japonais.

Myne Heer Doeff, l'ingénieux, le courageux antagoniste des Anglais au temps où Sir Stamford Raffles gouvernait Java, Myne Heer Doeff nous fait connaître les
manières généreuses et la grande existence d'un marchand
japonais, Itchigoye, enrichi par le commerce des soieries.
Un vaste incendie dévora, dans Jeddo, plusieurs milliers
de maisons. Par ce désastre furent consumés la maison
et les magasins du commerçant japonais, qui, sans parler
des riches tissus, contenaient en dépôt des fils de soie dont
le poids total surpassait cinq cent mille kilogrammes :
quantité qui vaudrait en Europe au moins trente millions
de francs. Nous ne pensons pas qu'au plus beau temps de
leur splendeur les Côme et les Laurent le Magnifique en
eussent pu réunir une aussi grande quantité dans leurs
magasins d'Italie. Pendant que ces trésors du Médicis
japonais étaient en proie à l'incendie, sans négliger son
propre danger, il envoyait quarante de ses serviteurs
pour secourir l'ambassade néerlandaise, dont l'hôtel était
aussi menacé par le feu. Dans ce terrible désastre,

trente-sept palais de princes avaient été consumés, et plus de douze cents personnes avaient péri. Myne Heer Doeff raconte ingénument que le second jour de l'incendie qui consuma les édifices dans une étendue de deux lieues de longueur sur une grande largeur, ce second jour une forte pluie éteignit le feu : la Providence avait tenu lieu des pompes à incendie, inconnues au Japon.

Les palais du Ziogoun ; les réceptions et les présents.

Au lieu des parquets un peu douteux, dont l'or massif avait plus de deux doigts d'épaisseur, et qui dans Marco Paolo figurent avec tant de magnificence, les ambassadeurs hollandais remarquaient que les parquets étaient cachés, même dans les plus somptueux édifices.

Il y a dans le palais impérial une salle dite des *cent nattes*, parce qu'elle a pour tapis de pied pareil nombre de nattes très-épaisses et très-élastiques ; elles sont tissées en paille de riz. D'autres nattes plus élégantes, et brodées avec recherche, sont posées sur les premières. Les belles salles d'apparat des principaux édifices japonais ont le même luxe de tapis en fils végétaux.

La mission hollandaise est traitée par l'empereur avec une vraie considération. Après la cérémonie des audiences, comme un présent ordinaire elle reçoit du Ziogoun trente robes en soie et vingt du prince impérial, sans compter d'autres robes moins magnifiques, offertes par les ministres membres du conseil suprême.

Le gouvernement hollandais mettait à profit ses ambassades à Jeddo pour maintenir une heureuse harmonie avec le gouvernement japonais ; il ne manquait pas d'envoyer à titre d'offrandes les objets d'Europe les plus propres à flatter les goûts de l'Empereur et de sa cour. En retour

il recevait de magnifiques produits nationaux, des porcelaines, des vases de cuivre ciselés, et des laques splendides,
revêtues du plus beau vernis. Avec ces présents et les achats
intelligents faits dans les cités de Jeddo, d'Ohosaka et de
Miako, l'on a composé le Musée hollandais : musée vraiment digne de l'admiration des connaisseurs.

Les Occidentaux se récrient contre les formes serviles
de l'audience accordée par le Ziogoun aux envoyés de la
Néerlande; mais ces formes sont les mêmes pour les plus
grands princes de l'empire. Les marques de respect exi-
gées par le monarque asiatique sont loin d'emporter avec
elles aucune idée d'humiliation et de bassesse aux yeux
d'un peuple oriental.

Jeddo résidence des fonctionnaires disponibles et des otages.

Le ministère japonais nomme toujours deux personnages considérables pour chaque place importante, telle
que le gouvernement des provinces ou des cités. Ils
exercent à tour de rôle; celui qui n'est pas en activité de
service est tenu d'habiter son propre palais au sein de la
capitale; celui qui se rend à son gouvernement est obligé
de laisser à Jeddo sa femme et ses enfants, comme autant
d'otages. On interdit à ces otages de quitter, même tem-
porairement, la capitale, jusqu'au retour du chef de
famille.

Les routes impériales et les voyageurs.

Sortons maintenant des cités, et demandons-nous l'état
des voies de communication, si propre à révéler le degré
d'avancement auquel est parvenu le peuple qui les construit et les entretient ou les néglige.

Au Japon les routes sont communément ombragées par de beaux arbres. Chose qu'on remarque seulement en quelques lieux dans les pays les plus avancés de l'Europe, un balayage soigneux et constant maintient ces routes en parfaite propreté; ce sont les cultivateurs riverains qui, par intérêt, font disparaître de la voie publique la poussière mêlée d'immondices, dont ils se servent comme engrais.

Les chevaux, au lieu d'être ferrés, ont des espèces de chaussures en paille, qui naturellement s'usent avec rapidité. Aussi de pauvres industriels ont-ils soin d'ouvrir, le long des routes, une foule de petites boutiques dans lesquelles ils vendent ces chaussures en paille pour les chevaux et pour les bœufs; ils y joignent aussi des sandales pour les voyageurs.

L'empire a sept grandes voies publiques incroyablement fréquentées. Cela tient d'une part à la densité de la population, de l'autre à l'amour des voyages ainsi qu'à l'activité des relations commerciales.

Sur les routes du Japon, comme aujourd'hui sur nos chemins de fer, on vend des livrets, des *guides,* qui renferment toutes les indications utiles au voyageur.

Les routes dirigées vers la capitale aboutissent toutes à l'entrée d'un défilé, gardé par une force imposante; là sont visités sans exception tous les voyageurs. On s'assure ainsi qu'aucun des otages de Jeddo ne réussirait à s'enfuir; un passage si bien gardé donne également le moyen d'interdire l'entrée de la capitale aux personnes qui n'en ont pas obtenu l'autorisation régulière.

Pour éviter tout embarras entre les particuliers, les équipages et les voitures, une règle, aussi respectée qu'en Angleterre, prescrit à chacun de prendre le côté de la route fixé par les règlements. Chacun conçoit les avantages d'un tel ordre établi sur la voie publique, et cette intelligence est en harmonie avec la politesse qui règne jusque dans les derniers rangs.

Les rois tributaires, les princes, les grands seigneurs et les gouverneurs des villes impériales voyagent avec le faste et la grande suite qu'avaient les princes et les satrapes de l'Asie, dans l'empire du roi des rois; leur cortége a parfois la force d'un corps d'armée, avec les énormes *impedimenta* qui conviennent au faste de l'Orient. Les modestes ambassades néerlandaises qui rencontraient ces masses imposantes en admiraient l'ordre parfait, non moins que la magnificence : tel est le témoignage de Kempfer.

Pour empêcher les retards et les rixes possibles qu'occasionnerait le croisement de deux cortéges princiers sur une route impériale, des précautions sont prises et des époques sont fixées par l'autorité supérieure.

Ces grands de la terre, qui déploient avec tant d'orgueil un si magnifique appareil de force et de pouvoir, sont l'objet d'une surveillance incessante, invisible, exercée par le gouvernement. Aussi, dans le sein des grandeurs attachées à leurs fonctions officielles, au commandement, à l'administration des provinces, ce qu'ils désirent le plus c'est de pouvoir abdiquer une autorité dont l'exercice est plein de périls. Ils aspirent à jouir d'une vie privée que leur richesse, leur naissance et le souvenir de leurs services entourent d'une juste considération.

Jetons maintenant un coup d'œil sur l'agriculture et sur les industries les plus importantes.

L'agriculture.

Nous devrions imiter à l'égard du Japon l'exemple qu'ont donné les Anglais à l'égard de la Chine. Ils ont envoyé l'un de leurs agronomes les plus habiles pour étudier l'agriculture de ce dernier empire. Il faudrait que nous envoyassions au Japon un savant français, qui joignît les connaissances de la théorie à celles de la pratique dans l'art de cultiver les champs et les jardins. Il trouverait la plus ample matière à ses observations dans une contrée ou 40 millions d'hectares suffisent à nourrir plus de 33 millions d'habitants. Il verrait des irrigations dont l'art est cité pour sa perfection ; il verrait la terre des montagnes soutenue par des terrasses étagées. Il trouverait la culture des arbres traitée presque comme un culte : tout habitant est obligé de remplacer par un arbre nouveau chacun de ceux qui périssent naturellement ou que la hache a fait tomber. Il admirerait des camphriers dont le pourtour atteint jusqu'à quinze mètres, et des cèdres, jusqu'à dix-huit mètres. Il pourrait contempler un temple où quatre-vingt-dix cèdres sont taillés en colonnes circulaires d'une hauteur surprenante et qu'on admire pour leur forme parfaite.

Par un contraste singulier, le même peuple qui réussit à ce point dans les cultures gigantesques, réussit également dans l'art d'élever des arbres en miniature, et ces arbres, quoique réduits à des dimensions lilliputiennes, portent néanmoins des fruits et des fleurs. Les champs, les jardins et les forêts de la France s'enrichiraient des végétaux laissés à leur grandeur, à leur utilité naturelles.

L'art de produire la soie et les soieries.

Tous les criminels des classes élevées ne mettent pas fin à leur existence par le suicide : ceux qui préfèrent la vie sont exilés dans une petite île entourée de rochers. On leur fait exercer une industrie réservée seulement à des femmes. Ces seigneurs, descendus de leur rang et presque de leur sexe, apprennent à tisser des soieries d'une grande magnificence : tel est le travail forcé qui sert à payer leur nourriture.

Dans la plus belle partie de l'empire on compte un grand nombre de petits ateliers de tissage, où les ouvrières sont d'un rang plus humble, mais honoré.

C'est seulement dans les premières années du iv° siècle de notre ère, que les Japonais ont reçu de la Chine la culture du mûrier et l'art d'élever les vers à soie. Cet art, dans leurs mains, n'est pas resté stationnaire.

Les autorités japonaises sont parfois les amies éclairées du progrès des arts; nous pouvons en offrir un récent et bel exemple.

Ouvrage moderne publié par un mandarin japonais.

Ouekaki-Morikouni, l'administrateur d'une ville située dans l'île de Nyphon, conçut l'idée d'imprimer un nouvel et grand essor à l'art d'élever les vers à soie. Il commença par se transporter à *Mitsinokon*, dans une campagne comparable aux contrées de la haute Italie et de nos Cévennes, en ce qu'on y pratique avec le plus d'habileté cette industrie délicate. Il étudia sur les lieux les pratiques les plus éclairées, les jugeant d'après leurs succès, et soumettant l'expérience à ses observations raisonnées. Ensuite il appliqua ses connaissances acquises dans une autre partie du Japon, qui lui parut la plus semblable à la province qu'il venait d'étudier, et pour la nature du sol et pour le climat.

Aux notions éparses dans les ouvrages imprimés et dont il fit l'extrait, se joignaient celles qu'il venait de recueillir; il décrivit avec détail et clarté les pratiques les plus estimées. Telle fut la matière de l'écrit simple et populaire dans lequel l'auteur s'efforça de réunir tous les moyens d'instruction pour en faire le manuel des nouveaux éducateurs de vers à soie. Cette publication date de l'année 1802.

Le judicieux écrivain s'est efforcé de montrer, sous toutes les formes, que les préceptes les meilleurs concourent à recommander la continuité des soins attentifs, la patience infatigable, une constante propreté, un bon règlement de la température, un air toujours pur, l'éloignement des odeurs fortes et malsaines, l'espacement égal des vers, la fréquence de leurs repas et le choix des feuilles nourricières.

Traduction de l'ouvrage sur l'art d'élever les vers à soie.

Un exemplaire de l'ouvrage composé par le patriote japonais fut apporté dans la Néerlande. Un correspondant de l'Académie des sciences de Paris, qui fit servir une belle fortune au progrès des arts utiles, auteur lui-même d'un excellent traité sur l'éducation des vers à soie et la culture du mûrier, M. Bonafous, eut connaissance de l'ouvrage remarquable que nous venons de signaler; il pria [1] le docteur Hoffmann, savant interprète hollandais, d'en faire une traduction française. Comme introduction, M. Bonafous rédigea lui-même une préface historique pleine d'intérêt. Ensuite il publia l'ouvrage à ses frais, avec des planches qui rendent sensibles tous les procédés : ces planches mêmes sont d'heureux spécimens de la gravure sur bois et de l'art graphique chez les Japonais. Les dessins ne manquent ni d'esprit ni de grâce, ni surtout de naïveté.

Les Français et les Italiens ont trouvé dans cette pu-

---

[1] Bonafous, *Discours préliminaire de l'Art d'élever les vers à soie au Japon.*

blication un grand nombre de faits dont ils ont pu profiter. Dans l'œuvre que nous signalons, composée et publiée pendant la période qui fait l'objet de notre étude, cherchons ce qui peut faire connaître non-seulement l'histoire d'une industrie, mais les mœurs des Japonais.

L'an 289 de notre ère, deux chefs de famille chinoise se réfugièrent au Japon, avec une suite de dix-sept personnes; ce fut l'origine d'une tribu sino-japonaise. Plus tard on les envoya dans la Corée, afin d'y chercher des ouvrières habiles à travailler la soie; celles-ci furent employées pour enseigner leur élégante industrie *aux princesses de la cour du Mikado.*

Quand fut introduit l'art d'élever les vers à soie.

Au v⁰ siècle, un empereur décida que les réfugiés chinois qui venaient successivement s'établir au Japon feraient des plantations de mûriers, élèveraient le ver sétifère, et *payeraient leur tribut avec de la soie.*

Instructions paternelles d'un empereur japonais.

Dès la fin du vi⁰ siècle, l'empereur qui régnait alors stimulait ses sujets en faveur de cette industrie. Ses instructions, pleines de grâce et de bonté, font honneur à l'esprit, aux lumières du gouvernement japonais dès cette époque reculée. Il faut les citer :

« Ayez pour vos vers à soie la même attention et la même tendresse qu'en vos familles un père, une mère ont pour leur enfant au berceau; comme on voit les parents s'occuper de leur nouveau-né, occupez-vous de ces frêles créatures. Que pour eux votre corps serve de mesure aux alternatives du froid et de la chaleur; la chaleur humide et le froid leur sont nuisibles. Veillez à ce qu'il y ait dans vos maisons une température uniforme et salutaire; faites-y circuler l'air pur et frais. Appliquez à cela, de jour et de nuit, vos soins empressés.

« La sagesse des princes de l'antiquité a laissé ce bienfait en héritage à la postérité, et le peuple leur doit une branche d'industrie si précieuse. Des dames de haute noblesse, des princesses, des reines, ont cueilli de leurs mains la feuille du mûrier; elles ont prouvé par là que l'art d'élever les vers à soie leur semblait une occupation digne de leur sexe. Lorsque de grands personnages, des membres mêmes de la famille souveraine se livrent à des soins pareils, pourquoi des inférieurs ne les imiteraient-ils pas? A tout prendre, l'industrie de la soie n'est qu'une occupation sans fatigue, à laquelle il suffit d'apporter du zèle et des soins. »

Lorsque, à l'abri des révolutions et des envahissements qui désolaient l'univers, le Japon écoutait ces conseils, et qu'au sein des loisirs d'une paix profonde il se livrait à l'heureux progrès des arts les plus charmants, l'Occident était en proie aux dévastations des barbares du Nord et de l'Orient; les Huns, les Goths, les Vandales avaient tout dévasté; les sciences, les lettres et les arts étaient éteints; l'ancien monde était dépeuplé, et trois cents ans devaient s'écouler avant qu'un premier rayon de vie commen-çât, sous Charlemagne, à reluire au milieu de l'ancien monde.

Hâtons-nous d'arriver aux enseignements du xixe siècle. L'officier municipal éclairé qui donne des préceptes aux éducateurs, fidèle à la croyance nationale, combat des superstitions nuisibles à l'industrie dont il a fait l'objet de tous ses soins. Ses paroles sont remarquables et peuvent nous donner l'idée de l'esprit affranchi des préjugés bouddhiques, tel qu'on peut l'attendre des classes distinguées du Japon.

« Le ciel favorise les hommes qui secondent ses desseins par leurs efforts. En vain les personnes qui ne sont pas pénétrées de ce principe invoquent tantôt l'Esprit divin, tantôt Bouddha. En vain, maudissant le vendeur qui leur a procuré les œufs du ver à soie, il convoitent les trésors de tel voisin ou portent envie à tel autre. Alors même que Bouddha, ou toute autre divinité, écouterait leurs invocations, à quoi cela leur servirait-t-il, s'ils négligent les soins que réclament les vers? » Cela veut dire, en d'autres termes, si vous priez sans travailler, rien ne s'effectuera de soi-même, et la pauvreté sera le châtiment de votre oisiveté.

Les instructions du livre qui nous occupe sont simples, claires, méthodiques; elles sont appuyées sur des faits dont le récit est plein d'intérêt; elles conviennent aux pays comme la France, où les propriétés sont divisées. En voici la preuve fournie par l'auteur même des instructions.

L'usage de dévider les cocons aussitôt qu'ils sont terminés, quoique le plus propre à donner une soie parfaite, n'est suivi que dans les pays tels que le Japon, la Chine, etc. Dans les pays où la propriété territoriale est fort divisée, l'industrie productive de la soie doit être pratiquée sur une très-petite échelle; partout ailleurs on fait périr les chrysalides sans attendre plus de quinze jours environ, de peur que les papillons ne percent leur coque avant qu'on ait eu le temps d'envider le fil.

Le dernier chapitre renferme tous les préceptes nécessaires à la plantation, à la culture du mûrier.

L'éducation des vers à soie et l'élaboration de leurs fils, en donnant du travail au sexe le plus faible, ont un avantage qui ne peut échapper à l'autorité japonaise.

C'est, dit l'auteur, une occupation propre aux femmes, à laquelle on ne doit point sacrifier le travail des hommes. Employer à des travaux secondaires, mais lucratifs, les forces féminines, qui ne suffiraient pas aux fatigues de l'agriculture, c'est sans contredit rendre un service éminent aux campagnes. On enrichit de la sorte et les familles et l'État.

Remarquons l'idée qu'un Japonais se fait du progrès : « Si le cultivateur possède les connaissances requises et s'il trouve un gain assuré, il peut chaque année consacrer l'excédant de ses gains, soit à l'achat de nouveaux champs, soit à la culture de terres en friche : il centuplera de la sorte ses bénéfices et sa considération. Tel est le résultat chez un particulier; lorsque ce résultat sera le même dans chaque hameau, dans chaque village, les richesses ne devront-elles pas affluer de tous côtés? et la prospérité que cette industrie amènera dans l'État, pareille aux bienfaits du printemps, ne sera-t-elle point partout une cause de nouvelles bénédictions? Dans un âge aussi éclairé que le nôtre, il faut considérer comme un devoir essentiel les encouragements qu'on peut donner à l'industrie qui produit la soie. »

Francklin, dans les pages charmantes de son Bonhomme Richard, a-t-il jamais parlé mieux et plus sagement?

Citons, maintenant, les nobles pensées et la légende aimable par lesquelles l'auteur japonais conclut son excellent traité : elles peignent les mœurs.

Fêtes consacrées aux industries de la soie.

Les sectateurs du culte des génies choisissent un des premiers jours du cycle sexagésimal pour la fête consacrée aux divins protecteurs de l'industrie de la soie. Après qu'on a purifié la maison, une table est placée du côté qui regarde le nord-ouest. On la décore avec des branches de mûrier; on la couvre d'offrandes, qui sont des gâteaux, et des cocons de vers à soie posés sur des feuilles empruntées à l'arbre révéré. De pieuses libations terminent la cérémonie.

Les soins que réclame la production de nos subsistances et de nos vêtements sont les premiers de tous, puisque c'est par eux qu'on verse le bien-être et la joie au sein des populations. Aussi les esprits divins nous ont-ils eux-mêmes enseigné l'art de procurer ces biens à l'homme.

Les oiseaux, les quadrupèdes, les insectes, les poissons, les plantes et les arbres sont des présents que nous devons à la grâce des esprits dominateurs du ciel et de la terre. Ces heureux dons, que personne ne les reçoive avec légèreté ni mépris! Pour nous ils naissent et pour nous ils prospèrent.

Que surtout, *dans son amour du gain, l'homme n'oublie pas l'amour de l'humanité!* rien ne serait plus contraire à la volonté de l'Esprit céleste. Le coupable, avant qu'il s'en doutât, ne manquerait pas d'être atteint par le malheur. Au contraire, pour celui qui remplit tous ses devoirs avec droiture, la promesse que fait l'Esprit divin de lui prêter secours s'accomplirait alors même qu'il ne l'aurait pas directement invoquée.

Prenez ces vérités à cœur, et ne vous laissez pas égarer par une aveugle crédulité dans les paroles trompeuses des cénobites de Bouddha.

Nous savons que les Chinois consacrent à l'agriculture ainsi qu'à l'art de tisser la soie, des constellations célestes, personnifiées sous les traits du Bouvier et de *la Tisseuse*, qu'on croit être deux époux réunis au sein du ciel.

A l'exemple du même peuple chinois, le peuple du Japon célèbre la fête de ces astres tutélaires le septième soir du septième mois de l'année.

Les femmes et les jeunes filles se rassemblent à la lueur des étoiles; au milieu d'un frais paysage, elles étendent pieusement des fils de soie variés dans leurs couleurs. Pour offrande, elles apportent des fruits et des fleurs; elles prient les divinités, afin d'obtenir du ciel la dextérité nécessaire au tissage le plus parfait.

Si, pendant la nuit, une araignée, le modèle des fileuses, vient se poser sur leurs offrandes, cet événement est réputé d'un bon augure et considéré comme le signe avant-coureur que leurs vœux seront exaucés.

Une gracieuse légende.

Écoutez une narration qui renferme un aimable mythe populaire : c'est la légende du vertueux Toung-Young.

« Toung-Young était un modèle d'amour filial : encore enfant, il avait suivi pieusement le cercueil de sa mère, et voué dès lors tous ses soins à son père. Plus tard, à mesure que sa force s'accrut, son indigence l'obligea de cultiver le champ d'autrui; il s'y soumit pour nourrir l'auteur de ses jours. Quelque temps après, son père mourut. Le pauvre fils ne possédait pas le moindre moyen de le faire ensevelir; il vendit sa propre personne afin de suffire aux dépenses des funérailles.

« Ayant accompli ce devoir filial, il partit pour aller servir son maître. Chemin faisant, il rencontre une vierge resplendissante de beauté, qui l'arrête et qui lui fait entendre ces paroles : «Toung-Young, je veux être ta «femme. — Mais, je suis pauvre, répond-il, et mon corps «même ne m'appartient pas; je l'ai vendu pour avoir le

« moyen d'ensevelir mon père. ·A présent que j'ai rempli
« mon devoir de fils, je me rends près de mon maître;
« comment pourrais-tu vouloir être ma femme? — Et
« pourtant le Ciel le commande, repartit la vierge char-
« mante. Je suis très-adroite à tisser; allons ensemble chez
« ton maître, afin que tous deux il nous reçoive à son ser-
« vice. »

« Toung-Young n'osa, dès lors, opposer de refus; il prit
la jeune fille en mariage, et, partant avec elle pour se
rendre chez son maître, ils entrèrent ensemble à son service.

« La révolution d'une lune n'était pas encore accomplie
et déjà l'habile tisseuse avait fabriqué plus de cent pièces
de soie d'une incomparable beauté; elle les présente à
leur maître, afin que ce soit la rançon de Toung-Young.
Alors le maître, non moins surpris que charmé, les laissa
partir en leur donnant la liberté.

« A peine Toung-Young s'était-il éloigné pour retourner
en son pays, que sa femme lui dit : « Toung-Young, je suis
« la céleste Tisseuse; le ciel, touché de ton sincère amour
« filial, m'a commandé de venir à ton aide. » A ces mots
elle s'éleva dans les airs, et regagna le séjour immortel...
C'est ainsi que la piété filiale, source de vertus et de bonheur, ne reste jamais sans récompense... »

Les Arthur Young, les Mathieu Dombasle, et tous les
modernes agronomes, ont publié bien des instructions
pour le peuple agricole; ils n'en ont jamais écrit qui fis-
sent mieux aimer les industries rurales et les vertus, qui
sont les compagnes chéries de l'agriculture.

Traductions désirables.

En choisissant les arts les plus prospères du Japon,

il serait à désirer qu'on traduisît, comme on l'a fait pour
la soie, les bons traités publiés dans ce pays; on préfére-
rait ceux qui sont à la fois les plus instructifs et les plus récents. J'ai déjà signalé l'espèce d'encyclopédie des arts que
possède la ville de Leyde, et qui remonte à 1799. Il faudrait qu'on ordonnât à nos futurs Consuls de chercher les
ouvrages du même genre ou généraux ou partiels, et de
les envoyer au Gouvernement.

Fabrication du papier au Japon.

Tel serait, par exemple, un traité sur la fabrication du
papier avec les filaments de l'arbre appelé *ko-zo* (*brousso-
netia papyrifera*). Il surpasse de beaucoup en blancheur
le papier que les Chinois fabriquent avec les fibres du
bambou.

Les Japonais font aussi du papier plus commun avec
ces dernières fibres, avec leur ortie (*urtica japonica*), enfin
avec diverses plantes appartenant à la famille des liliacées.

Le vernis du Japon.

Les ouvrages en laque, célèbres à juste titre par leurs
riches couleurs et par la beauté de leur vernis, fussent-ils
fabriqués en Europe, ont reçu chez les Anglais le nom
d'*ouvrages du Japon* (*Japan wares*). Les produits du Japon
même ne nous sont guère connus que par des échantillons d'un mérite d'ordre inférieur. Les plus parfaits et
les plus beaux ne sont pas livrés au commerce; on les
réserve pour l'usage des deux cours impériales du Mikado
et du Ziogoun, pour les princes et pour les particuliers
très-opulents.

Les plus grands seigneurs, les empereurs même se procurent de légères coupes de vaisselle vernissée, dont l'intérieur est en bois léger, ou fait en papier mâché. J'ai vu cette industrie pratiquée très en grand à Birmingham, sous le nom de *Japan wares*, que j'ai déjà cité.

Comme on l'a dit précédemment, les Néerlandais conservent, dans leur musée de la Haye, les ouvrages en laque donnés par le Ziogoun à leurs ambassadeurs périodiques, envoyés à Jeddo de Dézima. Les connaisseurs regardent ces ouvrages exquis comme supérieurs à tous les ouvrages du même genre apportés de la Chine en Europe.

Le vernis japonais est tiré d'un arbrisseau (*rhus vernix*); il est préférable à celui que les Chinois extraient de leur arbre à vernis.

La préparation du vernis demande des soins délicats et beaucoup de patience; il faut d'autres soins très-attentifs pour le mélanger avec les laques avant de les appliquer. Cette application se fait à quatre ou cinq couches, dont chacune doit être séchée parfaitement, puis polie avec soin, avant qu'on applique la couche suivante.

Une industrie non moins délicate produit les figures de nacre, coloriées en dessous, posées ensuite sur le vernis, et polies elles-mêmes pour leur donner le plus brillant éclat.

Les Japonais emploient le vernis à couvrir leurs vases à boire, leurs assiettes et leurs plats, que ces divers objets soient de bois ou de carton. C'est un ornement qui recouvre les matières les plus communes, c'est un préservatif qui sert pour en assurer la durée.

Les Européens, en vernissant leurs voitures et les harnais de leurs chevaux, ont imité les Japonais, sans les égaler pour la beauté de leur enduit conservateur.

Les pierres précieuses à l'état brut.

Nous pouvons acheter avec avantage les pierres précieuses. Les Japonais y mettent peu de prix, parce qu'ils ignorent l'art de les tailler et de leur donner, par le poli, la double puissance de réfléchir et de réfracter la lumière.

Amalgame des métaux.

Les Japonais savent composer un amalgame de métaux, en partie combinés, en partie juxtaposés, qui produit de très-beaux effets. Ils en font usage pour décorer leur tabletterie, leurs armes et leurs joyaux.

La porcelaine du Japon.

L'an 27 avant J. C. une colonie de Coréens se rendit au Japon; elle y porta la fabrication des porcelaines, originaire de la Chine. Pendant douze siècles les Japonais restèrent inférieurs aux Chinois; mais, en 1211, un fabricant de la première nation se rendit en Chine afin d'étudier à fond tous les procédés de cet art difficile et compliqué. A son retour, les produits qu'il exécuta furent trouvés comparables aux plus parfaits de la nation rivale.

Il n'est pas vrai, comme on l'a prétendu, que les porcelaines du Japon, si célèbres autrefois, ne méritent plus leur renommée; il n'est pas vrai que le beau kaolin qu'ils employaient autrefois leur fasse aujourd'hui défaut. Le docteur Siebold signale des montagnes entières qui présentent ce minéral dans toute sa perfection; montagnes situées au milieu des formations granitiques, dans l'île d'Amakasa.

Depuis la fin du xviie siècle, les Hollandais n'apportent plus en Europe des porcelaines aussi parfaites et des vases aussi dignes d'être admirés par les connaisseurs, tels que les plus beaux de la province de Fizen. On doit supposer que le commerce toujours décroissant de la factorerie de Dézima n'aura plus permis de payer des prix assez élevés pour se procurer les chefs-d'œuvre d'un art où la perfection est nécessairement très-dispendieuse.

J'ai visité de nouveau le précieux musée céramique de Sèvres, recueilli par le célèbre Brongniard, le digne collaborateur de Cuvier; ce musée, si riche en porcelaines de la Chine, est d'une déplorable pauvreté dans la partie qui contient les porcelaines du Japon. Espérons que nos futurs agents commerciaux sauront nous procurer des produits qui justifieront la réputation d'une des plus belles industries du peuple aujourd'hui notre allié [1].

C'est à la Haye, c'est à Leyde qu'il faut aller pour admirer les plus rares produits en porcelaine, conservés dans des musées spéciaux. Celui de Leyde possède un livre technologique digne d'être traduit dans les principales langues de l'Europe; c'est une description des principales productions terrestres et maritimes du Japon, publiée en 1797 dans la grande ville commerçante d'Ohosaka. Cet ouvrage, qui n'a pas moins de cinq volumes, renferme la description des procédés pratiqués dans la manufacture de porcelaines d'*Imari*, la plus célèbre qu'il y ait au Japon. Cette manufacture est située dans l'île de Kiou-Siou, qui compte environ trente fabriques du même genre, dont dix-huit sont fort estimées.

---

[1] M. Salvetat, le savant collaborateur du Rapport sur *les arts céramiques* (rapport du XXVe Jury), a publié de savantes observations sur la porcelaine du Japon, à la suite des traités traduits par MM. Stanislas Julien et Hoffmann.

Talent d'imitation.

Si de quelques industries privilégiées nous portons nos regards sur d'autres travaux, nous dirons que les ouvriers japonais, qui copient en général avec talent, excellent dans l'imitation des meubles européens et de beaucoup d'objets d'art.

Culture des beaux-arts.

Les Japonais aiment la peinture; ils ont formé, dit-on, des collections de tableaux. Habiles à peindre le portrait, ils excellent à saisir la ressemblance; ils représentent avec goût et fidélité les animaux, en reproduisent les couleurs naturelles. Leurs dessins ne sont point sans grâce; ils charment surtout par la naïveté.

Comme les Chinois, ils ignorent la perspective et l'anatomie; deux sources de vérité qui manquent à leurs tableaux.

Il y a longtemps que la gravure sur bois est connue des Japonais, et depuis quelques années ils ont appris des Européens l'art de graver sur le cuivre.

Ils ont perfectionné la fonte des cloches, des vases et des statues. Les Japonais, comme les Chinois, ignorent l'usage des battants de cloches; ils les remplacent, mais imparfaitement, au moyen de marteaux en bois.

Conséquences générales de l'exclusion des étrangers.

Lorsque, vers le milieu du XVIIe siècle, le gouvernement japonais eut formé le dessein de revenir à d'antiques traditions, et de rompre tout rapport avec les peuples

étrangers, il fut interdit aux marins, aux voyageurs nationaux, sous peine de mort, d'aller dans les ports des
autres nations pour y trafiquer ou seulement pour s'instruire. Cet interdit fut ponctuellement exécuté. La contrebande même recula devant l'inflexible sévérité des lois : la
peine capitale aurait puni sans pitié les étrangers et les nationaux qui se seraient permis la moindre désobéissance.
Voilà comment l'opium indien n'a pas, jusqu'à çe jour,
empoisonné le Japon ; et comment les îles de cet empire
n'ont pas été conquises sous prétexte de visite, d'amitié,
de fermage, etc. etc.

Avec les idées modernes sur les inestimables bienfaits
du commerce, quelle qu'en soit la nature, on doit supposer que le système répulsif adopté par les Japonais a
dû les rendre rétrogrades, et tout au moins stationnaires
à l'égard de leur navigation, de leurs arts et de leur richesse.

Depuis 1639 jusqu'en 1859, les Japonais ont eu deux
cent vingt ans de paix intérieure et d'isolement complet.
Pendant cette heureuse et longue période ils ont eu le
bonheur d'éviter les intrigues, les obsessions et les invasions
européennes.

En admettant la félicité d'un tel résultat, n'est-il pas
naturel de penser qu'à certains égards il est payé chère-
ment par la privation d'une foule de bienfaits qu'apporte
avec lui le commerce des peuples les plus ingénieux et
les plus civilisés ? Ils se sont privés volontairement de
connaître les plus grandes inventions dans les sciences et
dans les arts. Demandons-nous comment ils ont fait face
à leurs besoins nationaux ?

*Sur certains avantages que l'industrie japonaise doit à l'expulsion
des étrangers.*

Ce titre surprendra peut-être un grand nombre de bons
esprits occidentaux. Je demande au lecteur la permission
de présenter ici le jugement qu'a porté le savant Siebold
sur l'industrie et le commerce du Japon, considérés dans
leurs rapports avec l'étranger. Il ne peut être que d'un
grand intérêt de connaître une opinion formée, d'après
des études faites au sein de cet empire, par un esprit
profond, sagace, et parfaitement désintéressé. Il observait
sur les lieux en 1826.

« Deux siècles de paix ont élevé la civilisation des Japonais au-dessus de toutes celles de l'ancien monde extra-
européen. La loi qui sépara le peuple japonais des autres
peuples, qui défendit à ceux-ci l'entrée, à ceux-là la sortie
de l'empire, et ne fit d'exception que pour un petit
nombre de négociants hollandais et chinois, cette loi
força les aborigènes à tirer de leur propre fonds la plupart des objets que leur avait fournis jusqu'alors l'industrie exotique. En s'exerçant aux arts utiles, en explo-
rant le sol natal, ce peuple ingénieux sut bientôt inventer
des procédés, et trouver des matériaux qui lui permirent
de remplacer les principales productions empruntées au
dehors.

« Le commerce extérieur, autrefois si florissant, vit
déprécier presque toutes ses importations; les progrès
industriels accomplis par les habitants rendirent plus infranchissable la barrière que la raison d'état avait élevée
entre eux et les marchands étrangers.

« Les matières premières du pays augmentaient de valeur à mesure que l'on apprenait à se passer des similaires exotiques.

« Le pays lui-même produisit en quantité croissante le coton, les sucres, les matières colorantes et les médicaments. De toutes parts, des mains laborieuses confectionnèrent des tissus, des instruments, des ustensiles et des objets de luxe qui rivalisèrent avec ceux que le Japon avait auparavant reçus des contrées les plus lointaines. Cet empire, qui s'étend sous quinze degrés de latitude, plus de quatre cents lieues mesurées du nord au midi, cet empire comprend des climats si variés, que presque toutes les provinces ont des productions différentes, et d'une excellente qualité. Cela favorise, au plus haut point, les échanges à l'intérieur, et leur donne une importance qu'ils n'ont dans aucun autre pays du monde. »

Le docteur Siebold me paraît raisonner beaucoup moins bien lorsqu'il parle de l'or et de l'argent, qu'il ne faut pas laisser sortir du pays, des monnaies à conserver pour activer le commerce intérieur, et des mines d'or à cesser d'exploiter, pour tenir *en réserve*, au fond de la terre, ces trésors de la nature.

« Le grand négoce que les Japonais firent les uns avec les autres accéléra la circulation du numéraire, que les particuliers auparavant cachaient dans leurs coffres, ou que les marchands emportaient à leur départ. Pour conserver un signe représentatif très-utile aux transactions entre aborigènes, on défendit expressément aux Hollandais l'exportation de l'or et de l'argent. En outre, le Ziogoun, par esprit de prévoyance, se déclara l'unique possesseur de ces précieuses richesses métallurgiques, laissa lui-même reposer plusieurs mines, et fit ordonner à tous les princes vassaux d'en cesser les exploitations dans leurs provinces.

« Tandis que le commerce du dehors déclinait, sous le coup de la loi rendue contre l'exportation des métaux, la nécessité de payer les étrangers en marchandises favorisait l'industrie au dedans. Richesses, population, activité, tout augmenta dans une rapide progression. Ce mouvement général développa le goût du luxe et des arts, dont le Ziogoun s'efforça politiquement de concentrer les manifestations dans sa vaste capitale.

« Malgré les restrictions qu'il avait subies, le faible commerce d'outre-mer, qu'on n'avait pas anéanti, ne laissa pas d'exercer à cette époque une influence marquée sur l'industrie japonaise. En passionnant les habitants pour des satisfactions dont ils n'avaient pas encore eu l'idée, la spéculation provoqua parmi eux les inventions et les découvertes. Néanmoins les nouvelles productions ne firent pas disparate avec les anciennes, et le type national triompha des modes étrangères. Lorsqu'ils imitaient les ouvrages d'industrie et d'art des Européens, c'était toujours en essayant de les perfectionner. La façon de vivre des Japonais, leurs mœurs, leurs usages et leur religion diffèrent trop profondément des nôtres, pour que des objets appropriés à nos besoins puissent jamais, par voie d'importation ou d'imitation, se répandre dans leur pays. Tant que la population du Japon n'aura pas été croisée avec d'autres races, le commerce extérieur n'atteindra pas, dans cet archipel, l'importance qu'il a prise dans les pays où les Européens, par de grands établissements, se fondent avec l'élément indigène, ou lui imposent, en le subjuguant, leurs besoins et leurs habitudes, afin d'amener un mouvement d'échanges lucratifs entre la métropole et les provinces transmarines. Dans l'état présent des choses, il n'y a pas plus de chance pour un tel croisement, ou pour la soumission du Japon à quelque puissance européenne, *qu'il*

*n'y en a pour la fondation d'un commerce libre avec cet empire
et l'Occident* [1].

« Il faudrait d'abord détacher le peuple de sa religion et
de la constitution de l'État, que la conduite tenue par les
Européens, de 1543 à 1650, n'a fait que lui rendre plus
chères.

« Depuis la triste expérience que la nation et le gouvernement ont retirée de leurs premières relations tout ami-
cales avec l'Europe, ils ne voient plus dans le commerce
européen que l'ennemi de la richesse nationale. Toute entreprise ayant pour but d'introduire un culte étranger,
que ce soit ou non le christianisme, est à leurs yeux un
attentat aux droits de la dynastie régnante, dont le fondateur a donné la paix à l'empire, et dont les membres
l'ont maintenue, en poussant le système de l'exclusion des
étrangers jusqu'à ses dernières conséquences. Telle est la
foi politique des Japonais, peuple tout différent des Chinois, et qui, particulièrement sous le point de vue politique, ne peut leur être comparé.

« D'ailleurs le commerce que ces insulaires font les uns
avec les autres est devenu, par son extension nouvelle,
un assez ferme soutien de la constitution, pour que le
gouvernement pût, sans inconvénient, renoncer à celui
des étrangers, et surtout à celui des Européens, si sa diplomatie et son respect pour d'anciennes coutumes ne lui
défendaient pas de briser les liens qui l'attachent à la nation
hollandaise. Nous le répétons, l'empire japonais est presque indépendant des autres pays, même sous le rapport
commercial. Avec son territoire actuel, il est un monde
en lui-même, et peut abandonner les Européens sans compromettre sa prospérité. Le peu de relations qu'il a con-

---

[1] Siebold était bien loin de prévoir qu'en un tiers de siècle ses prévisions
seraient démenties.

servées avec la Chine suffisent pour le tenir au courant des affaires de l'ancien univers, et pour donner satisfaction au besoin de productions étrangères que le peuple a contracté. Du reste, les marchés du Japon ne sont jamais dégarnis des provenances de la Corée, des îles Liou-Kiou, de Jeso et des autres Kouriles, pays dépendants et tributaires de l'empire, auquel ils tiennent lieu de colonies. »

Toutes les prévisions que le docteur Siebold se plaisait à concevoir sur la répulsion perpétuelle de l'étranger ont cédé devant les efforts tout récents dont nous allons rendre compte; on y verra l'une des conquêtes les plus remarquables du xixᵉ siècle.

Nouvelles relations commerciales des Occidentaux avec le Japon.

Dans un laps de temps qui n'excède pas quinze années, les grands peuples maritimes de l'Occident ont fait tomber les barrières qui les séparaient du Japon.

Premiers bons efforts des Néerlandais.

Ces mêmes Néerlandais que nous avons vus, au xviiᵉ, au xviiiᵉ siècle, si jaloux d'éloigner les rivaux des autres nations, nous allons, au milieu du xixᵉ siècle, les voir animés d'un tout autre esprit.

Dès 1844, Guillaume II, roi des Pays-Bas, écrit une lettre mémorable à l'empereur du Japon. Dans cette lettre, il fait remarquer les révolutions qui s'opèrent en Orient; la Chine forcée dans ses résistances contre l'extension du commerce des Occidentaux; la pêche des grands cétacés envahissant l'Océanie; les mers du Japon sillonnées par des baleiniers, souvent exposés à des naufrages contre les côtes si difficiles que présentent les milliers d'îles dont se compose l'empire du soleil levant; et les pêcheurs étrangers réclamant des ports de refuge pour se radouber et se ravitailler en cas de malheur.

Chose remarquable ! ce ne fut pas l'empereur, mais le conseil suprême des ministres qui répondit à cette lettre, en donnant au roi Guillaume cet avertissement, qu'on a peine à croire parti d'un cabinet de l'Orient : « Il est contraire aux institutions du Japon qu'un souverain étranger adresse au Ziogoun des communications personnelles sur une affaire publique. » Le cabinet constitutionnel de Saint-James ne répondrait pas autrement aux empereurs, aux rois de l'Europe, s'ils cherchaient à traiter directement quelques intérêts de l'Angleterre ou de leur pays avec Sa Majesté la reine Victoria.

En même temps, il est juste de dire que les autorités japonaises devinrent moins inhospitalières à l'égard des navires poursuivis par les tempêtes et forcés de réparer leurs désastres dans les ports de l'empire. Mais, à l'égard des marins nationaux naufragés sur des côtes étrangères, les mêmes autorités persistèrent à ne les recevoir que ramenés sur des navires néerlandais ou sur des jonques chinoises. De pareilles restrictions ne pouvaient pas convenir aux grandes nations commerçantes.

Belle mission des États-Unis, confiée au commodore Perry.

Dès l'année 1852 M. Fillmore, alors président des États-Unis, entreprend d'obtenir au Japon des ports de refuge en faveur de ses nationaux. Il jette les yeux sur un des homme les plus dignes de remplir avec succès cette difficile et noble mission. Le commodore Perry sera plénipotentiaire et commandant d'une escadre composée de grands navires de guerre tant à voiles qu'à vapeur. Cette force navale montrera la puissance des États-Unis; en même temps l'admirable discipline, et des officiers et des équipages, donnera la plus haute idée de la grande confédération, dont les Japonais n'ont encore vu que les grossiers pêcheurs, jetés à la côte par les tempêtes.

C'est aux Américains que revient l'honneur d'avoir les premiers ouvert les ports du Japon aux navigateurs occidentaux. On doit ce succès à la conduite aussi ferme que prudente et modérée du navigateur que je viens de citer.

Cet officier supérieur de la marine des États-Unis entre, le 8 juillet 1853, dans la baie de Jeddo, ayant sous ses ordres deux grandes frégates à vapeur et deux bricks de guerre. Il mouille devant la ville d'Ouraga. Le 9 juillet il doit remettre au gouverneur de cette ville ses dépêches pour le ministre des affaires étrangères. Un grand dignitaire vient en personne, afin de recevoir le message du Président de l'Union, et la conférence aura lieu sur le rivage. Bientôt six mille Japonais, déployés en armes près de la côte, reçoivent le commodore, suivi de quatre cents hommes d'élite; l'entrevue avec les deux princes envoyés à sa rencontre est pleine à la fois de bienveillance et de dignité. L'Américain leur remet et le message et ses lettres de créance. Il laissera le temps nécessaire au gouvernement de l'Empereur pour délibérer sur les propositions qu'il apporte. Il va reprendre la mer et reviendra dans quelques mois; en effet, le 18 juillet, dix jours après son arrivée, il part pour les mers de l'Inde.

Sept mois plus tard, le 12 février 1854, le commodore Perry revient avec quatre frégates et cinq navires d'un rang inférieur. Les négociations s'ouvrent alors, et, le 31 mars, elles finissent par la signature d'un traité de paix et d'amitié entre les deux puissances. Deux ports,

Simoda[1], Hakodadi[2], seront ouverts comme ports de refuge aux navires américains, pour leur procurer les pro-
visions de bouche et les munitions navales nécessaires à
leur navigation. Les navires échoués, ainsi que les marins
jetés sur la côte, seront conduits dans l'un des deux ports,
afin qu'on procède au ravitaillement, aux réparations et,
s'il le faut, au radoub. Enfin les États-Unis auront un
consul à Simoda. Tel est le traité de *Kinawaga*.

L'éminent commodore et ses officiers étaient dignes
d'apprécier la civilisation du peuple dont ils devenaient
les amis et les hôtes. Sous les tentes et dans les salles
décorées pour les recevoir, ils admiraient la beauté, la
perfection des produits de l'industrie japonaise; la pro-
fusion des tentures de ce crêpe soyeux, paré du rouge
inimitable que les Chinois mêmes empruntent aux tein-
turiers du Japon; le blanc si pur et le tissu si fin qu'or-
naient les dessins élégants des nattes, substituées aux tapis
de pied. Les murs, les meubles étaient couverts de riches
couleurs, qu'embellissait un vernis célèbre dans tout l'O-
rient.

Au cœur de l'hiver de grands *braseros* en cuivre, richement ornés, témoignaient d'une autre industrie très-avan-
cée. Les Américains trouvaient encore beaucoup d'arts
manuels plus perfectionnés au Japon qu'à la Chine; et,
disent-ils dans leur relation, les Chinois mêmes avouent
cette supériorité. L'horticulture leur semblait aussi plus
avancée, les cultivateurs mieux nourris, mieux vêtus et
distingués par plus de propreté.

Pour frapper la vive imagination de leurs nouveaux
amis, les Yankies avaient eu l'heureuse idée d'apporter

---

[1] Simoda se trouve à l'entrée du golfe de Jeddo, sur la côte occidentale.

[2] Hakodadi est située dans une baie sur la côte méridionale de l'île de
Jeso, au nord de la grande île Nyphon.

un télégraphe électrique, ainsi qu'un court chemin de fer : dignes présents de la civilisation moderne. Les Japonais n'affectèrent point l'indifférence asiatique, ni la dignité stupide des mahométans pour des nouveautés dignes d'admiration. Ils observèrent; ils voulurent comprendre, ils comprirent; et leur enthousiasme fut sans bornes. On leur offrait une locomotive et son wagon, qui faisaient par heure soixante et dix fois le tour d'un chemin circulaire ayant de circuit un demi-kilomètre : c'était à qui des fiers seigneurs se ferait transporter avec une vitesse si grande à leurs yeux. Ils ne pouvaient pas entrer dans le petit wagon modèle; ils se cramponnaient sur l'impériale avec intrépidité.

Très-peu de temps après l'arrivée du commodore américain, l'amiral russe Poutiatine vint avec une escadre mouiller devant Nagasaki; il faisait les mêmes demandes, mais il eut moins de réserve et d'habileté. Il échoua comme échouait à Constantinople un autre amiral de Russie, plus impérieux encore : le célèbre Mentchikoff.

Succès plus grand des Américains en 1858.

Dans les années 1856 et 1857, surgirent les plus graves difficultés entre le belliqueux docteur Bowring et le commissaire Yeh, de Canton; difficultés qui finirent par la guerre et les victoires que remportèrent les armes unies de la France et de l'Angleterre, à Canton d'abord, ensuite dans le fleuve Pei-ho, qui fut forcé.

Ce triomphe à peine est-il obtenu, qu'une frégate américaine, qui se tenait à la piste des événements, quitte le golfe de Péché-li et vole au Japon; elle porte au consul des États-Unis. dans Simoda, cette grande nouvelle : l'Empereur de la Chine vaincu, dompté par une poignée d'Anglo-Français, et subissant leurs conditions! Le consul Harris court à Jeddo et transmet au conseil suprême cette preuve éclatante de la force irrésistible qu'ont les armes des Occidentaux. Il saisit le moment pour demander, en faveur de sa nation, des facilités commerciales qui brisent enfin la barrière élevée depuis 220 ans autour du Japon. Il réussit, et le premier il obtient un traité complet de commerce, qui devient bientôt le type de tous les autres.

Premiers succès de la Russie.

L'empressé comte Poutiatine, à l'exemple du consul de Simoda, se présente l'instant d'après; cette fois il obtient pour la Russie les avantages qu'on venait d'accorder aux États-Unis.

Arrivée de lord Elgin et son traité de commerce.

A peine les traités de paix avec la Chine sont-ils conclus, grâce au concours des deux ambassadeurs de France et d'Angleterre, ce dernier, lord Elgin, laisse en arrière son collègue. Il part seul pour le Japon, et se présente à l'improviste devant Jeddo. Le traité des Américains ne lui suffit pas; il repousse de toutes ses forces un droit de 20 pour cent imposé sur les tissus *de coton et de laine*. Il finit par obtenir qu'on le réduise à 5 pour cent : conquête d'un prix infini pour Manchester, Halifax et Leeds.

Lord Elgin s'était rendu favorable le gouvernement japonais par des présents dignes de sa nation; au rang de ces dons figurait un beau yacht à vapeur, imité des plus parfaits navires de plaisance construits pour la reine Victoria, la grande reine des Indes orientales.

Tel était l'état des affaires lorsque les Français se présentent les derniers de tous.

Traité de la France avec le Japon.

Le 6 septembre 1858, M. le baron Gros, embarqué sur *le Laplace*, corvette à vapeur, part de Shang-Haï pour le Japon; le 13, il mouille à Simoda, qui se trouve à l'entrée du golfe de Jeddo. Les deux gouverneurs et les plus hautes autorités de la cité lui font un accueil plein de courtoisie.

Le 18, avant de partir de Simoda pour la capitale, les gouverneurs font savoir à l'ambassadeur que l'empereur, le Ziogoun, vient de mourir, et que la capitale est plongée dans le deuil. Aussitôt il ordonne que nos deux navires à vapeur amèneront à mi-mât leurs pavillons, pour honorer la mémoire du souverain décédé.

Le lendemain, dès le matin, ces navires mettent à la voile, et le soir ils mouillent devant Jeddo. Alors aborde une barque mandarine priant que les Français s'éloignent pour aller mouiller à Kanawaga ; le jour suivant même invitation renouvelée, mais en vain, par six dignitaires envoyés exprès en députation. Ils allèguent le deuil impérial de Jeddo, puis le choléra qui, disent-ils, enlève par jour, dans la capitale, de quatre à cinq cents victimes! Cela ne peut arrêter des Français. On règle les formalités pour échanger pouvoirs et missives avec le premier ministre. Un couvent de bonzes est assigné pour le séjour de l'ambassadeur et de sa suite à Jeddo.

Le 27 on débarque, et le 28 les négociations sont conduites à terme. On rédige en trois langues le traité : en français, en japonais, en hollandais, seule langue occidentale qui ne soit pas inconnue des grands, des lettrés et des interprètes du pays. Enfin, le 9 octobre, les copies officielles de l'acte diplomatique, avec ses traductions, sont signées par les plénipotentiaires.

Les formalités accomplies, l'empereur envoie des rouleaux de riches étoffes en soie, fabriquées dans le pays, pour l'ambassadeur et les commandants de ses navires.

Un empereur du Japon qui se fait donner des fusils à tige,
et non pas un éventail.

Le nouveau monarque, ou plutôt la cour suprême, exprime alors le désir qu'on lui donne, en retour de ses dons, *six fusils à tige*. « Ce présent, relate notre Moniteur dans une phrase interminable, mais vraiment intéressante, ce présent fut reçu par l'empereur du Japon avec une vive satisfaction ; et nos marins eurent le curieux spectacle d'un maniement de ces armes fait avec une précision remarquable par quelques-uns de ces Japonais qu'un capitaine de frégate de la marine impériale avait réunis dans le jardin de l'une des bonzeries, sur laquelle flottait le drapeau tricolore, et auxquels il avait suffi de quelques explications pour se livrer à cet exercice *avec une étonnante adresse.* »

Les Japonais désirent-ils ne pas être le jouet du premier caprice de la plus prochaine ambition que concevra quelque puissance occidentale ou ses agents en Orient? Ce n'est pas six fusils à tige, c'est soixante mille qu'ils feront sagement de se procurer, en les faisant manier avec l'adresse et la précision qui charmèrent nos officiers connaisseurs.

Conditions divulguées du traité franco-japonais.

Trois jours après la signature du traité, un joyeux et peu discret compagnon de notre ambassade écrit, en faveur de nos journaux, la lettre la plus curieuse. C'est lui qui relate officieusement les conditions qui ne paraîtront officiellement que dans neuf à dix mois. Elles sont les mêmes que pour les États-Unis, la Russie et l'Angleterre. Sept ports, y compris Jeddo, sont ouverts aux quatre nations. Les nations contractantes auront le droit d'entretenir dans la capitale des ministres diplomatiques, avec la faculté pour ces fonctionnaires de voyager dans tout l'empire. Elles pourront, dans chacun des ports ouverts, organiser un quartier, résidence de leurs factoreries ou consulats, comme il se pratique à Canton.

Dans ce quartier, les Européens seront libres d'exercer leurs cultes respectifs et d'ériger les églises et les temples qui leur seront nécessaires; mais, dans les rapports avec les Japonais, toute propagande, il y a plus, toute conversation sur des sujets religieux sont interdites aux étrangers.

Les navires des quatre contrées qui viennent de traiter auront constamment leur libre entrée dans les sept ports, avec facilité de se ravitailler, de se radouber, etc. Elles auront la faculté d'y débarquer les marchandises apportées, et d'y charger celles que leurs bâtiments prendront en retour.

Tous les produits étrangers seront admis *excepté l'opium*, lequel est expressément *prohibé*. Tout navire à bord duquel il s'en trouverait plus de *deux kilogrammes* encourrait d'abord la confiscation de ce dangereux stimulant, et serait puni *par une amende considérable*. Les armes et les munitions de guerre ne pourront être vendues qu'au gouvernement.

On divise en quatre classes toutes les autres marchandises :

1re classe : les vivres, les matériaux nécessaires à la réparation des navires, sont *francs de droits* à la sortie comme à l'entrée.

2ᵉ classe : les étoffes de coton et de laine, les objets de quincaillerie et de poterie, et tous les objets d'un usage général, entreront moyennant un droit de *cinq* pour cent.

3ᵉ classe : les objets de luxe payeront à l'entrée *vingt* pour cent; on percevra le même droit sur tous les articles qui ne sont pas énumérés.

4ᵉ classe : les vins, les eaux-de-vie, les alcools et tous les autres spiritueux payeront *trente-cinq* pour cent.

Ce qu'il en coûte de n'avoir pas de cadeaux à présenter quand on vient traiter avec le Japon.

M. le baron Gros, arrivé le dernier des quatre plénipotentiaires occidentaux, n'a pas pu, malgré son zèle et son habileté, conquérir la moindre réduction ni sur les produits, qui sont la richesse de notre industrie, ni sur les boissons, qui sont l'honneur de notre agriculture; il n'en a pas même obtenu sur quelques litres de champagne, vin que les mandarins ne cessaient de boire avec enthousiasme. Notre ambassadeur, aussi dépourvu que François-Xavier lors de son premier et stérile voyage, n'avait aucun présent à distribuer; il n'a pu fléchir par la bonne grâce aucune volonté rigoureuse. Lord Elgin, au contraire, avait apporté des cadeaux magnifiques. On peut dire sans erreur que le Japon les payera commercialement au centuple des centuples.

Les conditions qu'on vient de faire connaître ne pourront pas être modifiées avant cinq ans.

Les traités ne seront exécutables qu'après l'échange des ratifications; alors les consuls et les ambassadeurs auront la faculté de se rendre à leur poste et de commencer leurs fonctions.

Une juste stipulation vient au secours du christianisme :

on ne pourra plus obliger à faire fouler aux pieds la croix par aucun individu soupçonné de christianisme. Cependant l'entrée des missionnaires continuera d'être interdite, ainsi qu'on l'a déjà dit, et les Européens s'engagent à ne pas même parler de leur religion avec les Japonais.

Les exigences des Occidentaux et leurs idées du droit des gens en Orient.

L'auteur de la lettre que j'analyse, grand amateur d'emplettes à la mode, se plaint avec amertume de la surveillance trop étroite qu'on faisait subir aux personnes de l'ambassade lorsqu'elles erraient dans la capitale. Il se plaint que les agents de police recommandaient aux marchands de *leur vendre cher,* pour dégoûter les Français. Je copie ce qu'il ajoute avec naïveté :

« Il est *naturel* de croire que, dans un temps plus ou moins éloigné, le *canon* sera chargé de faire le commentaire *obligé* des traités que l'on vient de conclure; car le commerce libre et *indépendant* ne pourra jamais s'accommoder d'un régime tel que celui que nous avons vu s'appliquer sur une aussi petite échelle. Nous avons pu mépriser d'aussi mesquines tracasseries s'appliquant à quelques piastres et à quelques jours de simple promenade; mais il est impossible de croire que de grands intérêts commerciaux puissent se plier à de pareilles allures, et là où les Japonais n'ont essuyé de notre part que quelques mauvaises plaisanteries, ils se trouveraient naturellement en face de ces canons de *quatre-vingt-quatre, qui ont retenti assez fort à Jeddo,* s'ils s'avisaient de traiter les négociants anglais ou américains, dans trois ou quatre ans, comme nous l'avons été pour nos modestes achats de curiosités. Or, comme le caractère ainsi que l'habitude ne se modifient pas du premier coup, et avant que l'expérience *ait parlé haut et clair*, je suis convaincu que le gouvernement japonais ne se soumettra pas à une exécution telle que nous la comprenons en Europe, *tant que la poudre n'aura pas parlé*, comme disent les *Arabes* de notre Afrique. »

Si j'étais gouverneur de l'empire ou plus simplement Empereur du Japon, et qu'un bon interprète hollandais me traduisît ce passage, j'ajouterais à ma demande de carabines à piston six canons-modèles à la Paixhans, soigneusement rayés en hélice, comme les fusils à tige; et puis j'en fabriquerais dans mes arsenaux quelques milliers du même genre. C'est tout au plus si je croirais ensuite être le maître chez moi, tout en recommandant la modération, la politesse et la plus parfaite complaisance à mes agents de police; je reviendrai sur ce sujet.

Bons avis commerciaux donnés à la France.

Voici maintenant des remarques, en partie judicieuses, faites par l'auteur des menaces qui viennent d'être rapportées. Les Japonais n'emploient pour leurs vêtements que le coton et la soie, sous des formes très-variées et qui le sont avec une très-grande habileté. Les personnes de la classe aisée revêtent, par-dessus une ou plusieurs robes simples ou doublées d'ouate, suivant la saison, une sorte de tunique en gaze très-claire et très-fine; elles portent des chapeaux faits en sparterie contre le soleil, en laque vernie contre la pluie; elles ont des chausses en coton, pareilles aux jambières de nos pantalons à pieds. Leur chaussure est toujours une semelle en paille tressée ou bien en étoffe, sur laquelle on fixe un cordon formant ovale. On passe le pied dans cet ovale, afin que son point d'attache se prenne entre l'orteil et les autres doigts du pied. En cas de mauvais temps, la semelle est préservée du contact de la boue par deux planchettes posées de champ, comme des patins, qui atteignent fort bien leur but. Les vêtements des femmes, dit l'observateur, ne diffèrent que pour la forme de ceux des hommes. J'ajouterai qu'ils en diffèrent souvent pour la finesse des tissus et l'éclat des couleurs.

De tout cela l'observateur croit pouvoir conclure que nos fabricants d'étoffes auront peu de chose à faire dans un pays où des habitudes séculaires empêchent d'attacher aucun prix à ce que nous nommons la *mode*.

J'ajouterai que, dans un pays tempéré où l'eau gèle en hiver, tandis qu'en été la chaleur est celle de Naples, nos élégants tissus de longue laine brillante et presque soyeuse, légers en été comme le sont nos gazes de laine embellies par les impressions charmantes de Paris, et nos tissus chauds pour l'hiver, pourront, dans les premiers temps, être taillés suivant les formes les plus stationnaires et les plus classiques de l'immuable Japon. On respectera tous les règlements; mais on se permettra d'y joindre peu à peu les commentaires du bon goût et de la grâce, qui plaisent dans tous les pays.

Sans s'en douter notre spirituel observateur prête force à nos idées lorsqu'il dit : « J'ai bien des fois remarqué que les Japonais examinaient avec le plus vif intérêt nos *vêtements de drap*, et qu'ils avaient l'air d'en comprendre les avantages. » Il voudrait qu'on importât de la laine brute; j'aimerais mieux qu'on l'importât mise en œuvre.

Nos parfumeries, nos savons de toilette, nos cosmétiques et nos eaux de Cologne enlèvent les suffrages des Japonais; ils vont au-devant de nos vins, et ceux de champagne leur font par avance tourner la tête.

Les objets d'art, les gravures, les simples photographies, leur plaisent; ils apprécient, dans leur importance, nos instruments de navigation, de physique et d'astronomie. Croira-t-on que les articles de Paris, avec toute leur élégance, et nos bijoux, nos jouets si variés pour l'enfance et pour le bel âge, ne séduiront pas les femmes et les enfants, fût-ce au Japon? J'ajouterai qu'en ce pays, comme partout ailleurs, les objets d'un luxe innocent, qui charmeront les femmes et les enfants, même en payant les droits les plus élevés, ces objets entreront; ils entreront quand même, afin d'en repousser l'infiltration, la police aurait pour point d'honneur de se percer les entrailles chaque fois qu'on mettrait en défaut ses yeux d'Argus.

En résumé; voilà, ce me semble, de premières indications qui ne sont pas sans importance pour assurer un brillant début à notre commerce dans l'empire du soleil levant.

Avenir du Japon.

En profitant des lumières d'un assez petit nombre d'observateurs judicieux, nous avons essayé de mesurer le degré d'avancement et la civilisation du peuple japonais, qui n'a jamais été la proie d'un ennemi, et ses annales certaines remontent par delà 2500 ans; qui n'a point vu dégrader sa race par celle des autres nations, ni ses mœurs par d'autres mœurs. Entre toutes les nations de l'Orient, c'est la seule où l'honneur soit à la fois un sentiment personnel et national, la seule où le sacrifice volontaire et toujours prêt de la vie soit soumis aux principes de l'opinion, et compté comme un devoir des classes supérieures. Parmi tant d'États qu'a vus briller l'antique Asie, c'est encore le seul où les lois règnent également sur le peuple, sur les grands, sur les rois vassaux et sur les empereurs : ce règne moral concilie la plèbe avec l'aristocratie. D'ailleurs les lois ne dominent pas seulement par le respect et la déférence, mais par une crainte salutaire, et par la stricte obéissance. Cette universalité d'obéissance à la loi, protectrice de tous les rangs, constitue pour les sujets la liberté universelle.

La bravoure et les sentiments chevaleresques caractérisent une nation militaire qui s'est préservée de la conquête, qui n'a pas craint de résister au grand empire tartaro-chinois, avide, ambitieux et seize fois plus peuplé; qui l'a refoulé dans la mer du Japon, quand les agresseurs étaient au faîte de la puissance, en disant au roi des rois du moyen âge ce que Dieu, qui courbe sous sa loi même les rois des rois, dit à l'Océan recevant des rivages : « Tu n'iras pas plus loin. »

A côté de cet héroïsme brille d'un autre éclat le charme des caractères privés. Ces hommes qui, provoqués, deviennent terribles dans la haine, implacables dans la vengeance, ils savent témoigner, dans l'intimité, les affections les plus délicates et les plus hospitalières; ils font échange de leurs noms comme de leurs cœurs, en resserrant les liens d'une douce familiarité. Jaloux à l'excès de l'honneur des épouses, ils le concilient par l'estime avec une liberté dont le sexe faible est privé dans tout l'Orient : généreuse confiance, qui donne à la beauté la force, la noblesse d'âme et la dignité, même de l'aspect. Les lettres, et surtout la poésie, sont cultivées dans une cour mystérieuse et sacrée, loin des intrigues et des passions politiques : là douze impératrices, égales par le diadème, n'ont à disputer entre elles que le sceptre de la grâce, de l'esprit et de l'imagination. Enfin, dans cet empire, les beaux-arts, et même les arts simplement utiles, reçoivent l'empreinte de la distinction et de l'élégance.

Tels sont les principaux traits de ce peuple, qui, cinq cents ans avant notre époque, charmait déjà l'étranger, au récit, à l'image de ses mœurs chevaleresques, de ses nobles manières et de sa beauté.

Et voilà ce qui fait naître la sympathie chez les amis de cette nation, illustrée par les plus hautes qualités, ornée de charmes infinis; tout doit inspirer la vénération pour ce monument de prudence humaine, resté debout depuis cent générations, sans manifester l'affaiblissement ni la décadence.

En ouvrant de nouveau leurs ports au commerce insatiable des nations occidentales, les Japonais n'ont peut-être pas mesuré tout le danger de leur situation dans un avenir plus ou moins rapproché.

Il est possible qu'il s'élève une vive et redoutable concurrence entre les produits du Japon et ceux de quelques peuples très-avancés. Des miracles de moteurs et de mécanisme vont lutter avec la dextérité manuelle et les outils imparfaits des familles japonaises. Le gouvernement indigène voudra, sans repousser le progrès, protéger pourtant le travail de ses populations; grave sujet de conflit.

Si le Japon n'imprime pas à l'étranger un grand respect pour sa force, les lois ne seront pas plus respectées qu'en Chine par les fraudeurs étrangers, ces grossiers corrupteurs, ennemis des mœurs et des lois.

Dans sa prudence, il a pris des précautions contre l'empoisonnement de l'opium : ces précautions seront-elles suffisantes ?

Les nouveaux traités ne sont pas ratifiés encore, et déjà lèvent leur tête impudente les contrebandiers d'un peuple occidental, célèbre entre tous pour son commerce : ils se préparent sur les côtes de la Chine pour monter à l'assaut des lois du Japon.

C'est ce que nous apprennent les avertissements les plus dignes d'éloges, qui viennent d'être donnés par le gouvernement britannique. Les amis de la civilisation n'ont pu voir qu'avec le sentiment de la plus vive gratitude la déclaration suivante, faite par un ministre des affaires étrangères, le comte de Malmesbury : « Les contrebandiers anglais, s'ils sont pris en flagrant délit par les Japonais, ne doivent pas espérer d'être soutenus par les forces britanniques. » Les Lords de l'Amirauté se sont empressés d'adresser, dans le même sens, des instructions à l'amiral qui commande en Chine les forces navales d'Angleterre.

Mais les capitalistes qui, pendant un quart de siècle, ont fait un commerce de cent millions à cent cinquante millions de fraude annuelle sur un seul article pernicieux, l'opium, ne sont pas des hommes qu'une simple menace d'abandon suffira pour intimider. Ils savaient bien, sur les côtes du Céleste empire, se protéger avec leurs seules armes de contrebandiers. Qui peut dire quelle lutte sourde d'abord, et bientôt éclatante, ils essayeront sur les côtes de l'Empire du soleil levant ! Si jamais ils réussissent à créer un grand intérêt de négoce, honnête ou non, ils sauront de nouveau forcer la main du pouvoir. Tous les cabinets, d'ailleurs, seront-ils à l'avenir aussi scrupuleux que s'ils contenaient un Malmesbury dans leur sein ?

La force militaire.

C'est au gouvernement japonais de voir ce qu'il doit préférer dans l'avenir; c'est à lui de voir s'il voudra céder sur tout et toujours, ou, suivant l'exemple des États-Unis et de la Russie, s'il voudra se rendre assez respectable pour que les Occidentaux ne puissent jamais lui forcer la main et le déshonorer.

Certes les Japonais sont une race fière et belliqueuse,

qui compte pour rien le danger, et qui pour de nobles
motifs ne balance pas à sacrifier sa vie. Dans leurs combats, lorsque l'un d'eux tombe, un autre aussitôt prend
sa place, et puis un autre, et puis un autre, comme si leur
unique but était d'épuiser les coups de leurs ennemis,
pour les accabler par l'excès du nombre et de la valeur.
Voilà la plus rare des qualités. Elle est pourtant loin de
suffire à soutenir une juste querelle contre les peuples les
plus belliqueux de l'Occident.

Grâce au génie de Pierre le Grand, un seul peuple du
Nord et de l'Orient a pu se mettre en état de résister dignement aux nations les plus civilisées et les plus belli-
queuses. Dans ces derniers temps il a cédé; mais comme
le chêne, qui plie quelque peu pour se redresser. Afin de
le vaincre, il a fallu l'action combinée de quatre puissances,
et sa résistance héroïque l'a laissé plus que jamais digne
d'égards et de respect.

C'est un des problèmes les plus difficiles à résoudre
que celui de rendre un peuple d'Orient capable de repousser, par la discipline et par les armes, les nations avancées de l'Occident. La Perse, l'Hindoustan, la Chine, ont
échoué dans cette tentative.

Le Japon peut-il être plus heureux? Je le crois et l'espère. Il possède au plus haut degré ce point d'honneur
qui fait les armées chevaleresques. Sa constitution de rois,
de princes et de chefs armés héréditaires, a maintenu son
esprit belliqueux, même au milieu d'un si grand nombre
de siècles passés sans guerres étrangères.

Cependant ces conditions précieuses pourraient rester
insuffisantes, si l'art le plus perfectionné ne venait pas au
secours d'une vaillante nature. Il faut consentir aux études
les plus sérieuses, ainsi qu'aux sacrifices les plus onéreux,
si l'on veut atteindre un tel but.

Déjà le gouvernement japonais sait quelle est la valeur de nos armes portatives. Nous avons vu qu'il a demandé, comme un rare présent, nos fusils à tige et rayés du modèle le plus parfait; par un instinct rapide, ses militaires ont appris, *en vingt-quatre heures*, à les manier avec dextérité. C'est quelque chose.

Les Japonais demanderont aussi des canons aux artilleries les plus avancées de l'Europe.

Mais soupçonnent-ils que la fabrication de la poudre est un art, comme tous les autres, susceptible des plus grands progrès, et que chez eux il est encore dans l'enfance? Se sont-ils instruits en apprenant l'insuccès des Chinois et des Cochinchinois, qui dressent d'énormes batteries dont la plupart des coups, même à courte distance, ne portent pas ou ne produisent que d'insignifiants désastres? Savent-ils qu'une artillerie toute moderne, celle des fusées, peut aujourd'hui porter l'incendie et la destruction sur les points les plus éloignés, avec une précision surprenante? Savent-ils que, par l'exécution parfaite des petites armes et des bouches à feu, et par l'emploi des projectiles sphéroïdaux, on atteint sûrement à des portées qu'on croyait naguère impossibles? Soupçonnent-ils seulement l'emploi des hausses graduées, propres à diriger le tir en tenant compte des distances; ces hausses, qui sont d'un emploi si récent chez les nations militaires même les plus avancées?

Il faudrait qu'à l'exemple des Turcs, des Égyptiens et des Persans, ils demandassent à l'Europe des officiers d'infanterie, d'artillerie et de génie, qui formeraient leurs soldats, instruiraient leurs états-majors, établiraient des arsenaux militaires, érigeraient autour de leurs ports et de leurs cités des fortifications suivant les systèmes modernes, enfin qui naturaliseraient au milieu d'eux l'ensemble des arts spéciaux et les lumières si vastes qu'exige aujourd'hui la science de la guerre[1].

Tout cela fait, il resterait un dernier progrès à réaliser, progrès que donne seule une forte et une longue discipline. C'est le sang-froid au milieu du combat le plus meurtrier; c'est la force morale qui fait que le tir conserve la même précision quand le tireur est sous le feu de l'ennemi que s'il était dans un paisible champ d'école. Tel est le sang-froid qu'il a fallu tant d'années à Pierre le Grand pour le faire acquérir aux Russes; aux Russes! qui savent si bien aujourd'hui le conserver dans les plus grands dangers.

Un perfectionnement plus rare encore reste à donner aux Orientaux : c'est la confiance en soi-même qui fait soutenir la lutte à l'arme blanche et surtout à la baïonnette.

Pour enseigner cette confiance au degré le plus éminent, il faudrait que les Japonais instituassent des corps modèles imités de nos zouaves, avec des officiers et des sous-officiers instructeurs qui fussent de vrais zouaves.

Après tous ces soins dictés par la prudence, il ne serait pas impossible que trente-quatre millions de Japonais résistassent à quelques milliers de soldats et de marins envoyés de l'Occident, et pussent dire : « Si vous venez, avec vos navires à vapeur et vos canons-monstres, nous attaquer à six mille lieues de vos ports, nous résisterons; et nous avons l'espoir que nos armées pourront, comme les vôtres, rendre la mort pour la mort, au nom de la justice. »

---

[1] Dans notre rapport sur les arts militaires et maritimes, tome III, VIII° Jury, nous avons présenté l'historique des progrès de ces arts depuis le commencement du xix° siècle jusqu'à ce jour.

La force navale.

Le Japon ne doit pas non plus négliger la force navale, qu'il a systématiquement découragée. Quand, il y a deux siècles, il résolut d'interdire à ses navires marchands d'aller dans les ports des autres nations, il détruisit les beaux bâtiments de commerce que son génie d'imitation avait su construire sur des modèles étrangers. Il proscrivit l'usage de bâtiments de mer assez grands, assez bons marcheurs pour affronter les mers lointaines, et les connaissances qu'il faut posséder pour naviguer au long cours ; il réduisit sa flotte marchande à de médiocres navires côtiers, montés par d'ignorants caboteurs. Tout cela doit changer.

A lui seul le cabotage entre trois mille huit cent cinquante îles pouvait être considérable ; il le deviendra de plus en plus, éclairé, stimulé qu'il sera par les grandes navigations. Mais il faut enseigner aux marins japonais toutes les sciences navales.

Aujourd'hui les bâtiments à voiles du Japon sont aussi presque tous à rames, comme les felouques de la Méditerranée. Les plus grands navires de commerce jaugent 250 tonneaux ; cela suffit pour naviguer entre les îles du soleil levant, mais ne suffirait pas pour un commerce extérieur qui franchirait de grandes distances.

Actuellement les chantiers les plus importants pour construire les navires appartiennent aux ports de Fiogo, de Sakaï et d'Ohosaka ; ce dernier port devrait être celui qui donnera l'exemple des nouveaux progrès désirables.

Quelle que soit aujourd'hui l'imperfection des navires japonais, ceux qui vont à la mer sont remarquables par la propreté qui règne à bord : signe certain d'intelligence, de discipline et de bon ordre.

La nature sert à souhait les constructions maritimes. Les ancres sont en fer et les ferrures en cuivre; la carène est en cèdre, en camphrier, en sapin; les voiles en coton, et les cordages en fibres de palmier (*chamærops excelsa*). Tous ces matériaux sont excellents.

Il est probable que l'architecture navale d'un peuple ingénieux, observateur, et qui sait si bien imiter, changera complétement ses dimensions et ses formes, en s'éclairant par le spectacle et la concurrence des marines occidentales.

Le commerce japonais devra prendre modèle sur les meilleurs navires marchands d'Angleterre, de France et des États-Unis. Il a de la houille; il doit s'en servir, et posséder non-seulement des navires à voiles, mais des bâtiments mixtes et des vapeurs complets.

Il faut que le même progrès soit accompli, principalement et primitivement par la marine militaire; c'est le moyen de protéger et de sauvegarder Ohosaka le Liverpool, Jeddo le Londres de l'Empire, et les autres cités maritimes.

Les Japonais devraient imiter les canonnières à hélice, caparaçonnées en fer, et portant vers la proue un ou deux canons-monstres à très-longue portée. Rien ne serait plus propre à repousser une flotte composée de grands navires de guerre, qui viendrait pour tout dévaster.

L'ensemble de ces moyens pourra seul assurer au Japon que, dans un avenir plus ou moins rapproché, des défaites sanglantes, subies en repoussant d'injustes agressions, n'humilieront pas ses armes, n'aviliront pas son gouvernement, et, par contre-coup, n'occasionneront pas la chute d'un édifice social debout depuis vingt-cinq siècles. Tel est l'objet désintéressé de nos vœux et de nos conseils.

Essayons de rendre service au genre humain, en conservant, comme des trésors et des monuments d'un prix inestimable, l'indépendance et la grandeur d'une nation, supérieure à tant d'égards, nation digne d'être admirée pour son caractère et sa civilisation.

Quand les Occidentaux seront bien convaincus qu'ils ne peuvent pas asservir aisément le Japon, en faire la proie de tout trafic, illicite ou non, et l'esclave exploité de leurs colonies lointaines, ils élargiront en sa faveur le cercle du droit des gens, tel qu'il embrasse aujourd'hui l'Europe et les États-Unis. Ce sera quelque chose, en attendant le droit commun de l'univers, que peut-être l'univers n'obtiendra jamais.

Progrès récents des Japonais pour transformer leurs forces militaires et navales.

Je dois présenter maintenant quelques indications qui nous ont été révélées par le gouvernement néerlandais. Elles prouveront que les Japonais sont déjà très-disposés à s'approprier nos arts militaires et maritimes. Je puise les faits dans les rapports ministériels adressés au roi des Pays-Bas.

Le 22 août 1854, le pyroscaphe royal *le Soembing* (néerlandais) fit son entrée à pleine vapeur dans la baie de Nagasaki. Le gouverneur de la ville pria le commandant de ce navire de vouloir bien faire initier des officiers, des fonctionnaires, des mécaniciens et des marins japonais à la connaissance de la construction navale, des arts mécaniques, du maniement du fusil et du canon, du travail des forges et de plusieurs autres parties du service naval. Cette instruction commença le 26 août, et se continua chaque jour, tantôt à bord, tantôt sur la côte : elle était suivie par un nombre de personnes qui sans cesse augmentait.

Le commandant, l'état-major, les sous-officiers et l'équipage s'acquittèrent avec empressement de cette tâche pénible; car on comprend toutes les difficultés d'expliquer à des étrangers la mécanique, les arts et les métiers. Mais la grande curiosité des Japonais, jointe à leur rare aptitude, rendit la chose possible. En peu de temps ils apprirent les termes hollandais de marine et d'artillerie, puis la dénomination des diverses parties d'une machine à vapeur.

Le 5 octobre, arrive une députation de cinq membres envoyés par la cour de Jeddo pour visiter *le Soembing ;* elle vient demander au commandant de ce vapeur des enseignements sur la construction navale et la mécanique. Celui-ci s'empresse de les leur donner.

La Cour suprême offrit en présent à M. Fabius, capitaine du *Soembing*, deux sabres d'honneur tels que les portent les grands du Japon : c'était un témoignage de gratitude pour les leçons que lui, ses officiers et son équipage avaient données aux Japonais sur les sciences et les arts de la marine.

Au moment où le vapeur *Soembing* s'apprêtait à repartir pour Java, le gouverneur de Nagasaki fit conduire à bord, afin d'offrir leurs remercîments au capitaine, les deux cents élèves que M. Fabius et ses subordonnés venaient d'instruire avec un noble désintéressement.

Afin d'étendre plus loin sa reconnaissance, le gouvernement japonais accorda spontanément aux négociants des Pays-Bas toutes les immunités et toutes les facilités qu'il pourra jamais accorder à la marine ainsi qu'au commerce des autres nations.

Pour répondre aux vœux du gouvernement japonais,

celui de la Néerlande établit à Dézima une bibliothèque scientifique, en y joignant une collection de modèles de mécaniques et d'instruments; on accroît les moyens réciproques d'apprendre aux Japonais le hollandais, aux Hollandais le japonais. Le docteur Van Boek, le médecin de la factorerie, continue, pour le public éclairé de Nagasaki, ses cours de sciences appliquées à l'industrie.

Un ingénieur des mines est envoyé pour éclairer le Japon sur ses richesses minérales et sur l'art de les exploiter.

Ce n'est pas tout : on fait présent au Ziogoun d'un yacht à vapeur; on s'occupe de construire, en Hollande, deux autres vapeurs à hélice, que la cour suprême a demandés pour sa marine militaire; on envoie à Dézima un détachement de soldats artilleurs de marine, pour continuer avec plus de suite et de régularité l'enseignement qu'en 1854 avait commencé M. Fabius, commandant du *Soembing*. Ces dispositions nouvelles étaient prises au commencement de 1855.

Dès que le yacht à vapeur eut été reçu par l'envoyé de l'empereur, on le fit monter par un *équipage japonais,* afin de s'approprier la connaissance pratique de la navigation nouvelle.

Ici finissent les bons offices de la puissance européenne. Le gouvernement de Jeddo demandait, à son grand honneur, qu'on lui fournît le matériel complet d'un atelier de construction d'artillerie, une fonderie, une forerie de canons, un arsenal de constructions navales. Cette demande est rejetée par les Néerlandais; mais, pour adoucir leur refus, ces amis calculateurs accordent un troisième vapeur à hélice. En agissant avec cette réserve, ils voulaient que le gouvernement japonais leur accordât de plus grandes concessions commerciales. Ils se trompaient;

celles-ci ne devaient être obtenues que par le contre-coup des victoires anglo-françaises de 1858.

Citons les termes du rapport des ministres néerlandais en 1857 : « A mesure que le Japon montrait des dispositions à renoncer à son système et à modifier ses institutions, le gouvernement néerlandais consentait *successivement* à lui créer une marine militaire sur le pied européen ; car du moment où les relations du Japon avec les autres pays allaient devenir sérieuses, on ne pouvait pas lui refuser les moyens de défendre au besoin son indépendance. » *Auparavant*, il faut que le Japon accepte pleinement le commerce avec les Occidentaux ; et comme en 1857 il n'y consentait pas encore, les ministre néerlandais disaient à leur monarque : « C'est pourquoi nous proposons à Votre Majesté de ne pas donner suite à quelques nouvelles demandes du Japon pour des munitions de guerre et d'autres articles nécessaires à la défense du pays, aussi longtemps qu'il ne témoignera pas ouvertement le désir d'entrer dans le système de réformer ses institutions au sujet du commerce. »

En conséquence « on refusera la demande du Japon, d'envoyer des officiers d'artillerie et du génie à Dézima. »

D'après les termes de ce rapport, il semblerait qu'aujourd'hui les Néerlandais ne peuvent, sous aucun prétexte, repousser les demandes du Japon pour se créer des établissements complets d'artillerie moderne ; s'ils rejetaient ces demandes, un peuple rival et voisin, les Belges pourraient y satisfaire largement. Les seuls établissements de Liége suffiraient pour doter le Japon des meilleurs mécaniciens d'un grand arsenal d'artillerie ; ils sont en état de vendre pour de grandes armées un assortiment inépuisable d'armes de main et de bouches à feu, depuis les revolveurs jusqu'aux carabines, depuis les pierriers jusqu'aux canons-monstres.

Pour créer un grand arsenal de constructions navales, les Anglais, les Français et les Yankies fourniraient à l'envi le matériel et le personnel. L'arsenal maritime d'Égypte était français, et les portes en fer des bassins de Sébastopol étaient l'œuvre des Anglais.

Tels sont les moyens rapides qui rendront l'empire du Japon assez respectable pour réaliser le vœu que je formais naguère : celui de voir cette nation assez avancée dans les arts maritimes et militaires pour qu'on accorde à sa puissance de la traiter toujours selon le droit des gens tel qu'il existe entre les Occidentaux. C'est l'unique moyen d'assurer les bienfaits d'une longue paix entre le Japon et l'ancien monde.

FIN DU VOLUME.

TABLE DES MATIÈRES.

TROISIÈME PARTIE.

L'ORIENT.

PREMIÈRE SECTION.

OCÉANIE ORIENTALE.

CHAPITRE PREMIER.

POLYNÉSIE.

CHAPITRE II.

AUSTRALIE.

DEUXIÈME SECTION.

OCÉANIE ASIATIQUE.

CHAPITRE PREMIER.

INDE NÉERLANDAISE.

Pages.

CHAPITRE II.

ARCHIPEL DES ÎLES PHILIPPINES.

CHAPITRE III.

LE JAPON.

FIN.